安全健康新知丛书

ANQUAN JIANKANG XINZHI CONGSHU

第三版

现代安全管理

第三版

◎ 罗云　主编　◎ 许铭　副主编

化学工业出版社
·北京·

《现代安全管理》(第三版)是《安全健康新知丛书》(第三版)的一个分册。

《现代安全管理》(第三版)探讨了系统的安全管理理论、论述了实用的安全管理方法、介绍了成功的安全管理经验。全书涵盖安全管理理论、安全管理方法、安全管理经验及借鉴三大篇，内容包括：安全管理哲学与原理、安全系统科学原理、安全法学理论、安全教育学原理、安全经济学原理、安全文化建设理论与方法、安全行为科学理论、安全生产系统战略、安全管理模式、风险管理技术、安全管理技术、国外安全管理经验、中国香港及台湾安全管理经验、中国大陆安全管理实例、行为科学管理实例、安全法治管理案例等。

《现代安全管理》(第三版)具有知识性、科学性、通俗性的特点，可供政府安全监管部门的工作人员、企业安全管理人员阅读，也是生产经营单位负责人安全培训和高校、科研单位安全科技人员以及安全工程专业大学生的重要参考书。

图书在版编目（CIP）数据

现代安全管理/罗云主编．—3版．—北京：化学工业出版社，2016.1（2023.4重印）
（安全健康新知丛书）
ISBN 978-7-122-25441-2

Ⅰ.①现… Ⅱ.①罗… Ⅲ.①安全管理 Ⅳ.①X92

中国版本图书馆CIP数据核字（2015）第250119号

责任编辑：杜进祥　　文字编辑：孙凤英
责任校对：吴　静　　装帧设计：尹琳琳

出版发行：化学工业出版社（北京市东城区青年湖南街13号　邮政编码100011）
印　　装：北京科印技术咨询服务有限公司数码印刷分部
710mm×1000mm　1/16　印张20½　字数394千字
2023年4月北京第3版第6次印刷

购书咨询：010-64518888　　售后服务：010-64518899
网　　址：http://www.cip.com.cn
凡购买本书，如有缺损质量问题，本社销售中心负责调换。

定　　价：69.00元

前言

管理，就是人们为了实现预定目标，按照一定的原则，通过科学地决策、计划、组织、指挥、协调和控制群体的活动，以达到个人单独活动所不能达到的效果而开展的各项活动。安全管理就是组织或企业管理者为实现安全目标，按照安全管理原则，科学地决策、计划、组织、指挥和协调全体成员保障安全的活动。

安全生产管理是指国家应用立法、监督、监察等手段，企业通过规范化、专业化、科学化、系统化的管理制度和操作程序，对生产作业过程的危险危害因素进行辨识、评价和控制，对生产安全事故进行预测、预警、监测、预防、应急、调查、处理，从而实现安全生产保障的一系列管理活动。

企业安全生产管理活动是运用有效的人力和物质资源，发挥全体员工的智慧，通过共同的努力，实现生产过程中人与机器设备、工艺、环境条件的和谐，达到安全生产的目标。安全生产管理的目标是控制危险危害因素，降低或减少生产安全事故，避免生产过程中由于事故所造成的人身伤害、财产损失、环境污染以及经济损失；安全生产管理的对象是企业生产过程中的所有员工、设备设施、物料、环境、财务、信息等各方面；安全生产管理的基本责任原则是“管生产必须管安全”“管业务必须管安全”“谁主管，谁负责”等。

为实现现代企业安全的科学管理，需要学习和掌握与安全管理科学相关的理论和方法，研究企业安全生产管理的理论、原理、原则、模式、方法、手段、技术等。

一、安全管理理论的发展

安全管理的理论经历了四个发展阶段，如表1所示。

第一阶段（低级）：在人类工业发展初期，发展了事故理论，建立在事故致因分析理论基础上，是经验型的管理方式。这一阶段常常被称为传统安全管理阶段。

第二阶段（初级）：在电气化时代，发展了危险理论，建立在危险分析理论基础上，具有超前预防型的管理特征。这一阶段提出了规范化、标准化管理，常常被称为科学管理的初级阶段。

第三阶段（中级）：在信息化时代，发展了风险理论，建立在风险控制理论基础上，具有系统化管理的特征。这一阶段提出了风险管理概念，是科学管理的高级阶段。

第四阶段（高级）：21世纪以来，提出以本质安全为管理目标，推进兴文化的人本安全和强科技的物本安全，是人类现代和未来不断追求的目标。

表1　安全管理理论的发展

发展阶段	理论基础	方法模式	核心策略	对策特征
低级阶段	事故理论	经验型	凭经验	感性，生理本能
初级阶段	危险理论	制度型	用法制	责任制，规范化、标准化
中级阶段	风险理论	系统型	靠科学	理性，系统化、科学化
高级阶段	安全原理	本质型	兴文化	文化力，人本物本原则

上述四个阶段管理理论，对应的具有四种管理模式。

事故型管理模式：以事故为管理对象；管理的程式是事故发生—现场调查—分析原因—找出主要原因—提出整改措施—实施整改—效果评价和反馈。这种管理模式的特点是经验型，缺点是事后整改，成本高，不符合预防的原则。

缺陷型管理模式：以缺陷或隐患为管理对象，管理的程式是查找隐患—分析成因—关键问题—提出整改方案—实施整改—效果评价。其特点是超前管理、预防型、标本兼治，缺点是系统全面有限、被动式、实时性差、从上而下，缺乏现场参与、无合理分级、复杂动态风险失控等。

风险型管理模式：以风险为管理对象，管理的程式是进行风险全面辨识—风险科学分级评价—制定风险防范方案—风险实时预报—风险适时预警—风险及时预控—风险消除或削减—风险控制在可接受水平。其特点是风险管理类型全面、过程系统、现场主动参与、防范动态实时、科学分级、有效预警预控，其缺点是专业化程度高、应用难度大、需要不断改进。

安全目标型管理模式：以安全系统为管理对象，全面的安全管理目标，管理程式是制定安全目标—分解目标—管理方案设计—管理方案实施—适时评审—管理目标实现—管理目标优化。其特点是全面性、预防性、系统性、科学性的综合策略，缺点是成本高、技术性强，还处于探索阶段。

可以说，在不同层次安全管理理论的指导下，企业安全生产管理经历了两次大的飞跃，第一次是从经验管理到科学管理的飞跃，第二次是从科学管理到文化管理的飞跃。目前我国的多数企业已经完成或正在进行着第一次的飞跃，少数较为现代的企业在探索第二次飞跃。

二、安全管理技术的发展

管理也是一门技术。安全管理技术方法的科学性、合理性，是保证安全管理效能的重要前提和决定性因素。

从管理对象的角度：安全管理由近代的事故管理，发展到现代的隐患管理。早期，人们把安全管理等同于事故管理，显然仅仅围绕事故本身做文章，安全管理的效果是有限的，只有强化了隐患的控制，消除危险，事故的预防才高效，因此，20 世纪 60 年代发展起来的安全系统工程强调了系统的危险控制，揭示了隐患管理的机理。21 世纪，隐患管理将得到推行和普及。

从管理过程的角度：早期是事故后管理，发展到 20 世纪 60 年代强化超前和预防型管理（以安全系统工程为标志）。随着安全管理科学的发展，人们逐步认识到，安全管理是人类预防事故三大对策之一，科学的管理要协调安全系统中的人—机—环诸因素，管理不仅是技术的一种补充，更是对生产人员、生产技术和生产过程的控制与协调。21 世纪，要落实这种认识和过程。

从管理技法的角度：从传统的行政手段、经济手段，以及常规的监督检查，发展到现代的法治手段、科学手段和文化手段；从基本的标准化、规范化管理，发展到以人为本、科学管理的技巧与方法。21 世纪，现代安全管理方法已经大显身手，未来，安全文化管理的手段将成为重要而有效的安全管理方法。

三、现代安全管理方法及特点

安全管理科学首先涉及的是基础或日常安全管理，有时也称为传统安全管理，如安全责任制、安全监察、安全设备检验制、劳动环境及卫生条件管理、事故管理、“三同时”和“五同时”等基础管理，以及安全检查制、“三全”管理、三负责制、“5S”活动、“五不动火”管理、审批动火票的“五信五不信”、“四查五整顿”、“巡检挂牌制”、防电气误操作“五步操作管理法”、人流物流定置管理、三点控制、安全班组活动等生产现场安全管理方法等。随着现代企业制度的建立和安全科学技术的发展，现代企业更需要发展科学、合理、有效的现代安全管理方法和技术。现代安全管理是现代社会和现代企业实现安全生产和安全生活的必由之路。一个具有现代技术的生产企业必然需要与之相适应的现代安全管理科学。目前，现代安全管理是安全管理工程中最活跃、最前沿的研究和发展领域。

现代安全管理的理论和方法有：安全管理哲学、安全科学决策、安全规划、安全系统管理、安全经济学原理、安全协调学原理、事故预测与预防理论、事故管理模型学、安全法制管理、安全目标管理、安全标准化管理、无隐患管理、安全行为抽样技术、安全技术经济可行性论证、PDCA 循环模式、HSE 管理体系、OHSMS、NOSA 等综合性的管理模式；SCL、PHA、LEC、JHA 等危险源辨识、风险分级评价的危险预知活动和系统安全分析方法，以及亲情参与制、轮流监督制、名誉员工制、四不伤害活动、三能四标五化六新、三法三卡、班组安全建设等基层和现场管理方法。

现代安全管理的意义和特点在于：要变传统的纵向单因素安全管理为现代的横向综合安全管理；变传统的事故管理为现代的事件分析与隐患管理（变事后型为预防型）；变传统的被动的安全管理对象为现代的安全管理动力；变传统的静态安全管理为现代的安全动态管理；变过去企业只顾生产经济效益的安全辅助管理为现代的效益、环境、安全与卫生的综合效果的管理；变传统的被动、辅助、滞后的安全管理程式为现代主动、本质、超前的安全管理程式；变传统的外迫型安全指标管理为内激型的安全目标管理（变次要因素为核心价值）。

四、掌握现代安全管理理论之意义

安全管理方法与对策进步，需要安全科学理论作为基础，需要有战略和方向的指导。实现这一目标的出路，就是研究和认识安全的科学理论，揭示安全科学的规律，搞清安全管理的科学原理。

安全科学原理是人类安全活动的基本理论和策略，是安全科学以及安全管理科学发展的基石，是人类预防事故的重要理论核心。在现代企业制度下，随着安全管理科学的发展，以及职业安全管理体系标准的推行，新世纪人们将不断探求先进、适用、有效的安全科学原理。

有了丰富而充实的安全科学理论，安全科学技术的发展才有坚实的基础；人类实现了安全科学原理的掌握，才能改变自身对事故的认识和态度，才能使今天人们安全生产和生活的必然王国走向未来人类安全生存与发展的自由王国。

任何科学的东西，必然要不断地发展和创新。只有不断创新和进步，现代安全管理才能满足现代企业安全生产的需要，才能为降低人类利用技术的生命、健康、经济、环境的风险代价作出应有的贡献。

本书第三版由罗云主编，许铭副主编，参编人员还有：程五一、樊运晓、鲁华璋、罗斯达、常成武、李峰、游建川、仝世渝、徐东超、黄西菲、李彤、黄玥诚、曾珠、李平、李永霞。第三版在第二版的基础上增加了特种设备风险管理和安全生产系统战略方面以及安全生产标准化的相关内容，反映了当代企业安全管理的新技术、新方法。但是，发展和进步是永恒的，本书内容创新是相对的，存在不足和疏漏是必然的，我们期望读者的批评、指正和建议。

罗　云

2015 年 10 月于北京

第一版前言

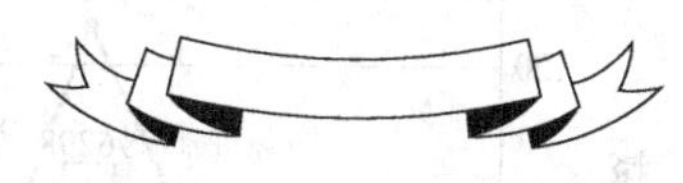

安全生产作为保护人民生命财产安全和发展社会生产力、促进社会和经济持续健康发展的基本条件，是社会文明与进步的重要标志，安全保障是人民生活质量的体现，是全面建设小康社会宏伟目标的重要内容。然而今天我们的社会却面临着严重的安全事故问题。

全球每年生产和生活过程中，发生各类事故2.5亿起，这意味着每天发生68.5万起，每小时发生2.8万起，每分钟发生近500起，每秒钟就有8个家庭尝到事故带来的苦果。每年所发生的事故造成近400万人丧生；同时有1500万人受到失能伤害；35%的劳动者接触职业危害。

全世界每年死于工伤事故和职业病危害的人数约为200万［据国际劳工组织(ILO)报告］。这比交通事故死亡近百万人、暴力死亡56.3万人、局部战争死亡30万人、艾滋病死亡31.2万人、吸毒死亡十余万人都要多。职业领域每天有超过5400人死于工作中的事故；每分钟有4人因工伤死亡。因此，职业工伤和职业病成为人类的最严重的死因之一。

2002年我国各类安全事故（工伤事故、交通事故、火灾等）死亡总人数约14万人，如果包括学校、家庭、农业等领域的事故，每年有数十万人丧生。2002年我国道路交通事故导致的死亡人数达10.9万人，工矿企业死亡人数近1.5万人。图1和图2是我国各类事故和道路交通事故死亡人数趋势统计，可以看出各类事故死亡总人数的平均增长率为6.28%，道路交通事故死亡人数的平均增长率为6.4%。我国每天发生死亡3人以上的事故8起；每周发生死亡10人以上的事故2～3起；每月发生死亡30人以上的事故1～2起。

面对如此严峻的事故形势，人类将如何应对？社会各界应担负什么职责？我们的国家将如何解决？这是必须回答的问题。

从安全科学原理我们寻求到了一个答案，这就是预防事故的“三E对策”理论，即预防事故需要实施工程技术对策（Engineering）、教育对策（Education）和管理对策（Enforcement）。本书是专门论述安全管理对策的理论和方法的

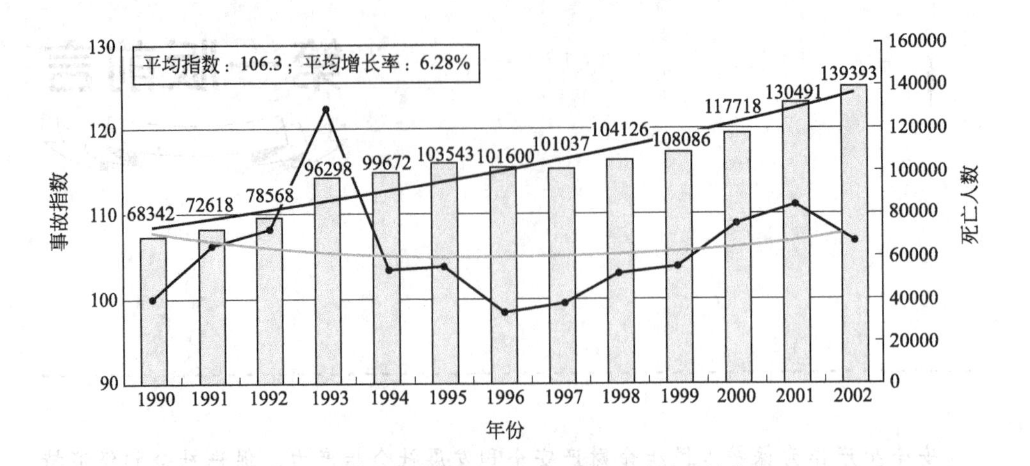

图 1　1990～2002 年我国各类事故死亡总人数趋势

（包括工矿企业、道路、水运、铁路、火灾、民航）

事故死亡总人数；事故指数；事故指数趋势线；死亡人数趋势线

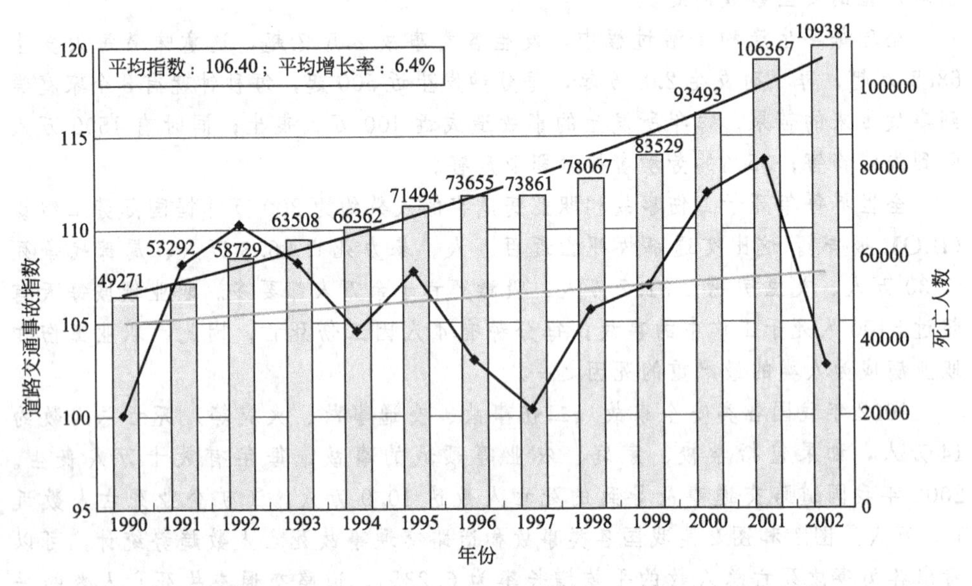

图 2　1990～2002 年我国道路交通事故死亡人数趋势

道路交通死亡人数；道路交通事故指数；道路交通事故指数趋势线；死亡人数趋势线

著作。

管理是人们为了实现预定目标，按照一定的原则，通过科学地组织、指挥和协调群体的活动，以达到个人单独活动所不能达到的效果而开展的各项活动。安全管理就是生产经营单位的经营者、生产管理者，为实现安全生产目标，按照一定的安全管理原则，科学地组织、指挥和协调全体员工进行安全生产的活动。

安全管理目标的实现，需要研究安全科学管理的规律，需要安全科学管理原理的指导，更需要掌握安全科学管理的方法和技术。为了帮助读者系统学习和掌握安全管理理论、方法和技术，我们遵循“理论-方法-模式（实例）”的形式逻辑，在本书中探讨了系统的安全管理理论、论述了实用的安全管理方法、介绍了成功的安全管理经验。本书涵盖安全管理的理论、原理、原则、模式、方法、手段、技术等内容。本书的特点表现在以下几方面。

知识性：本书较为综合、全面、系统地介绍安全管理的理论、方法，并且从多种角度介绍安全管理的案例和模式。无论是政府管理人员还是企业安全专业人员，学习本书对系统接受安全管理知识都是有益的。

科学性：本书是站在现代安全管理科学的角度来陈述安全管理的基本内容，建立安全科学管理的系统构架。不但深入到管理哲学、系统科学和管理体系，还具体涉及人因管理、设备管理、环境管理、现场管理等；不但引进了诸多国外的经验，也总结了国内多个行业成功的方法和案例。

通俗性：本书的主要对象可以是政府安全监管部门的工作人员，也可以是企业的经营者、管理者和安全生产专业工作者，同时，也可作为安全工程专业的大学生重要的参考书。

作者以诚挚的心，向在安全生产管理体系和安全科学管理体系中进行超前探索和做出卓越贡献的专家表示敬意，正因为有了他们的远见卓识和不懈努力，我国安全科学管理体系和现代企业安全管理体系才有今天的发展。

本书引用了许多前辈和专家的研究成果，除了在参考文献中列出以表尊重外，作者在此再表诚挚谢意。同时，作者向提供相关资料和信息，以及对本书的编写提纲提出宝贵意见的专家、老师、学长和同仁表示衷心的感谢！

罗　云

2003年10月于北京

第二版前言

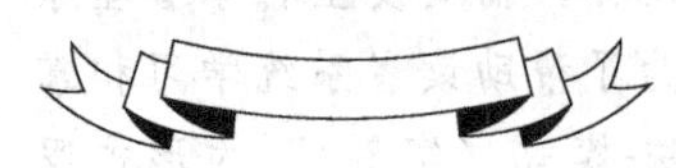

安全生产作为保护人民生命财产安全和发展社会生产力、促进社会和经济持续健康发展的基本条件，是社会文明与进步的重要标志，安全保障是人民生活质量的体现，是全面建设小康社会宏伟目标的重要内容。然而今天我们的社会却面临着严重的安全事故问题。

(1) 全球每年生产和生活过程中，发生各类事故2.5亿起，这意味着每天68.5万起，每小时2.8万起，每分钟近500起，每秒钟就有8个家庭尝到事故带来的苦果。所发生的事故造成近400万人丧生；同时有1500万人受到失能伤害；35%的从业人员接触职业危害；事故造成的经济损失高达2.5%GDP。

(2) 全世界每年死于工伤事故和职业病危害的人数约为200万（据ILO报告)。这比交通事故死亡近百万人、暴力死亡56.3万人、局部战争死亡30万人和艾滋病死亡31.2万人、吸毒死亡10余万人都要多。职业领域每天有5400多人死于工作；每分钟有4人因工伤导致死亡。因此职业工伤和职业病成为人类的最严重的死因之一。

(3) 我国2002年各类安全事故（工伤事故、交通事故、火灾等）死亡总人数约14万人，如果包括学校、家庭、农业等领域的事故，每年有数十万人丧生。2002年我国道路交通事故导致的死亡人数达10.9万人，工矿企业死亡人数近1.5万人。图1是我国各类事故死亡人数趋势统计，可看出各类事故总死亡人数的平均增长率为4.90%。我国每天发生一次死亡3人以上重大事故8起；每周发生死亡10人以上特大事故2～3起；每月发生死亡30人以上事故1～2起。

面对如此严重的事故形势，人类的对策是什么？社会各界应担负什么职责？我们的国家如何作为？这是必须回答的问题。

从安全科学原理我们寻求到了一个答案，这就是预防事故的“3E对策”理论。即：预防事故需要实施工程技术对策（Engineering)、教育对策（Education）和管理对策（Enforcement)。本书是专门论述安全管理对策的理论和方法的著作。

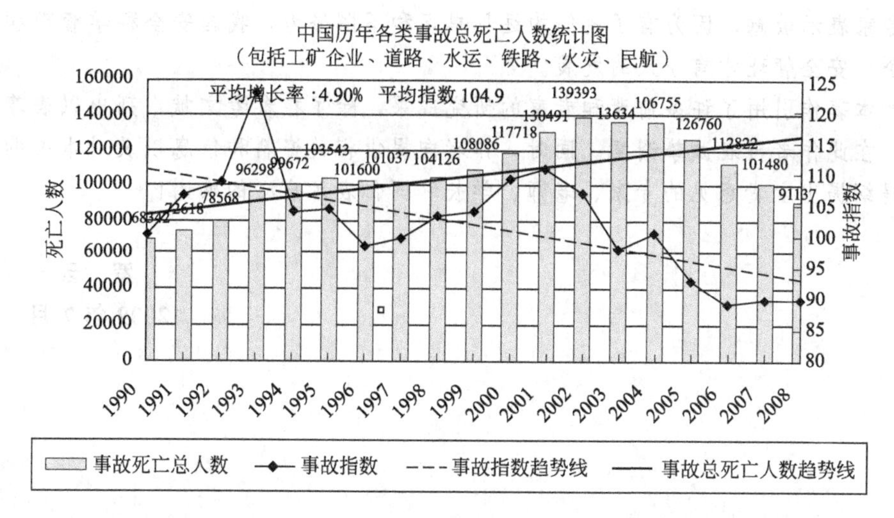

图1　1990～2008我国各类事故死亡总人数趋势图

管理是人们为了实现预定目标，按照一定的原则，通过科学地组织、指挥和协调群体的活动，以达到个人单独活动所不能达到的效果而开展的各项活动。安全管理就是生产经营单位的经营者、生产管理者，为实现安全生产目标，按照一定的安全管理原则，科学地组织、指挥和协调全体员工进行安全生产的活动。

安全管理目标的实现，需要研究安全科学管理的规律，需要安全科学管理原理的指导，更需要掌握安全科学管理方法和技术。为了有助于系统学习和掌握安全管理理论、方法和技术，我们遵循“理论-方法-模式（实例）”的形式逻辑，在本书中探讨了系统的安全管理理论、论述了实用的安全管理方法、介绍了成功的安全管理经验。本著作涵盖安全管理的理论、原理、原则、模式、方法、手段、技术等内容。著作的特点表现于以下方面。

（1）知识性：较为综合、全面、系统地介绍了安全管理的理论、方法，并且从多种角度介绍了安全管理的案例和模式。无论是政府管理人员或是企业安全专业人员，学习本书对系统接受安全管理知识是有益的。

（2）科学性：首先本书是站在现代安全管理科学的角度来陈述安全管理的基本内容，建立了安全科学管理的系统构架，不但深入到管理哲学、系统科学和管理体系，还具体涉及人因管理、设备管理、环境管理、现场管理等；不但引进了诸多国外的经验，也总结了国家多个行业成功的做法和案例。

（3）通俗性：本书的主要对象可以是政府安全监管部门的工作人员，也可以是企业的经营者、管理者和安全生产专业工作者。本书也可作为安全工程专业的大学生也可作为重要的参考书。

作者以诚挚的心情，向安全生产管理和安全科学管理进行过超前和卓越探索的专家表示敬意，因为有了他们的远见卓识和不懈努力，我国安全科学管理和现代企业安全管理才有今天的发展。

本著作引用了许多前辈和专家的研究成果，除了在参考文献中列出以表尊重外，在此作者再表诚挚谢意。同时，作者向提供相关资料和信息以及对本书的编写提纲提出宝贵意见的专家、老师、学长和同仁表示衷心的感谢！

罗　云

2009年7月

目录

上篇　安全管理理论

第一章　安全管理哲学与原理　/2

第二章　安全系统科学原理　/15

第三章　安全法学理论　/33

第四章 安全教育学原理 /58

第五章 安全经济学原理 /76

第六章　安全文化建设理论与方法　/97

第七章 安全行为科学理论 /131

第八章 安全生产系统战略 /148

中篇 安全管理方法

第九章 安全管理模式 /162

第十章 风险管理技术 /177

第十一章　安全管理技术　/203

下篇 安全管理经验及借鉴

第十三章　中国香港及台湾安全管理经验　/270

第十四章 中国大陆安全管理实例 /275

第十五章 行为科学管理案例 /284

第十六章 安全法治管理案例 /293

参考文献 /301

安全管理理论

第一章 安全管理哲学与原理

重要概念 事后型哲学、预防型哲学、安全管理原理。

重点提示 安全哲学的内涵——认识论与方法论；国家领导对安全生产的认识论和方法论理论；我国安全生产方针的哲学理解；宿命论与被动型的安全哲学；经验论与事后型的安全哲学；系统论与综合型的安全哲学；本质论与预防型的安全哲学；历史学意义上的安全哲学进程；传统与现代安全哲学的特点与区别；孔子学习方法论给我们的启示。

问题注意 安全哲学的发展是建立安全生产活动与事故预防实践的基础，并非人为的臆造；特定的时代，具有特定的生产方式和技术水平，这就决定相适应的安全认识论与方法论；一个现代企业，一定要追求现代的、预防型的安全哲学；基于思维科学的安全哲学告诉我们，安全生产的改善不能建立在事故"经历"的基础上，可以通过"模仿"来学习，最好要建立在思考与分析的超前防范基础上。

第一节 国家领导人的安全哲学思想

1986 年 10 月 13 日，江泽民同志任上海市市长时曾在有关专业会议上指出：隐患险于明火，防范胜于救灾，责任重于泰山。江泽民同志的这一论述中包含着深刻的安全认识论和安全方法论的哲学道理。其中，"隐患险于明火"就是预防事故、保障安全生产的认识论哲学。"隐患险于明火"是说隐患相对于明火是更危险的要素，而在各种隐患中，思想上的隐患又最可怕。因此，实现安全生产最关键、最重要的对策，是要从隐患入手，积极、自觉、主动地实施消除隐患的战略。"防范胜于救灾"就是在预防事故、保障安全生产的方法论上，事前的预防及防范方法胜于和优于事后被动的救灾方法。因此，在安全生产管理的实践中，预防为主是保证安全生产最明智、最根本、最重要的安全哲学方法论。

2006 年 3 月 27 日，胡锦涛同志在中共中央政治局进行第三十次集体学习时，强调指出："高度重视和切实抓好安全生产工作，是坚持立党为公、执政为民的必然要求，是贯彻落实科学发展观的必然要求，是实现好、维护好、发展好最广大人民的根本利益的必然要求，也是构建社会主义和谐社会的必然要求。各级党委和政府要牢固树立以人为本的观念，关注安全，关爱生命，进一步认识做好安全生产工作的极端重要性，坚持不懈地把安全生产工作抓细抓实抓好。"

胡锦涛同志关于安全生产工作的"四个是"要求，强调了安全生产工作对于立党、为民的重要性，明确了安全生产与科学发展和构建和谐社会的关系和地位，是哲理，是认识论问题。对各级党委和政府提出"关注、关爱"的要求，指出要"抓细、抓实、抓好"安全生产，这就是对方法论的明示。

2013年6月6日，习近平总书记就做好安全生产工作作出重要批示。他指出：接连发生的重特大安全生产事故，造成重大人员伤亡和财产损失，必须引起高度重视。人命关天，发展决不能以牺牲人的生命为代价。这必须作为一条不可逾越的红线。习近平同志的"红线"意识强调了安全是人类生存发展最基本的需求和价值目标：没有安全，一切都无从谈起。要坚决做到生产必须安全，不安全不生产，坚决不要"带血的GDP"。

第二节　我国安全生产方针的哲学理解

《安全生产法》将我国安全生产的基本方针改为"安全第一、预防为主、综合治理"，"安全第一"是基本原则，"预防为主"是主体策略，"综合治理"是系统方略。其中，"预防为主"的科学基础可从以下方面进行哲学论证。

1. 从历史学的角度

17世纪前，人类安全的认识论属于宿命论，方法论是被动承受型的，这是人类古代安全文化的特征。17世纪末期至20世纪初，人类的安全认识论提高到经验论水平，方法论有了"事后弥补"的特征。这种由被动变为主动，由无意识变为有意识，不能说不是一种进步。20世纪初至20世纪50年代，随着工业社会的发展和技术的不断进步，人类的安全认识论进入了系统论阶段，从而在方法论上能够推行安全生产与安全生活的综合型对策，进入了初期的安全文化阶段；20世纪50年代以来，随着人类高新技术的不断应用，如宇航技术、核技术的利用、信息化社会的出现，人类的安全认识论进入了本质论阶段，超前预防型成为现代安全文化的主要特征，这种高技术领域的安全思想和方法论推进了传统产业和技术领域的安全手段和对策的进步。

因此可以说：预防为主是安全史学总结出的最基本的安全生产策略和方法。

2. 基于安全文化的理论

根据安全科学原理，与事故相关的人、机、环、管四要素中，"人因"是最为重要的。因此，建设安全文化对于保障安全生产有着重要和现实的意义。从安

全文化的角度，人的安全素质包括人的安全知识、技能和意识，甚或包括人的安全观念、态度、品德、伦理、情感等更为基本的人文素质层面。安全文化建设要提高人的基本素质，需要从人的深层的、基本的安全素质入手。这就要求进行全民的安全文化建设，建立大安全观的思想。安全文化建设包含安全科学建设、发展安全教育、强化安全宣传、提倡科学管理、建设安全法制等精神文化领域，同时也涉及优化安全工程技术、提高本质安全化等物质文化方面。因此，安全文化建设对人类的安全手段和对策具有系统性意义。

由此可看出：预防型的安全文化是人类现代安全行为文化中最重要、最理性的安全认识。

3. 基于系统科学观点

保障安全生产要通过有效的事故预防来实现。在事故预防过程中，涉及两个系统对象。一是事故系统，其要素有如下几个。人：人的不安全行为是导致事故的最直接的因素；机：机的不安全状态也是导致事故的最直接因素；环境：不良的生产环境影响人的行为，对机械设备产生不良的作用；管理：管理的欠缺。二是安全系统，其要素有如下几个。人：人的安全素质（心理与生理、安全能力、文化素质）；物：设备与环境的安全可靠性（设计安全性、制造安全性、使用安全性）；能量：生产过程能的安全作用（能的有效控制）；信息：充分可靠的安全信息流（管理效能的充分发挥）是安全的基础保障。认识事故系统要素，对指导我们从打破事故系统来保障人类的安全具有实际的意义，这种认识带有事后型的色彩，是被动、滞后的。而从安全系统的角度出发，则具有超前和预防的意义。因此，从建设安全系统的角度来认识安全原理更具有理性的意义，更符合科学性原则。

根据安全系统科学的原理，预防为主是实现系统（工业生产）本质安全化的必由之路。

4. 依据安全经济学的结论

安全经济学研究的最基本的内容是安全的投资或成本规律、安全的产出规律、安全的效益规律等基本问题。安全经济学研究的成果能够使人们认识安全经济规律。如事故损失：占GNP2.5%；安全投资：占GNP1.2%；事故直间损失系数：(1∶4)～(1∶>100)；安全投入产出比：1∶6；安全生产贡献率：1.5%～5%；预防性投入效果与事后整改效果的关系是1与5的关系。

预防型投入与事故整改的关系及安全效益金字塔法则都表明：预防型的“投入产出比”高于事后整改的“投入产出比”。

5. 从工业安全实践中证明

应用安全评价的理论，对一般工业安全措施实践的安全效益进行科学合理的评估，得到安全效益的金字塔法则，其结论是：系统设计1分安全性=10倍制造安全性=1000倍应用安全性。

由此可以说：超前预防型效果优于事后型整改效果。因此，主张在设计和策划阶段要充分地重视安全，落实预防为主的策略。

6. 根据事故致因理论

根据事故理论的研究，事故具有以下几种基本性质：①因果性。工业事故的因果性是指事故是由相互联系的多种因素共同作用的结果，引起事故的原因是多方面的，在伤亡事故调查分析过程中，应弄清事故发生的因果关系，找到事故发生的主要原因，才能对症下药。②随机性与偶然性。事故的随机性是指事故发生的时间、地点、事故后果的严重性是偶然的。这说明事故的预防具有一定的难度。但是，事故这种随机性在一定范畴内也遵循统计规律。从事故的统计资料中可以找到事故发生的规律性。因而，事故统计分析对制定正确的预防措施有重大的意义。③潜在性与必然性。表面上，事故是一种突发事件，但是事故发生之前有一段潜伏期。在事故发生前，人、机、环境系统所处的这种状态是不稳定的，也就是说系统存在着事故隐患，具有危险性。如果这时有一触发因素出现，就会导致事故的发生。在工业生产活动中，企业较长时间内未发生事故，如麻痹大意，就是忽视了事故的潜伏性，这是工业生产中的思想隐患，是应予克服的。

上述事故特性说明了一个根本的道理：现代工业生产系统是人造系统，这种客观实际给预防事故提供了基本的前提。所以说，任何事故从理论和客观上讲，都是可预防的。因此，人类应该通过各种合理的对策和努力，从根本上消除事故发生的隐患，把工业事故的发生降低到最小限度。

7. 基于国际安全管理之潮流

在企业的安全管理策略上推行预期型管理；在企业安全管理过程中采用无隐患管理法、安全目标管理法以及推行行为抽样管理技术；对重大工程项目进行安全预评价，对一般技术项目推行预审制；企业对于重大危险源进行监控和建立应急预案。这些做法都符合国际安全生产管理的现代潮流。

第三节　从历史学的角度认识安全哲学

人类的发展历史一直伴随着人为或自然意外事故和灾难的挑战，从远古祖先们祈天保佑、被动承受到学会“亡羊补牢”凭经验应付，一步步到近代人类扬起“预防”之旗，直至现代社会全新的安全理念、观点、知识、策略、行为、对策等，人们以安全系统工程、本质安全化的事故预防科学和技术，把“事故忧患”的颓废认识变为安全科学的缜密；把现实社会“事故高峰”和“生存危机”的自扰情绪变为抗争和实现平安康乐的动力，最终创造人类安全生产和安全生存的安康世界。在人类历史进程中，包含着人类安全哲学——安全认识论和安全方法论的发展与进步。

工业革命前，人类的安全哲学具有宿命论和被动型的特征；工业革命的爆发至20世纪初，由于技术的发展使人们的安全认识论提高到经验论水平，在事故

的策略上有了“事后弥补”的特征，在方法论上有了很大的进步和飞跃，即从无意识发展到有意识，从被动变为主动；20 世纪初至 50 年代，随着工业社会的发展和技术的不断进步，人类的安全认识论进入了系统论阶段，在方法论上能够推行安全生产与安全生活的综合型对策，进入了近代的安全哲学阶段；20 世纪 50 年代到 20 世纪末，由于高新技术的不断涌现，如现代军事、宇航技术、核技术的利用以及信息化社会的出现，人类的安全认识论进入了本质论阶段，超前预防型成为现代安全哲学的主要特征，这样的安全认识论和方法论大大推进了现代工业社会的安全科学技术和人类征服意外事故的手段和方法。

从历史学的角度，表 1-1 体现了上述安全哲学发展的简要脉络。

表 1-1　人类安全哲学发展进程

阶段	时　代	技术特征	认识论	方法论
Ⅰ	工业革命前	农牧业及手工业	听天由命	无能为力
Ⅱ	17 世纪至 20 世纪初	蒸汽机时代	局部安全	亡羊补牢，事后型
Ⅲ	20 世纪初至 50 年代	电气化时代	系统安全	综合对策及系统工程
Ⅳ	20 世纪 50 年代以来	宇航技术与核能	安全系统	本质安全化，预防型

1. 宿命论与被动型的安全哲学

这样的认识论与方法论表现为：对于事故与灾害听天由命，无能为力。认为命运是老天的安排，神灵是人类的主宰。事故对生命的残酷践踏，但人类无所作为，自然或人为的灾难、事故只能是被动地承受，人类的生活质量无从谈起，生命与健康的价值被泯灭，这样的社会落后、愚昧。

2. 经验论与事后型的安全哲学

随着生产方式的变更，人类从农牧业进入了早期的工业化社会——蒸汽机时代。由于事故与灾害类型的复杂多样和事故严重性的扩大，人类进入了局部安全认识阶段，哲学建立在事故与灾难经历的基础上来认识人类安全，有了与事故抗争的意识，学会了“亡羊补牢”的手段，常见的头痛医头、脚痛医脚的对策方式如：调查、处理事故时的“三不放过”的原则、事故统计学的致因理论研究、事后整改对策的完善、管理中的事故赔偿与事故保险制度等。

3. 系统论与综合型的安全哲学

建立了事故系统的综合认识，认识到了人、机、环境、管理事故综合要素，主张工程技术硬手段与教育、管理软手段的综合措施。其具体思想和方法有：全面安全管理的思想；安全与生产技术统一的原则；讲求安全人机设计；推行系统安全工程；企业、国家、工会、个人综合负责的体制；生产与安全的管理中要讲同时计划、布置、检查、总结、评比的“五同时”原则；企业各级生产领导在安全生产方面向上级、向职工、向自己的“三负责”制；安全生产过程中要查思想认识、查规章制度、查管理落实、查设备和环境隐患，定期与非定期检查相结合、普查与专查相结合、自查、互查、抽查相结合，生产企业岗位每天查、班组车间每周查、厂级每季查、公司年年查，定项目、定标准、定指标、科学定性与定量相结合等安全检查系统工程。

4. 本质论与预防型的安全哲学

进入了信息化社会，随着高新技术的不断应用，人类在安全认识论上有了组织思想和本质安全化的认识，方法论上讲求安全的超前、主动。具体表现为：从人与机器和环境的本质安全入手，人的本质安全不但要解决人的知识、技能、意识素质，还要从人的观念、伦理、情感、态度、认知、品德等人文素质入手，从而提出安全文化建设的思路；物和环境的本质安全化就是要采用先进的安全科学技术，推广自组织、自适应、自动控制与闭锁的安全技术；研究人、物、能量、信息的安全系统论、安全控制论和安全信息论等现代工业安全原理；技术项目中要遵循安全措施与技术设施同时设计、施工、投产的“三同时”原则；企业在考虑经济发展、进行机制转换和技术改造时，安全生产方面要同时规划、发展、同时实施，即所谓“三同步”的原则；进行不伤害他人、不伤害自己、不被别人伤害的“三不伤害活动”，整理、整顿、清扫、清洁、态度“5S”活动，生产现场的工具、设备、材料、工件等物流与现场工人流动的定置管理，对生产现场的“危险点、危害点、事故多发点”的“三点控制工程”等超前预防型安全活动；推行安全目标管理、无隐患管理、安全经济分析、危险预知活动、事故判定技术等安全系统工程方法。

第四节　基于思维科学的安全哲学

思维科学（Thought Sciences），是研究思维活动规律和形式的科学。思维一直是哲学、心理学、神经生理学及其他一些学科的重要研究内容。辩证唯物主义认为，思维是高度组织起来的物质，即人脑的机能，人脑是思维的器官。思维是社会的人所特有的反映形式，它的产生和发展都同社会实践和语言紧密地联系在一起。思维是人所特有的认识能力，是人的意识掌握客观事物的高级形式。思维在社会实践的基础上，对感性材料进行分析和综合，通过概念、判断、推理的形式，形成合乎逻辑的理论体系，反映客观事物的本质属性和运动规律。思维过程是一个从具体到抽象，再从抽象到具体的过程，其目的是在思维中再现客观事物的本质，达到对客观事物的具体认识。思维规律由外部世界的规律所决定，是外部世界规律在人的思维过程中的反映。

我们的先哲——孔子早就说过：建立在“经历”方式上的学习和进步是痛苦的方式；而只有通过“沉思”的方式来学习，才是最高明的；当然，人们还可以通过“模仿”来学习和进步，这是最容易的。从这种思维方式出发，进行推理和思考，我们感悟到：人类在对待事故与灾害的问题上，千万不要试求通过事故的

经历才汲取教训，因为这样的教训太惨痛，“人的生命只有一次，健康何等重要。”我们应该掌握正确的安全认识论与方法论，从理性与原理出发，通过“沉思”来防范和控制职业事故和灾害，至少我们要选择“模仿”之路，学会向先进的国家和行业学习，这才是正确的思想方法。

我国古代政治家荀况在总结军事和政治方法论时，曾总结出：先其未然谓之防，发而止之谓其救，行而责之谓之戒，但是防为上，救次之，戒为下。这归纳用于安全生产的事故预防上，也是精辟方法论。因此，我们在实施安全生产保障对策时，也需要“狡兔三窟”，即要有“事前之策”——预防之策，也需要“事中之策”——救援之策和“事后之策”——整改和惩戒之策。但是预防是上策，所谓“事前预防是上策，事中应急次之，事后之策是下策”。

对于社会，安全是人类生活质量的反映；对于企业，安全也是一种生产力。我们人类已进入21世纪，我们国家正前进在高速的经济发展与文化进步的历史快车之道。面对这样的现实和背景，面对这样的命题和时代要求，促使我们清醒地认识到，必须用现代的安全哲学来武装思想、指导职业安全行为，从而为推进人类安全文化的进步，为实现高质量的现代安全生产与安全生活而努力。

第五节　安全管理原理

一、安全管理公理（Safety Management Axiom）

公理是事物客观存在及不需要证明的命题。安全管理公理可理解为“人们在安全管理实践活动中，客观面对的、并无可争论的命题或真理”。安全管理公理是客观、真实的事实，不需要证明或争辩，能够被人们普遍接受，具有客观真理的意义。

1. 第一公理：生命安全至高无上

即生命安全在一切事物中，必须置于最高、至上的地位。该公理表明了安全的重要性。“生命安全至高无上”是我们每一个人、每一个企业和整个社会所接受和认可的客观真理。对于个人，生命安全为根，没有生命就没有一切；对于企业，生命安全为天，没有生命安全，就没有基本的生产力；对于社会，生命安全为本，没有人的生命安全，社会不复存在。生命安全是个人和家庭生存的根本，是企业和社会发展的基础。无论是自然人和社会人，无论是企业家还是政府管理者，都应该建立安全至上的道义观、珍视生命的情感观和正确的生命价值观，人的生命安全必须高于一切。

2. 第二公理：事故灾难是安全风险的产物

即事故及公共安全事件的发生取决于安全风险因素的形态及程度，事故灾难是安全风险的产物。该公理表明了安全的本质性或根本性。安全风险是事物所处的一种不安全状态，在这种状态下，将可能导致某种事故或一系列的损害或损失事件的发生。事故是由生产过程或生活活动中，人、机、环境、管理等系统因素控制不当或失效所致，这种不当或失效，就是风险因素。理论上讲，事故都是来自于技术系统的风险，系统能量的大小决定系统固有风险，系统存在形态和环境决定系统现实的风险。风险因素的发生概率及其状态决定安全程度，安全程度或水平决定避免事故的能力。

该公理表明了安全的本质性或根本性，明确了安全工作的目标，指出了如何实现对事故有效预防的方向。

3. 第三公理：安全是相对的

即人类创造和实现的安全状态和条件是动态、变化的，安全的程度和水平是相对法规与标准要求、社会与行业需要存在的。安全没有绝对，只有相对；安全没有最好，只有更好；安全没有终点，只有起点。安全的相对性是安全社会属性的具体表现，是安全的基本而重要的特性。这一公理表明了安全的相对性特征。

安全科学是一门交叉科学，既有自然属性，也有社会属性。针对安全的自然属性，从微观和具体的技术对象角度，安全存在着绝对性特征。从安全的社会属性角度，安全不是瞬间的结果，而是对事物某一时期、某一阶段过程状态的描述，安全的相对性是普遍存在的。绝对安全是一种理想化的目标，相对安全是客观现实。相对安全是安全实践中的常态，是普遍存在的，因此应有相对安全的策略和意识。应对安全的相对性，就需要有如下策略：要建立发展观念；要树立全过程思想；要具有“居安思危”的认知。

4. 第四公理：危险是客观的

即在社会生活、公共生活和工业生产过程中，来自于技术与自然系统的危险因素是客观存在的。危险因素的客观性决定了安全科学技术需求的必然性、持久性和长远性。该公理反映了安全的客观性属性。人类需要发展安全科学技术，这是因为在人类生产、生活活动过程中，面对各种自然系统和人造系统的客观危险性和危害性，并且随着科学技术的发展，危险性越来越复杂，危害性越来越严重。辨识、认知、分析、控制危险性，消除、降低、减轻其危害性，就是安全科学技术的最基本任务和目标。

根据该公理，首先应充分认识危险或危险源，只有在充分认识危险的基础上，才能分析危险，进而控制危险，消除危害，避免事故灾难的发生。

5. 第五公理：人人需要安全

即每一个自然人、社会人，无论地位高低、财富多少，都需要和期望自身的生命安全，都需要安全生存、安全生产、安全发展，安全是人类社会普遍性及基础性的目标。安全是人类生产、生存、生活的最根本的基础，也是生命存在和社会发展的前提和条件，人类从事任何活动都需要安全作为保障和基础。无论是自然人还是社会人，生命安全“人人需要”；无论是企业家还是员工，安全生产“人人需要”，因为安全保护生命、安全保障生产。反之，没有安全就没有一切。

安全是生命存在的基础。

该公理表明了安全的普遍性或普适性，即人人需要安全、人人参与安全、人人共享安全。

二、安全管理定理（Safety Management Theorem）

定理是指事物发展的必然要求或必须遵循的规律，定理可基于公理推导得出。安全管理定理是基于安全管理公理推理证明的安全管理活动的规律和准则。安全管理定理为安全管理科学的发展和公共安全管理活动提供理论的支持和方向引导，对公共安全管理工作或安全科学监管的实践具有指导性，是安全管理活动或安全管理工作必须遵循的必然规律及基本准则。

1. 第一定理：坚持安全第一的原则

即人类一切活动过程中，时时处处人人事事必须“优先安全”“强化安全”“保障安全”。对于企业，当安全与生产、安全与效益、安全与效率发生矛盾和冲突时，必须“安全第一”“安全为大”。

“安全第一”这一口号，起源于1901年美国的钢铁工业时代。百年之间，“安全第一”已从口号变为公共安全基本方针，成为人类生产活动，甚至一切活动的基本准则。“安全第一”是人类社会一切活动的最高准则。“安全第一”是一个相对、辩证的概念，它是在人类活动的方式上相对于其他方式或手段而言，并在与之发生矛盾时，必须遵循的重要原则。

该定理要求首先要树立“安全第一”的哲学观；第二，要做到全面的“安全第一”；第三，要正确处理好安全与发展、安全与效益、安全与生产等基本矛盾与关系。

2. 第二定理：秉持事故可预防信念

即从理论上和客观上讲，任何来自于技术系统、人造系统的事故发生是可预防的，其灾难导致的后果是可控的。

对技术系统从设计、制造、运行、检验、维修、保养、改造等环节，从人因、物因、环境、管理等要素出发，甚至对技术系统采取管理、监测、调适等措施，对技术存在条件、状态和过程进行有效控制，从而实现对技术风险的管理和控制，实现对事故的防范。对于来自于自然的灾害，目前我们还不能阻止其发生，但可以预测、预警和应对，规避其后果的严重性。对于人为故意的社会事件灾难，更是可以从社会风险因素出发，消除其发生的基础和原因，从而避免社会突发事件的发生。

在人类社会发展的过程中，事故给人类带来了巨大的灾难，但是，作为社会主宰者的人类，秉持事故可预防的信念，在不断地与事故博弈的过程中，已经取得了很大的进步，在安全科学技术发展的今天，更应该继承前人的智慧，秉持事故可预防的信念，向着“本质安全”以及“零伤害、零事故”的目标迈进。

3. 第三定理：遵循安全发展规律

即人类对安全的需求是变化和发展的过程，人类的安全标准和规范是不断提高的；人类的社会发展和经济发展要以安全发展为基础，只有安全发展，才能有社会经济的长远发展和持续发展。安全发展是社会文明与社会进步程度的重要标志，社会文明与社会进步程度越高，人们对生活质量和生命与健康保障的要求愈为强烈。安全发展是社会文明与社会进步程度的重要标志，社会文明与社会进步程度越高，人们对生活质量和生命与健康保障的要求愈为强烈。满足人们不断增长的物质与文化生活水平的要求，必须坚持安全发展，实现安全目标的不断提升。

该定理告诉我们，安全是发展的过程，我们要以发展的眼光去看待安全，看待安全的各个环节：一是要建立“以人为本”的发展理念，二是要实现安全目标的不断提升。

4. 第四定理：把握持续安全方法

即安全是一个长期发展的、实践的过程，在任何时期从事安全活动，都要注重安全理念和方法的科学性、有效性和寻求安全与资源的最优化匹配组合，把握持续安全的方法。在从事安全活动时，就应该树立持续安全的理念，把握持续安全的方法，来适应发展环境的变化和人们需求的变化。危险是客观的，安全是永恒的。曾经的安全并不代表未来的可靠，不能用过去式状态来肯定当前的状态。安全是在不断发展的，不同的时期不同的环境、经济水平条件下，安全的内容是不同的，因此，注重安全理念和方法的科学性、有效性和系统性，寻求安全与资源的最优化匹配组合，不断完善和改善安全管理标准。只有把握持续安全的方法，才能有效地控制系统危险，保证系统安全。

5. 第五定理：遵循安全人人有责的准则

即安全需要人人参与，人人当责，坚持“安全义务，人人有责”的原则，建立全员安全责任的网络体系，实现安全人人共享。人人需要安全，那么人人就应该参与安全，为安全尽责。这里“责”应当理解为“责任心”“安全职责”“安全思想认识和安全管理尽责”等。不论何人，都应该对安全尽责，形成“人人讲安全，事事讲安全，时时讲安全，处处讲安全”，以及“我的安全我负责、他人安全我有责、社会安全我尽责”的安全氛围。安全是与我们每个人都息息相关的，从生活到工作都离不开安全。树立“安全第一”的意识，不小瞧任何细微的疏忽，时时刻刻以“安全无小事，责任大于天”来要求自己，对待周围有可能发生危险的事物采取谨慎科学的态度，以安全为第一原则。

第六节　安全管理的发展

安全管理的发展具体表现为管理理论、管理模式和管理方法的发展。

一、安全管理理论的发展

安全管理的理论经历了四个发展阶段：

第一阶段：在人类工业发展初期，发展了事故学理论，建立在事故致因分析理论基础上，是经验型的管理方式，这一阶段常常被称为传统安全管理阶段。

第二阶段：在电气化时代，发展了危险理论，建立在危险分析理论基础上，具有超前预防型的管理特征。这一阶段提出了规范化、标准化管理，常常被称为科学管理的初级阶段。

第三阶段：在信息化时代，发展了风险理论，建立在风险控制理论基础上，具有系统化管理的特征。这一阶段提出了风险管理，是科学管理的高级阶段。

第四阶段：人类对未来的不断追求，需要发展安全原理，以本质安全为管理目标，推进兴文化的人本安全和强科技的物本安全，实现安全管理的理想境界。

上述四个阶段管理理论，对应的具有四种管理方式：

事故型管理方式：以事故为管理对象；管理的程式是事故发生—现场调查—分析原因—找出主要原因—理出整改措施—实施整改—效果评价和反馈。这种管理模型的特点是经验型，缺点是事后整改，成本高，不符合预防的原则。

缺陷型管理方式：以缺陷或隐患为管理对象，管理的程式是查找隐患—分析成因—关键问题—提出整改方案—实施整改—效果评价，其特点是超前管理、预防型、标本兼治，缺点是系统全面有限、被动式、实时性差、从上而下，缺乏现场参与、无合理分级、复杂动态风险失控等。

风险型管理方式：以风险为管理对象，管理的程式是进行风险全面辨识—风险科学分级评价—制定风险防范方案—风险实时预报—风险适时预警—风险及时预控—风险消除或削减—风险控制在可接受水平，其特点是风险管理类型全面、过程系统、现场主动参与、防范动态实时、科学分级、有效预警预控，其缺点是专业化程度高、应用难度大、需要不断改进。

目标型管理方式：以安全系统为管理对象，全面的安全管理目标，管理程式是制定安全目标—分解目标—管理方案设计—管理方案实施—适时评审—管理目标实现—管理目标优化，管理的特点是全面性、预防性、系统性、科学性的综合策略，缺点是成本高、技术性强，还处于探索阶段。

二、安全管理模式的发展

安全管理模式的发展可分为三个层次：经验式的安全管理模式；科学式安全管理模式；文化式的安全管理模式。20 世纪 50 年代，人类的工业安全管理完成了从经验管理到科学管理的发展，这是人类安全管理的第一次飞跃；20 世纪 90 年代以来，人类在探索着从科学管理到文化管理的第二次飞跃。

1. 安全的经验管理

经验安全管理是从已发生事故吸取经验教训，加强安全管理，防止同类事故再次发生的管理模式。其以事故为研究对象和认识的目标，在认识论上主要是经验论与事后型的安全观，是建立在事故与灾难的经历上来认识安全，是一种逆式思路（从事故后果到原因事件），因而这种解决安全问题的模式亦称为事故型。其根本特征在于被动与滞后，是“亡羊补牢”的模式，突出表现为“头痛医头、脚痛医脚，就事论事”的对策方式，其管理方式的突出特征是事后型、凭感性、靠直觉。

2. 安全的科学管理

科学安全管理是以人-机-环境-信息等要素构成的安全系统为研究对象，基于系统科学理论方法而形成的现代安全管理模式。其以安全系统为研究对象和认识的目标，在认识论上主要是本质论与预防型的安全观。随着人们对安全问题认识的加深，意识到必须建立一门专门的理论体系——安全科学，并基于此开展安全管理活动，才能更好地实现安全目标。科学安全管理的主要特征是预防型、本质安全型，其管理方式的主要特征是规范化、标准化、程序化，但是也存在重物轻人、重形式缺灵活性等问题。

3. 安全的文化管理

文化安全管理是以人为核心，激发人的主观能动性，树立良好安全观念，培养优异安全行为素养，形成自主学习、良性循环、不断完善、追求卓越的安全体制机制的管理模式。文化安全管理是在科学安全管理基础上提出的新的管理模式，是现代安全管理发展的方向。文化安全管理具有五个特点：一切依靠人的人本观点，安全核心价值理念获得一致高度认同；安全第一的原则得到普遍、自觉践行；管理的重点从行为层转到观念层；领导的方式从监督型和指挥型转为育才型；体现出硬管理与软管理的巧妙结合。

三、安全管理技术的发展

管理也是一门技术。安全管理的技术方法科学、合理，是保证安全管理效能的重要前提和决定性因素。

从管理对象的角度：安全管理由近代的事故管理，发展到现代的隐患管理。早期，人们把安全管理等同于事故管理，显然仅仅围绕事故本身作文章，安全管理的效果是有限的，只有强化了隐患的控制，消除危险，事故的预防才高效，因此，20 世纪 60 年代发展起来的安全系统工程强调了系统的危险控制，揭示了隐患管理的机理。21 世纪，隐患管理得到推行和普及。

从管理过程的角度：早期是事故后管理，发展到 20 世纪 60 年代强化超前和预防型管理（以安全系统工程为标志）。随着安全管理科学的发展，人们逐步认识到，安全管理是人类预防事故三大对策之一，科学的管理要协调安全系统中的人—机—环诸因素，管理不仅是技术的一种补充，更是对生产人员、生产技术和生产过程的控制与协调。21 世纪，人们逐步完成了这种认识和过程。

从管理技法的角度：从传统的行政手段、经济手段，以及常规的监督检查，

发展到现代的法治手段、科学手段和文化手段；从基本的标准化、规范化管理，发展到以人为本、科学管理的技巧与方法。21 世纪，安全管理系统工程、安全评价、风险管理、预期型管理、目标管理、无隐患管理、行为抽样技术、重大危险源评估与监控等现代安全管理方法，已经大显身手，未来安全文化管理的手段将成为重要而有效的安全管理方法。

企业安全管理的技术方法首先涉及的是基础或日常安全管理，有时也称为传统安全管理方法，如安全责任制、安全监察、安全设备检验制、劳动环境及卫生条件管理、事故管理、三同时和五同时等基础管理，以及安全检查制、“三全”管理、三负责制、“5S”活动、“五不动火”管理、审批动火票的“五信五不信”“四查五整顿”“巡检挂牌制”、防电气误操作“五步操作管理法”、人流、物流定置管理、三点控制、安全班组活动等生产现场安全管理方法等。随着现代企业制度的建立和安全科学技术的发展，现代企业更需要发展科学、合理、有效的现代安全管理方法和技术。现代安全管理是现代社会和现代企业实现现代安全生产和安全生活的必由之路。一个具有现代技术的生产企业必然需要与之相适应的现代安全管理科学。目前，现代安全管理是安全管理工程中最活跃、最前沿的研究和发展领域。

现代安全管理的方法主要有：安全科学决策、安全规划、安全系统管理、事故致因管理、安全法制管理、安全目标管理、安全标准化管理、无隐患管理、安全行为抽样技术、安全技术经济可行性论证、HSE 管理体系、OHSMS、NOSA 等综合性的管理理论和方法；以及危险源辨识、风险分级评价、危险预知活动、事故判定技术、系统安全分析、PDCA、SCL、PHA、LEC、JHA、亲情参与制、轮流监督制、名誉员工制、四不伤害活动、三能四标五化六新、三法三卡、班组安全“三基”建设等现场安全管理方法。

只有不断创新和进步，现代安全管理才能满足现代企业安全生产现代管理的需要，才能为降低人类利用技术或工业生产过程的生命、健康、经济、环境的风险代价作出应有的贡献。

第二章 安全系统科学原理

重要概念 安全系统、事故系统、系统要素、系统优化、安全信息、系统管理系统、安全控制、安全协调、能量转移。

重点提示 认识系统科学作为一般方法论理论对安全管理的作用及意义；事故系统的构成要素；安全系统的构成要素；认识事故系统与安全系统的区别及意义；结合本企业的生产特点分析事故系统要素的构成及关系；结合本企业的生产特点分析安全系统要素的构成及关系；现代企业的安全生产管理信息系统；在安全生产管理过程中使用互联网技术；理解安全控制的本质要素；认识能量转移理论；安全管理策略的控制原理；工程技术策略的控制原理；安全协调学的内涵；安全机构组织协调的原理。

问题注意 “事故系统”与“安全系统”的出发点是不同的；“事故系统”与“安全系统”要素中都涉及人、物、环境因素，但其内涵与属性是不一样的；掌握安全生产过程中的原始安全信息和动态安全信息是管理的重要环节；安全信息只有在流动和落实到生产现场才能发挥作用；安全生产管理“软控制”与安全工程技术“硬控制”的区别。

系统科学是研究系统一般规律、系统的结构和系统优化的科学，它对于管理也具有一般方法论的意义。因此，系统科学最基本的理论，即系统论、控制论和信息论，对现代企业的安全管理具有基本的理论指导意义。从系统科学原理出发，用系统论来指导认识安全管理的要素、关系和方向；用控制论来论证安全管理的对象、本质、目标和方法；用信息论来指导安全管理的过程、方式和策略。通过安全系统理论和原理的认识和研究，将能提高现代企业安全管理的层次和水平。

第一节 安全系统论原理

系统原理就是运用系统理论对管理进行系统分析，以达到科学管理的优化目标。系统原理的掌握和运用对提高管理效能有重大作用。掌握和运用系统原理必须把握系统理论和系统分析。

一、系统科学基本理论

系统理论是指把对象视为系统进行研究的一般理论。其基本概念是系统、要素。系统是指由若干相互联系、相互作用的要素所构成的有特定功能与目的的有机整体。系统按其组成性质，分为自然系统、社会系统、思维系统、人工系统、复合系统等，按系统与环境的关系分为孤立系统、封闭系统和开放系统。系统具有六方面的特性。

(1) 整体性。指充分发挥系统与系统、子系统与子系统之间的制约作用，以达到系统的整体效应。

(2) 稳定性。即由于内部子系统或要素的运动，总是使整个系统趋向某一个稳定状态。其表现是在外界相对微小的干扰下，系统的输出和输入之间的关系，系统的状态和系统的内部秩序（即结构）保持不变，或经过调节控制而保持不变的性质。

(3) 有机联系性。即系统内部各要素之间以及系统与环境之间存在着相互联系、相互作用。

(4) 目的性。即系统在一定环境下，必然具有达到最终状态的特性，它贯穿于系统发展的全过程。

(5) 动态性。即系统内部各要素间的关系及系统与环境的关系是时间的函数，即随着时间的推移而转变。

(6) 结构决定功能的特性。系统的结构指系统内部各要素的排列组合方式。系统的整体功能是由各要素的组合方式决定的。要素是构成系统的基础，但一个系统的属性并不只由要素决定，它还依赖于系统的结构。

二、系统基本分析

系统分析是就如何确定系统的各组成部分及相互关系，使系统达到最优化而对系统进行的研究。它包括六个方面：了解系统的要素，分析系统是由哪些要素构成的；分析系统的结构，研究系统的各个要素相互作用的方式；弄清系统的功能；研究系统的联系；把握系统历史；探讨系统的改进。

三、安全系统的构成

从安全系统的动态特性出发，人类的安全系统是人、社会、环境、技术、经济等因素构成的大协调系统。无论从社会的局部还是整体来看，人类的安全生产与生存需要多因素的协调与组织才能实现。安全系统的基本功能和任务是满足人类安全的生产与生存，以及保障社会经济生产发展的需要，因此安全活动要以保障社会生产、促进社会经济发展、降低事故和灾害对人类自身生命和健康的影响为目的的。为此，安全活动首先应与社会发展基础、科学技术背景和经济条件相适应和相协调。安全活动的进行需要经济和科学技术等资源的支持，安全活动既是一种消费活动（以生命与健康安全为目的），也是一种投资活动（以保障经济生产和社会发展为目的）。

从安全系统的静态特性看，安全系统论原理要研究两个系统对象，一是事故系统（见图 2-1），二是安全系统（见图 2-2）。

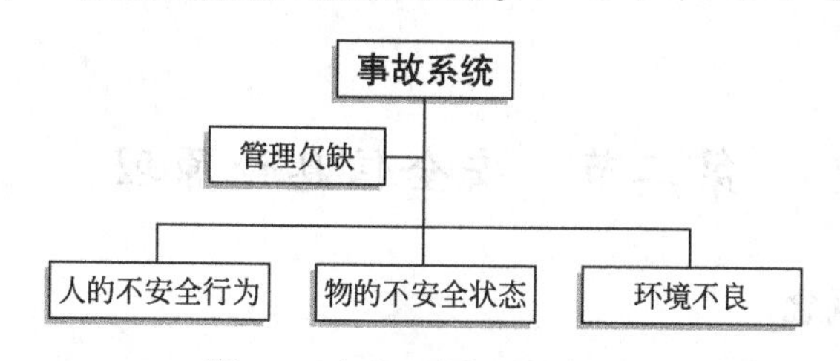

图 2-1　事故系统要素及结构

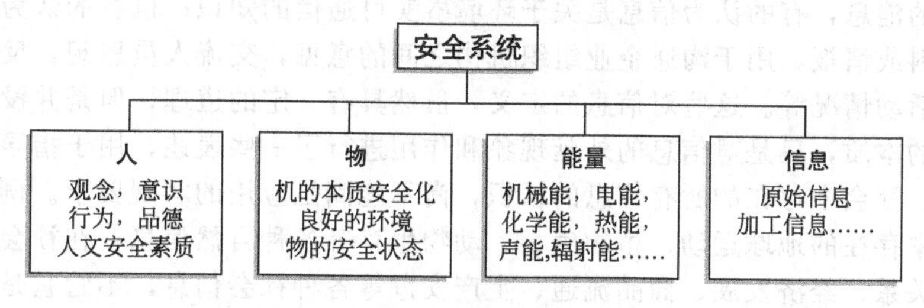

图 2-2　安全系统要素及结构

事故系统涉及四个要素，通常称“4M”要素，即：人（Men）——人的不安全行为；机（Machine）——机的不安全状态；环境（Medium）——生产环境的不良；管理（Management）——管理的欠缺。但是重要的因素是管理，因为管理对人、机、境都会产生作用和影响。

认识事故系统因素，使我们对防范事故有了基本的目标和对象。但是，要提高事故的防范水平，建立安全系统才是更为有意义的。安全系统的要素是：人——人的安全素质（心理与生理；安全能力；文化素质）；物——设备与环境的安全可靠性（设计安全性；制造安全性；使用安全性）；能量——生产过程能的安全作用（能的有效控制）；信息——充分可靠的安全信息流（管理效能的充分发挥）是安全的基础保障。认识事故系统要素，对指导我们从打破事故系统来保障人类的安全具有实际的意义，这种认识带有事后型的色彩，是被动、滞后的，而从安全系统的角度出发，则具有超前和预防的意义，因此，从建设安全系统的角度来认识安全原理更具有理性的意义，更符合科学性原则。

四、安全系统的优化

可以说，安全科学、安全工程技术学科的任务就是为了实现安全系统的优化。

特别是安全管理，更是控制人、机、环境三要素，以及协调人、物、能量、信息四元素的重要工具。

其中一个重要的认识是，不仅要从要素个别出发，研究和分析系统的元素，如安全教育、安全行为科学研究和分析人的要素；安全技术、工业卫生研究物的要素，更有意义的是要从整体出发研究安全系统的结构、关系和运行过程等。安全系统工程、安全人机工程、安全科学管理等则能实现这一要求和目标。

第二节　安全信息论原理

一、基本概念

信息是现代社会发展的产物，其概念有多种。有的认为信息是具有新内容、新知识的消息，有的认为信息是关于环境事实可通信的知识；也有的认为信息是一种资料或情报，用于沟通企业组织机构之间的意见，交流人员思想，反映生产经营的活动情况等。这些对信息的定义，虽然具有一定的道理，但是并没有揭示出信息的本质，只是对信息的外延现象和作用进行了一些表述，用于指导人们对自然界、社会中存在的所有信息的认识，尚不能满足应用的客观要求。例如，在自然界中存在的地球运动、植物生长、动物生存等各种自然信息；在社会中存在的人际关系、经济发展、商品流通、生产安危等各种社会信息，不管它是不是可通信的新内容、新知识，但都是客观存在的，而且需要加以认识和利用。

安全信息是安全活动所依赖的资源，安全信息是反映人类安全事务和安全活动之间的差异及其变化的一种形式。安全科学是一门新兴的交叉学科。安全科学的发展，离不开信息科学技术的应用。安全管理就是借助于大量的安全信息进行管理，其现代化水平决定于信息科学技术在安全管理中的应用程度。只有充分地发挥和利用信息科学技术，才能使安全管理工作在社会生产现代化的进程中发挥积极的指导作用。

在日常生产活动中，各种安全标志、安全信号就是信息，各种伤亡事故的统计分析也是信息。掌握了准确的信息，就能进行正确的决策，更好地为提高企业的安全生产管理水平服务。安全信息原理要研究安全信息定义、类型，研究安全信息的获取、处理、存储、传输等技术。安全信息动力技术涉及系统管理网络、检验工程技术，监督、检查、规范化和标准化的科学管理等。

二、安全信息的功能

(1) 安全信息是企业编制安全管理方案的依据。企业在编制安全管理方案，确定目标值和保证措施时，需要有大量可靠的信息作为依据。例如，既要有安全生产方针、政策、法规和上级安全指示、要求等指令性信息，又要有安全内部历年来安全工作经验教训、各项安全目标实现的数据，以及通过事故预测获知的生产安危等信息，作为安全决策的依据，这样才能编制出符合实际的安全目标和保证措施。

(2) 安全信息具有间接预防事故的功能。安全生产过程是一个极其复杂的系统，不仅同静态的人、机、环境有联系，而且同动态中人、机、环境结合的生产实践活动有联系，同时又与安全管理效果有关。如何对其进行有效的安全组织、协调和控制，主要是通过安全指令性信息（如安全生产方针、政策、法规，安全工作计划和领导指示、要求），统一生产现场员工的安全操作和安全生产行为，促使生产实践规律运动，以此预防事故的发生，这样安全信息就具有了间接预防事故的功能。

(3) 安全信息具有间接控制事故的功能。在生产实践活动中，员工的各种异常行为，工具、设备等物体的各种异常状态等大量不良生产信息，均是导致事故的因素。企业管理人员通过安全信息的管理方式，获知了不利于安全生产的异常信息之后，通过采取安全教育、安全工程技术、安全管理手段等，改变人的异常行为、物的异常状态，使之达到安全生产的客观要求，这样安全信息就具有了间接控制事故的功能。

三、安全信息的分类

依据不同的方式和原则，安全信息可有不同的分类方式。

从信息的形态来划分，安全信息分为一次安全信息和二次安全信息。一次安全信息指原始的安全信息，如事故现场，生产现场的人、机器、环境的客观安全性等；二次安全信息指经过加工处理过的信息，包括安全法规、条例、政策、标准，安全科学理论、技术文献，企业安全规划、总结、分析报告等。

从应用的角度，安全信息可划分为如下三种类型。

(1) 生产安全状态信息。包括：①生产安全信息，如从事生产活动人员的安全意识、安全技术水平，以及遵章守纪等安全行为；投产使用工具、设备（包括安技装备）的完好程度，以及在使用中的安全状态；生产能源、材料及生产环境等，符合安全生产客观要求的各种良好状态；各生产单位、生产人员及主要生产设备连续安全生产的时间；安全生产的先进单位、先进个人数量，以及安全生产的经验等。②生产异常信息，如从事生产实践活动人员，违章指挥、违章作业等违背生产规律的各种异常行为；投产使用的非标准、超载运行的设备，以及有其他缺陷的各种工具、设备的异常状态；生产能源、生产用料和生产环境中的物质，不符合安全生产要求的各种异常状态；没有制定安全技术措施的生产工程、生产项目等无章可循的生产活动；违章人员、生产隐患及安全工作问题的数量等。③生产事故信息，如发生事故的单位和事故人员的姓名、性别、年龄、工种、工级等情况；事故发生的时间、地点、人物、原因、经过，以及事故造成的危害；参加事故抢救的人员、经过，以及采取的应急措施；事故调查、讨论分析

经过和事故原因、责任、处理情况，以及防范措施；事故类别、性质、等级，以及各类事故的数量等。

(2) 安全活动信息。安全活动信息来源于安全管理实践，具有反映安全工作情况的作用。具体包括：①安全组织领导信息。主要有安全生产方针、政策、法规和上级安全指示、要求的贯彻落实情况；安全生产责任制的建立、健全及贯彻执行情况；安全会议制度的建立及实际活动情况；安全组织保证体系的建立，安全机构人员的配备，及其作用发挥的情况；安全工作计划的编制、执行，以及安全竞赛、评比、总结表彰情况等。②安全教育信息。主要有各级领导干部、各类人员的思想动向及存在的问题；安全宣传形式的确立及应用情况；安全教育的方法、内容，受教育的人数、时间；安全教育的成果，考试的人员的数量、成绩；安全档案、卡片的建立及时性应用情况等。③安全检查信息。主要有安全检查的组织领导，检查的时间、方法、内容；查出的安全工作问题和生产隐患的数量、内容；隐患整改的数量、内容和违章等问题的处理；没有整改和限期整改的隐患及待处理的其他问题等。④安全指标信息。具有各类事故的预计控制率、实际发生率及查处率；职工安全教育率、合格率、达标率及查处率；隐患检出率、整改率，安措项目完成率；安全技术装备率、尘毒危害治理率；设备定试率、定检率、完好率等。

(3) 安全指令性信息。来源于安全生产与安全管理，具有指导安全工作和安全生产的作用。其主要内容如下：①安全生产方针、政策、法规和上级主管部门及领导的安全指示、要求。②安全工作计划的各项指标。③安全工作计划的安措计划。④企业现行的各种安全法规。⑤隐患整改通知书、违章处理通知书等。

四、安全信息应用的方式、方法

依据安全信息所具有的反映安全事务和活动差异及其变化的功能，从中获知人们对物的本质安全程度、人的安全素质、管理对安全工作的重视程度、安全教育与安全检查的效果、安全法规的执行和安全技术装备使用的情况，以及生产实践中存在的隐患、发生事故的情况等状况，用于指导安全管理，消除隐患，改进安全生产状况，从而达到预防、控制事故的目的。

(1) 安全信息应用的方式。安全信息应用方式是指依据安全管理的需求，运用安全管理规律和安全管理技术，而确立的对安全信息进行应用管理的形式。大致有如下九种：安全管理记录（安全会议记录，安全调度记录，安全教育记录，安全检查记录，违章登记，隐患登记，事故登记，事故调查记录，事故讨论分析记录等）；安全管理报表（事故速报表，事故月报表，安全管理工作月报表等）；安全管理登记表（伤亡事故登记表，非伤亡事故登记书，重大隐患整改表，违安人员控制表等）；安全管理台账（事故统计台账，职工安全管理统计台账，隐患统计台账，安全天数管理台账等）；安全管理图表（安全组织体系、事故动态图和安全工作周期表等）；安全管理卡片（职工安全卡片，安检人员卡片，尘毒危害人员卡片，工伤职工卡，新工人卡片等）；安全管理档案（职工安全档案，事故档案，安全法规档案，计划总结档案，隐患管理档案，违安人员管理档案，安全文件档案，安全宣传教育档案，尘毒危害治理档案，安措工程档案，安技设备档案等）；安全管理通知书（如隐患整改通知书，违章处理通知书等）；安全宣传信息（如安全简报，板报，安全广播，安全标志，安全天数显示板，安全宣传教育室等）。

（2）安全信息应用的方法。安全信息既来源于安全工作和生产实践活动，又反作用于安全工作和生产实践活动，促进安全管理目的的实现。因此，对安全信息的管理，要抓住安全信息在安全工作和生产实践中流动这个中心环节，使之成为沟通安全管理的信息流。安全信息的应用方法，是以收集、加工、储存和反馈这四个有序联系的环节，促使安全信息在企业安全管理中流通。

（3）安全信息的收集方法。①利用各种渠道收集安全生产方针、政策、法规和上级的安全指示、要求等。②利用各种渠道收集国内外安全管理情报。如安全管理，安全技术方面著作、论文，安全生产的经验、教训等方面的资料。③通过安全工作汇报，安全工作计划、总结，安检人员、职工群众反映情况等形式，收集安全信息。④通过开展各种不同形式的安全检查和利用安全检查记录，收集安全检查信息。⑤利用安全技术装备，收集设备在运行中的安全运行、异常运行及事故信息。⑥利用安全会议记录、安全调度记录和安全教育记录，收集日常安全工作和安全生产信息。⑦利用事故登记、事故调查记录和事故讨论分析记录，收集事故信息。⑧利用违章登记、违安人员控制表，收集与掌握人员的异常信息。⑨利用安全管理月报表、事故月报表，定期综合收集安全工作和安全生产信息。

（4）安全信息的加工。安全信息的加工，是提供规律信息，指导安全科学管理的重要环节。对信息进行加工处理，就是把大量的原始信息进行筛选、分类、排列、比较和计算，聚同分异、去伪存真，使之系统化、条理化，以便储存和使用。①利用事故统计台账，对事故的类别、等级、数量、频率、危害等进行综合分析，进而掌握事故的动向。②利用隐患统计台账，对隐患的数量、等级、整改率、转化率进行综合统计分析，进而掌握隐患的发现、整改及导致事故的情况。③利用职工安全统计台账，对职工的结构、安全培训、违安人员、发生事故等情况进行综合统计分析，进而掌握职工的安全动态。④利用安全天数管理台账，对事故改变了安全局面，影响安全天数的事故单位、事故时间、类别、等级，以及过去连续安全天数等，进行定期累计，从中掌握企业的安全动态。

（5）安全信息的储存。安全信息的储存的方法，除可利用各种安全管理记录、各种报表进行临时简易储存外，还可以利用如下信息管理形式进行定项、定期储存。①利用安全管理台账，既可以对安全信息进行处理，又可以对安全信息进行积累储存待用。②利用安全管理卡片，可以对安全管理人员、工伤职工、特种作业人员、新工人、尘毒危害人员的自然情况和动态变化，进行简易储存待用。③利用安全管理档案，可以对安全信息进行综合、分类储存。④也可以运用

电子计算机，对安全信息进行加工处理和储存。

(6) 安全信息的反馈。安全信息的反馈，具有指导安全管理，改进安全工作和改变生产异常的作用。反馈的方式主要有两种：一是直接向信息源反馈；二是加工处理后集中反馈。①通过领导讲话、指示、要求和安全工作计划、安全技术措施计划、安全法规的贯彻执行，对安全信息进行集中反馈。②利用各种安全宣传教育形式，对安全信息进行间接反馈。③利用各种管理图表，反映安全管理规律、安全工作进度和事故动态。④发现人的异常行为、物的异常状态等生产异常信息，当即提出处理意见，直接向信息源进行反馈。⑤利用违章处理通知书和隐患整改通知书，对违章人员和隐患提出处理意见，也是对安全信息的一种反馈。

五、安全信息的质量与价值

信息质量是指信息所具有的使用价值。信息的使用价值，是由收集信息的及时性、掌握信息的准确性和使用信息的适用性所构成的。信息的价值取决于：

(1) 信息的及时性。指收集和使用信息的时间所具有的使用价值。如果不能及时地收集、使用应收集、使用的信息，错过了收集和使用的时间，信息就失去了应有的作用。这是因为，生产实践活动处在不断发展变化之中，生产中的安全与事故不仅同生产活动方式连在一起，而且同人们对其管理也连在一起。例如，人们在进行安全管理中，如果能够做到及时地发现并及时纠正从业人员在生产中的异常行为，消除设备的异常状态，这样就能有效地控制住事故的发生。反之如果不能及时发现从业人员的异常行为和设备的异常状态，不能及时地纠正从业人员的异常行为和消除设备的异常状态，迟早要导致事故的发生。由此可见，安全信息的使用价值与及时收集和及时使用连在一起，因此安全信息的及时性，属于信息管理的质量范畴。

(2) 信息的准确性。信息的准确性，是指真实的、完整的安全信息所具有的全部使用价值。收集到的安全信息如果不真实或不完整，要影响信息的使用效果，有的可能失去应用的使用价值，有的可能失去部分使用价值，甚至导致做出不符合实际的使用决策，贻误了安全管理工作。例如，有一名高空作业人员没有按规定系安全带，原因是没有安全带，领导就决定他上高空作业。在收集此信息中，如果只收集到高空作业人员没有系安全带的违章作业行为，没有掌握到领导违章指挥的全部事实，这样在使用高空作业人员没有系安全带这个信息时，就会导致由于没有全面掌握信息而影响信息使用的全部价值。其结果只解决了高空作业人员的违章作业问题，而没有解决领导者的违章指挥问题。

(3) 信息的适用性。信息的适用性，是指适用的安全信息所具有的使用价值。在应用安全信息加强安全管理中，收集掌握的安全信息，有的是储存的直接加以使用的，有的是需加工后使用的，有的是储存待用的，也有的是无用的。其中，由于人们的需求和使用的时间、使用的方式、使用的对象不同，安全信息的适用性就决定了信息的使用价值。只有适用的安全信息才有使用价值。因此，在应用安全信息中，除要注意收集、选择直接能应用的信息外，还要学会加工处理信息，使它具有使用价值，才能更好地发挥信息的作用。

(4) 安全信息流。保证安全信息流的合理、高效状态是信息发挥其价值的前提。安全生产过程的信息流形态有人-人信息流（作业过程中员工间的有效、可靠配合）；人-机信息流（机器、设备、工具的有效控制和操作）；人-境信息流（人对环境的感知），机-境信息流（高效的自动控制等）。

六、安全信息的处理技术——安全管理信息系统

20 世纪 80 年代以来，随着现代安全科学管理理论、安全工程技术和微机软、硬件技术的发展，在工业安全生产领域应用计算机做为安全生产辅助管理和事故信息处理的手段，得到了国内外许多企业和部门的重视。这一技术正在不断得到推广应用。国外很多专业领域，如航空工业系统、化工工业系统，以及像美国国家职业安全卫生管理部门、国际劳工组织等机构，都建立了自己的安全工程技术数据库，开发了符合自己综合管理需要的系统。在国内，很多工业行业也都开发了适合自己行业使用的各种管理系统。如原劳动部门开发了劳动法规数据库和安全信息处理系统；航空、冶金、煤炭、化工、石油天然气等行业，都开发了事故管理系统、安全仿真培训系统等。

在安全信息技术方面，开发了很多实用软件，如“事故信息管理与分析系统”“安全生产综合信息管理系统”“职业安全健康法规、标准数据库系统”“石油勘探开发安全生产多媒体培训系统”“建筑安全生产多媒体培训系统”“FTA树分析系统”“安全评价系统”“安全工程电子课件系统教材”“危险源预控与应急信息系统”等。

对安全信息技术方面总的发展趋势进行分析，要把现代的计算机技术与安全科学管理技术有机地结合；把安全系统管理和事故分析预测、预警、辅助决策相结合；利用多媒体技术和仿真技术提高安全教育和培训的功能和效果，将会大大促进现代企业安全管理、安全教育，提高事故预防能力和安全生产保障水平。

第三节　安全控制论原理

一、一般控制论原理

管理学的控制原理认为，一项管理活动由四个方面的要素构成。一是控制者，即管理者和领导者。前者执行的是主要程序性控制、例行（常规）控制，后者执行的是职权性控制、例外（非常规）控制。二是控制对象，包括管理要素中的人、财、物、时间、信息等资源及其结构系统。三是控制手段和工具，主要包括管理的组织机构和管理法规、计算机、信息等。组织机构和管理法规保证控制

活动的顺利进行，计算机可以提高控制效率，信息是管理活动沟通情况的桥梁。四是控制成果。管理学上的控制分为前馈控制和后馈控制、目标控制、行为控制、资源使用控制、结果控制等。

在安全管理领域，安全控制论要研究组织合理的负责安全生产的管理人员和领导者；明确事故防范的控制对象，对人员、安全投资、安全设备和设施、安全计划、安全信息和事故数据等要素有合理的组织和运行；建立合理的管理机制，设置有效的安全专业机构，制定实用的安全生产规章制度，开发基于计算机管理的安全信息管理系统；进行安全评价、审核、检查的成果总结机制等。

运用控制原理对安全生产进行科学管理，其过程包括三个基本步骤：一是建立安全生产的判断准则（安全评价的内容）和标准（确定的对优良程度的要求）；二是衡量安全生产实际管理活动与预定目标的偏差（通过获取、处理、解释事故、风险、隐患等安全管理信息，确定如何采取纠正上述偏差状态的措施）；三是采取相应安全管理、安全教育以及安全工程技术等纠正不良偏差或隐患的措施。

安全控制是最终实现企业安全生产的根本。如何实现安全控制？怎样才能实现高效的安全控制？安全控制论原理为我们回答了上述问题。

二、安全管理的一般控制原则

根据控制论理论，安全管理的一般控制原则包括以下几个。①闭环控制原则：要求安全管理要讲求目的性和效果性，要有评价；②分层控制原则：安全的管理和技术的实现的设计要讲阶梯性和协调性；③分级控制原则：管理和控制要有主次，要讲求单项解决的原则；④动态控制性原则：无论技术上或管理上要有自组织、自适应的功能；⑤等同原则：无论是从人的角度还是物的角度，必须是控制因素的功能大于和高于被控制因素的功能；⑥反馈原则：对于计划或系统的输入要有自检、评价、修正的功能。

三、安全管理策略的一般控制原理

对于技术系统的管理，需要遵循如下一般控制原理：①系统整体性原理；②计划性原理；③效果性原理；④单项解决的原理；⑤等同原理；⑥全面管理的原理；⑦责任制原理；⑧精神与物质奖励相结合的原理；⑨批评教育和惩罚原理；⑩优化干部素质原理。

四、预防事故的能量控制原理

其理论的立论依据是对事故本质的定义，即事故的本质是能量的不正常转移。因此，研究事故的规律则从事故的能量作用类型出发，研究机械能（动能、势能）、电能、化学能、热能、声能、辐射能的转移规律；研究能量转移作用的规律，即从能级的控制技术，研究能转移的时间和空间规律；预防事故的本质是能量控制，可通过对系统能量的消除、限值、疏导、屏蔽、隔离、转移、距离控制、时间控制、局部弱化、局部强化、系统闭锁等技术措施来控制能量的不正常转移。

五、事故预防与控制的工程技术原理

在具体的事故预防工程技术对策中，一般要遵循如下技术性原理：

(1) 消除潜在危险的原理。即在本质上消除事故隐患，是理想的、积极、进步的事故预防措施。其基本的做法是以新的系统、新的技术和工艺代替旧的不安全系统和工艺，从根本上消除发生事故的基础。例如，用不可燃材料代替可燃材料；以导爆管技术代替导致火绳起爆方法；改进机器设备，消除人体操作对象和作业环境的危险因素，消除噪声、尘毒对人体的影响等，从本质上实现职业安全卫生。

(2) 降低潜在危险因素数值的原理。即在系统危险不能根除的情况下，尽量地降低系统的危险程度，使系统一旦发生事故，所造成的后果严重程度最小。如手电钻工具采用双层绝缘措施；利用变压器降低回路电压；在高压容器中安装安全阀、泄压阀抑制危险发生等。

(3) 冗余性原理。就是通过多重保险、后援系统等措施，提高系统的安全系数，增加安全余量。如在工业生产中降低额定功率；增加钢丝绳强度；飞机系统使用双引擎；系统中增加备用装置或设备等措施。

(4) 闭锁原理。在系统中通过一些元器件的机器联锁或电气互锁，作为保证安全的条件。如冲压机械的安全互锁器，金属剪切机室安装出入门互锁装置，电路中的自动保安器等。

(5) 能量屏障原理。在人、物与危险之间设置屏障，防止意外能量作用到人体和物体上，以保证人和设备的安全。如建筑高空作业的安全网，反应堆的安全壳等，都起到了屏障作用。

(6) 距离防护原理。当危险和有害因素的伤害作用随距离的增加而减弱时，应尽量使人与危险源距离远一些。噪声源、辐射源等危险因素可采用这一原则减小其危害。化工厂建在远离居民区、爆破作业时的危险距离控制，均是这方面的例子。

(7) 时间防护原理。即使人暴露于危险、危害中的时间缩短到安全程度之内。如开采放射性矿物或进行有放射性物质的工作时，缩短工作时间；粉尘、毒气、噪声的安全指标，随工作接触时间的增加而减少。

(8) 薄弱环节原理。即在系统中设置薄弱环节，以最小的、局部的损失换取系统的总体安全。如电路中的保险丝、锅炉的熔栓、煤气发生炉的防爆膜、压力容器的泄压阀等，它们在危险情况出现之前就发生破坏，从而释放或阻断能量，以保证整个系统的安全性。

(9) 坚固性原理。这是与薄弱环节原则相反的一种对策，即通过增加系统强度来保证其安全性。如加大安全系数，提高结构强度等措施。

(10) 个体防护原理。根据不同作业性质和条件配备相应的保护用品及用具。采取被动的措施，以减轻事故和灾害造成的伤害或损失。

(11) 代替作业人员的原理。在不可能消除和控制危险、危害因素的条件下，以机器、机械手、自动控制器或机器人代替人或人体的某些操作，摆脱危险和有害因素对人体的危害。

(12) 警告和禁止信息原理。采用光、声、色或其他标志等作为传递组织和技术信息的目标，以保证安全。如宣传画、安全标志、板报警告等。

第四节　安全协调学原理

从协调理论出发，安全管理在组织机构、人员保障和经费保障三方面要遵循如下最基本的协调学原理。

一、组织协调学原理

组织协调学原理要求安全的组织机构要进行合理的设置；安全机构职能要有科学的分工，事故、隐患要分类管理，要有分级管理的思想；安全管理的体制要协调高效，管理能力自组织发展、安全决策和事故预防决策要有效和高效；事故应急管理指挥系统的功能和效率等方面要有总体的要求和协调。

任何要完成一定功能目标的活动，都必须有相应的组织作为保障。建立合理的安全管理组织机构是有效地进行安全生产指挥、检查、监督的组织保证。企业安全管理组织机构是否健全，管理组织中各级人员的职责与权限界定是否明确，直接关系到企业安全工作的全面开展和职业安全卫生管理体系的有效运行。

1. 企业安全工作组织的基本要求

事故预防是有计划、有组织的行为。为了实现安全生产，必须制定安全工作计划，确定安全工作目标，并组织企业员工为实现确定的安全工作目标努力。因此，企业必须建立安全生产管理体系，而安全管理体系其中的一个基本要素就是安全工作组织。

组织是为实现某一共同目标，若干人分工合作，建立起来的具有不同层次的责任和职权制度而形成的一个系统。组织也是管理过程中的一项基本职能。组织是在特定环境中，为了有效地实现共同目标和任务，合理确定组织成员、任务和各项活动之间的关系，并对组织资源进行合理配置的过程。

由于企业安全工作涉及面广，因此合理的安全管理组织应形成网络结构，其纵向要形成一个从上而下指挥自如的全企业统一的安全生产指挥系统；横向要使企业的安全工作按专业部门分系统归口管理，层层展开。实现企业安全管理纵向到底，横向到边，全员参加，全过程管理。一个健全、合理、能充分发挥组织机能的安全工作组织，需要妥善解决以下问题：

① 合理的组织结构。为了形成“横向到边、纵向到底”的安全工作体系，需要合理地设置横向安全管理部门，合理地划分纵向安全管理层次。

② 明确责任和权利。安全工作组织内各部门、各层次乃至各工作岗位都要明确安全工作责任，并由上级授予相应的权利。这样有利于组织内部各部门、各层次为实现安全生产目标而协同工作。

③ 人员选择与配备。根据安全工作组织内不同部门、不同层次的不同岗位的责任情况，选择和配备人员。特别是专业安全技术人员和专业安全管理人员，应该具备相应的专业知识和能力。

④ 制定和落实规章制度。制定和落实各种规章制度可以保证安全工作组织有效地运转。

⑤ 信息沟通。组织内部要建立有效的信息沟通模式，使信息沟通渠道畅通，保证安全信息及时、正确地传达。

⑥ 与外界协调。企业存在于大的社会环境中，企业安全工作要受到外界环境的影响，要接受政府的指导和监督等。企业安全工作组织与外界的协调非常重要。

《安全生产法》第二十一条对安全组织机构的建立和安全管理人员的配备做了专门规范。根据生产经营单位的生产经营性质和规模不同，法律的具体规范要求也不同：

(1) 对矿山、金属冶炼、建筑施工、道路运输单位和危险物品的生产上述单位都从事、经营、储存单位的要求。高危险行业，容易发生安全事故，对安全管理要求严格。因此，不管其生产规模如何，都应当设置安全生产管理机构或者配备专职安全生产管理人员，以确保生产经营过程中的安全。

(2) 对其他生产经营单位的要求。对于矿山、金属冶炼、建筑施工、道路运输单位和危险物品的生产、经营、储存单位以外的其他生产经营单位的安全组织机构和安全管理人员配置，根据《安全生产法》，主要以生产规模大小作为划分设置的依据，凡是从业人员超过一百人的生产经营单位，应当设置安全生产管理机构或者配备专职安全生产管理人员；从业人员在一百人以下的生产经营单位，应当配备专职或者兼职的安全生产管理人员。

2. 企业安全工作组织的形式

不同行业、不同规模的企业，安全工作组织形式也不完全相同。应根据上述的安全工作组织要求，结合本企业的规模和性质，建立本企业的安全工作组织。图 2-3 所示为企业安全管理工作组织的一般组成网络，它主要由三大系统构成管理网络：安全工作指挥系统、安全检查系统和安全监督系统。

(1) 安全工作指挥系统。该系统由厂长或经理委托一名副厂长或副经理（通常为分管生产的）负责，对职能科室负责人、车间主任、工段长或班组长实行纵向领导，确保企业职业安全卫生计划、目标的有效落实与实施。

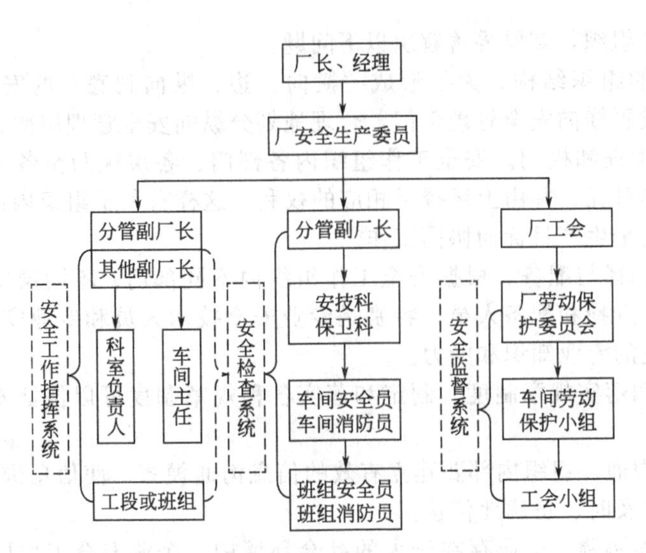

图 2-3　企业安全管理工作组织网络

(2) 安全检查系统。安全检查系统是具体负责实施职业安全卫生管理体系中"检查与纠正措施"环节各项任务的重要组织，该系统的主体是由分管副厂长、安技科、保卫科、车间安全员、车间消防员、班组安全员、班组消防员组成。另外，安全工作的指挥系统也兼有安全检查的职责。实际工作中，对一些职能部门承担双重职责。

(3) 安全监督系统。安全监督系统主要是由工会组成的安全防线。有的企业形成党、政、工、团安全防线，即由企业工会女工部门负责筑起"妇女抓帮"安全防线；组织部门负责筑起"党组织抓党"安全防线；团委负责筑起"共青团抓岗"安全防线；工会生产保护部门负责筑起"工会抓网"安全防线；厂长办公室负责筑起"行政抓长"安全防线。具体为：

① 党组织抓党。即各级党组织要把安全生产作为自己的主要工作之一，把安全生产列为对所属党组织政绩考核和对党员教育、评议及目标管理考核的内容之一，并作为评比先进党支部及优秀党员的条件之一。

② 行政抓长。即各级行政正职必须是本单位安全生产的第一责任者，在安全管理上实行分级负责，一级抓一级，层层签订安全生产承包责任状。

③ 工会抓网。即发动组织职工开展安全生产劳动竞赛，支持工人安全生产各项权利的实施，抓好班组劳动保护监督检查员职责的落实。

④ 共青团抓岗。即动员广大团员青年积极参与安全生产管理及安全生产活动，结合青年特点，开展"团员身边无事故""共青团安全生产岗"活动，让团徽在岗位上闪光。

⑤ 妇女抓帮。即组织教育妇女不断提高安全意识，围绕安全生产目标，在女工中开展各种类型的妻子帮丈夫安全生产竞赛活动，在安全生产上充分发挥

"贤内助"妇女半边天的作用。

二、专业人员保障系统的协调原理

要建立安全专业人员的资格保证机制：通过发展学历教育和设置安全工程师职称系列的单列，对安全专业人员进出要有具体严格的任职要求；企业内部的安全管理要建立兼职人员网络系统：企业内部从上到下（班组）设置全面、系统、有效安全管理组织和人员网络等。

要保证安全管理组织机构的效能，必须合理配置有关的安全管理人员，合理界定组织中各部门、各层次的职责。

1. 安全管理人员的配备

根据行业的不同，在企业职能部门中设专门的安全管理部门，如安全处、安全科等，或设兼有安全管理与其他某方面管理的部门，如安全环保处、质量安全处等。在车间、班组设专职或兼职安全员。

企业安全处（科）是企业领导在安全工作方面的参谋与助手，具体负责督促检查企业安全卫生法规和各项安全规章制度的执行情况；组织编制企业的职业安全卫生方针、目标、计划，并督促实施；组织定期或不定期的安全检查，组织调查和定期检测尘毒作业点，制定防止职业中毒和职业病发生的措施，搞好工业卫生及建档工作；参加各类事故的调查处理，会同有关部门提出防范措施，并督促实施；参加新、改、扩建和大修项目中有关安全技术、职业卫生方面的设计方案审查、工程验收和试运转工作；开展安全宣传教育、安全竞赛、评比活动等等。

安全管理人员的配备比例可根据企业生产性质来定，《安全生产法》对安全管理人员的配备，只作了原则规定，对具体配备人员数量没有明确规定。根据有关行政规范的规定，专职安全管理、安全技术人员数量要达到员工总数的2‰～5‰。

对安全管理人员素质的要求为：①政治思想素质好，坚持原则，热爱职业安全卫生管理工作，身体健康；②掌握职业安全卫生技术专业知识和劳动保护业务知识；③懂得企业的生产流程、工艺技术，了解企业生产中的危险因素和危险源，熟悉现有的防护措施；④具有一定的文化水平，有较强的组织管理能力与协调能力。

2. 注册安全主任及职责

有关安全管理与技术人员的配置方面，我国有关地区曾经做了许多探索性的改革，取得了不少的经验。深圳市率先推行注册安全主任制度，根据《深圳经济特区安全管理条例》的规定，企业应该按照有关规定聘请注册安全主任，作为企业法定代表人或单位负责人的助手，对企业执行安全生产法律法规情况进行经常性的监督检查，对企业各岗位的安全存在规程和各种设备的安全运行进行督导。

注册安全主任要经过资格考试，取得安全监督部门核发的《安全主任资格证书》，并与企业签订聘任合同，按照行政隶属关系报当地安全监督部门注册备案。注册安全主任作为企业法定代表人或负责人的助手，负责企业安全管理的日常工

作，其工作直接对企业法定代表人或负责人负责，但是注册安全主任不能代替企业法定代表人或负责人承担安全生产法律责任。注册安全主任的主要职责有以下四个方面。

① 定期向企业法定代表人或负责人提交安全生产书面意见，主要包括针对本企业安全状况提出的防范措施、隐患整改方案，以及有关安全技术措施及经费的开支计划；

② 参与制定防止伤亡事故、火灾事故和职业危害措施，以及本企业危险岗位、危险设备的安全操作规程，并负责监督实施；

③ 经常进行现场安全检查，及时处理发现的事故隐患，重大问题应该以书面形式及时上报，一旦发生事故，应该积极组织现场抢救，参与伤亡事故的调查、处理和统计工作；

④ 组织、指导对员工的安全生产宣传、教育和培训工作。

企业根据实际情况，设立车间（班组）专职或兼职安全员，协助本车间（班组）负责人，在注册安全主任的指导下，开展本车间（班组）的日常安全监督检查工作。

3. 注册安全工程师的权利及责任

我国原人事部、国家安全生产监督管理总局于 2002 年 9 月颁布的《注册安全工程师执业资格制度暂行规定》和《注册安全工程师执业资格认定办法》，建立了我国注册安全工程师（Certified Safety Engineer）制度，要求生产经营单位中安全生产管理、安全工程技术工作等岗位及为安全生产提供技术服务的中介机构，必须配备一定数量的注册安全工程师。注册安全工程师可在生产经营单位中的安全生产管理、安全监督检查、安全技术研究、安全工程技术检测检验、安全属性辨识、建设项目的安全评估等岗位和为安全生产提供技术服务的中介机构等范围内执业。在执业活动中，必须严格遵守法律、法规和各项规定，坚持原则，恪守职业道德。

注册安全工程师享有下列权利：

① 对生产经营单位的安全生产管理、安全监督检查、安全技术研究和安全检测检验、建设项目的安全评估、危害辨识或危险评价等工作存在的问题提出意见和建议；

② 审核所在单位上报的有关安全生产的报告；

③ 发现有危及人身安全的紧急情况时，应及时向生产经营单位建议停止作业并组织作业人员撤离危险场所；

④ 参加建设项目安全设施的审查和竣工验收工作，并签署意见；

⑤ 参与重大危险源检查、评估、监控，制定事故应急预案和登记建档工作；

⑥ 参与编制安全规则、制定安全生产规章制度和操作规程，提出安全生产条件所必需的资金投入的建议；

⑦ 法律、法规规定的其他权利。

注册安全工程师应当履行下列义务：

① 遵守国家有关安全生产的法律、法规和标准；

② 遵守职业道德，客观、公正执业，不弄虚作假，并承担在相应报告上签署意见的法律责任；

③ 维护国家、公众的利益和受聘单位的合法权益；

④ 严格保守在执业中知悉的单位、个人技术和商业秘密；

⑤ 应当定期接受业务培训，不断更新知识，提高业务技术水平。

安全工程师作为安全专业人员，在安全管理中发挥着重要作用。美国安全工程师协会（ASSE）规定安全工程师的工作范围是根据识别、评价安全问题的严重程度所必需的有关学科的基本原理，收集、分析解决安全问题必不可少的资料，判断是否可能发生事故。他们根据收集到的资料运用专业知识和经验，为做最后决策的领导者提供解决问题的方案。安全工程师的具体工作有如下四个方面：

① 识别、评价事故发生的条件，评价事故的严重性；

② 研究防止事故、减少伤害或损失的方法、措施；

③ 向有关人员传达有关事故的信息；

④ 评价安全措施的效果，并为获得最佳效果做必要的改进。

该协会认为，安全工程师应该掌握社会科学和自然科学两方面的知识，即为了评价不安全行为所需要的评价和分析原理，数学、统计学、物理、化学方面的基础知识及工科各领域的基本知识；关于行为、动机及信息领域的知识；组织管理和经营管理方面的知识。安全工程师的专业知识包括事故致因理论、控制事故致因因素的方法、步骤等方面的知识。

4. 安全管理组织中各部门、各层次的职责与权限界定

对安全管理组织中各部门、各层次的职责与权限必须界定明确，否则管理组织就不可能发挥作用。应结合安全生产责任制的建立，对各部门、各层次、各岗位应承担的安全职责以及应具有的权限、考核要求与标准作出明确的规定，这样才能使企业职业安全卫生管理体系有效地实施与运行。

例如对人事与教育部门，要求其负责安全教育与培训考核工作，这是总的要求，对其职责与权限还必须细化为以下方面：

① 制定干部、安全技术人员、班组长、特殊工种和新工人安全培训计划，负责安全教育培训和考核工作；

② 制定各类技工培训学习计划时，应列入安全技术教育内容；

③ 负责督促检查新工人（包括新分配的大、中专学生）入厂的三级安全教育制度的执行，坚持未经三级安全教育不分配工作的原则，对新招入的特殊工种作业人员进行安全技术资格审查；

④ 将安全生产纳入干部、职工晋级和实习人员转正考核，制定特殊工种作业人员相对稳定的管理办法，对不适应特殊工种作业的人员及时调换工作等。

这样人事与教育部门才能具体运作。除界定这些职责与权限外，还应制定相

应的考核办法，以便企业最高管理层对这些部门进行考核。

安全生产委员会的主要职责如下：

① 组织制定企业安全生产政策、目标，以及年度安全工作计划，并督促各部门组织实施；

② 协调、指导各部门开展监督检查、宣传教育等安全管理工作；

③ 研究解决安全生产重大问题。

安全生产委员会实行定期会议议事制度，通过年初或年终的定期会议部署全年度的安全工作，总结经验教训。同时，结合企业的生产经营情况，每季度至少要召开一次安全工作会议，听取各部门安全工作汇报，研究存在的安全问题，部署相关的安全工作，组织企业相关部门和人员开展检查和宣传教育活动。如果遇到安全生产重大问题或发生重大伤亡事故，安全管理委员会成员可以提请召开临时会议，及时研究解决问题，并提出应急应变的对策。

三、安全经济投资保障协调合理机制

这一原理要求研究安全投资结构的关系，如在企业的各种安全投资项目中，要掌握如下安全投资结构的比例协调关系：安措经费与个人防护品费用的比例从目前的1∶2投资比例结构逐步过渡到合理的工业发达国家的2∶1的结构；安技费用与工业卫生费用的比例从现行的1.5∶1的比例结构逐步过渡到1∶1结构。正确认识预防性投入与事后整改投入的等价关系，即要懂得预防性投资1元相当于事故整改投资5元的效果，这一安全经济的基本定量规律是指导安全经济活动的重要基础。安全效益金字塔的关系是：设计时考虑1分的安全性，相当于加工和制造时的10分安全性效果，而能达到运行或投产时的1000分安全性效果，这一规律指导我们考虑安全问题要尽量提早。要研究和掌握安全措施投资政策和立法，讲求谁需要、谁受益、谁投资的原则；建立国家、企业、个人协调的投资保障系统。要进行科学的安全技术经济评价，进行有效的风险辨识及控制、事故损失测算，建立保险与事故预防的机制，推行安全经济奖励与惩罚、安全经济（风险）抵押方法等。

第三章 安全法学理论

重要概念 安全法律、安全法规、安全法规体系、安全法治、安全监察、安全监督。

重点提示 一般法学理论；职业安全生产法规在保障安全生产中的作用和意义；职业安全卫生法规的起源与发展；安全生产法规体系；职业安全法制对策；职业安全监督机构与人员；职业安全监督的作用、原则、程序。

问题注意 广义安全生产法规与狭义安全生产法规的区别；安全生产方面的强制性法规与建议性法规；在安全生产管理中安全监督、安全检查的作用与功能的区别。

第一节 安全生产法规的性质与作用

一、安全生产法规的概念

安全生产法规是指调整在生产过程中产生的同从业人员或生产人员的安全与健康，以及生产资料和社会财富安全保障有关的各种社会关系的法律规范的总和。安全生产法规是国家法律体系中的重要组成部分。我们通常说的安全生产法规是对有关安全生产的法律、规程、条例、规范的总称。例如全国人大和国务院及有关部委、地方政府颁发的有关安全生产、职业安全卫生、劳动保护等方面的法律、规程、决定、条例、规定、规则及标准等，都属于安全生产法规范畴。

安全生产法规有广义和狭义两种解释，广义的安全生产法规是指我国保护从业人员、生产者和保障生产资料及财产的全部法律规范。因为这些法律规范都是为了保护国家、社会利益和从业人员、生产者的利益而制定的。例如关于安全生产技术、安全工程、工业卫生工程、生产合同、工伤保险、职业技术培训、工会组织和民主管理等方面的法规。狭义的安全生产法规是指国家为了改善劳动条件，保护从业人员在生产过程中的安全和健康，以及保障生产安全所采取的各种

措施的法律规范。如职业安全卫生规程；对女工和未成年工劳动保护的特别规定；关于工作时间、休息时间和休假制度的规定；关于劳动保护的组织和管理制度的规定等。安全生产法规的表现形式是国家制定的关于安全生产的各种规范性文件，它可以表现为享有国家立法权的机关制定的法律，也可以表现为国务院及其所属的部、委员会发布的行政法规、决定、命令、指示、规章以及地方性法规等，还可以表现为各种安全卫生技术规程、规范和标准。

安全生产法规是党和国家的安全生产方针政策的集中表现，是上升为国家和政府意志的一种行为准则。它以法律的形式规定人们在生产过程中的行为规则，规定什么是合法的，可以去做，什么是非法的，禁止去做；在什么情况下必须怎样做，不应该怎样做等等，用国家强制力来维护企业安全生产的正常秩序。因此，有了各种安全生产法规，就可以使安全生产工作做到有法可依、有章可循。谁违反了这些法规，无论是单位或个人，都要负法律上的责任。

二、安全生产法规的特征

安全生产法规是国家法规体系的一部分，因此它具有法的一般特征。

我国安全生产法律制度的建立与完善，与党的安全生产政策有密切的关系。这种关系就是政策是法规的依据，法规是政策的定型化、条文化。在过去很长一段时期，我国的法制很不完备，没有安全生产法规的场合，只能依照党的安全生产政策做好安全生产工作。这时，党的安全生产政策实际上已经起了法规的作用，已赋予了它一种新的属性，这种属性是国家所赋予的而不是政策本身就具有的。随着我国法制建设的发展，有关安全生产方面的法律、法规已逐步完善，用法制的手段来维护企业的安全生产秩序，保证国家安全生产的目的已成为现实，并发挥了重要的作用。

我国安全生产法规的特点有：保护的对象是从业人员、生产经营人员、生产资料和国家财产；安全生产法规具有强制性的特征；安全生产法规涉及自然科学和社会科学领域，因此既具有政策性特点，又具有科学技术性特点。

三、安全生产法规的本质

我国的社会主义法制是实现人民民主专政，保障和促进社会主义物质文明和精神文明建设的重要工具。社会主义法制包括制定法律和制度以及对法律和制度的执行与遵守两个方面。二者密切联系，互为条件。社会主义法制健全与否的标志，不仅取决于是否有完备的法律和制度，从根本上说，决定于这些法律和制度在现实生活中是否真正得到遵守和执行。我国社会主义法制的基本要求是“有法可依，有法必依，执法必严，违法必究”。

安全生产工作的最基本任务之一是进行法制建设。以法律、法规文件来规范企业经营者与政府之间、从业人员与经营者之间、从业人员与从业人员之间、生产过程与自然界之间的关系。把国家保护从业人员的生命安全与健康，生产经营人员的生产利益与效益，以及保障社会资源和财产的需要、方针、政策等方面具体化、条文化。通过制定法律、法规，建立起一套完整的、符合我国国情的、具有普遍约束力的安全生产法律规范，做到企业的生产经营行为和过程有法可依、有章可循。目前，我国的安全生产法规已初步形成一个以宪法为依据的、由有关法律、行政法规、地方性法规和有关行政规章、技术标准所组成的综合体系。由于制定和发布这些法规的国家机关不同，其形式和效力也不同。这是一个多层次、依次补充和相互协调的立法体系。

在现行的安全生产法规体系中，除法律法规外，为数最多的是国务院有关部门和省、自治区、直辖市人民政府在其职权范围内制定和发布的行政规章，这些行政规章是依据法律、法规的规定，就安全生产管理和生产专业技术问题做出的实施性或补充性的规定，具有行政管理法规的性质。

四、安全生产法规的作用

安全生产法规的作用主要表现在以下几个方面：

1. 为保护从业人员的安全健康提供法律保障

我国的安全生产法规是以搞好安全生产、工业卫生、保障职工在生产中的安全、健康为目的的。它不仅从管理上规定了人们的安全行为规范，也从生产技术上、设备上规定了实现安全生产和保障职工安全健康所需的物质条件。多年安全生产工作实践表明，切实维护从业人员安全健康的合法权益，单靠思想政治教育和行政管理还不够，不仅要制订出各种保证安全生产的措施，而且要强制人人都必须遵守规章，要用国家强制力来迫使人们按照科学办事，尊重自然规律、经济规律和生产规律，尊重群众，保证从业人员得到符合安全卫生要求的劳动条件。

2. 加强安全生产的法制化管理

安全生产法规是加强安全生产法制化管理的章程，很多重要的安全生产法规都明确规定了各个方面加强安全生产、安全生产管理的职责，推动了各级领导特别是企业领导对劳动保护工作的重视，把这项工作摆上领导和其他管理人员的议事日程。

3. 指导和推动安全生产工作的发展，促进企业安全生产

安全生产法规反映了保护生产正常进行、保护从业人员安全健康所必须遵循的客观规律，对企业搞好安全生产工作提出了明确要求。同时，由于它是一种法律规范，具有法律约束力，要求人人都要遵守，这样，它对整个安全生产工作的开展起到了用国家强制力推行的作用。

4. 推进生产力的提高，保证企业效益的实现和国家经济建设事业的顺利发展

安全生产是企业十分关心，关系到他们切身利益的大事。通过安全生产立法，使从业人员的安全健康有了保障，职工能够在符合安全健康要求的条件下从事劳动生产，这样必然会激发他们的劳动积极性和创造性，从而促使劳动生产率

的大大提高。同时，安全生产技术法规和标准的遵守和执行必然提高生产过程的安全性，使生产的效率得到保障和提高，从而增加企业的效益。

安全生产法律、法规对生产的安全卫生条件提出与现代化建设相适应的强制性要求，这就迫使企业领导在生产经营决策上，在技术、装备上采取相应措施，以改善劳动条件、加强安全生产为出发点，加速技术改造的步伐，推动社会生产力的提高。

在我国现代化建设过程中，安全生产法规以法律形式协调人与人之间、人与自然之间的关系，维护了生产的正常秩序，为从业人员提供了安全、健康的劳动条件和工作环境，为生产经营者提供了可行、安全可靠的生产技术和条件，从而产生间接生产力作用，促进国家现代化建设的顺利进行。

五、我国的安全生产法治对策及任务

企业的安全生产目标，需要通过工程技术的对策、教育的对策和管理的对策来实现。管理的对策中包含行政、法制、经济、文化等手段。显然，法治对策是保障安全生产的重要手段之一。国家的安全生产法治对策是通过如下几方面的工作来实现的：①落实安全生产责任制度。安全生产责任制度就是明确企业一把手是安全生产的第一责任人，管生产必须管安全。全面综合管理，不同职能机构有特定的安全生产职责。②实行强制的国家安全生产监督。国家安全生产监督就是指国家授权行政部门设立的监督机构，以国家名义并运用国家权力，对企业、事业和有关机关履行安全生产职责、执行劳动保护政策和安全生产法规的情况，依法进行监督、纠正和惩戒工作，是一种专门监督，是以国家名义依法进行的具有高度权威性、公正性的监督执法活动。③推行行业的综合专业化安全管理。这是指行业的安全生产管理要围绕着行业安全生产的特点和需要，在技术标准、行业管理条例、工作程序、生产规范以及生产责任制度方面进行全面的建设，实现专业化安全管理的目标。④依靠工会发挥群众监督作用。群众监督是指在工会的统一领导下，监督企业、行政部门和国家有关劳动保护、安全技术、工业卫生等法律、法规、条例的贯彻执行情况；参与有关部门安全生产和安全生产法规、政策的制定；监督企业安全技术和劳动保护经费的落实和正确使用情况；对安全生产提出建议等方面。

我国安全生产法规建设的主要任务有以下几个方面：①制定以《安全生产法》为核心的配套的安全生产法规体系。我国安全生产法规体系中，《安全生产法》是一部综合性、基础性的法规。为了保证《安全生产法》的全面实施，需要一系列的配套法规来支持。②完善安全卫生技术标准体系。安全卫生标准是安全生产的技术基础，是安全生产水平提高的重要保证。一方面应提高标准的技术指标，使标准更具先进性，同时还要填补安全卫生标准的空白，构建起一个完善的安全卫生标准体系。③对法规进行适时修订。法律要随时间和条件的变化不断更新修订，没有一成不变的法规。随着安全生产管理体制的变革，以及经济的发展和技术的进步，法规、规范、标准应不断地修订、改进和完善。④注重与国际接轨。全球经济一体化和加入世界贸易组织（WTO）要求我国的安全生产法制体系与国际接轨，同时，我国也是国际劳工组织的会员国，必须遵守国际劳工公约和建议书所规定的条款，借鉴和学习国外先进、成功且适合我国的法规和体系。

第二节　我国安全生产的法律法规体系

一、我国安全生产法律基本体系

安全生产是一个系统工程，需要建立在各种支持基础之上，而安全生产的法规体系尤为重要。按照“安全第一，预防为主，综合治理”的安全生产方针，国家制定了一系列的安全生产、劳动保护的法规。据统计，中华人民共和国建国以来，颁布并在用的有关安全生产、劳动保护的主要法律法规约 280 项，内容包括综合类、安全卫生类、三同时类、伤亡事故类、女工和未成年工保护类、职业培训考核类、特种设备类、防护用品类和检测检验类。其中以法律条文的形式出现的，对安全生产、劳动保护具有十分重要作用的是《安全生产法》《矿山安全法》《劳动法》《职业病防治法》（2002 年 5 月 1 实施）。与此同时，国家还制订和颁布了数百余项安全卫生方面的国家标准。根据我国立法体系的特点，以及安全生产法规调整的不同范围，安全生产法律法规体系由若干层次构成（如图 3-1 所示）。

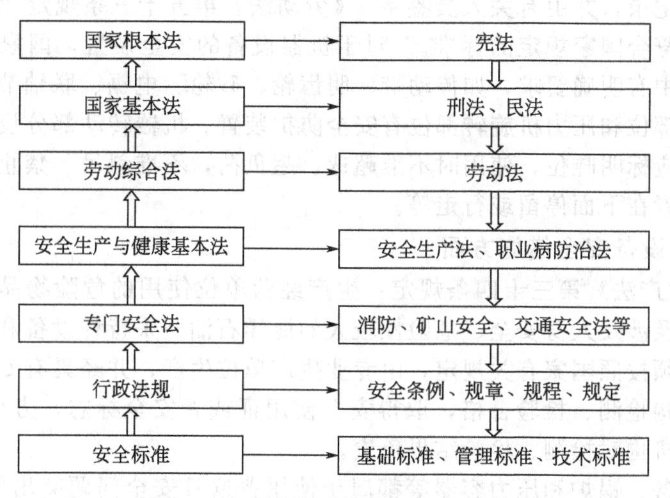

图 3-1　安全生产法律法规体系及层次

二、安全技术法规

安全技术法规是指国家为搞好安全生产，防止和消除生产中的灾害事故，保

障职工人身安全而制定的法律规范。国家规定的安全技术法规，是对一些比较突出或有普遍意义的安全技术问题的基本要求做出规定，一些比较特殊的安全技术问题，国家有关部门也制定并颁布了专门的安全技术法规。

1. 设计、建设工程安全方面

《安全生产法》第二十八条规定：生产经营单位新建、改建、扩建工程项目（以下统称建设项目）的安全设施，必须与主体工程同时设计、同时施工、同时投入生产和使用。安全设施投资应当纳入建设项目概算。1996 年 10 月，原劳动部颁发的《建设项目（工程）职业安全卫生监督规定》中明确要求，“在组织建设项目可行性研究时，应有职业安全卫生的论证内容，并将论证内容作为可行性研究报告的专门章节编入可行性报告。”“在编制（或审批）建设项目计划任务书时，应编制（或审批）职业安全卫生设施所需投资，并纳入投资控制数额内。”《矿山安全法》专门设立一章，对矿山的设计、施工中的安全规程和技术规范提出了具体要求，并规定矿山建设工程的设计文件，必须符合矿山安全规程和行业技术规范，并按照国家规定经管理矿山企业的主管部门批准；不符合矿山安全规程和行业技术规范的，不得批准。

2. 机器设备安全装置方面

《安全生产法》第三十三条规定：安全设备的设计、制造、安装、使用、检测、维修、改造和报废，应当符合国家标准或者行业标准。生产经营单位必须对安全设备进行经常性维护、保养，并定期检测，保证正常运转。维护、保养、检测应当作好记录，并由有关人员签字。《劳动法》第五十三条规定“职业安全卫生设施必须符合国家规定的标准。”对于机器设备的安全装置，国家职业安全卫生设施标准中有明确要求，如传动带、明齿轮、砂轮、电锯、联轴节、转轴、皮带轮等危险部位和压力机旋转部位有安全防护装置。机器转动部分设自动加油装置。起重机应标明吨位，使用时不准超速、超负荷，不准斜吊，禁止任何人在吊运物品上或者在下面停留或行走等。

3. 特种设备安全措施方面

《安全生产法》第三十四条规定：生产经营单位使用的危险物品的容器、运输工具，以及涉及人身安全、危险性较大的海洋石油开采特种设备和矿山井下特种设备，必须按照国家有关规定，由专业生产单位生产，并经具有专业资质的检测、检验机构检测、检验合格，取得安全使用证或者安全标志，方可投入使用。检测、检验机构对检测、检验结果负责。

电气设备、锅炉和压力容器等都属于使用普遍且安全问题突出的特种设备。2009 年国务院《关于修改〈特种设备安全监察条例〉的决定》，将锅炉、压力容器（含气瓶，下同）、压力管道、电梯、起重机械、客运索道、大型游乐设施和场（厂）内专用机动车辆八大类设施规定为特种设备，并明确了生产（含设计、制造、安装、改造、维修）、使用、检验检测及其监督检查的国家监察范畴。

4. 防火防爆安全规则方面

《矿山安全法实施条例》规定："煤矿和其他有瓦斯爆炸可能性的矿井，应当严格执行瓦斯检查制度，任何人不得携带烟草和点火用具下井。"《消防法》中规定："生产、使用、储存、运输易燃、易爆化学物品的单位，必须执行国务院有关主管部门关于易燃易爆化学品的安全管理规定。"不了解易燃易爆化学物品性能和安全操作的人员，不得从事操作和保管工作。2013年12月4日国务院第32次常务会议修订通过，自2013年12月7日起施行的《危险化学品安全管理条例》对易燃易爆化学物品生产和使用、储存、经营以及运输等过程应采取的安全措施提出了具体要求。

5. 工作环境安全条件方面

《安全生产法》第三十九条规定：生产、经营、储存、使用危险物品的车间、商店、仓库不得与员工宿舍在同一座建筑物内，并应当与员工宿舍保持安全距离。生产经营场所和员工宿舍应当设有符合紧急疏散要求、标志明显、保持畅通的出口。禁止锁闭、封堵生产经营场所或者员工宿舍的出口。《建筑安装安全技术规程》规定：施工现场应合乎安全卫生要求；工地内的沟、坑应填平，或设围栏、盖板；施工现场内一般不许架设高压线。《矿山安全法》也对矿井的安全出口、出口之间的直线水平距离以及矿山与外界相通的运输和通信设施等作了规定。

6. 个体安全防护方面

《安全生产法》第四十二条规定：生产经营单位必须为从业人员提供符合国家标准或者行业标准的劳动防护用品，并监督、教育从业人员按照使用规则佩戴、使用。个体防护用品按其制造目的和传递给人的能量来区分，有防止造成急性伤害和慢性伤害两种。《劳动法》《煤炭法》《矿山安全法》等国家法律法规也都对企事业单位为从业人员提供必要的防护用品提出了明确要求。

三、职业健康法规

职业健康法规是指国家为了改善劳动条件，保护职工在生产过程中的健康，预防和消除职业病和职业中毒而制定的各种法规规范。这里既包括职业健康保障措施的规定，也包括有关预防医疗保健措施的规定。我国现行职业健康方面的法规主要有：全国人民代表大会颁布的《环境保护法》《乡镇企业法》《煤炭法》等，国务院颁布的《职业病防治法》等，有关部门颁布的《工业企业设计卫生标准》《工业企业噪声卫生标准》《微波辐射暂行卫生标准》《防暑降温暂行办法》《化工系统健康监护管理办法》《乡镇企业劳动卫生管理办法》《职业病范围和职业病患者处理办法》等。2002年5月1日我国正式实施《职业病防治法》，使我国的职业病防治的法规管理提高到了一个新的高度和层次。

与安全技术法规一样，国家职业健康法规也是对具有共性的工业卫生问题提出具体要求。

1. 工矿企业设计、建设的职业健康方面

1979 年 9 月，卫生部会同全国有关单位对 1962 年颁发的《工业企业设计卫生标准》进行了修订，新的《工业企业设计卫生标准》对工业企业设计过程中尘毒危害治理，对生产过程中不能消除的有害因素以及对现有企业存在的污染问题的预防和综合治理措施等提出了明确要求。对 111 种化学物品和 9 种生产性粉尘的车间空气中最高允许浓度及温度、湿度标准等做了规定。《环境保护法》也规定：散发有害气体、粉尘的单位，要积极采用密闭的生产设备和生产工艺，安装通风除尘和净化、回收设备。生产及工作环境中的有害气体和粉尘含量，必须符合国家工业企业卫生标准的规定。《职业病防治法》第十八条规定：建设项目的职业病防护设施所需费用应当纳入建设项目工程预算，并与主体工程同时设计，同时施工，同时投入生产和使用。职业病危害严重的建设项目的防护设施设计，应当经负责工作场所职业卫生监督管理的部门审查，符合国家职业卫生标准和卫生要求的，方可施工。建设项目在竣工验收前，建设单位应当进行职业病危害控制效果评价。建设项目竣工验收时，其职业病防护设施经负责工作场所职业卫生监督管理的部门验收合格后，方可投入正式生产和使用。

2. 防止粉尘危害方面

1984 年《国务院关于加强防尘防毒工作的决定》规定：各经济部门和企业、事业主管部门，对现有企业进行技术改造时，必须同时解决尘毒危害和安全生产问题。1987 年《尘肺[1]防治条例》中规定：凡有粉尘作业的企业、事业单位应采取综合防尘措施和无尘或低尘的新技术、新工艺、新设备，使作业场所的粉尘浓度不超过国家标准。该条例还规定了警告、限期治理、罚款和停产整顿的各项条款。

3. 防止有毒物质危害方面

《工业企业设计卫生标准》规定了我国各类工业企业设计的工业卫生基本标准，从工业企业的设计、施工到生产过程，以及“三废”治理等多个环节，提出了劳动卫生学的基本要求，并对 111 种化学毒物规定了车间空气中允许浓度的最高标准。《职业病防治法》第二十六条规定：对可能发生急性职业损伤的有毒、有害工作场所，用人单位应当设置报警装置，配置现场急救用品、冲洗设备、应急撤离通道和必要的泄险区。

4. 防止物理危害因素和伤害方面

在 1979 年国家颁布的《工业企业噪声卫生标准》规定，新企业的噪声不得超过 85dB（A），现有企业最高不得超过 90dB（A）。《微波辐射暂行卫生标准》对微波设备的出厂性能鉴定要求进行了严格的规定。《放射性同位素卫生防护管理办法》中规定：放射性同位素应用单位开展工作前，要向所在省、市、自治区卫生部门申请许可，并向公安申请登记。《职业病防治法》第二十六条规定：对

[1] 肺尘埃沉着病，下同。

放射工作场所和放射性同位素的运输、储存，用人单位必须配置防护设备和报警装置，保证接触放射线的工作人员佩戴个人剂量计。对职业病防护设备、应急救援设施和个人使用的职业病防护用品，用人单位应当进行经常性的维护、检修，定期检测其性能和效果，确保其处于正常状态，不得擅自拆除或者停止使用。第三十条规定：向用人单位提供可能产生职业病危害的化学品、放射性同位素和含有放射性物质的材料的，应当提供中文说明书。说明书应当载明产品特性、主要成分、存在的有害因素、可能产生的危害后果、安全使用注意事项、职业病防护以及应急救治措施等内容。产品包装应当有醒目的警示标识和中文警示说明。储存上述材料的场所应当在规定的部位设置危险物品标识或者放射性警示标识。

5. 劳动卫生个体防护方面

《国有企业职工个人防护用品发放标准》对发放防护用品的原则和范围、不同行业同类工种发放防护服的标准、行业性的主要工种发放防护服的标准以及其他防护用品的发放标准等做了具体规定。1996 年 4 月原劳动部发布了《劳动防护用品管理规定》，对劳动防护用品的研制、生产、经营、发放、使用和质量检验等做出了规定。2000 年国家经贸委颁布了《劳动保护用品配备标准（试行）》，对工业企业各种工种工人的劳动保护用品配备标准做出了明确、具体的规定。《职业病防治法》第二十三条规定：用人单位必须采用有效的职业病防护设施，并为劳动者提供个人使用的职业病防护用品。用人单位为劳动者个人提供的职业病防护用品必须符合防治职业病的要求；不符合要求的，不得使用。第二十六条规定：对可能发生急性职业损伤的有毒、有害工作场所，用人单位应当设置报警装置，配置现场急救用品、冲洗设备、应急撤离通道和必要的泄险区。对放射工作场所和放射性同位素的运输、储存，用人单位必须配置防护设备和报警装置，保证接触放射线的工作人员佩戴个人剂量计。对职业病防护设备、应急救援设施和个人使用的职业病防护用品，用人单位应当进行经常性的维护、检修，定期检测其性能和效果，确保其处于正常状态，不得擅自拆除或者停止使用。

6. 工业卫生辅助设施方面

《工业企业设计卫生标准》也专门设立一章，对辅助用室作出一般规定，对生产卫生用室、生活用室、妇女卫生用室的劳动卫生要求进行了规定。《职业病防治法》第十五条要求工作场所应当符合下列职业卫生要求：有与职业病危害防护相适应的设施；有配套的更衣间、洗浴间、孕妇休息间等卫生设施等。

7. 女职工劳动卫生特殊保护方面

国家根据女职工的生理机能和身体特点、以妇女劳动卫生学为科学依据，先后制定了《女职工劳动保护规定》《女职工禁忌劳动范围的规定》《妇女权益保障法》等法律、法规和规章，对女工的劳动卫生特殊保护作出了明确规定。特别是《女职工劳动保护规定》是建国以来女职工特殊劳动保护的重要法规，它全面而系统地规定了女职工各项劳动保护。1994 年 7 月，我国制定的第一部劳动基本法《劳动法》也设专门一章对女职工的特殊劳动保护进行规定。此外，通风、照

明、防暑降温、防冻取暖情况，职工健康检查、建档，职业病预防保健等也属于劳动卫生内容，并且也有一系列法规规定。《用人单位职业健康监护监督管理办法》第十二条第二部分规定：用人单位不得安排未成年工从事接触职业病危害的作业；不得安排孕期、哺乳期的女职工从事对本人和胎儿、婴儿有危害的作业。

8. 未成年工的特殊劳动保护方面

未成年工是指年满16周岁，未满18周岁的从业人员。未成年工正处于身体和智慧的发育期，还处在接受义务教育的年龄段，文化、技能和自我保护的能力还比较低，本不适合参加正式的劳动。为了使未成年工的特殊劳动得到保护，我国颁布了相关的法规，如1991年9月4日颁布的《未成年人保护法》、原劳动部1994年12月9日颁发了《未成年工特殊保护规定》、国务院2002年10月1日颁布了《禁止使用童工规定》等。特别是全国人大常委会1995年颁布的《劳动法》，其中对未成年工的劳动保护作出了明确的规定，第六十四条规定，不得安排未成年工从事矿山井下、有毒有害、国家规定的第四级体力劳动强度的劳动和其他禁忌从事的劳动；《未成年工特殊保护规定》第二条第二款规定，未成年工的特殊保护是针对未成年工处于生长发育期的特点，以及接受义务教育的需要，采取的特殊劳动保护措施；第三条规定，用人单位不得安排未成年工从事矿山井下及矿山地面采石作业，使用凿岩机、捣固机、铆钉机、电锤的作业。

四、安全管理法规

安全管理法规，是指国家为了搞好安全生产、加强安全生产和劳动保护工作，保护职工的安全健康所制定的管理规范。从广义来讲，国家的立法、监督、检查和教育等方面都属于管理范畴。安全生产管理是企业经营管理的重要内容之一，因此，管生产必须管安全。《宪法》规定，加强劳动保护，改善劳动条件，是国家和企业管理劳动保护工作的基本原则。劳动保护管理制度是各类工矿企业为了保护劳动者在生产过程中的安全、健康，根据生产实践的客观规律总结和制定的各种规章。概括地讲，这些规章制度一方面是属于行政管理制度，另一方面是属于生产技术管理制度。这两类规章制度经常是密切联系、互相补充的。

重视和加强安全生产的制度建设，是安全生产和劳动保护法制的重要内容。《劳动法》第五十二条规定：用人单位必须建立、健全职业安全卫生制度。《企业法》第四十一条规定：企业必须贯彻安全生产制度，改善劳动条件，做好劳动保护和环境保护工作，做到安全生产和文明生产。此外，在《矿山安全法》《乡镇企业法》《煤炭法》《职业病防治法》《全民所有制工业交通企业设备管理条例》《危险化学品管理条例》等多部法律法规中，都对不断完善劳动保护管理制度提出了要求。

1. 安全生产责任制

在《国务院关于加强企业生产中安全工作的几项规定》中，对安全生产责任制的内容及实施方法做了比较全面的规定。经过多年的劳动保护工作实践，这一制度得到了进一步的完善和补充，在国家相继颁布的《企业法》《环境保护法》《矿山安全法》《煤炭法》《职业病防治法》等多项法律、法规中，安全生产责任制都被列为重要条款，成为国家安全生产管理工作的基本内容。

2. 安全教育制度

建国以来，各级人民政府和各产业部门为加强企业的安全生产教育工作陆续颁发了一些法规和规定。《劳动法》不仅规定了用人单位开展职业培训的义务和职责，同时规定了“从事技术工种的劳动者，上岗前必须经过培训”。《企业法》把“企业应当加强思想政治教育、法制教育、国防教育、科学文化教育和技术业务培训，提高职工队伍素质”作为企业必须履行的义务之一。《矿山安全法》规定：矿山企业必须对职工进行教育、培训；未经安全教育、培训的，不得上岗作业。矿山企业安全生产的特种作业人员必须接受专门培训，经考核合格取得操作资格证书的，方可上岗作业。《煤炭法》《乡镇企业法》《职业病防治法》等其他法律法规中，也都对劳动保护教育制度予以规定。为了贯彻国家法规的规定，原劳动部于1989年12月颁发了《锅炉司护工安全技术考核管理办法》，1991年9月颁发了《特种作业人员安全技术培训考核管理规定》，1991年9月颁发了《特种作业人员安全技术培训考核管理规定》，1995年颁布了《企业职工职业安全卫生教育管理规定》。1999年7月，国家经贸委颁布了《特种作业人员安全技术培训考核管理办法》（13号令）。

3. 安全生产检查制度

多年的安全生产工作实践，使群众性的安全生产检查逐步成为劳动保护管理的重要制度之一，在《国务院关于加强企业生产中安全工作的几项规定》中，对安全生产检查工作提出了明确要求。1980年4月，经国务院批准，把每年六月份定为“安全月”，以推动安全生产和文明生产，并使之经常化、制度化。

4. 生产安全事故报告处理制度

2007年6月1日实施的国务院《生产安全事故报告和调查处理条例》对生产安全事故的报告、调查和处理作出了明确的规定。国家推行生产安全事故的分级报告和调查处理制度。生产安全事故分为特别重大、重大、较大和一般四个级别。

5. 劳动保护措施计划

1978年国务院重申的《关于加强企业生产中安全工作的几项规定》中明确要求“企业单位必须在编制生产、技术、财务计划的同时编制安全生产技术措施计划”。1979年，国家计委、经委、建委又联合颁布了《关于安排落实劳动保护措施经费的通知》，同年，国务院发出了第100号文件，重申“每年在固定资产更新和技术改造资金中提取10%～20%（矿山、化工、金属冶炼企业应大于20%）用于改善劳动条件，不得挪用”。为了加快我国矿山企业设备的更新和改造，《矿山安全法》规定，矿山企业安全技术措施专项费用必须全部用于改善矿

山安全生产的条件，不得挪作他用。同时规定了对“未按照规定提取或使用安全技术措施专项经费”的惩罚规则。

6. 建设工程项目的安全卫生规范

“三同时”是保证建设工程项目落实“安全第一，预防为主，综合治理”的安全生产方针最有力措施。

“三同时”是指生产性基本建设和技术改造项目中的职业安全卫生设施，应与主体工程同时设计、同时施工、同时验收和投产使用。有关“三同时”监督的法规如下：

1977 年 8 月 24 日［1977］劳护字 105 号联合颁布的《关于加强有计划改善劳动条件工作的联合通知》第 4 条提出：在新建、扩建、改建企业时，必须按照《工业企业设计卫生标准》的要求进行设计和施工，一定要做到主体工程和防尘防毒技术措施同时设计、同时施工、同时投产。

1978 年国发第 100 号文《关于加强厂矿企业防尘防毒工作的报告》明确规定，新的建设项目，要认真做到劳动保护设施主体工程同时设计、同时施工、同时投产，设计、制造新的生产设备，要有符合要求的安全卫生防护设施。

国家计委于 1990 年 9 月发布了《建设项目（工程）竣工验收办法》，对竣工验收的范围、依据、要求、程序等进行了全面规定。1996 年 10 月 4 日，原劳动部重新颁布了《建设项目（工程）职业安全卫生监督规定》，对各级劳动行政部门、经济管理部门、行业管理部门和建设单位提出了要做好这项工作的明确要求。此外，建筑陶瓷、冶金、水泥、机械、有色金属等工业部门也各自制定了本行业企业的生产性建设工程项目劳动安全、卫生设计规定。

1978 年《中共中央关于认真做好劳动保护工作的通知》第三点指出：今后，凡是新建、改建、扩建的工矿企业和革新挖潜的工程项目，都必须有保证安全生产和消除有毒有害物质的设施。这些设施要与主体工程同时设计、同时施工、同时投产，不得削减。正在建设的项目，没有采取相应设施的，一律要补上，所需资金由原批准部门解决，谁不执行，要追究谁的责任。劳动、卫生、环保部门要参加设计审查和竣工验收工作，凡不符合安全卫生规定的，有权制止施工和投产。

1988 年 5 月 27 日劳字［1988］48 号《劳动部关于生产性建设工程项目职业安全卫生监督的暂行规定》，共 12 条 25 款和 3 个附件，是“三同时”监督方面最正规、最完整的法规。

《劳动法》第五十三条要求：职业安全卫生设施必须符合国家规定的标准，新建、改建、扩建工程的职业安全卫生设施必须与主体工程同时设计、同时施工、同时投入生产和使用。

1996 年原劳动部第 3 号令颁布了《建设项目（工程）职业安全卫生监督规定》，1998 年 2 月原劳动部颁布了《建设项目（工程）职业安全卫生预评价管理办法》（10 号令）。这两个规定和办法，对工程建设项目的职业安全卫生的监督和预评价做出了具体的规定和要求。

7. 安全生产监督制

安全生产监督是国家授权特定行政机关设立的专门监督机构，以国家名义并利用国家行政权力，对各行业安全生产工作实行统一监督。在我国，国家授权行政主管部门（国家安全生产监督管理局）行使国家安全生产监督权。国家安全生产监督制度体系，由国家安全生产监督法规制度、监督组织机构和监督工作实践构成。这一体系还与企、事业单位及其主管部门的内部监督，工会组织的群众监督相结合。1978 年至 1979 年，国务院责成有关部门着手进行锅炉、矿山安全的立法和监督工作，并于 1982 年 2 月颁布了《锅炉压力容器安全监督暂行条例》，同年国务院发布了《矿山安全监察条例》。1983 年 5 月，国务院批准原劳动人事部、国家经委、全国总工会《关于加强安全生产和劳动保护安全监督工作的报告》，同意对其他行业全面实行国家劳动安全监督制度和违章经济处罚办法。1997 年 1 月，原劳动部颁布了《建设项目（工程）职业安全卫生监督规定》，明确了任何建设项目（工程）必须接受职业安全卫生监督和验收。

8. 工伤保险制度

1993 年，党的十四届三中全会通过《中共中央关于建立社会主义市场经济体制若干问题的决定》，提出了“普遍建立企业工伤保险制度”的要求。1996 年 10 月原劳动部颁发了《企业职工工伤保险试行办法》（劳部发［1996］266 号），2002 年国务院颁布了《工伤保险条例》，标志着我国探索建立符合社会保险通行原则的工伤保险工作进入了新阶段。1996 年国家颁布了《职工工伤与职业病致残程度鉴定标准》（GB/T 16180—1996），为工伤的鉴定提供了技术规范。目前我国的工伤保险制度，贯彻了工伤保险与事故预防相结合的指导思想和改革思路，把过去企业自管的被动的工伤补偿制度改革成社会化管理的工伤预防、工伤补偿、职业康复三项任务有机结合的新型工伤保险制度。

9. 注册安全工程师执业资格制度

2002 年国家人事部、国家安全生产监督管理局发布了《注册安全工程师执业资格制度暂行规定》和《注册安全工程师执业资格认定办法》，从而推行了我国的注册安全工程师执业资格制度，这一制度的实施将对提高我国安全专业人员的专业素质水平发挥重要的作用。

10. 安全生产费用投入保障制度

2006 年财政部和国家安全生产监督管理总局以财企［2006］478 号文，发布了《高危行业企业安全生产费用财务管理暂行办法》，明确了矿山、建筑、危化、交通 4 大高危行业的安全生产费用提取标准；2004 年财政部、国家发展改革委、国家煤矿安全监察局财建［2004］119 号《煤炭生产安全费用提取和使用管理办法》及 2006 年的财建［2005］168 号文，明确了煤矿安全生产费用的提取标准。这一系列文件结束了改革开放以来，安全生产经费 10 余年无政策规定的历史。

第三节　我国安全生产标准体系

一、安全生产标准的分类与体系

1. 按标准的法律效力分类

(1) 强制性标准。为改善劳动条件，加强劳动保护，防止各类事故发生，减轻职业危害，保护职工的安全健康，建立统一协调、功能齐全、衔接配套的劳动保护法律体系和标准体系，强化职业安全卫生监督，必须强制执行强制性标准。在国际上，环境保护、食品卫生和职业安全卫生问题，越来越引起各国有关方面的重视，制定了大量的安全卫生标准，或在国家标准、国际标准中列入了安全卫生要求，这已成了标准化的主要目的之一。而且这些标准在世界各国都有明确规定，要用法律强制执行。在这些标准中，对经济的考虑往往是第二位的。

(2) 推荐性标准。从国家和企业的生产水平、经济条件、技术能力和人员素质等方面考虑，在全国、全行业强制性统一的话，执行会有困难，因此将此类标准作为推荐性标准执行。如职业安全健康管理体系（OHSMS）标准是一种推荐性标准。

2. 按标准对象特性分类

(1) 基础标准。就是对职业安全卫生具有最基本、最广泛指导意义的标准。概括起来说，就是具有最一般的共性，因而是通用性很广的那些标准。如名词术语等。

(2) 产品标准。就是对职业安全卫生产品的形式、尺寸、主要性能参数、质量指标、使用、维修等所制定的标准。

(3) 方法标准。把一切属于方法、程序规程性质的标准都归入这一类。如试验方法、检验方法、分析方法、测定方法、设计规程、工艺规程、操作方法等。

3. 安全生产标准的体系

我国安全生产标准属于强制性标准，是安全生产法规的延伸与具体化，其体系由基础标准、管理标准、安全生产技术标准、其他综合类标准组成（见表 3-1 所示）。

表 3-1　职业安全卫生标准体系

标准类别		标准例子
基础标准	基础标准	标准编写的基本规定、职业安全卫生标准编写的基本规定、标准综合体系规划编制方法、标准体系表编制原则和要求、企业标准体系表编制指南、职业安全卫生名词术语、生产过程危险和有害因素分类代码
	安全标志与报警信号	安全色、安全色卡、安全色使用导则、安全标志、安全标志使用导则、工业管路的基本识别色和识别符号、报警信号通则、紧急撤离信号、工业有害气体检测报警通则
管理标准		特种作业人员考核标准、重大事故隐患评价方法及分级标准、事故统计分析标准、职业病统计分析标准、安全系统工程标准、人机工程标准

续表

标准类别		标准例子
安全生产技术标准	安全技术及工程标准	机械安全标准、电气安全标准、防爆安全标准、储运安全标准、爆破安全标准、燃气安全标准、建筑安全标准、焊接与切割安全标准、涂装作业安全标准、个人防护用品安全标准、压力容器与管道安全标准
	职业卫生标准	作业场所有害因素分类分级标准、作业环境评价及分类标准、防尘标准、防毒标准、噪声与振动控制标准、其他物理因素分级及控制标准、电磁辐射防护标准

安全标准虽然处于安全生产法规体系的底层，但其调整的对象和规范的措施最具体。安全标准的制定和修订由国务院有关部门按照保障安全生产的要求，依法及时进行。安全标准由于其重要性，生产经营单位必须执行，这在《安全生产法》中以法律条文加以强制规范。《安全生产法》第十条规定：国务院有关部门应当按照保障安全生产的要求，依法及时制定有关的国家标准或者行业标准，并根据科技进步和经济发展适时修订。生产经营单位必须执行依法制定的保障安全生产的国家标准或者行业标准。

二、安全生产标准的作用

概括起来讲，建立适应社会主义市场经济体制的劳动安全法规体系和标准体系，已成为保证安全生产的重要内容之一。我国以国家标准为主体的职业安全卫生标准体系框架已经形成。标准作为提高科技水平和管理水平的重要技术文件，已经进入安全生产的各个角落，从事故预防、控制、监测，直至职业病诊断、统计，都需要有关的标准加以指导，制定标准已经成为安全领域中重要的基础工作之一。随着法制建设的日益完善，职业安全卫生法规标准对减少职工伤亡事故和职业危害，保护从业人员的安全与健康，发展生产将显示出更加有效的作用。

系统安全性指标的目标值是事故评价定量化的标准。如果没有评价系统危险性的标准，定量化评价也就失去意义，这将使评价者无法判定系统安全性是否符合要求，以及改善到什么程度才算是系统内物和人的最小损失。因此，一些国家都制定可实现的目标值。我国政府制定具有法律作用的产业安全卫生法，针对设备、装置的设计、安装、改造等项目颁布一系列国家法规和安全卫生标准。根据这些法规、标准、规范进行评价，确认系统安全性。

经量化后的危险是否达到安全程度，这就需要有一个界限和标准进行比较，这个标准称为安全指标（或安全标准）。所谓安全指标，就是社会公众可以接受的危险度。它可以是一个风险率、指数或等级，而不是以事故为零作为安全指标。为什么不以事故为零作为安全指标呢？因为事故不可能为零。这是由于人们的认识能力有限，有时不能完全识别危险性。即使认识了现有的危险，随着生产技术的发展，新工艺、新技术、新设备、新材料、新能源的出现，又会产生新的危险。对已认识到的危险，由于技术资金等因素的制约，也不可能完全杜绝。我们只能使危险尽可能减少，以至逐渐接近于零。当危险降到一定程度，人们就认

为是安全的了，霍巴特大学的罗林教授曾给安全下了这样的定义：所谓的安全指判明的危险性不超过允许限度。这就是说世界上没有绝对的安全。安全就是一种可以允许范围内的危险。确定安全指标实际上就是确定危险度或风险率，这个危险度或风险率必须是社会公众允许的、可以接受的。

三、安全生产国家标准颁布状况

我国的安全生产技术标准化工作，是在改革开放的20世纪80年代初期起步的，到2000年国家标准局已公布了400多个标准。这些标准大致分为如下几类。

1. 设计、管理类标准

这类标准主要是指一些为提高安全生产设计、监督或/和综合管理需要的标准。经常使用比较重要的有如下标准。

(1) 作业环境危害方面。《工业企业设计卫生标准》规定了111种毒物和9种粉尘的车间空气中最高容许浓度，为车间的设计提供了重要的劳动卫生学依据。职业危害程度分级标准有《体力劳动强度分级》《冷水作业分级》《低温作业分级》《高温作业分级》《高处作业分级》《毒作业分级》《职业性接触毒物危害程度分级》《生产性粉尘危害程度分级》等，以及车间空气中有毒、有害气体或毒物含量方面的数十种标准。

(2) 事故管理方面。为便于事故的管理和统计分析，在总结我国自己工作经验的基础上，吸收国外的先进标准，制定了我国的《企业职工伤亡事故分类》《企业职工伤亡事故经济损失统计标准》《火灾事故分类》《职工工伤与职业病伤致残鉴定》《事故伤害损失工作日标准》等。

(3) 安全教育方面。为加强特种作业人员的安全技术培训、考核和管理，颁布了《特种作业人员安全技术考核管理规则》《爆破作业人员安全技术考核标准》。特种作业人员经安全技术培训后，必须进行考核，经考核合格取得操作证者，方准独立作业。取得操作证的特种作业人员，必须定期进行复审，复审的时间每两年一次；复审不合格者可在两个月内再进行一次复审，仍不合格者，收缴操作证；凡未经复审者，不得继续独立作业。

2. 安全生产设备、工具类标准

这类标准主要是为了保证生产设备、工具的设计、制造、使用符合安全卫生要求的标准，大致可分为如下几个方面。

(1)《生产设备安全卫生设计总则》主要规定了设备设计中有关安全卫生的基本设计原则、一般要求、常见事故和职业危害的防护要求等三个方面。生产设备安全卫生的基本设计原则是：①生产设备及其零部件必须有足够的强度、刚度和稳定性。在制造、安装、运输、使用时，不得对人员造成危险；②生产设备在使用过程中，不得排放超过标准规定的有害物质；③设计必须履行人机工程的原则，最大限度地减轻操作者的体力和脑力消耗及精神紧张状况；④生产设备安全主要是通过选择最佳设计方案、合理地采用自动化和计算机技术，有效的防护措施及各种技术文件中明确的安全要求来实现；⑤设备的设计应进行安全性评价。当安全技术措施与经济利益发生矛盾时，则宜优先考虑安全技术上的要求，并应当首先选用直接安全技术，使生产设备本身具有本质安全性能，不会出现任何危险。其次选用间接安全技术，只有在直接安全技术不能实现时，才选用间接安全技术，即在生产设备总体设计时，设计出一种或多种可靠的安全防护装置；⑥除直接安全技术措施和间接安全技术措施外，还应当在设备上适当采用各种信号、标志等指示性安全技术措施；⑦生产设备在整个使用期限内，都应符合安全卫生要求。

对生产设备上的一些通用安全防护装置也制定了一些国家标准，如《固定式钢直梯安全技术条件》《固定式钢斜梯安全技术条件》《固定式工业防护栏杆安全技术条件》等。

(2) 在机器设备中，起重机械是造成死亡事故最多的一种设备。对一些容易发生事故的机器设备还制定了专业的安全卫生标准，如《起重机械安全规程》《起重吊运指挥信号》《塔式起重机安全规程》《起重机械危险部位与标志》等，加强了超重吊运作业的安全科学管理。

(3) 压力机械是发生重伤事故最多的一种机械，工人在操作时经常发生手指压伤或冲断事故，这种机械使用的面也比较广。为减少这类事故，颁布了《冲压车间安全生产通则》《压力机械安全装置技术要求》《压力机用感应式安全装置技术条件》《压力机用手持电磁吸盘技术条件》《磨削机械安全规程》《冷冲压安全规程》等国家标准。

3. 生产工艺安全卫生标准

这类标准主要是对一些经常发生工伤事故和容易产生职业病的生产工艺，规定了最基本的安全卫生要求。①预防工伤事故的生产工艺安全标准。在由于工艺缺陷而造成的工伤事故中，以厂内运输事故最多。1984 年国家颁布了《工业企业厂内运输安全规程》，该规程对厂内的铁路运输、公路运输、装卸作业等方面的安全要求，都作了具体规定。该规程还对厂内运输安全提出了具体要求。此外，为了预防爆炸火灾事故，还颁布了《粉尘防爆安全规程》《爆破作业安全规程》《大爆破安全规程》《拆除爆破安全规程》《氢气使用安全技术规程》《氯气安全规程》《橡胶工业静电安全规程》等国家标准。②预防职业病的生产工艺劳动卫生工程标准。这类标准有《生产过程安全卫生要求总则》《玻璃生产配件防尘技术规程》《立窑水泥尘规程》《橡胶生产配炼车间防尘规程》，主要是对生产中各种危害严重的工艺，从厂房布局、工艺设备、通风净化、组织管理等方面提出了防尘和防毒要求。为了预防有机溶剂的危害，还发布了五项涂装作业安全技术规程，规程对涂料的选用、涂装工艺、涂装设备、通风净化以及安全管理等做出要求。

4. 防护用品类标准

这类标准是为了控制防护用品质量，使其达到职业安全卫生要求。防护用品标准可分为通用标准、门类标准、产品标准三个层次。通用标准主要包括名词术

语、通用测试方法以及产品包装标志、验收、检验规则等。门类标准是指防护用品的通用技术要求。防护用品分为7个门类：①安全帽门类；②防尘防毒呼吸器官护具门类；③眼面护具门类；④听力护具门类；⑤防护鞋门类；⑥防护服门类；⑦其他护具门类。目前发布的防护用品标准，在安全帽门类，有《安全帽一般技术条件》，及冲击吸收性能、耐穿透性能、耐燃烧性能、耐水性能、防寒耐压性能等试验方法标准。在防尘防毒呼吸器官护具门类，有《自吸过滤式防尘口罩》《过滤式防毒面具》，还有过滤式防毒面具的6种试验方法标准及十二种滤毒罐的检验标准。在眼面防具门类中，有《焊接防目镜和面罩》《炉窑护镜和面罩》及一些试验方法标准。在听力护具门类，有《防噪声耳塞》《防噪声耳罩》标准。在防护鞋门类，有《皮安全鞋》《防静电鞋》等。在防护服门类，有《浮体救生衣》等。在其他护具门类有安全册、安全网等标准。

此外，为执行《矿山安全条例》，国家制定了一系列矿山安全卫生标准；为执行《锅炉压力容器安全监督条例》，国家制定了一系列锅炉压力容器安全标准。

各产业系统还制定了行业的安全技术标准，如建筑行业、石油工业、电力行业等。

第四节　我国主要的安全生产法规

一、《宪法》与安全

宪法是国家的根本法，具有最高的法律效力。一切法律、行政法规和地方性法规都不得同宪法相抵触。可以说宪法是各种法律的总法律或总准则。

《宪法》总纲中的第一条明确指出："中华人民共和国是工人阶级领导的、以工农联盟为基础的人民民主专政的社会主义国家。"这一规定就决定了我国的社会主义制度是保护以工人、农民为主体的劳动者的。在《宪法》中又规定了相应的权利和义务。

《宪法》第四十二条规定："中华人民共和国公民有劳动的权利和义务。国家通过各种途径，创造劳动就业条件，加强劳动保护，改善劳动条件，并在发展生产的基础上，提高劳动报酬和福利待遇。国家对就业前的公民进行必要的劳动就业训练。"《宪法》的这一规定，是生产经营单位落实安全生产与健康各项法规和开展各项工作的总的原则、总的指导思想和总的要求。我国各级政府管理部门，各类企事业单位机构，都要按照这一规定，确立安全第一、预防为主的思想，积极采取组织管理措施和安全技术保障措施，不断改善劳动条件，加强安全生产工作，切实保护从业人员的安全和健康。

《宪法》第四十三条规定："中华人民共和国劳动者有休息的权利。国家发展劳动者休息和休养的设施，规定职工的工作时间和休假制度。"这一规定的作用和意义有两个方面：一是劳动者的休息权利不容侵犯；二是通过建立劳动者的工作时间和休息休假制度，既保证劳动的工作时间，又保证劳动者的休息时间和休假时间，注意劳逸结合，禁止随意加班加点，以保持劳动者有充沛的精力进行劳动和工作，防止因疲劳过度而发生伤亡事故或造成积劳成病，防止职业病。

《宪法》第四十八条规定："中华人民共和国妇女在政治的、经济的、文化的、社会的和家庭的生活等各方面享有同男子平等的权利。国家保护妇女的权利和利益，实行男女同工同酬，培养和选拔妇女干部。"该规定从各个方面充分肯定了我国广大妇女的地位，她们的权利和利益受到国家法律保护。为了贯彻这个原则，国家还针对妇女的生理特点，专门制定了有关女职工的特殊劳动保护法规。

二、《刑法》与安全

1997 年 3 月 14 日第八届全国人民代表大会第五次会议修订的《刑法》，对安全生产方面构成犯罪的违法行为的惩罚作了规定。在危害公共安全罪中，《刑法》第 131～139 条，规定了重大飞行事故罪、铁路运营安全事故罪、交通肇事罪、重大责任事故罪、重大劳动安全事故罪、危险物品肇事罪、工程重大安全事故罪、教育设施重大安全事故罪和消防责任事故罪 9 种罪名。《刑法》第 146 条规定，生产、销售不符合安全标准的产品罪。第 397 条规定渎职罪，包括滥用职权罪、玩忽职守罪。此外，还有重大环境污染事故罪、环境监管失职罪。刑事责任是对犯罪行为人的严厉惩罚，安全事故的责任人或责任单位构成犯罪的将被按刑法所规定的罪名追究刑事责任。

2006 年 6 月 29 日第十届全国人民代表大会常务委员会第二十二次会议通过《刑法修正案（六）》，对有关安全生产方面的刑事责任追究又作了如下修订：①将刑法第一百三十四条修改为："在生产、作业中违反有关安全管理的规定，因而发生重大伤亡事故或者造成其他严重后果的，处三年以下有期徒刑或者拘役；情节特别恶劣的，处三年以上七年以下有期徒刑。强令他人违章冒险作业，因而发生重大伤亡事故或者造成其他严重后果的，处五年以下有期徒刑或者拘役；情节特别恶劣的，处五年以上有期徒刑。"②将刑法第一百三十五条修改为："安全生产设施或者安全生产条件不符合国家规定，因而发生重大伤亡事故或者造成其他严重后果的，对直接负责的主管人员和其他直接责任人员，处三年以下有期徒刑或者拘役；情节特别恶劣的，处三年以上七年以下有期徒刑。"③在刑法第一百三十五条后增加一条，作为第一百三十五条之一："举办大型群众性活动违反安全管理规定，因而发生重大伤亡事故或者造成其他严重后果的，对直接负责的主管人员和其他直接责任人员，处三年以下有期徒刑或者拘役；情节特别恶劣的，处三年以上七年以下有期徒刑。"④在刑法第一百三十九条后增加一条，作为第一百三十九条之一："在安全事故发生后，负有报告职责的人员不报或者谎报事故情况，贻误事故抢救，情节严重的，处三年以下有期徒刑或者拘役；情节特别严重的，处三年以上七年以下有期徒刑。"

三、《安全生产法》

2002年颁布实施的《安全生产法》共有七章九十七条，2014年新修改的《安全生产法》增加到一百一十四条。新版《安全生产法》的特点表现在如下方面：

1. 理念更新

(1) 从底线思维到红线意识。新《安全生产法》在总则第一条明确了安全生产的一个目标：防止减少安全生产事故；两大目的：保障人民群众的生命安全和财产安全；两大宗旨：促进经济和社会持续健康发展。从中我们可感悟到，《安全生产法》的目标宗旨既有财产安全和经济社会发展的底线思维，更有生命安全、持续健康全面发展的目标要求，彰显了国家、社会和企业的发展绝不能以牺牲人的生命为代价的红线意识。

(2) 从经济为本到以人为本。新《安全生产法》在总则第三条明确了"以人为本"的原则，强调了"生命至上、安全为天"的理念。"以人为本"首先要求"一切为了人"，安全生产的目的首先是人的生命安全，在处理安全与经济、安全与生产、安全与速度、安全与成本、安全与效益的关系时，以及面对重大险情和灾害事故应急时，必须安全优先、生命为大、安全第一；"以人为本"的第二个内涵是"一切依靠人"。因为，人的因素是安全的决定性因素，事故的最大致因是人的不安全行为。

2. 策略转变

(1) 从优先发展到安全发展。新《安全生产法》在第三条提出了"安全发展"的战略总则，强调了"科学发展、健康发展、持续发展"的策略要求。"安全发展"需要做到：发展不能以人的生命为代价，发展必须以安全为前提。相反，如果国家、行业和企业"优先发展""无限发展"违背安全发展的规律和要求，在没有安全保障的前提下的高速发展，只会增加血的成本和生命的代价，甚或最终遏制发展、葬送发展。

(2) 从就事论事到系统方略。新《安全生产法》第三条确立了"安全第一、预防为主、综合治理"的安全生产"十二字方针"，明确了安全生产工作的基本原则、主体策略和系统途径："安全第一"是基本原则，"预防为主"是主体策略，"综合治理"是系统方略。特别是"综合治理"的系统方略，具有全面、深刻、丰富的内涵。首先，需要国家和各级政府应用行政、科技、法制、管理、文化的综合手段保障安全生产；第二，要求社会、行业、企业应以从人因、物因、环境、管理等系统因素提升安全生产保障能力；第三，从政府到企业、从组织到个人都要具备事前预防、事中应急、事后补救的综合全面能力，强化安全生产基础和建立保障体系；第四，充分发挥党、政、工、团的作用，以及动员社会、员工、舆论等各个方面的参与，提供安全生产支撑力量。由于安全生产面对的是综合、复杂的巨系统，是一项长期、艰巨、复杂的任务和工作，因此，唯采取系统的方略、综合的对策，才能在安全生产保障与事故预防的战役中制胜和奏效。

3. 模式创新

（1）从二元主体到五方机制。新《安全生产法》第三条确立了“生产经营单位负责、职工参与、政府监管、行业自律、社会监督”的安全工作机制。首先明确了生产经营单位的主体责任，同时重要的是系统阐明了企业、员工、政府、行业、社会多方参与和协调共担的安全生产保障模式和机制。这比一段时期仅仅强调企业负责、政府监管的二元主体模式要全面、充分、合理、科学和有效。

（2）从部门管制到协同监管。新《安全生产法》通过总则诸多条款明确了“管业务必须管安全、管行业必须管安全、管生产经营必须管安全”的“三必须”原则。以法律的形式要求构建“各级政府领导协调、安全部门综合监管、行业部门专业监管”的政府全面参与的立体式（纵向从国务院到乡镇五个层级，横向政府、安监、部门三种力量）的监管模式。这一模式同时体现了“党政同责、一岗双责、谁主管谁负责”的具体要求，是一种系统、全面的协同监管模式，这比单一的安全主管部门的监管模式更为全面、系统、深刻、专业和有力。

4. 方法突破

（1）从形式安全到本质安全。新《安全生产法》充分强调了安全生产“超前预防、本质安全”的方式和方法。如首次明确强化事故隐患排查治理制度、推行安全生产标准化制度等措施。第三十八条明确的“事故隐患排查治理制度”，具有“事前预防、超前治本、源头控制”的特点，通过隐患的排治，实现生产企业的系统安全、生产设备的功能安全、生产过程的本质安全。第四条明确了“推进安全生产标准化建设”的制度要求。安全生产标准化建设依据国际普遍推行的PDCA管理模式，借鉴全球20世纪90年代以来成功运行的OHSMS职业安全健康管理体系，通过我国多年高危行业的实践和验证，结合我国国情，创新性建立了一套适用各行业的标准化运行机制和流程，对强化安全生产基础，提高企业的本质安全、超前预防的能力和水平将发挥积极重要的作用。

（2）从基于经验到应用规律。新《安全生产法》第二章对生产经营单位的安全生产保障提出了32条法律要求，其内容系统、全面，包括落实责任制度、推行“三同时”、加强安全防护措施、推行安全评价制度、安全设备全过程监管、强化危化品和重大危险源监控、交叉作业和高危作业管理等内容。其中安全投入保障、配备注册安全工程师专管人员、明确安全专管机构及人员职责、强化全员安全培训等是新增加的内容。这些内容充分体现了人防、技防、管防（三E）的科学防范体系，体现了时代对基于规律、应用科学的安全方法论，即实现如下方法方式的转变：变经验管理为科学管理、变事故管理为风险管理、变静态管理为动态管理、变管理对象为管理动力、变事中查治为源头治理、变事后追责到违法惩戒、变事故指标为安全绩效、变被动责任到安全承诺等。

（3）从技术制胜到文化强基。新《安全生产法》将原第十七条对于生产经营单位负责人的法律责任从6项增加到7项，增加的内容是：“组织制定并实施本单位安全生产教育和培训计划”。第二十五条新增了全员安全培训的规定。上述

法律规范体现了新《安全生产法》对安全文化和人的素质的重视和强调。这一法律要求符合“事故主因论”，即事故的主要原因是人的因素（通过对大量事故资料的统计分析，80%以上的事故原因直接与人为因素有关）。人的安全素质是安全生产的基础，安全教育培训是文化强基的重要手段。

(4) 从责任失衡到责任体系。安全生产责任体系有诸多角度和方面，如主体责任体系，包括政府、企业、机构、职工等多个方面；层级责任体系，分为政府层级、企业层级等；追责分类体系，包括事前违法责任和事后损害责任，单位负责和个体责任等。对于事后损害的法律责任追究方面，又有刑事法律责任追究、行政法律责任追究和民事法律责任追究等；责任性质分类体系，分为违法与违纪责任，直接与间接责任，主要与次要责任，工伤与非工伤，刑事与民事责任等。新《安全生产法》在安全生产的责任主体、责任层级等，特别是相应的责任追究方面构建了完整的体系。

四、《消防法》

《消防法》第一版于1998年颁布实施，2008年10月28日由中华人民共和国第十一届全国人民代表大会常务委员会第五次会议修订通过，新版《消防法》自2009年5月1日起施行。其主要内容有：第一章总则；第二章火灾预防；第三章消防组织；第四章灭火救援；第五章监督检查；第六章法律责任；第七章附则。《消防法》对安全生产和公共安全发挥着重要的作用。

五、《特种设备安全法》

《特种设备安全法》于2013年6月29日在第十二届全国人大常委会第三次会议表决通过，于2015年1月1日正式实施。特种设备是一个国家经济水平的代表，是国民经济的重要基础装备。我国现有特种设备生产企业5万多家，已经形成从设计、制造、检测到安装、改造、修理等完整的产业链，年产值达1.3万亿元。特种设备具有在高温、高压、高空、高速条件下运行的特点，是人民群众生产和生活中广泛使用的具有潜在危险的设备，有的在高温高压下工作，有的盛装易燃、易爆、有毒介质，有的在高空、高速下运行，一旦发生事故，会造成严重人身伤亡及重大财产损失。《特种设备安全法》共7章101条，适用于锅炉、压力容器（含气瓶）、电梯、起重机械、客运索道、大型游乐设施、场（厂）内机动车辆等8类特种设备。

第五节　国际主要的安全生产法规内容简介

一、ILO《职业安全健康管理体系导则》

2001年4月ILO召开专家会议审核、修订并一致通过了职业安全健康管理体系（OHSMS）技术导则。ILO 成员国三方代表各有 7 名专家参加了会议，欧盟（EU）、世界卫生组织和美国劳工部职业安全卫生局（OSHA）等 16 个国家和组织也派观察员列席。专家会议决定将 OHSMS 技术导则更名为 OSHMS 导则。2001 年 6 月，在 ILO 第 281 次理事会会议上，ILO 理事会（ILO 执行机关）审议、批准印发 OSHMS 导则。2001 年 5 月，中国政府、工会和企业家协会代表在吉隆坡参加了 ILO 举办的促进亚太地区推广应用 OSHMS 导则的地区会议。会后，中国政府向国际劳工局提交了双边在该领域的技术合作建设书。ILO 组织制定的 OSHMS 导则由引言、目标、国家职业安全健康管理体系框架、组织的职业安全健康管理体系、术语表、参考文献和附录等 7 个部分组成。核心内容如图 3-2 所示。

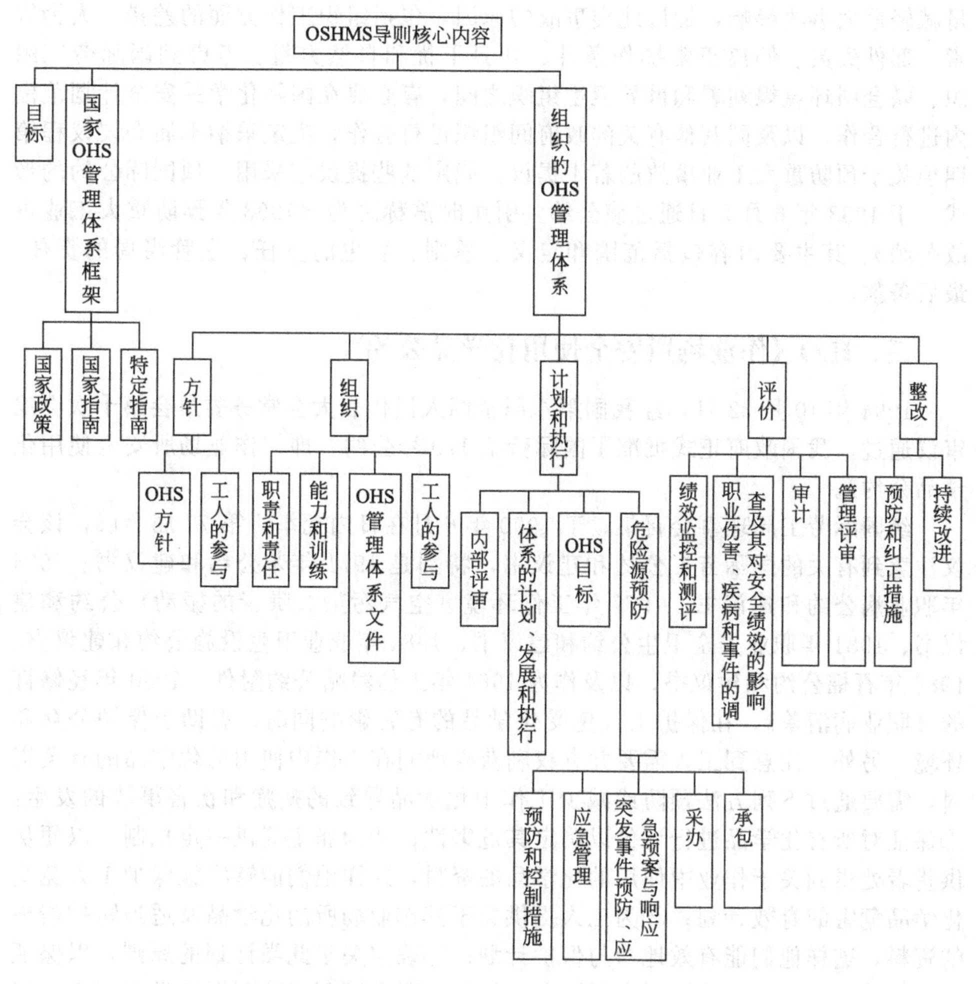

图 3-2　OSHMS 导则核心内容示意

OSHMS 导则在广泛咨询和征求意见的基础上，经 ILO 特有的成员国三方组织代表审查通过。显然，它作为一种科学的管理模式和体系，必将对改善我国企业的职业安全卫生状况，减少人员伤亡和经济损失发挥有效的作为。

二、ILO《预防重大工业事故公约》

经国际劳工局理事会召集，于 1993 年 6 月 2 日在日内瓦举行其第八十届会议，并注意到有关的国际劳工公约的建议书，特别是《1981 年职业安全和卫生公约和建议书》及《1990 年化学品公约和建议书》，1991 年出版的国际劳工组织《预防重大工业事故工作守则》强调有必要采取一种综合连贯的方式，必要时确保采取一切适宜的措施，以便预防重大事故；尽量减少发生重大事故的风险；尽量减轻重大事故影响，检讨此类事故的原因，包括组织工作方面的差错、人为因素、部件失灵、偏离正常操作条件、外界干扰和自然力量。考虑到国际劳工组织、联合国环境规划署和世界卫生组织之间，有必要在国际化学品安全计划范围内进行合作，以及同其他有关的政府间组织进行合作，决定采纳本届会议议程第四项关于预防重大工业事故的若干提议，确定这些提议应采用一项国际公约的形式。于 1993 年 6 月 2 日通过该公约，引用时需称之为《1993 年预防重大工业事故公约》。其主要内容包括范围和定义、总则、雇主的责任、主管当局的责任、最后条款。

三、ILO《作业场所安全使用化学品公约》

1994 年 10 月 22 日，经我国第八届全国人民代表大会常务委员会第十次会议审议通过，我国政府正式批准了国际劳工 170 号公约，即《作业场所安全使用化学品公约》。

经国际劳工局理事会召集，于 1990 年 6 月在日内瓦举行第 77 届会议，该会议注意到有关的国际劳工公约和建议书，特别是 1971 年苯公约和建议书、1974 年职业病公约和建议书、1977 年工作环境（空气污染、噪音的振动）公约和建议书、1981 年职业安全卫生公约和建议书、1984 年职业卫生设施公约和建议书、1986 年石棉公约和建议书，以及作为 1964 年工伤津贴公约附件、1980 年经修订的《职业病清单》，在保护工人免受化学品的有害影响同时，有助于保护公众和环境。另外，注意到工人需要并有权利获得他们在工作中使用的化学品的有关资料，需要通过下列方法预防或减少工作中化学品导致的病症和伤害事故的发生：①保证对所有化学品进行评价以确定其危害性；②为雇主提供一定机制，以便从供货者处得到关于作业中使用的化学品的资料，这样他们能够实施保护工人免受化学品危害的有效计划；③为工人提供关于其作业场所的化学品及适当防护措施的资料，这样他们能有效地参与保护计划；④确定关于此类计划的原则，以保证化学品的安全使用。认识到在国际劳工组织、联合国环境计划署和世界卫生组织之间，以及与联合国粮食和农业组织及联合国工业发展组织就国际化学品安全计划进行合作的需要，并注意到这些组织制定的有关文件、规则和使用指南，决定采纳本届会议议程第五项关于作业场所安全使用化学品的某些提议，确定这些提议应采取国际公约的形式。于 1990 年 6 月 25 日通过以下公约，引用时需称之为《1990 年化学品公约》。其主要内容有范围和定义、总则、分类和有关措施、雇主的责任、工人的义务、工人及其代表的权利、出口国的责任。

四、ILO《建筑业安全卫生公约》

经国际劳工局理事会召集，于 1988 年 6 月 1 日在日内瓦举行第 75 届会议，并参考了有关国际劳工公约和建议书，特别是《1937 年（建筑业）安全规程公约和建议书》《1937 年（建筑业）预防事故合作建议书》《1960 年辐射防护公约和建议书》《1963 年机器防护公约和建议书》《1967 年最大负重量公约和建议书》《1974 年职业性癌公约和建议书》《1977 年工作环境（环境污染、噪音和振动）公约和建议书》《1981 年职业安全和卫生公约和建议》《1985 年职业卫生设施公约和建议书》《1986 年石棉公约和建议书》，并注意到《1964 年工伤事故和职业病津贴公约》附件，于 1980 年修订的《职业病一览表》。会议决定采纳本届会议议程第四项关于建筑业安全和卫生的某些提议，经确定这些提议应采取修订后的《1937 年（建筑业）安全规程公约》的国际公约的形式，于 1988 年 6 月 20 日通过。引用时需称之为《1988 年建筑业安全和卫生公约》。该公约 1991 年 1 月 11 日颁布。我国政府于 2001 年 10 月 27 日通过全国人民代表大会常务委员会关于批准《建筑业安全卫生公约》的决定。第九届全国人民代表大会常务委员会第二十四次会议决定：批准于 1988 年 6 月 20 日经第 75 届国际劳工大会通过、1991 年 1 月 11 日生效的《建筑业安全卫生公约》；同时声明在中华人民共和国政府另行通知前，《建筑业安全卫生公约》暂不适用于香港特别行政区。

《建筑业安全卫生公约》的主要内容有范围和定义、一般规定、预防和保护措施、执行、最后条款。全文共 44 条，具体内容可参见原文。

五、ILO《职业安全和卫生及工作环境公约》

1981 年《职业安全和卫生及工作环境公约》（第 155 号公约）：在合理可行的范围内，把工作环境中内在的危险因素减少到最低限度，以预防来源于工作、与工作有关或在工作过程中发生的事故和对健康的危害。

这一公约通过促进各会员国在职业安全、职业卫生和改善工作环境方面制定相关法律的措施，明确政府、企业和工人各自承担的职责，从而把工作环境中存在的危险因素减小到最低限度，以预防来自工作过程中发生的事故和对健康的危害。

中国于 2006 年 10 月 31 日第十届全国人民代表大会常务委员会第二十四次会议决定：批准 1981 年 6 月 22 日第 67 届国际劳工大会通过的《职业安全和卫生及工作环境公约》（第 155 号公约）；同时声明，在中华人民共和国政府另行通知前，不适用于中华人民共和国香港特别行政区。

第四章 安全教育学原理

重要概念 教育机理、教育目标、教育原则、教育方式、多媒体教育技术、三级教育、学历教育、日常教育、特种作业培训、教育认证。

重点提示 一般教育的理论与教育学；安全教育目的、模式与原则；企业安全教育的对象体系；企业安全教育培训的模式与手段；企业决策者和管理者的安全教育；企业安全专业人员的安全教育；企业员工的安全教育；安全专业人员的学历教育。

问题注意 认识人的记忆对教育的影响作用及复训的必要性；企业的安全教育必然进行全员教育（决策者、管理者、专业人员、员工、家属等）；针对不同的教育培训对象，需要不同知识体系，需要应用不同的教育方式和方法；应用现代多媒体教育技术，是安全培训的发展方向。

第一节 一般教育原理与安全教育学基础

一、教育的本质

教育对人的发展具有必要性和主导性。这是由于人的生活是靠劳动改造自然和进行生产来维持生命并使之发展下去的，而要安全地生产就必须结合一定的社会关系，并在其中创造和运用安全生产手段和安全生产的技术以及与此相适应的各种制度、习惯、文化等复杂体系来进行。人的生活现状以及文化体系不是固定地维持下去，特别是在生活受到灾害威胁的时代，人们要不断地加以变革，并创造出更安全的生活和文化。这种创造和变革的活动是人类发展的前提，而教育对这种活动起主导的作用。因为教育是有目的、有计划的社会活动过程，它对人的影响最为深刻。安全教育作为教育的重要部分，显然对人类的发展起着重要的作用。

二、教育的机理

管理心理学认为，意识是高度完善、高度组织的特殊物质，它反映了人脑的机能，是人类特有的、对客观现实的能动反映。社会存在决定人们的意识，意识又反过来对物质发展过程以巨大影响。意识是人们经过从感性认识到理性认识的多次反复形成的。它从反映客观现实中引出概念、思想、计划并以此来指导行动，使行动具有目的性、方向性和预见性。

安全教育的机理遵循着管理心理学的一般规律：生产过程中的潜变、异常、危险、事故给人以刺激，由神经传输于大脑，大脑根据已有的安全意识对刺激做出判断，形成有目的、有方向的行动。所以，安全教育的基本出发点如下：

(1) 尽可能地给受教育者输入多种“刺激”，如讲课、参观、展览、讨论、示范、演练、实例等，使其“见多”“博闻”，增强感性认识，以求达到“广识”与“强记”。

(2) 促使受教育者形成安全意识。经过一次、两次、多次、反复的“刺激”，促使受教育者形成正确的安全意识。安全意识是人们关于安全法规的认识与理论、观点、思想和心理的状况，以及由此形成生产活动过程中对时空的安全感。

(3) 促使受教育者做出有利安全生产的判断与行动。判断是大脑对新输入的信息与原有意识进行比较、分析、取向的过程。行动是实践判断指令的行为。安全生产教育就是要强化原有安全意识，培养辨别是非、安危、福祸的能力，坚定安全生产行为。这就涉及受教育者的态度、情绪和意志等心理问题。

(4) 创造条件促进受教育者熟练掌握操作技能。技能是指凭借知识和经验，操作者运用确定的劳动手段作用于劳动对象，安全熟练地完成规定的生产工艺要求的能力。培养安全操作技能是安全生产教育的重点，是安全意识、安全态度的具体体现。

三、学习与教育的规律

人的学习过程需要渐进性、重复性，这是人的生理与心理的特性决定的。如人对学习的知识会产生遗忘。遗忘就是对记过的材料不能再认或回忆，或者表现为错误的再认或回忆。艾宾浩斯对遗忘现象首先进行了研究，并用一曲线规律来描述，称作艾宾浩斯遗忘曲线，如图 4-1。实际对不同的人和不同的学习材料进行识记，会有不同的遗忘曲线。

明白了这个道理，对我们如何开展安全教育具有实际的意义。例如，对新员工进行入厂教育，即使进行了认真的安全三级教育，并且考试合格，但假若以后不去管他，那么不要多久，按照遗忘规律，他将会忘掉大部分的安全知识。这样就会在生产过程中对安全规定进行再认，或形成错误的再认与处理，最终必然产生失误行为，从而导致事故发生。

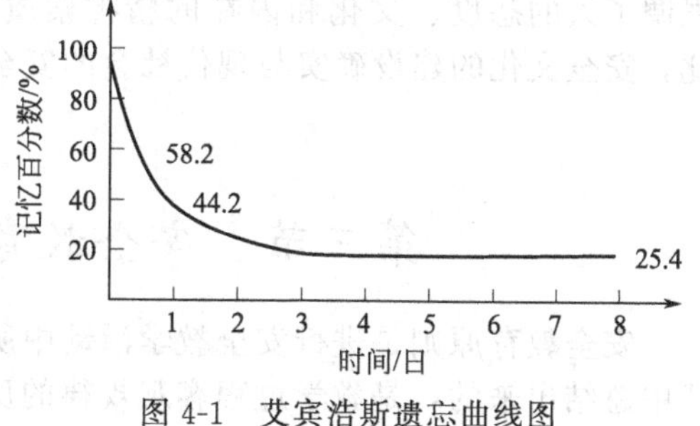

图 4-1　艾宾浩斯遗忘曲线图

为了防止遗忘量越过管理的界限，就要定期或及时地进行安全教育，使记忆间断活化，从而保持人的安全素质和意识警觉性。如图 4-2 所示。

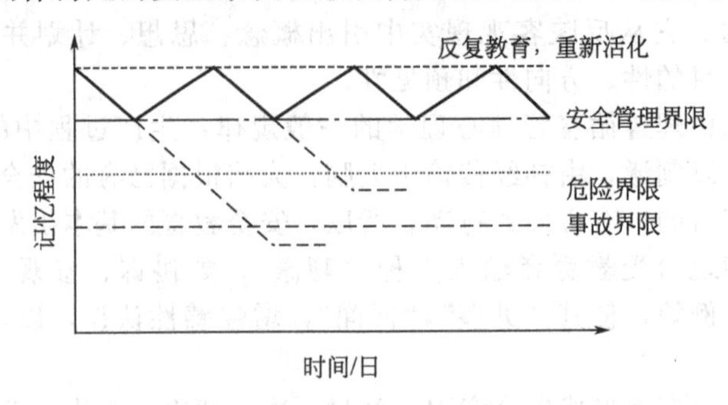

图 4-2　反复教育对于记忆的活化示意

第二节　安全教育的目的

人的生存依赖于社会的生产和安全。显然，安全条件是重要的方面。安全条件的实现是由人的安全活动去实现的，安全教育又是安全活动的重要形式，这是由于安全教育是实现安全目标，即防范事故发生的主要对策之一。由此看来，安全教育是人类生存活动中基本而重要的活动。

安全教育的目的、性质是社会体制所规定的。计划经济为主的体制，企业的安全教育的目的较强地表现为“要你安全”，被教育者偏重于被动的接受；在市场经济体制下，需要做到“你要安全”，变被动的接受安全教育为主动要求安全教育。安全教育的功能、效果，以及安全教育的手段都与社会经济水平有关，都受社会经济基础的制约。并且，安全教育为生产力所决定，安全教育的内容、方法、形式都受生产力发展水平的限制。由于生产力的落后，生产操作复杂，对人的操作技能要求很高，相应的安全教育主体是人的技能；现代生产的发展，使生产过程对于人的操作要求越来越简单，安全对人的素质要求主体发生了变化，即强调了人的态度、文化和内在的精神素质，安全教育的主体也应发生改变。因此，安全文化的建设确实与现代社会的安全活动要求是合拍的。

第三节　安全教育学的基本原则

安全教育原则是进行安全教学活动中所应遵循的行动准则。它是教学工作实践中总结出来的，是教学过程客观规律的反映。安全教育原则有以下几项内容。

(1) 教育的目的性原则。企业安全教育的对象包括企业的各级领导、企业的职工、安全管理人员以及职工的家属等。对于不同的对象，教育的目的是不同的。对各级领导是安全认识和决策技术的教育；对企业职工是安全态度、安全技能和安全知识的教育；对安全管理人员是安全科学技术的教育；对职工家属是让其了解职工的工作性质、工作规律及相关的安全知识等。只有准确地掌握了教育的目的，才能有的放矢，提高教育的效果。

(2) 理论与实践相结合的原则。安全活动具有明确的实用性和实践性。进行安全教育的最终结果是对事故的防范，只有通过生活和工作中的实际行动，才能达到此目的。因此，安全教育过程中必须做到理论联系实际。现场说法、案例分析是安全教育的基本形式。

(3) 调动教与学双方积极性的原则。从受教育者的角度看，接受安全教育利己、利家、利人，是与自身的安全、健康、幸福息息相关的事情。所以，接受安全教育应是发自内心的要求。我们应该避免对安全效果的间接性、潜在性、偶然性的错误认识，全面地、长远地、准确地理解安全活动的意义和价值。

(4) 巩固性与反复性原则。安全知识，一方面，随生活和工作方式的发展而改变；另一方面，安全知识的应用在人们的生活和工作过程中是偶然的，这就使得已掌握的安全知识随着时间的推移会退化。“警钟长鸣”是安全领域的基本策略，其中就道出了安全教育的巩固性与反复性原则的理论基础。

第四节　安全教育模式及技术

一、安全教育方法

合理的教育方法是提高教学效果的重要方面。通常在教学进程中有如下方法可参考：启发式教学法、发现法、讲授法、谈话法、读书指导法、演示法、参观法、访问法、实验和实习、练习与复习法、研讨法、宣传娱乐法等。教学的方法是多种多样的，各种方法有各自的特点和作用，在应用中应结合实际的知识内容和学习对象，灵活采用。比如，对于大众的安全教育，多采用宣传娱乐法和演示法；对中小学生的安全教育多采用参观法、讲授法和演示法等；对各级领导和官员多采用研讨法和发现法等；对于企业职工的安全教育则宜采用讲授法、谈话法、访问法、练习法和复习法等；对于安全专职人员则应采用讲授法、研讨法、读书指导法等。

安全教育的方法和一般教学的方法一样。具体的方法有：讲授法，这是教学常用的方法，具有科学性、思想性、严密的计划性、系统性和逻辑性的特点。谈话法，指通过对话的方式传授知识的方法。一般分为启发式谈话和问答式谈话。读书指导法，是通过指定教科书或阅读资料的学习来获取知识的方法。这是一种自学方式，需要学习者具有一定的自学能力。访问法，是通过对当事人的访问，现身说法，获得知识和见闻。练习与复习法，涉及操作技能方面的知识往往需要通过练习

来加以掌握。复习是防止遗忘的主要手段。研讨法，是通过研讨的方式，相互启发、取长补短，达到深入消化、理解和增长新知识的目的。宣传娱乐法，是通过宣传媒体，寓教于乐，使安全的知识和信息通过潜移默化的方式深入职工之中。

二、安全教育的合理设计

对于企业，安全教育的对象有生产的决策者、管理者、安全专业人员、企业职工和家属等；对于社会，安全教育的对象有官员、居民、学生等。

针对不同的教育对象，应该有不同的安全教育内容的设计。一般来说，安全教育的内容涉及安全常识、安全法规、安全标准、安全政策、安全技术、安全科学理论、安全技能等。

显然，不同的对象应有不同的安全教育目标。即总的目标是提高人的安全素质，这要通过强化安全意识、发展安全能力、增长安全知识、提高安全技能等来实现。

安全教育的方式设计也是重要的环节。常规的安全教育方式有持证上岗教育；特种作业教育；全员安全教育；日常安全教育；家属、学生、公民的基本教育等。

三、安全教育的技术

安全教育的手段及技术包括：人-人传授教育；人-机演习培训；人-境访问教学；电化教学；计算机多媒体培训等。

就安全课讲授的形式而言，还可以用如下十种方式进行：报告式安全课；电教式安全课；答疑式安全课；研讨式安全课；演讲式安全课；座谈式安全课；参观式安全课；竞赛式安全课；试验式安全课；综合式安全课。

随着计算机多媒体技术的发展，目前在国际范围内还发展了一种新的教育培训方式，这就是《职业安全卫生计算机多媒体培训系统》。这是我国职业安全卫生领域的第一套大型多媒体软件系统，具有文字、图像、视频、声音等多种媒体。本系统具有学习、测试、评分、管理、打印等多种功能，可适用不同的测试对象和测试难度。系统可提供的学科内容有防火防爆、电气安全、机械安全、锅炉压力容器安全、安全管理、职业卫生、特种作业。特种作业包括电工、起重作业工、厂内机动车辆工、电梯操作工、建筑登高架设工、焊工、锅炉工七个工种。学习过程中可根据需要按不同难度等级选择学习内容，难度等级包括一般难度（适用于一般员工）、中等难度（适用于管理人员和专业人员）、较难（适用于安全专业人员）、一般及中等难度、中等及较难、任意难度六个组合层次。培训方式有学习和测试两种，其中测试分为出试卷测试和机上测试。

第五节　企业安全教育的对象、目标与内容

企业安全教育内容、方式应以对象的不同而不同，这是由于不同的对象掌握的知识和内容有所区别。对一个企业来讲，安全教育的对象主要包括企业的决策

层（法人代表、各级党政领导）、生产的管理者、员工、安全专业管理人员，以及职工的家属五种对象。

一、企业决策层（法人及决策者）的安全教育

企业决策层是企业的最高领导层（包括企业法人和决策者），其中第一负责人就是企业的法人代表。企业法人代表及决策者是企业生产和经营的主要决策人，是企业利益分配和生产资料调度的主要控制者，同时也是企业安全生产的第一指挥者和责任人。江泽民同志曾提出“责任重于泰山”“防范胜于救灾”“隐患险于明火”“为官一任，就要保一方平安”。在我们建设社会主义市场经济体制的过程中，企业除了追求生产产量和经营利润外，还要承担促进社会物质文明、精神文明进步等多方面的责任，这就要求企业决策层要具有较高的政治思想觉悟、广博的文化知识、非凡的企业管理才能、健康的心理和身体素质。而且法人代表及决策者们对安全生产的理解程度和认识程度决定着企业安全生产的状态和水平。所以决策者们必须具备较高的安全文化素质，这就需要对决策层不断进行必要的安全教育。

(1) 企业决策层安全教育的知识体系。对决策层的安全教育重点在方针政策、安全法规、标准的教育。具体可以从以下几个方面进行教育。

① 懂得安全法规、标准及方针政策。企业决策层应有意地培养自己的安全法规和安全技术素质，认真学习国家和行业主管部门颁发的安全法规文件和有关安全技术法规，以及事故发生规律。安全生产的技术法规包括安全生产的管理标准，劳动生产设备、工具安全卫生标准，生产工艺安全卫生标准，防护用品标准等；重大责任事故的治安处罚与行政处罚；违反安全生产法律应承担的相应的民事责任；违反安全生产法律应承担的相应的刑事责任；在什么情况下构成重大责任事故罪等。

② 安全管理能力培养。决策层只有具备较高的安全管理素质才能真正负起“安全生产第一责任人”的责任，在安全生产问题上正确运用决定权、否决权、协调权、奖惩权；在机构、人员、资金、执法上为安全生产提供保障条件。

③ 树立正确的安全思想。重视人的生命价值，具有强烈的安全事业心和高度的安全责任感。

④ 建立应有的安全道德。作为企业领导，必须具备正直、善良、公正、无私的道德情操和关心职工、体恤下属的职业道德。对于贯彻安全法规制度，要以身作则，身体力行。

⑤ 形成求实的工作作风。在市场经济体制下，要对企业决策层进行求实的工作作风教育，防止口头上重视安全，实际上忽视安全，即所谓“说起来重要，做起来次要，忙起来不要”。

(2) 企业决策层安全教育的目标。在社会主义市场经济体制下，对企业的决策层进行安全教育，使他们在思想和意识上树立如下的安全生产观。

① 安全第一的哲学观。在思想认识上，安全工作高于其他工作；在组织机构上赋予安全职能部门一定的责、权、利；在资金安排上，规划程度和重视程度优于其他工作；在知识的更新上，安全知识（规章）学习先于其他知识培训和学习；在管理举措上，对安全工作的情感投入多于其他管理举措；在检查考核上，安全的检查评比严于其他考核工作；当安全与生产、安全与经济、安全与效益发生矛盾时，安全优先。只有建立了辩证的安全第一哲学观，才能处理好安全与生产、安全与效益的关系，才能做好企业的安全工作。

② 尊重人的情感观。企业法人代表、领导者在具体的管理与决策过程中，应树立“以人为本，尊重与爱护职工”的情感观。

③ 安全就是效益的经济观。实现安全生产，保护职工的生命安全与健康，不仅是企业的工作责任和任务，而且是保障生产顺利进行，实现企业经济效益的基本条件。“安全就是效益”，安全不仅能“减损”，而且能“增值”，这是企业法人代表和领导者应建立的“安全经济观”。安全的投入不仅能给企业带来间接的回报，而且能产生直接的效益。

④ 预防为主的科学观。要高效、高质量地实现企业的安全生产，必须走预防为主的道路，必须采用超前管理、预期型管理的方法。采用现代的安全管理技术，变纵向单因素管理为横向综合管理；变事后处理为预先分析；变事故管理为隐患管理；变管理的对象为管理的动力；变静态被动管理为动态主动管理，实现本质安全化。

只要有了正确的安全生产观念和意识，就可能有合理、准确的安全生产组织和管理行动，最终必定能实现安全生产的目标。

(3) 企业决策层的安全教育方法。对企业决策层的安全教育可以采取定期安全培训，持证上岗。根据国家人事部门和国家经委的规定，企业领导安全教育的形式主要是岗位资格的安全培训认证制度教育。这是一种非常有力和有效的安全教育形式，通过学习了解安全生产的知识，体验和经历事故的教训，采用研讨法和发现法来达到教育的目的。

二、企业管理层的安全教育

企业管理层主要是指企业中的中层和基层管理部门的领导及其干部。他们既要服从企业决策层的管理，又要管理基层的生产和经营人员，起到承上启下的作用，是企业生产经营决策的忠实贯彻者和执行者。他们的安全文化素质对整个企业的形象具有重要影响。企业的安全生产状况，与企业领导的安全认识有密切的关系。企业领导的安全认识教育就是要端正领导的安全意识，提高他们的安全决策素质，从企业管理的最高层确立安全生产的应有地位。

(1) 企业管理层的安全教育知识体系。企业管理层包括中层管理干部和基层管理者，对他们的要求各不相同。

企业中层管理干部除必须具备的生产知识外，在安全方面还必须具备一定的知识、技能：①多学科的安全技术知识。作为一个生产企业单位，直接与机、电、仪器打交道。作为一位中层领导，还涉及企业管理、从业人员的管理。所以他们应该具有企业安全管理、劳动保护、机械安全、电气安全、防火防爆、工业卫生、环境保护等知识。根据各企业、各行业不同，还应该有所侧重。如：在矿山，中层领导除了掌握以上的知识体系，还应重点掌握瓦斯爆炸方面的安全知识；厂矿企业的中层领导必须掌握防火防爆方面的安全技术知识。②推动安全工作的方法。如何不断提高安全工作的管理水平，是我们中层领导干部工作的一个重点。中层干部必须不断学习推动安全工作的方法，如：利益驱动法、需求拉动法、科技推动法、精神鼓动法、检查促动法、奖罚激励法等。③国家的安全生产法规、规章制度体系。④安全系统理论；现代安全管理；安全决策技术；安全生产规律；安全生产基本理论和安全规程。

企业的基层管理者，特别是班组长，也应具有较高的安全文化素质。因为班组是企业的细胞，是企业生产经营的最小单位，是生产经营任务的直接完成者。“上面千条线，班组一根针”。企业的各项制度、生产指令和经营管理活动都要通过班组来落实，因而班组安全工作的好坏，直接影响着企业的安全生产和经济效益。这就需要抓好班组里的带头人班组长的安全文化素质的提高。班组长应掌握的知识体系包括：①较多的安全技术技能。不同行业、不同工种、不同岗位要求不一样。总体来讲，必须掌握与自己工作有关的安全技术知识，了解有关事故案例。②熟练的安全操作技能。掌握与自己工作有关的操作技能，不仅自己操作可靠，还要帮助班内同志避免失误。

(2) 企业管理层的安全教育目标。通过对企业管理层进行系统的安全教育，要求他们达到一定的目标。

中层管理干部通过教育，除了具备多学科的安全技术知识、了解推动安全工作的方法和掌握一系列安全法规、制度外，还要具备以下安全文化素质：①有关心职工安全健康的仁爱之心。牢固“安全第一、预防为主，综合治理”的观念，珍惜职工生命，爱护职工健康，善良公正，体恤下属。②有高度的安全责任感。对人民生命和国家财产具有高度负责的精神，正确贯彻安全生产法规制度，绝不违章指挥。③有适应安全工作需要的能力。如组织协调能力、调查研究能力、逻辑判断能力、综合分析能力、写作表达能力、说服教育能力等。

班组长通过教育具备较多的安全技术技能、熟练的安全操作技能，还要具备以下安全文化素质：①强烈的班组安全需求。珍惜生命，爱护健康，把安全作为班组活动的价值取向，不仅自己不违章操作，而且能够抵制违章指挥。②深刻的安全生产意识。深悟“安全第一、预防为主，综合治理”的含义，并把它作为规范自己和全班同志行为的准则。③自觉遵章守纪的习惯。不仅知道与自己工作有关的安全生产法规制度和劳动纪律，而且能够自觉遵守，模范执行，长年坚持。④勤奋地履行工作职责。班前开会作危险预警讲话，班中生产进行巡回安全检查，班后交班有安全注意事项。⑤机敏地处置异常的能力。如果遇到异常情况，能够机

敏果断地采取扑救措施，把事故消灭在萌芽状态或尽力减少事故损失。⑥高尚的舍己救人品德。如果一旦发生事故，能够在危难时刻自救救人或舍己救人，发扬互帮互爱精神。

(3) 企业管理层的安全教育方法。对企业管理层中的管理干部的安全教育，可以采取研讨法和发现法进行岗位资格认证安全教育、定期的安全再教育。使用统一教材，统一时间，分散自学与集中教授相结合，集中辅导考试；除了抓好干部的任职资格安全教育外，还必须进行一年一度的安全教育，并进行考试、建档；对基层管理人员主要采用讲授法、谈话法、参观法等形式进行安全教育，企业每年必须对班组长进行一次系统的安全培训，由企业企管部门组织实施，教育部门配合，安全部门负责授课、考试、建档。

三、企业专职安全管理人员的安全教育

企业的安全专职管理人员是企业安全生产管理和技术实现的具体实施者，是企业安全生产的“正规军”，因此，也是企业实现安全生产的主要决定性因素。具有一定的专业学历，掌握安全的专业知识和科学技术，又有生产的经验，懂得生产的技术，是一个安全专职人员的基本素质。要建设好专职安全管理人员的安全文化，需要企业领导的重视和支持，也需要企业专职安全管理人员自身的努力。

(1) 企业专职安全管理人员的安全知识体系。①安全科学（即安全学）。这是安全学科的基础科学。包括安全设备学、安全管理学、安全系统学、安全人机学、安全法学。②安全工程学。这是技术科学。包括安全设备工程学、卫生设备工程学、安全管理工程学、安全信息论、安全运筹学、安全控制论、安全人机工程学、安全生理学、安全心理学。③安全工程。这是工程技术。包括安全设备工程、卫生设备工程、安全管理工程、安全系统工程、安全人机工程。④专业安全知识。各行业不同，具体的专业要求也不一样。总体来讲，大概包括通风，矿山安全，噪声控制，机、电、仪安全，防火防爆安全，汽车驾驶安全，环境保护等。⑤计算机方面的知识。随着社会的发展，计算机在生产、管理方面的应用越来越普及，在安全管理方面也逐步得到利用，所以安全管理人员不仅要掌握一般的计算机使用常识，而且应该具备一定的应用软件开发基础。

(2) 企业专职安全管理人员的安全教育目标。随着社会的不断发展、进步，企业对安全专职管理人员的要求越来越高。传统的那种单一功能的安全员，即仅会照章检查，仅能指出不足之处的安全员，已不能满足企业生产、经营、管理和发展的需要。企业强烈地呼唤“复合型”的安全员。通过对企业专职安全管理人员的安全教育，除了掌握安全知识的一系列知识体系外，还要有广博的知识，要有敬业精神。

(3) 企业专职安全管理人员的安全教育方法。对企业专职安全管理人员的安全教育，一方面是通过学校进行安全管理人员的学历教育；另一方面对在职安全管理人员可以通过讲授法、研讨法、读书指导法等进行安全教育，不断获取新的

安全知识。安全管理人员的学历教育在专篇进行论述，在此仅谈谈日常中对在职安全管理人员的安全教育方法。

提高安全专业管理人员的素质是21世纪安全管理的需求。为此，就需要对安全管理人员有计划地进行培训：①充实安全队伍，将年富力强的人员安排到安全队伍中，他们的一个绝对优势就是接受新事物、新知识比较快。②抓培训学习、充实基本功。既然安全队伍来源比较复杂，就必然存在着水平参差不齐的客观现实，同时适应安全知识不断更新、不断发展的特点。③勇于实践、善于总结，使新科技为安全工作服务。21世纪是科学技术迅猛发展的时代，如何使新科技成果不断为我所用，的确是未来也是当前的一个“焦点”问题。

(4) 多开展交流活动。经常性的经验交流活动，是搞好工作的有效方法之一。安全员的健康成长也不例外。通过走出去、请进来，使安全队伍开阔视野、丰富见识，进而取长补短。

四、企业普通员工的安全教育

一方面，安全工作的重要目的之一是保护现场的员工；另一方面，安全生产的落实最终要依靠现场的员工，因此，企业普通员工的安全文化是企业安全生产水平和保障程度的最基础元素。

同时，历史经验和客观事实表明，发生的工伤事故和生产事故将近80%是由于职工自身的“三违”原因造成的。从构成事故的三因素，即人员-机器设备-环境的关系分析，“机器设备”“环境”相对比较稳定，唯有“人”是最活跃的因素，而人又是操作机器设备、改变环境的主体，因而，紧紧抓住“人”这个活的因素，通过科学的管理、及时有效的培训和教育、正确引导和宣传，以及合理、及时的班组安全活动，提高职工的安全素质，是做好安全工作的关键，也是职工安全文化建设的基本动力。

在现代化大生产中，随着科学技术的进步，机械化、自动化、程控、遥控操作越来越多。一旦有人操作失误，就可能造成厂毁人亡。人员操作的可靠性和安全性与这个人的安全意识、文化意识、文化素质、技术水平、个性特征和心理状态等都有关系。可见，提高职工的安全文化素质是预防事故的最根本措施。企业普通员工的安全教育是企业安全教育的重要部分。

(1) 企业普通职工安全教育的知识体系。企业的安全教育是安全生产三大对策之一，显然它对保障安全生产具有必要的意义。企业职工安全教育的目的是显而易见的，主要是训练职工的生产安全技能，以保证在工作过程中提高工效、安全操作；掌握安全生产的知识和规律。安全生产的需要决定了职工安全教育的知识体系。对于职工的安全教育内容除了包括方针政策教育、安全法规教育、生产技术知识教育外，还需要如下知识。

① 一般安全生产技术知识教育。这是企业所有职工都必须具备的基本安全生产技术知识。主要包括以下内容：a. 企业内的危险设备和区域及其安全防护

的基本知识和注意事项；b. 有关电气设备的基本安全知识；c. 与起重机械和厂内运输有关的安全知识；d. 生产中使用的有毒有害原材料或可能散发有毒有害物质的安全防护基本知识；e. 企业中一般消防制度和规则；f. 个人防护用品的正确使用以及伤亡事故报告办法等；g. 发生事故时的紧急救护和自救技术措施、方法。

② 专业安全生产技术知识教育。专业安全生产技术知识教育是指某一作业的职工必须具备的专业安全生产技术知识的教育。这是比较专门和深入的，它包括安全生产技术知识、工业卫生技术知识以及根据这些技术知识和经验制定的各种安全生产操作规程等教育。a. 按生产性质分类包括矿山、煤矿安全技术；冶金安全技术；建筑安全技术、厂矿、化工安全技术；机械安全技术。b. 按机器设备性质和工种分类包括车、钳、铣、刨、铸造、锻造、冲压及热处理等金加工安全技术；木工安全技术；装配工安全技术；锅炉压力容器安全技术；电、气、焊安全技术；起重运输安全技术；防火、防爆安全技术；高处作业安全技术等等。c. 工业卫生技术知识包括工业防毒、防尘技术；振动噪声控制技术；射频辐射、激光防护技术；高温作业技术。

进行安全生产技术知识教育，不仅对缺乏安全生产技术知识的人很必要，而且对具有一定安全生产技术知识和经验的人也是完全必要的。一方面，知识是无止境的，需要不断地学习和提高，防止片面性和局限性。事实上有许多伤亡事故就是只凭“经验”或麻痹大意违章作业造成的。所以，具有实际知识和一定经验的人、具备一定安全生产技术知识的人，也需要学习。提高他们的安全生产知识，把局部知识、经验上升到理论，使他们的知识更全面。另一方面，随着社会生产事业的不断发展，新的机器设备、新的原材料、新的技术不断出现，也需要有与之相适应的安全生产技术，否则就不能满足生产发展的要求。因此，对安全生产技术的学习和钻研，就显得更为重要了。对具体的工种进行书本知识、理论的教育，是提高每一位职工安全素质的基本需要。不同的行业、不同的工种教育的内容也不一样。安全生产技术知识教育，采取分层次、分岗位（专业）集体教育的方法比较合适。

③ 安全生产技能教育。安全生产技能是指人们安全完成作业的技巧和能力。它包括作业技能、熟练掌握作业安全装置设施的技能，以及在应急情况下进行妥善处理的技能。通过具体的操作演练，掌握安全操作的技术，是职工实际安全工作水平和能力的教育，具有实践意义。安全生产技能训练是指对作业人员所进行的安全作业实践能力的训练。对作业现场的安全只靠操作人员现有的安全知识是不行的，同安全知识一样，还必须有进行安全作业的实践能力。知识教育，只解决了“应知”的问题，而技能教育，着重解决“应会”，以达到我们通常说的“应知应会”的要求。这种“能力”教育，对企业更具有实际意义，也就是安全教育的侧重点。技能与知识不同，知识主要用脑去理解，而技能要通过人体全部感官，并向手及其他器官发出指令，经过复杂的生物控制过程才能达到目的。为了使安全作业的程序形成条件反射固定下来，必须通过重复相同的操作，才能亲

自掌握要领，这就要求安全技能的教育实施主要放在“现场教学”。“拜师学艺”，在师傅的选用上，应该由本岗位最出色的操作人员在实际操作中给予个别指导并督促、监护徒弟反复进行实际操作训练以达到熟练的要求。

④ 安全生产意识教育。主要通过制造一个“安全第一”氛围，潜移默化地去影响职工，使之成为自觉的行动，解决“我要安全”，树立安全第一的思想。常用的方式可以是：举办展览、发放挂图、悬挂安全标志警告牌等。

⑤ 事故案例教育。通过实际事故案例分析和介绍，了解事故发生的条件、过程和现实后果，对认识事故发生规律、总结经验、吸取教训、防止同类事故的反复发生起到不可或缺的作用。

(2) 企业普通员工安全教育的目标。21 世纪是科学的世纪。社会对企业职工的要求也很高。企业的职工将是“知识型”人才。从安全文化素质方面，企业职工通过安全教育应该具有较高的安全文化素质。①在安全需求方面。有较高的个人安全需求，珍惜生命，爱护健康，能主动离开非常危险和尘毒严重的场所。②在安全意识方面。有较强的安全生产意识，拥护“安全第一、以防为主，综合治理”方针，如从事易燃易爆、有毒有害作业，能谨慎操作，不麻痹大意。③在安全知识方面。有较多的安全技术知识和安全操作规程。④在安全技能方面。有较熟练的安全操作技能，通过刻苦训练，提高可靠率，避免失误。⑤在遵章守纪方面。能自觉遵守有关的安全生产法规制度和劳动纪律，并长年坚持。⑥在应急能力方面。若遇到异常情况，不临阵脱逃，而能果断地采取应急措施，把事故消灭在萌芽状态或杜绝事故扩大。

(3) 企业普通员工安全教育的方法。对企业一般职工的安全教育通常可以采用讲授法、谈话法、访问法、练习法、复习法等。随着我国安全管理的不断深化，职工安全教育体系已初步形成。

①职工的三级教育。这是我国企业长期以来一直采用的企业安全教育形式。其主要方法和内容如下。a. 厂级教育。对新入厂工人、大中专毕业生在分配到车间或工作岗位之前，由厂安全部门进行初步的安全教育。教育的内容包括国情教育、厂情教育、国家安全保密、劳动法和劳动合同的教育；国家有关劳动保护的文件；本企业安全生产状况，企业内不安全点的介绍；一般的安全技术知识等。入厂教育的方法根据一次入厂人数的多少、文化程度的不同而采取不同的方法，一般可采取讲课、参观厂区等方法。b. 车间教育。新工人、大中专毕业生从厂部分配到车间后，再由车间进行安全教育。教育内容包括：本车间的生产概括、工艺流程、机械设备的分布及性能、材料的特性；本车间安全生产情况，以及安全生产的好、坏典型事例；本车间的劳动规则和应该重视的安全问题，车间内危险地区、有毒有害作业的情况和安全事项；有针对性地提出新入厂人员当前应特别注意的一些问题。车间级教育的方法主要采取参观讲解、现场观摩等形式。c. 班组教育。教育内容包括本工段、本班组、本岗位的安全生产状况、工作性质、职责范围和安全规章制度；各种机具设备及安全防护设施的性能、作

用，个人防护用品的使用和管理等。岗位工种的安全操作规程，工作点的尘、毒源、危险机件、危险区的控制方法；讲解事故教训，发生事故的紧急救灾措施和安全撤退路线等。三级教育考试合格后，企业应填写《三级安全教育卡》。

② 转岗、变换工种和"四新"安全教育。随着市场经济体制的不断完善和发展，企业内部的改革，优化组合、产品调整、工艺更新，必然会有岗位、工种的改变。转岗、变换工种和"四新"（新工艺、新材料、新设备、新产品）安全教育都是非常重要的。教育的内容和方法与车间、班组教育几乎一样。转岗、变换工种和"四新"安全教育考试合格后，应填写《"四新"和变换工种人员教育登记表》。

③ 复工教育。这是指职工离岗三个月以上的（包括三个月）和工伤后上岗前的安全教育。教育内容及方法和车间、班组教育相同。复工教育后要填写《复工安全教育登记表》。

④ 特殊工种教育。特殊工种指对操作者本人和周围设施的安全有重大危害因素的工种。特殊工种大致包括电工作业、锅炉司炉、压力容器操作、起重机械作业、金属焊接（气割）作业、机动车辆驾驶、机动船舶驾驶、轮机操作、建筑登高架设作业、爆破作业、煤矿井下瓦斯检验等等。对从事特种作业的人员，必须进行脱产或半脱产的专门培训。培训内容主要包括本工种的专业技术知识、安全教育和安全操作技能训练三个部分。培训后，经严格的考核合格，由劳动部门颁发特种作业安全操作许可证，方准独立上岗操作。取得上岗操作证的特种作业人员，要牢固树立安全第一的思想意识，及时补充更新本工种的安全技术知识，熟练掌握安全操作技能。劳动部门将定期对已取得上岗操作证的特种作业人员进行复审，凡复审合格的将发给复审合格操作证书；复审不合格的，禁止继续从事特殊工种作业。特殊作业考试合格取得操作证书后，企业应建立《特种人员安全教育卡》。

⑤ 复训教育。复训教育的对象是特种作业人员。由于特种作业不同于其他一般工种，它在生产活动中担负着特殊的任务，危险性较大，容易发生重大事故。一旦发生事故，对整个企业的生产就会产生较大的影响，因此必须进行专门的复训训练。按国家规定，每隔两年要进行一次复训，由设备、教育部门编制计划，聘请教员上课。企业应建立《特种作业人员复训教育卡》。

⑥ 全员安全教育。全员教育实际上就是每年对全厂职工进行安全生产的再教育。许多工伤事故表明，生产工人安全教育隔了一段较长时间后，职工安全生产的意识会逐渐淡薄，因此，必须通过全员复训教育提高职工的安全意识。

企业全员安全教育由安全技术部门组织、车间、科室配合，可采用安全报告会、演讲会方式；班组安全日常活动职工讨论、学习方式；由安全技术部门统一时间、学习材料，车间、科室组织学习考试的方式。考试后要填写《全员安全教育卡》。

⑦ 企业日常性教育及其他教育。a. 企业经常性安全教育。如定期的班组安

全学习、工作检查、工作交接制等教育；不定期的事故分析会、事故现场说教、典型经验宣传教育等；企业应用广播、闭路电视、板报等工具进行的安全宣传教育。b. 季节教育。结合不同季节中安全生产的特点，开展有针对性、灵活多样的超前思想教育。c. 节日教育。节日教育就是在各种节假日的前后组织的有针对性的安全教育。国内的各种统计表明，节假日前后是各种责任事故的高发时期，甚至可达平时的几倍，其主要原因是因为节假日前后职工的情绪波动大。d. 检修前的安全教育。许多行业的生产装置都要定期进行大、小检修。检修安全工作非常关键。因为检修时，任务紧、人员多、人员杂、交叉作业多、检修项目多。所以要把住检修前的安全教育关，教育的内容包括动火、监火管理制度，设备进入制，各种防护用品的穿戴，检修十大禁令，进入检修现场的“五个必须遵守”等等。除此之外，检修人员、管理人员都要遵守有安排、有计划、分工合理项目清的原则。

一般安全技术知识教育的效果有一定的限度。对工人的具体的安全技术训练，主要靠基层管理人员根据不同工种的特点，进行专业安全技术知识教育。在进行安全教育时必须要有针对性。如教育工人了解工伤事故的类型、场所、原因，结合工人本岗位工作，使他了解不安全因素，在出现事故征兆时，应采取何种安全措施，以避免事故的发生，这样才能取得良好的效果。

实践证明，运用典型事例进行安全教育是一种有效的形式；“讨论会”型的安全教育，能够选好讨论主题（如讨论某部门工伤事故的原因）、注意鼓励职工的参与（鼓励职工自愿参加、与会人员毫无保留地提出各自的看法并热烈讨论）和沟通（鼓励职工在会上提出咨询并由管理人员进行答复），也能收到很好的效果。

五、职工家属的安全教育

安全生产的职工家属安全教育是指对职工的家庭，除职工外还包括其父母、丈夫或妻子、子女以及与职工本人有关的其他亲属关系的成员进行安全生产的宣传教育，使其做到配合企业通过说服、教育、劝导阻止等手段提高职工本人的安全意识，避免发生各类伤亡事故。家属协管安全是利用伦理亲情的真谛，去促使亲人自觉遵章守纪。家庭生活是任何人每天都离不开的内容，企业职工也同样，其劳动或工作的状况与家庭生活有着密切的联系，家庭是安全生产的第二道防线，企业安全文化的建设一定要渗透到职工的家属层面。职工家属的安全文化建设主要是使家庭为职工的安全生产创造一个良好的生活环境和心理环境。家庭宣传教育是安全生产宣传教育的一个重要组成部分，家庭宣传搞得好，职工就可以在上班时自觉遵章守纪，做到安全生产；反之，则会大大增加事故发生的概率。家庭宣传的特点是寓教于情，动之以情，以情说理，以情感人，通过亲情感化职工，达到教育职工做到安全生产的目的。

对职工家属教育的内容主要包括职工的工作性质、工作规律及相关的安全生产常识等。

第六节　安全工程学历教育

安全工程类专业高等教育机构是安全科学技术发展的重要组成部分，它为实现安全提供人才保证，是发展安全科学技术必须具备的基础和条件。在我国的高等教育科目中，安全工程类专业包括安全工程、劳动保护、矿山通风安全和一些行业安全工程。

一、我国安全工程类专业的基本情况

在1998年普通高等学校本科专业目录中，我国的安全类专业本科层次包括：管理工程类的“安全工程”(082206)；地矿石油类的“矿山通风与安全”(0800107)；公安技术类的“防火工程”(082001)和“灭火技术”(082202)。在硕士和博士层次上，“安全工程与技术”(081903)是矿业工程一级学科中的二级学科。我国安全工程类专业教育的形成与发展是和安全科学技术的建立与发展紧密相连的。新中国建立以后，安全生产一直得到了党和国家的关怀和重视，与之相适应，1957年和1958年，西安矿业学院和首都经贸大学（原北京经济学院）在国内率先开设了“矿山通风安全”和“机电安全”专业，开创了安全工程类专业高等教育的先河。随后，东北大学、南京航空学院、天津劳动保护学校、湘潭矿业学院也先后开设出安全工程类专业。这些安全工程类专业的建立，为我国安全工程技术、劳动保护工作培养了一批人才，有力地促进了我国安全生产的发展。1983年淮南矿业学院、中国矿业大学也开设了“矿山通风安全”专业；1984年，原教育部将“安全工程”专业列入《高等学校本科专业目录》之后，安全工程类专业的高等教育得到了迅猛的发展。从1984年以来有北京理工大学、中国地质大学、江苏工学院、沈阳航空学院等40余所院校相继开设了安全工程类专业，发展了安全工程类专业的高等教育事业。现有127所高等院校开设安全类本科专业；40余所院校招收安全工程与技术硕士研究生；近20所院校招收安全工程与技术博士研究生；中国矿业大学、东北大学、中国地质大学和北京科技大学等还招收了安全工程方向的博士后。与此同时，安全工程类专业的大学本科、专科、专业证书、中专、职业培训等教育也有了很大的发展。这些年来，各高等院校已为社会输送大量安全工程高等专业人才。

专科安全学历教育主要目的是培养具有安全工程专业知识和检测操作技能的专门人才。其能力的特点在于动手能力，其知识结构主要是一定基本理论知识，如数学、物理、力学等；较好的专业基础知识，如电学、制图等；以及较强的专业知识，如安全技术、工业卫生技术、安全检测等。

本科安全学历教育主要目的是培养具有安全工程技术设计和事故预防分析能力的专门技术人才。其能力的特点在于设计和分析能力，这样，其知识结构主要是系统的基础理论知识，如外语、数学、物理、化学、力学、计算机语言等；系统的

专业基础知识，如机械设计、电子学、材料学、可靠性技术等；以及较强的专业知识，如安全工程、卫生工程、安全系统工程、安全人机工程、安全管理学等。

硕士安全工程专门人才教育主要目的是培养具有安全工程与技术专业研究与开展能力的高级专门人才。其能力的特点在于研究与开展能力，这样，其知识结构主要是一定较高的基本理论知识，如数理方程、物理化学、弹塑性力学等；较深的专业基础知识，一般结合课题方向确定；以及较深的专业知识，如安全经济学、安全专家系统、安全信息系统、安全系统仿真技术等。

博士学历的培养目标主要是培养更为高级和具有学科带头能力的专门人才。其知识结构较为灵活，一般根据确定的攻关方向来定（见表 4-1）。

表 4-1　安全工程专业课程设置情况

编号	课程名称	平均学时数	设置学校数
1	安全系统工程	60	25
2	安全人机工程	50	12
3	安全行为科学(心理学)	40	2
4	可靠性工程	30	3
5	计算机在安全中的应用	40	2
6	锅炉压力容器原理	100	3
7	安全原理	40	2
8	安全科学导论	30	2
9	安全管理	80	6
10	工会劳动保护管理	50	2
11	劳动保护	40	5
12	安全工程学	180	8
13	安全技术	110	3
14	防火防爆	60	8
15	火灾防治技术	50	4
16	矿井灭火	70	1
17	爆炸物理学	70	1
18	安全监督	40	2
19	瓦斯防治技术	60	5
20	锅炉压力容器安全	60	6
21	电器安全	70	11
22	机械安全	50	4
23	焊接安全	60	2
24	起重安全	70	5
25	加工安全	100	1
26	工业卫生	100	5
27	卫生工程	50	1
28	通风防尘	70	6
29	通风与空调	70	5
30	工业防尘技术	60	2
31	工业噪声防治技术	60	2
32	工业防毒技术	80	3
33	安全卫生装置设计	50	1

续表

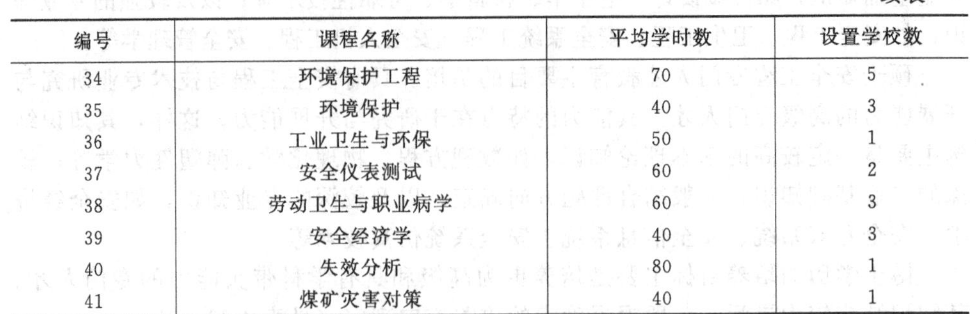

编号	课程名称	平均学时数	设置学校数
34	环境保护工程	70	5
35	环境保护	40	3
36	工业卫生与环保	50	1
37	安全仪表测试	60	2
38	劳动卫生与职业病学	60	3
39	安全经济学	40	3
40	失效分析	80	1
41	煤矿灾害对策	40	1

二、师资与学科建设

安全工程类高等教育的发展，形成了安全科学教育队伍，并逐步壮大。全国安全工程类教育现有教师和实验人员共 600 余人，其中有高级职称的有近 200 人。

安全工程类专业高等教育经历 30 余年的发展，已从专门的安全技术向安全科学技术综合性的方向深入。在专业设置上，一部分院校主要从本行业的需要出发，以满足本部门的需要为原则，这类学校大约有 25 所，约占全部院校的 50%；而另一部分院校已开始从适应学科的特性及规律上来设计和建立专业的模式，设立一般性的具有广泛适应性的安全工程专业。这一种用一般安全科学理论和基础理论的规律来发展高等教育，能满足发展安全科学技术所需人才的基本要求。由于所具有的合理性、适应性和针对性，并具有学科的教育特色，这种一般性的安全工程专业的学历教育模式将逐步发展成为安全工程类高等教育模式的主流。各院校设置的专业有：安全工程，劳动保护，矿山（井）通风安全，卫生工程（技术），劳动保护管理，锅炉压力容器安全，安全技术管理，安全生产管理，人机工程与安全工程，安全管理工程，石油安全工程，兵器安全工程，煤矿安全工程，飞行器环境控制与安全救生等。

三、发达国家的工业安全学历教育

安全工程学科的发展是与经济和技术的发展密切相关的。发达国家在科学技术与经济基础方面走在了我们的前面，20 世纪 50 年代，欧美、日等国家普遍建立了安全工程技术方面的组织与研究机构。同时，在大学工科教育中开设安全工程专业。美国的安全科学教育较为发达，有 100 多所大学设有职业安全卫生专业或课程，可授予职业安全卫生博士学位的近 10 余所，授予安全卫生硕士学位的 20 多所。前苏联安全科学技术方面的高等教育，设有安全技术学科、课程，并授予技术学科学位。国外的发展状况对我们具有一定的启示。

1. 美国宽而广的通才教育模式

美国在职业安全卫生高等教育方面，强调系统安全、事故调查、工业卫生、人机工程的通用性和实用性知识结构。如美国南加州大学安全与系统科学学院开设的专业课程，具体如下。

（1）安全学士（通用性本科，36 必修学分，16 选修学分）

① 必修课：安全与卫生导论，事故预防的人因工程，安全技术基础，安全教育学，工业卫生原理，安全管理，事故调查，高等安全技术，系统安全。

② 选修课：安全法规，人因分析，工业心理，火灾预防，安全通信，航空安全，运输安全，公共与学校安全，工业安全等。

（2）安全理科硕士（两个专业方向，25 必修学分，12 选修学分）

① 共同必修课：现代社会的安全动力，事故调查，事故人因分析，安全统计方法，安全研究试验设计。

② 安全管理方向选修课：安全管理学，系统安全管理原理，安全法学。

③ 安全技术方向选修课：环境安全，机动车安全基础，机械安全与失效分析，飞行安全基础，系统安全工程。

（3）职业安全卫生硕士（36 必修学分，含 18 学分的实习，12 选修学分）

① 必修课：现代社会的安全动力，人体伤害控制，工业卫生原理，安全管理，工业卫生试验，高等工业卫生。

② 选修课：环境概论，环境分析测试，系统管理中的社会—环境问题，事故人因分析，安全统计方法，环境安全，统计学与数值分析，研究基础，试验设计与安全研究，安全法学。

2. 日本的专门化教育模式

日本的安全科学教育起步较晚，但发展很快，横滨国立大学于 1960 年开设安全工程专业，1967 年设立了日本最早的安全工学系。日本全国大学中开设安全工学讲座和科目约 50 个，与安全科学有关的学科和研究机构近 80 个。横滨国立大学的安全工学专业设四个专门化方向：反应安全工学，燃烧安全工学，材料安全工学，环境安全工学。对于四年安全工学本科开设如下专业课：防火工学，防爆工学，过程安全工学，劳动卫生工学，安全管理，人间工学，环境污染防治，机械安全设计工学，机械安全工学，非破坏性检测学等。

3. 发达国家的办学特点及方向

在工业发达国家，由于经济与技术发展基础以及用人模式的不同，其安全工程专业的学历教育也表现出不同的特点。但如下几点是共同的，可为我国的发展所参考。

（1）严密而灵活的学分制。专业课程的设置是开放的系统，给学生提供充足的选择机会，以适应人才市场的变化。这种模式特别适合安全工程学科的交叉性特点。

（2）通才式的教育。强调专业的“大口径，宽基础”，使毕业生具有广泛的适应性。

（3）实用性。重视基本知识和技能的训练，在本科层次不强调研究和设计能力。

第五章 安全经济学原理

重要概念 安全成本、安全效益、事故损失、直接损失、间接损失、事故损失直间比、安全投资结构、安全投入产出比、事故非价值因素、人的生命价值。

重点提示 安全经济学的基本性质；安全成本（投资）的理论规律；安全产出的理论规律和内容；安全增值产出的理论；安全也是生产的观点及内涵；事故损失的理论规律及特征；事故造成的非价值因素的内涵；事故非价值因素是可价值化的认识；安全效益分析的理论及应用。

问题注意 安全经济学与一般经济学的区别——不以追求利润为目标；认识安全经济效益具有的特殊性；理解事故间接损失与安全间接效益的概念；安全经济学中非价值因素的广泛性和特殊性。

安全经济学是一门经济学与安全科学相交叉的综合性科学。从学科性质和任务的角度，安全经济学是研究安全的经济（利益、投资、效益）形式和条件，通过对人类安全活动的合理组织、控制和调整，达到人、技术、环境的最佳安全效益的科学。

安全经济学主要的基本原理包括：安全经济的投入产出原理、事故损失分析原理、安全投资原理、安全效益分析原理。

第一节 安全经济学投入产出原理

安全经济学是研究安全的经济（利益、投资、效益）形式和条件，通过对人类安全活动的合理组织、控制和调整，达到人、技术、环境的最佳安全效益的科学。这一定义具有如下几点内涵：①安全经济学的研究对象是安全的经济形式和条件，即通过理论研究和分析，揭示和阐明安全利益、安全投资、安全效益的表达形式和实现条件；②安全经济学的目的是实现人、技术、环境三者的最佳安全效益；③安全经济学的目标是通过控制和调整人类的安全活动来实现的。

安全投入产出规律是安全经济学最核心的部分，也是最基础的。

一、安全经济规律的基本分析

从理论上讲，安全具有两大经济功能：第一，安全能直接减轻、免除事故或危害事件给人、社会和自然造成的损害，实现保护人类财富，减少无益消耗和损失的功能。第二，安全能保障劳动条件和维护经济增值过程，实现其间接为社会增值的功能。

第一种功能称为“拾遗补缺”，可用损失函数 $L(S)$ 来表达：$L(S)=L\exp(l/S)+L_0$，$l>0$，$L>0$，$L_0<0$；其曲线见图 5-1。

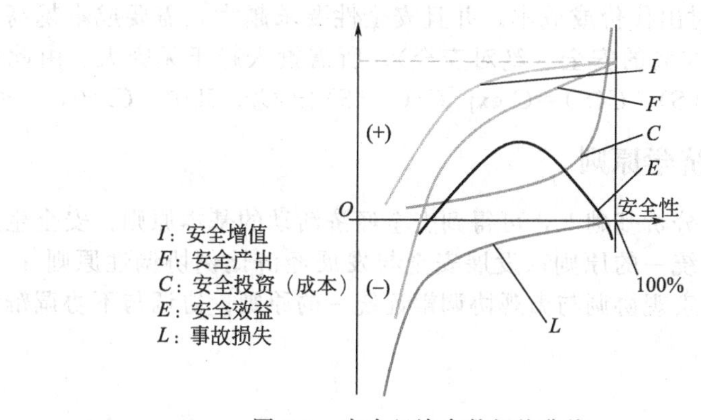

图 5-1　安全经济参数规律曲线

第二种功能称为“本质增益”，用增值函数 $I(S)$ 来表达：$I(S)=I\exp(-i/S)$，$I>0$，$i>0$。上两式中：L、l、I、I、L_0 均为统计常数。从图中的曲线可看出两方面。

① 增值函数 $I(S)$ 随安全性 S 的增大而增大，但是是有限的，最大值取决于技术系统本身功能。

② 损失函数 $L(S)$ 随安全性 S 的增大而减小，当系统无任何安全性时（$S=0$），从理论上讲损失趋于无穷大，具体值取决于机会因素；当 S 趋于 100%时，损失趋于零。

无论是“本质增益”即安全创造“正效益”，还是“拾遗补缺”即安全减少“负效益”，都表明安全创造了价值。后一种可称为“负负得正”，或“减负为正”。

二、综合分析与推论

以上两种基本功能，构成了安全的综合（全部）经济功能。我们用安全功能函数 $F(S)$ 来表达：$F(S)=I(S)+[-L(S)]=I(S)-L(S)$。如将损失函数 $L(S)$ 乘以“−”号后，即可将其移至第一象限表示，并与增值函数 $I(S)$ 叠加后，得功能函数曲线。

从图中的曲线可推论：①当安全性趋于零，即技术系统毫无安全保障，系统

不但毫无利益可言，还将出现趋于无穷大的负利益（损失）。②当安全性到达 S_L 点，由于正负功能抵消，系统功能为零，因而 S_L 是安全性的基本下限。当 S 大于 S_L 后，系统出现正功能，并随 S 增大，功能递增。③当安全性 S 达到某一接近100%的值后，如 S_u 点，功能增加速率逐渐降低，并最终局限于技术系统本身的功能水平。由此说明，安全不能改变系统本身创值水平，但保障和维护了系统创值功能，从而体现了安全自身价值。

三、安全效益分析

安全的功能函数反映了安全系统输出状况。显然，提高或改变安全性，需要投入（输入），即付出代价或成本。并且安全性要求越大，需要成本越高。从理论上讲，要达到100%的安全（绝对安全），所需投入趋于无穷大。由此可推出安全的成本函数 $C(S)$：$C(S)=C\ \exp[C/(1-S)]+C_0$。其中：$C>0$，$C_0<0$。

四、安全经济学原则

在基本原理的分析基础上，可得到安全经济活动的基本原则：安全生产投入与社会经济状况相统一的原则；发展安全与发展经济比例协调性原则；安全发展的超前性原则；宏观协调与微观协调辩证统一的原则；协调与不协调辩证统一的原则。

第二节　事故损失分析原理

评价事故和灾害对社会经济造成的损失影响，是分析安全效益、指导安全定量决策的重要基础性工作。

一、事故经济损失计算的基本理论

事故经济的估算基本思想是首先计算出事故的直接经济损失以及间接经济损失，然后根据各类事故的非经济损失估价技术（系数比例法），估算出事故非经济损失，两者之和即是事故的总损失。计算公式为：

事故经济损失$=\sum L_{1i}+\sum L_{2i}$；

事故非经济损失＝比例系数×事故经济损失；

事故总损失＝事故经济损失＋事故非经济损失。

式中，L_{1i}表示 i 类事故的直接经济损失；L_{2i}表示 i 类事故的间接经济损失。

不同的事故类型，如化工行业的火灾爆炸事故，或是煤矿的伤亡事故，它们的直接损失和间接损失是有一定的比例规律的，常用"事故损失间直倍比系数"来反映这种规律。如果有了这一规律系数结论，我们在评价相应类型的事故损失时就容易多了。如发生了一起石油化工的爆炸事故，其造成的总损失，我们可以将直接损失部分再乘以相应的“事故损失间直倍比系数”即可。国际上有许多专家学者长期致力于这一系统规律的研究。下面是一些国家学者对“事故损失间直倍比系数”的研究结果：美国 Heinrich1941 年根据保险公司 5000 个案例用法国化学工业的事故资料研究结果是 4；法国 Legras1962 年从产品售价、成本关系方面的研究结论也是 4；法国 Bouyeur1949 年根据本国的事故统计研究结论也是 4；法国 Jacques1960 年的研究中得出的结论是 2.5；Bird 和 Loftus1976 年的研究结论是 50；法国 Letoublon1979 年针对人身伤害事故的研究结果是 1.6；Sheiff20 世纪 80 年代的研究结论是 10；挪威 Elka1980 年针对起重机械事故的研究结论是 5.7；Leopold 和 Leonard1987 年的研究结论认为间接损失微不足道（将很多间接损失重新定义为直接损失）；法国 Bernard1988 年的研究结论是 3；美国 Hinze 和 Appelgate1991 年对建筑行业百余家公司进行法律诉讼引起的损失的研究，其结论是 2.06；英国 HSE（OU）1993 年颁布的研究报告认为是 8～36（因行业而异）。从中可看出，针对不同行业的事故类型，甚或由于研究的口径的不同，其研究结论差异较大，但共同的结论都表明间接损失大大高于直接损失。

二、事故损失估算的技术

1. 事故总损失的“直间系统比值法”

其基本原理是首先计算出事故的直接损失 $L_{直接}$，再根据间接损失系统 K 计算事故间接损失 $L_{间接}$，则可得：事故总损失 $L=L_{直接}+L_{间接}$；其中 $L_{间接}=KL_{直接}$，则有：

$$事故总损失\ L=L_{直接}+L_{间接}=(1+K)L_{直接}$$

一般认为 K 值等于 4，实际不同类型的事故会有不同的 K 值（$1<K<100$）。将不同行业不同类型的事故间接损失系统 K 值统计出来，建立直间损失系统比体系，这是一项重要而基础的研究。

如果通过大量的统计分析和研究，建立起各类事故的" 损失直间比数据库"，则对于事故的损失计算将是重要的贡献。

2. 人员伤亡事故的价值估算方法

在计算事故损失时，对于人员伤亡的损失是最为难评价的要素。一般有两种估算方法，伤害分级比例系数法和伤害分类比例系数法。

（1）伤害分级比例系数法

① 首先把人员伤亡分级，并研究分析其严重程度，从而确定各级伤害程度的比重关系系数。根据国外和我国按休工日数对事故伤害分级的方法，我们采用“休工日规模权重法”，作为伤害级别的经济损失系数的确定依据。即把伤害类型分为 14 级；以死亡作为最严重级，并作为基准级，取系数为 1；再根据休工日的规模比例，确定各级的经济损失比例系数。其中考虑到伤害的休工日数与经济损失程度并非线性关系，因此比例系数的确定按非线性关系处理，这样可得表 5-1 的系数表。

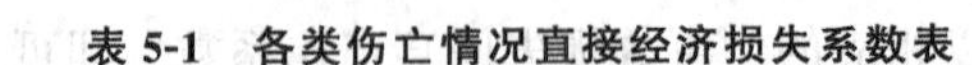

表 5-1　各类伤亡情况直接经济损失系数表

级别	1	2	3	4	5	6	7	8	9	10	11	12	13	14
休工日	死亡	7500	5500	4000	3000	2200	1500	1000	600	400	200	100	50	＜50
系数	1	1	0.9	0.75	0.55	0.40	0.25	0.15	0.10	0.08	0.05	0.03	0.02	0.01

② 实际损失的估算。有了表 5-1 的比例系数，对一起由人员伤亡事故造成的损失，则可用下式进行估算：

$$伤亡损失 = V_n \sum_{i=1}^{14} K_i N_i (万元)$$

式中，K_i 表示第 i 级伤亡类型的系数值；N_i 表示第 i 级伤亡类型的人数；V_n 表示死亡伤害的基本经济消费，即人生命的经济价值，可按下面介绍的方法测算，或按我国有关政策测算。如按《福建省劳动保护条例》规定，工伤死亡赔偿 25 年工资。如果是对一年或一段时期的事故伤亡损失进行估算，则可把 N_i 的数值用全年或整个时期的伤害人数代替即可。

(2) 伤害分类比例系数法。如果不知道各类伤害人员的休工日，难以确定其伤害级别，而只知其伤害类型时，可采取"伤害类型比例系数法"进行估算。其基本思想与"伤害级别比例系数法"是一致的。但需经过两步来完成。

① 根据表 5-2 比例系数，用下式计算伤亡的直接损失：

$$伤亡直接损失 = V_L \sum_{i=1}^{5} K_i N_i (万元)$$

式中，K_i 表示第 i 类伤亡类型的系数值；N_i 表示第 i 类伤亡类型的人数；V_L 表示伤而未住院的伤害的基本经济消费，在我国目前的经济水平情况下，可取值 500 元或根据统计确定。

表 5-2　各类伤害情况损失比例系数表

伤害类型	1	2	3	4	5
	死亡	重伤已残	重伤未残	轻伤住院	轻伤未住院
系数	40～45	20～25	10～15	3～5	1

② 根据直接损失与间接损失的比例系数求出间接损失，即根据表 5-3 比例关系，按下式求伤亡间接损失：

$$伤亡间接损失 = V_L \sum_{i=1}^{5} n K_i N_i (万元)$$

式中，N_i 表示第 i 类伤亡类型的直间比系数；其余同上。

表 5-3　各类伤害直接损失与间接损失比例系数表

伤害类型	1	2	3	4	5
	死亡	重伤已残	重伤未残	轻伤住院	轻伤未住院
系数	1∶10	1∶8	1∶6	1∶4	1∶2

三、非经济损失的价值估算

事故及灾害导致的损失后果因素，根据其对社会经济的影响特征，可分为两类：一类是可用货币直接测算的事物，如对实物、财产等有形价值因素；另一类是不能直接用货币来衡量的事物，如生命、健康、环境等。为了对事故造成社会经济影响做出全面、精确的评价，安全经济学不但需要对有价值的因素进行准确的测算，而且需要对非价值因素的社会经济影响作用作出客观的测算和评价。为了对两类事物的综合影响和作用能进行统一的测算，以便于对事故和灾害进行全面综合的考察，以及考虑到安全经济系统本身与相关系统（如生产系统等）的联系，以货币价值作为统一的测定标量是最基本的方法。因此，提出了事故非价值因素损失的价值化技术问题。

安全最基本的意义就是生命与健康得到保障。探讨安全科学技术的目的是保证安全生产、减少人员伤亡和职业病的发生，以及使财产损失和环境危害降低到最小限度。在追求这些目标，以及评价人类这一工作的成效时，有一个重要的问题，就是如何衡量安全的效益成果，即安全的价值问题。

对于生命价值的评定，国外有如下理论。

① 美国经济学家泰勒对死亡风险较大的一些职业进行了研究，其结论为：由于有生命危险，人们自然要求雇主支付更多的生命保险，在一定的死亡风险水平下，似乎人们接受到一定的生命价值水平，将其换算为解救一个人的生命，价值大约为 34 万美元。

② 英国学者利用本国统计数字研究了三种不同行业为防止工伤事故而花费的金钱。从效果成本分析中得出了人生命内含估值，即用防止一名人员死亡所花费的代价推断人的生命价值。

③ 美国学者布伦魁斯特考察了汽车座位保险带的使用情况。他利用人们舍得花一定时间系紧座位安全带的时间价值，推算出人对安全代价的接受水平，得出人的生命价值为 26 万美元。

④ 美国经济学家克尼斯在他 1984 年出版的论著《洁净空气和水的费用效益分析》一书中，主张在对环境风险进行分析时，考察每个生命价值可在 25 万至 100 万美元之间取值。

⑤ 延长生命年法，即一个人的生命价值就是他每延长一年生命所能生产的经济价值之和。例如一个 6 岁孩子的生命价值，就要看他的家庭经济水平，他的功课状况，预期他将接受多少教育及可能从事哪一职业。假设他 21 岁时将成为会计师，年薪 2 万美元，由此可用贴现率计算他在 6 岁时的生命经济价值。

⑥ 根据诺贝尔经济学奖获得者莫迪利亚尼的生命周期假说，人们在工作赚钱的岁月里（18～65 岁）的积蓄用来在他们退休以后进行消费。从而，一个人在不同的年龄段其生命价值的计算方法是不同的。未成年时是以他将来的预期收入计算，退休后是以后的消费水平计算，在业期间则要预测他若干年中的工资收入变

动状况。这三种计算方法不仅在计量标准上是不统一的，而且所反映的的生命价值含义也是不确定的，有时指的是人的生产贡献，有时又指的是人的消费水平。

国内有如下理论。

① 我国的一些经济学家在进行公路投资可行性论证时，当考虑到减少伤亡所带来的效益，即计算投资效益比时，对人员伤亡的估价，按照 20 世纪 80 年代的标准，死亡一人价值 1 万元，受伤一人 0.14 万元。显然，随着经济的发展，这一数值已大大提高。

② 一种人力资本法的算法：$V_h = D_H P_{v+m}/(ND)$。式中，V_h表示人命价值，万元；D_H表示人的一生平均工作日，可按 12000 日，即 40 年计算；P_{v+m}表示企业上年净产值（$V+M$），万元；N 表示企业上年平均职工人数；D 表示企业上年法定工作日数，一般取 300 日。上式表明人的生命价值指的是人的一生中所创造的经济价值，它不仅包括事故致人死后少创造的价值，而且还包括了死者生前已创造的价值。在价值构成上，人的生命价值包括再生产劳动力所必需的生活资料价值和劳动者为社会所创造的价值（$V+M$），具体项目有工资、福利费、税收金、利润等。如果假设我国职工每个工作日人均净产值为 50 元，即 $P_{v+m}/(ND)=50$ 元，可算出我国职工平均生命价值是 60 万元。

③ 人身保险的赔偿也需要对人的价值进行客观、合理的定价。它客观上是用保险金额来反映一个人的生命价值。它是根据投保人自报金额，并参照投保人的经济情况、工作地位、生活标准、缴付保险费的能力等因素来加以确定的，如认为合理而且健康情况合格，就接受承保。保险金额的标准只能是需要与可能相结合的标准，如我国民航人身保险：丧失生命保险赔偿 20 万元，其他身体部分伤残按一定比例给予赔偿。

④ 我国在 20 世纪 80 年代曾提出，企业在进行安全评价时，当考虑事故的严重度对经济损失和人员伤亡等同评分定级时，做了这样的视同处理：财产损失 10 万元视同死亡一人，指标分值 15 分；损失 3.3 万元视同重伤一人，分值 5 分；损失 0.1 万元视同轻伤一人，分值 0.2 分。这种做法客观上对人的生命及健康的价值用货币作了一种界定。

四、事故赔偿的理论

事故发生的必然结果是造成受害者的财产或生命与健康的损失。从社会整体的角度，采取事故赔偿做法是对事故责任者的一种惩罚措施，能起到预防事故的作用；对于受害者，事故赔偿措施是一种补偿，能够缓解事故造成的社会和经济矛盾。因此，事故赔偿是安全经济活动重要内容。

事故赔偿的方式主要有工伤事故伤残赔偿、职业病赔偿、事故财产损失赔偿等。目前世界范围内普遍通过保险手段来实施事故赔偿。工伤保险是世界上产生最早的一项社会保险，也是世界各国立法较为普遍、发展最为完善的一项制度。这一制度遵循的主要原则是：无责任补偿原则，即无论职业伤害责任属于雇主、其他人或受害人自己，其受害者应得到必要的补偿。风险分担、互助互济原则，首先要通过法律，强制征收保险费，建立工伤保险基金，采取互助互济的办法，分担风险。其次是在待遇分配上，国家责成社会保险机构对费用实行再分配。个人不缴费原则，即工伤保险费由企业或雇主缴纳，职工个人不缴纳任何费用。区别因工和非因工原则，在制定工伤保险制度时，赔偿应确定因工和非因工负伤的界限。补偿与预防、康复相结合原则，即工伤事故补偿是理所当然的，但工伤保险最重要的工作还包括预防和康复工作。集中管理原则，即工伤保险是社会保险的一部分，无论从基金的管理、事故的调查，还是医疗鉴定，由专门、统一的非盈利的机构管理是普遍的原则。除上述原则外，还有一次性补偿与长期补偿相结合原则，确定不同等级原则，直接经济损失与间接经济损失相区别的原则等。

五、事故损失的抽样调查研究

1. 调查研究情况

2001年国家安全生产监督管理总局组织的“安全生产与经济发展关系研究”课题，对我国现阶段的事故损失状况进行了抽样调查。经各省、市、自治区经贸委及国家企业集团的有效组织，对近千家企业进行了调查。调查模式采用了不同所有制类型、不同行业与规模的企业的分层随机抽样调查技术。

（1）样本数。调查中共有960余家企业填报了数据。其中415份调查表完全符合要求，占调查总数的44.6%；823份调查表部分数据符合要求，占调查总数的88.5%；107份调查表完全不符合要求，占调查总数的11.5%。将部分数据符合要求的823份调查表的数据都已统计在数据库中，可利用样本达8230多个企业年，可利用数据约26万个。调查覆盖职工总数为129.16万人，产值规模895.90亿元。

（2）调查行业。本次调查的行业类型分类办法按我国当时最新的国民经济行业分类法进行划分的，尽可能向联合国的国际标准产业分类（ISIC）靠拢，以便于进行国际资料对比。本次调查所涉及的行业主要有农、林、牧渔业；采掘业；制造业；电力、煤气及水的生产和供应业；建筑业；地质勘探业、水利管理业；交通运输、仓储及邮电通信业；批发和零售贸易、餐饮业；科学研究和综合技术服务业等九个行业。其他几个行业如社会服务业、房地产业等虽然在我们的数据库中有这样的企业，但由于其样本数量较少，因此我们在进行行业分析时，没有对这几个行业进行专门的分析。

（3）调查地区。调查样本数据的来源涉及的地区有北京市、上海市、天津市、河北省、江苏省、河南省、广东省、江西省、湖南省、福建省、甘肃省、山东省、安徽省、湖北省、辽宁省、四川省、吉林省、广西壮族自治区、海南省、内蒙古自治区、新疆维吾尔族自治区、贵州省等22个省、市、自治区。

（4）调查企业性质。调查所涉及的经济类型有全民所有、集体所有、乡办企业、城乡个体企业、其他。企业所属按国有企业、地方企业、乡镇企业、三资企业、其他企业划分。企业规模按大型企业、中型企业、小型企业划分。

调查结果利用 Access 数据库系统建立了 20 世纪 90 年代我国企业安全经济调查数据库，数据库包括企业信息表、企业安全投入及事故损失表、企业安全专业人员调查表三个数据表。数据对每个企业指定唯一的 ID 号，通过 ID 号连接三个数据库，以便进行查询和计算。

根据抽样调查的数据，有近 500 个企业提供了事故间接损失的数据。根据提供的数据，整理得到图 5-2 的事故直间比关系离散图。

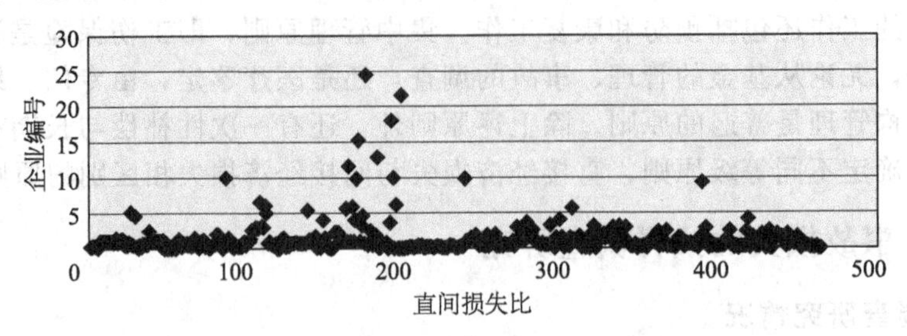

图 5-2　调查企业事故直间比关系离散图

调查数据表明，事故的直间损失系数在 1∶1 至 1∶25 的范围内，但多数在 1∶2 至 1∶3 之间。

2. 事故损失占 GDP 的比例统计分析

根据调查数据的统计获得的直接总损失包括各种工伤事故、交通事故、火灾事故等造成的直接经济损失。

获得分年度事故损失占 GDP 的比例见表 5-4 的统计。可以看出，随年度损失规律具有波动性大的特点。由于抽样数据有限，用这一批数据研究事故损失的时间规律，其结论的可靠性和精确性不够。因此，我们对事故损失的时间规律不作深入分析，而主要应用这一次调查的数据来分析一段时期（如 20 世纪 90 年代）综合、宏观的事故损失总量的基本判断，即认为如下调查数据分析规律是可行的。20 世纪 90 年代我国事故总损失占 GDP 比例的均值结果见表 5-4；应用事故损失占 GDP 比例的均值结论，分析估算年度事故损失总量，见表 5-5。

表 5-4　20 世纪 90 年代事故损失占 GDP 比例统计分析表

年　份	占 GDP 比例	置信区间($\alpha=90\%$)
1991	0.016	0.004
1992	0.014	0.006
1993	0.013	0.006
1994	0.018	0.008
1995	0.008	0.001
1996	0.005	0.001
1997	0.007	0.001
1998	0.004	0.001
1999	0.004	0.001
2000	0.008	0.001
20 世纪 90 年代年均值	0.0097	

表 5-5　20 世纪 90 年代事故总损失统计表

年份	GDP/亿元	事故直接损失/亿元	职业病费用/亿元	总损失/亿元
1991	21618	209.69	6.70	216.39
1992	26638	258.39	8.26	266.65
1993	34634	335.95	10.74	346.69
1994	46759	453.56	14.50	468.06
1995	58478	567.24	18.13	685.37
1996	69885	677.88	22.33	700.21
1997	74463	722.29	23.08	745.37
1998	78345	759.95	24.29	884.24
1999	82068	796.06	25.44	821.50
2000	89404	867.22	27.72	894.94
年均值	58229	564.82	18.05	582.87

注：1. 事故损失总量按 20 世纪 90 年代事故损失占 GDP 平均比例 0.97%计算；职业病费用按 20 世纪 90 年代职业病费用占 GDP 平均比例 0.031%计算。

2. 此处总损失指直接损失与职业病费用之和（总损失＝直接损失＋职业病费用）。

根据调查数据的统计，分年度（1991～2000 年）的事故损失占我国 GDP 的比例在 0.4%～1.8%之间，20 世纪 90 年代我国每年事故直接损失占 GDP 比例的均值结果是 0.97%。如果加上职业病费用占 GDP 比例统计为 0.031%，则社会和企业由于事故经济损失和职业病造成的经济负担占 GDP 的比例为 1.01%。由此可推断出我国 20 世纪 90 年代的年均事故损失约为 583 亿元，而 2001 年的事故损失高达 950 亿元。如果考虑间接损失，按照 ILO（国际劳工组织）有关资料给出的各国对“事故损失间直倍比系数”的研究结果，以及本次调查统计的结果，“事故损失间直倍比系数”在 1～10 之间，取其下四分位数 2～3 为推断水平，可以得出结论：我国 20 世纪 90 年代年均事故总损失水平在 1800 亿～2500 亿元之间。用 2000 亿元事故损失的水平分析，可以得到如下类比认识，每年事故损失相当于毁掉两个三峡工程（工程静态投资为 900.9 亿元）；相当于每年毁掉 10 个广州新白云机场（耗资 198 亿元人民币）；每年事故损失足够全国居民消费 20 天（我国居民消费水平是 107.9 亿元/天）；事故损失相当于 2000 年度深圳市国内生产总值化为乌有（1665 亿元）；事故损失相当于北京（298.9 亿元）、上海（327.9 亿元）三年的国有企业职工收入化为乌有；事故损失相当于 1000 万个职工一年的辛勤劳动化为乌有（人均劳动生产率约为 2 万元）；事故损失相当于近亿农民一年颗粒无收（我国 2000 年农业总产值为 14106.22 亿元）。

第三节　安全投资的理论分析

一、安全投资抽样调查分析

国家安全生产监督管理总局组织的“安全生产与经济发展关系”研究课题对

我国20世纪90年代的企业安全投资进行抽样调查分析，得出了我国现阶段的安全投入状况指标数据。

1. 20世纪90年代我国安全总投入水平

企业安全总投入占GDP的比例为0.703%。其中包括安全措施经费（安全技术、职业卫生、辅助设施、宣传教育四项费用）、个人劳动保护用品和职业病费用之和。

20世纪90年代分年度企业安全总投入统计情况如表5-6（相对值），其柱状图如图5-3。

表5-6 20世纪90年代我国企业安全总投入情况（相对值）

年　度	1991	1992	1993	1994	1995	1996	1997	1998	1999	2000
安全投入/GDP	8.73	8.60	7.19	7.79	7.48	6.71	6.81	6.41	6.30	6.69
标准差	0.05277	0.02836	0.02581	0.03081	0.02893	0.03129	0.03635	0.03504	0.05282	0.06658
置信区间	0.00430	0.00231	0.00210	0.00251	0.00236	0.00253	0.00294	0.00282	0.00426	0.00537
企业年	406	406	406	406	406	413	413	415	415	415

注：1. 安全总投入指安全措施经费、劳保用品和职业病费用之和，安全总投入和GDP均以当年价计算，因为其为比值关系，不影响计算的结果。

2. 置信水平取90%。

3. 企业年，指样本所涉及的企业年数。

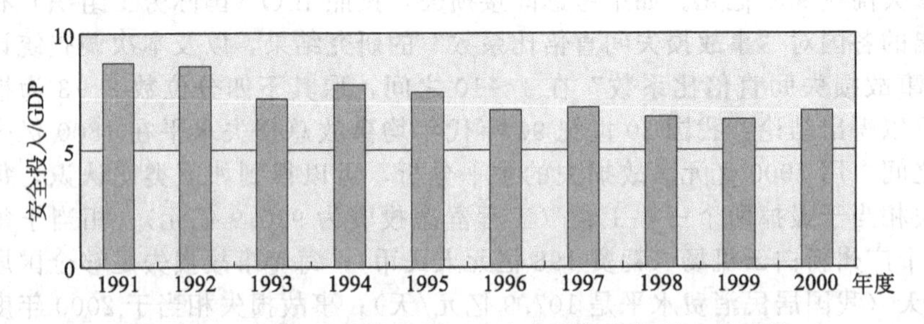

图5-3 20世纪90年代我国企业安全总投入情况（相对值）

2. 20世纪90年代我国企业安全投入的分项目统计结果

安全措施经费投入水平：企业安全措施经费占GDP的比例值为0.412%。职工每人年均安全措施经费为335.2元/年（当年价）。

防护用品费用投入水平：企业个人劳保用品费用占GDP的比例值为0.26%。职工每人年均劳保用品经费为211.2元/年（当年价）。

职业病费用水平：企业职业病费用占GDP的比例值为0.031%。分行业统计见表5-7。

由于矿业的职业病发病率较高，因此，职业病费用占GDP的比例高达0.296%，是各行业平均值的8倍多。

表 5-7 职业病费用分类统计

指标	相对比例/%	年均绝对值估算/亿元	说明
职业病占 GDP 比率	0.031	18.05	
建筑业职业病占 GDP 比率	0.017		
矿业职业病占 GDP 比率	0.296		对有色、冶金、煤矿、金属矿山等行业

二、合理安全投资的分析

在一定的安全投资强度比例下，怎样发挥安全投资的作用，要通过合理的投资结构来实现。通常我们要研究如下安全投资结构：安全措施费用与个人防护用品费用的结构；安全技术投入与工业卫生投入的结构；预防性投入与事后整改投入的结构；硬件投入与软件投入的结构等。

在未来一定时期内，工业企业应该从走内部挖潜和适当扩大投资规模相结合的路子，逐步转向强化安全卫生投资的良好循环。即在近期内安全生产投资水平保持现有规模的基础上，适当加大投资力度，进而逐步使安全生产投资达到国民收入的1.5%左右（20世纪末达到中等发达国家水平），同时改进安全生产资金的管理方式，调整目前企业安全生产投资的结构。为了保障有效安全措施费用，需要统一认识，推行安全经济科学管理，落实投资政策，并采取具体的措施，如推行两类以上危险行业生产投资项目论证报告中的“安全技术经济保证措施”专篇制度；坚持执行生产投资项目的“三同时”政策；推行企业安全设施、设备的专门折旧机制，折旧经费专款专用；劳动保护用品划归安全技术部门作为事故预防措施费用统一管理使用；坚持更新改造费的安全技术措施费用提取办法和原则；利用工伤保险机制与事故预防相结合；在安全管理中，应该加强安全经济管理，应该制定相应的政府法规和落实相应的管理政策；推行安全会计制度；完善安全经济统计；进行安全卫生项目的经济可行性评价程序等；建立科学投资理念：掌握好预防性投入与事后性投入的等价关系是1∶5；明确安全效益金字塔规律：系统设计1分安全性=10倍制造安全性=1000倍应用安全性。合理的安全投入结构：企业安全措施经费投入与个人防护用品投入之比为1.58∶1；企业安全措施经费投入与职业病费用之比为12.4∶1。有投入才会有产出，这是最基本的经济规律。显然，安全生产水平的提高需要高水平的安全生产投入来支持。在发达国家，安全投入总量水平达到3%的GDP。上述调查统计数据表明目前我国的安全生产投入水平还处于较低的水平。要遏制重大事故的发生，提高我国的安全生产水平，需要加大安全生产的投入。

利用社会主义市场经济的“价值规律”“利益原则”“资源合理配置”的经济学思想，建立适应新体制下的安全生产措施费用保障新机制是很重要的。为此，应该遵循“提高国家总体安全生产措施费用效率的原则”“谁受益谁整改，谁危害谁负担，谁需要谁投资的原则”。这就要求国家制定的安全生产资金政策要与我国经济发展水平及行业生产特点相结合，与国民生活水平和企业生产效益水平

相适应；要求企业在进行安全卫生管理中，需要进行合理的投资评价和安全卫生专项资金的科学管理和监控；要求国家或行业部门制定的安全生产的投资政策要符合“利益原则”，按价值规律进行安全投资活动；国家、地方、企业和个人具有承担安全卫生经济负担的责任和义务；在确定安全生产投资规模时要讲经济规律，使安全投资与企业生产和企业经济效益相联系；企业安全活动要按经济规律办事，在国家制定的适应市场经济的安全投资政策下进行安全生产经济活动。

三、安全经济的激励理论

1. 安全经济激励的概念

无论是国外的资料显示，还是根据我国调查数据的分析，都说明事故的经济损失和社会对安全的投入是非常巨大的。社会或企业的安全状况之所以能够获得改善，重要的原因之一就是安全投入使安全生产条件得到完善。据世界银行估计，70％的 DALY（伤害事故导致的损失）可以通过合理措施和外界的干预来降低。从这个角度我们可以认为安全投资可以创造利润。如果成本足够小，而回报足够大，则这些投资可以收回的，但是事实上即使不能收回，安全成本（投资）对于正常的生产还是必需的。

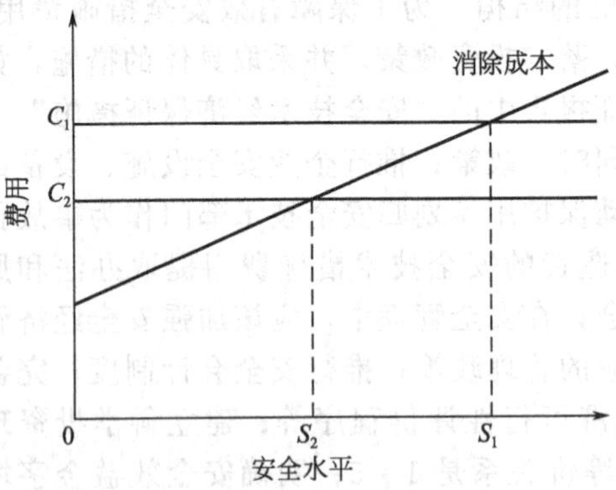

图 5-4　事故损失、预防成本和事故水平

根据对实际状况的调查研究，我们看到发生事故后大部分的事故损失并非由企业承担，而是雇员及其家庭，以及社会共同承担。但是这种损失的转移，使事故的成本不进入企业的利润损失核算。这样就会造成企业决策者对安全投资的决策，在仅仅依据利润最大化原则指导下进行，而如果政府不加干预，则企业的安全投入积极性是有限的，并常常处于亏欠的状况。

这一点可由图 5-4 表明。如图，横轴自左向右安全水平递增；在原点最危险，右边界点为理想安全状态。纵轴衡量损失，包括事故损失和预防成本。

假设“一般”事故有一确定总损失，记为 C_1。可以假定：无论安全水平如何，其值恒定。这条水平曲线告诉我们，第一个受害者的损失为 C_1，第二个降到 C_2，直到无人受到伤害的安全点为止。这样，线的纵向刻度表示增加的安全损失值（其值恒定）。我们可以假定它含括了所有相关损失，无论谁吸收。

事故损失有外部化现象是客观存在的。C_2 是较低损失值，仅代表企业支付的总损失。财产损失、工时损失和士气、工作节奏的负面影响等。尽管 C_2 值不小，但仍然小于总损失。其差值 C_1-C_2 即为外部损失。在一定范围内，其值恒定。

第三条曲线代表企业特定事故风险的消除成本。这里我们假定消除成本随安全水平的提高而增加。当安全水平低下时，消除成本低，因为容易找到简单廉价的改进措施。但是，进一步的改进成本代价更大。随着安全水平的提高，继续达到更高的目标越发困难。

只要消除成本低于事故损失，逻辑上即为可行，但在决策时，哪些损失应计算？如果是全部损失，则为 C_1，安全点在 S_1。然而从企业自身利益出发，则安全点在 S_2。从安全工程角度来看，事故产生的主要原因是设备陈旧、上岗培训不充分、存在有毒物质等，需要通过自觉协助或强制执行等手段，改善条件。从外部损失角度看，应当采取措施，将损失 C_1 而非 C_2，施加到决策者，即企业支付原则。

至此，可以引入安全的经济激励概念，它是一种提高安全水平的策略，由内部化损失的一系列政策组成，其结果是企业承担大部分损失。其逻辑思路如下：①企业要求最小化产品成本；②政府政策可以引导企业更加重视安全生产，如使得企业负不起事故损失的责任；③企业直接采取必要的措施降低事故风险。经济激励与规章体系和自律策略相反，集中在步骤③，而非步骤②。

要促进损失的内部化，有多种方法，包括提高危险工作的风险工资，方便对雇主的赔偿诉讼，将雇主的赔偿额与其安全记录联系起来，将来自消费者和其他社会成员的压力转嫁到事故水平高的企业。为什么仅使用经济激励？因为这种方式相对于直接关注事故本身而言，更为间接，为什么我们还使用经济激励方式？这个问题就像工业革命问题一样陈旧，自 20 世纪初，改革家就开始讨论直接管制和间接纳税补贴等方式的优缺点。本章我们将先回顾历史。之前，我们先列举经济激励的潜在优势。

(1) 经济激励非常有益于获得管理层的注意。由于管制措施甚多，并非所有的管制均能得到强有力的贯彻，企业容易忽视，尤其是当管制措施日渐琐碎时。相反，经济激励简单易用，是用经济的语言回答经济问题。管理层容易看到刺激手段对于企业的直接影响，从而做相应的反馈。

(2) 经济激励易于从下至上贯彻执行。无论企业既往的安全水平如何优秀，经济激励都有相应的刺激方式。而现行管制下，强调安全的最低可接受水平。一旦达到这个水平，企业就无心改善安全状况了。

(3) 经济激励具有广泛的适用性。它强调结果，而不论产生原因，对于新的事故风险，经济激励同样适用。新的事故风险要求新的管制措施，这个过程是缓慢和艰难的。经济激励在技术进步的步伐不断加快的今天，其优势将显现。

(4) 经济激励有灵活性，企业有自主性，主动寻找方案解决问题。经济激励强调结果，不重过程，鼓励独创性和独立解决问题的精神。相反，管制经常在具体条例上相互折中，它强调控制的简单性和通用性，方便管理和遵从。但是，随着管理分散化，要求有快速反应，管制的方法就不再有效了。

2. 安全生产经济激励的方法

根据国际上一些国家的长期作法，安全生产经济激励的方法已经历了三个发

展的阶段，即分别称为第一代、第二代和第三代经济激励。

（1）第一代经济激励：风险工资和诉讼责任赔偿。经济激励的方式和效果在很大程度上取决于主管生产和人力资源的机构。大约两个世纪以前，英国最早采取风险工资的经济激励方式来改善工作环境。雇主为工人提供高工资，以回报预计的事故风险。风险工资能产生两个效果。首先，因为提高安全水平可以减少支付给劳动力的工资，雇主有经济动力不断改善工作环境。其次，风险工资可以补偿工人最大的风险，整个工作的报酬能更为公平地分配。

尽管风险工资条例的产生可能由于业主的仁慈或责任心，但是最为主要的原因来自劳动力市场的竞争压力。在难于获得足够的劳动力供应的情况下，由于普遍缺乏劳动力或所需的特殊技能，风险工资的需求是强大的。在这种情况下，没有工人会接受危险的工作，除非获得额外的薪资以补偿。亚当·斯密的《国富论》一文中认为风险工资是市场经济的正常状态。在十九世纪，英国和美国规定风险工资标准，雇员无须经过其他手续即可获得。

然而，风险工资在实际生活中尽管存在，但是存在比例较低，它支付的补偿往往少于事故风险。发达国家的统计研究显示两者存在这样的关系：高风险，低工资。

至于为什么风险工资在大多数行业相对不重要，有两方面的原因。首先，长期失业现象的存在；其次，社会上认为有些风险可以不补偿。尽管如此，在某些危险工作中，风险工资仍然起着重要的作用，例如，井下和地上采矿就存在较大的工资差别。

随着十九世纪风险工资的问题不断提出，相关案件逐渐增加，法庭倾向于保护伤害者——工人。结果，经济激励使得安全水平得到提高。在一定意义上，诉讼作为一种经济激励形式，效果与风险工资相似，其区别在于风险工资有事前性，诉讼是事故发生之后进行的。

然而，诉讼代价昂贵，耗时、耗力、更耗钱。而且，结果有不确定性。业主在存在潜在诉讼风险时，可以投保，从而减少了安全生产的经济激励。保险费并不用于改善工作环境，因为其代价过高，且实现困难。投保使得本来稀缺的资源更难用于安全投入，从而保费更为昂贵（保险经济学家称为逆向选择）。

（2）第二代经济激励：伤害补偿。不满于第一代经济激励形式，公共保险方案孕育而生。最早的伤害补偿方案起源于1884年的德国。当时的Bismark观察到大部分冲突可以追溯到对工作环境的不满，伤害补偿能缓和劳资关系。到第一次世界大战为止，世界各国普遍认为伤害补偿是社会福利政策不可或缺的一部分。

职工伤害补偿内在的原理在于将诉讼责任赔偿替换为对受伤害者及其家庭的伤害补偿。雇员失去了向雇主寻求责任赔偿的权利，但是可以从公共管制的保险体系中得到补偿。雇主根据总付薪资的多少，支付保险费用。保险的覆盖范围，赔偿幅度，及有争议的案件由公共机构决定。所有的职工伤害补偿体系是单纯的保险和政府管制功能的结合体。

目前，职工伤害补偿形式多样。大多工业化国家采用全国统一的补偿方式，但在加拿大、澳大利亚、美国将其进一步分为省/州一级。在推行这种方式补偿的国家，保险费用由企业支付，金额与事故风险挂钩，但是行业风险与企业特定风险的相对任务有所改变。有些伤害补偿体系自动将行业保险费调整为50%，来反映不同公司事故水平的情况。在有些判例中，企业的事故记录往往被忽视。例如，西班牙企业伤害补偿的调整范围不超过10%。而在芬兰则允许企业选择行业一般水平的保险费，或自报保险费，但不将两者结合起来考虑。

在伤害补偿体系中有两种刺激的方向：职工，避免事故；企业，降低风险。对其的争论集中在以下两个方面。

① 职工刺激。在工业化国家中，补偿金额不断增加。这可以从三方面解释：职工更乐于提起诉讼，可补偿的事故种类增多，或补偿额度加大。（这些因素可并存）

补偿额度加大有两方面的原因。首先是补偿的方向有所改变。例如，在工业化国家，现在索取的补偿往往是反复性的、慢性的伤害，相对于以往的伤口包扎等，其代价更高。第二，医疗费用本身不断增加，在这个意义上，职工补偿的上升与整个经济的一部分——医疗费是正相关的。

② 在企业方面，职工伤害补偿的效果比较复杂。调查表明保险费水平与安全水平关系不明确。有些研究发现有一点效果，有些则完全无效果。总之，无研究表明职工伤害补偿可以引导企业建立和改善安全环境。

其原因在于：a. 仅可测度的事故经济损失可以补偿，其占总损失的比重非常小。b. 职业病的识别与归属难于进行。在美国，与致命伤亡相比，预计致命的职业病可能得到的补偿概率为总损失的1%，而致命的职业病发生概率是总损失的10倍。c. 职工的收入损失只换来部分补偿。d. 企业对于职工的伤害补偿刺激的反应可能不是降低风险，而是采取措施减少赔偿。包括少报事故，提前遣返受害职工和迫害提出起诉的职工等。

值得一提的是存在受害职工不上诉的情况，它直接影响到职工伤害补偿体系的效果，及其对企业的刺激作用。与管制体系不同，职工补偿体系要求职工采取主动措施，提出上诉。否则，补偿问题无从谈起。其结果将是事故补偿数远远低于可补偿事故数。据 Leigh 等估计，美国约一半的事故损失未得到补偿。

(3) 第三代经济激励：事故税和责任共同体。近年来，工业化国家不断推进改革。但是改革的方向仍然在加强经济激励和直接采取措施保护职工两者中选择。

一个最新的提法是征收事故税。英国 Edwin Chadwick 在一个半世纪前就曾提出，经济学家认为这是最直接和有效的刺激方法，因为它无须保险体系，如职工伤害补偿的参与。其税收可用于补偿受害职工，或支持职业安全领域的研究。

然而，这种事故税的提法并非理想。因为，大多数中小型企业无力支付数额巨大的事故税，强行征收无异于将其排挤出局。所以，另一个提法是将中小型企业分为若干类型或小组（如荷兰的作法），成立“责任共同体”，共同体或小组内

成员相互监督，使公共损失最小化。另外，事故税有其局限性，对于职业病由于难于识别和归属，事故税难于实行。除这些缺点之外，由于其固有的事后性，事故税亦不能取得经济激励的效果。

我们需要再考虑的是税率问题。对于事故记录不良的企业应用重税，但是如果企业采取补救措施，并经专家通过，可以不用或减轻税罚。如果企业可以对事故产生的原因加以说明，原因可信，亦可减轻税罚。否则，企业在第一税罚年度，收取附加的100％的额外费用，在随后的每年收取25％，直到环境得到改善或达到200％的税罚限额。

此方案的提出是基于这样的考虑：即只有在奖罚分明的情况下，才能引导企业改善安全环境。现实告诉我们，税罚应用以后，事故总起数和事故损失的确有减少。

① 经济激励应当针对的是法律允许的事故风险。非法行为应当通过检查和检举的方式管制。

② 经济激励的管理单位与执行安全标准的管制单位是紧密的协作关系。

③ 职工伤害补偿金额的确定首先依据的是企业的行业分类和职工的职业分类。

④ 费用应当随安全水平的提高而减少，以刺激企业通过技术改进、教育培训建立良性安全生产循环的努力。

⑤ 通过补偿体系的财政收入协助中小型企业改善安全环境。

⑥ 对于有条件投资提高安全水平的企业提供贷款优惠。

⑦ 允许安全达标企业对此进行宣传。

然而，经济激励永远不能达到职工对于安全生产的需要。它仅仅可以抵消损失未内部化的负面影响，因为完整地计算事故损失是不可能的。企业对于经济激励的反应也有不确定性。最后，对于安全环境的关注不能限于经济计算；我们应当时刻注意将非经济因素考虑在内。

无论如何，我们认为经济激励将有广泛的应用前景，并与自问管制和自我管制一道对于改善工作环境发挥重要作用。

第四节　安全效益分析原理

一、安全微观经济效益的评价

安全微观经济效益是指具体的一种安全活动、一个个体、一个项目、一个企业等小范围、小规模的安全活动效益。

(1) 各类安全投资活动的经济效益。安全投资活动主要表现为五种类型：安全技术投资、工业卫生投资、辅助设施投资、宣传教育投资、防护用品投资。按安全“减损效益”和“增值效益”又可：①降低事故发生率和损失严重度，从而减少事故本身的直接损失和赔偿损失；②降低伤亡人数或频率，从而减少工日停产损失；③通过创造良好的工作条件，提高劳动生产率，从而增加产值与利税；④通过安全、舒适的劳动和生存环境，满足人们对安全的特殊需求，实现良好的社会环境和气氛，从而创造社会效益。

不同的安全投资类型会有不同效果内容，表 5-8 列出各类安全投资效果内容。

表 5-8　各类安全投资的效果内容

投资类型	安全技术	工业卫生	辅助设施	宣传教育	防护用品
效果内容	①②③④	①②③④	③	①②④	①②③④

计算各类安全投资的经济效益，其总体思路可参照安全宏观效益的计算方法进行，只是具体把各种效果分别进行考核，再计入各类安全投资活动中。可以看出，①和②的安全效果是“减损产出”，③和④的安全效果是“增值产出”。

（2）项目的安全效益计算。一项工程措施的安全效益可由下式计算：

$$E=\frac{\int^{h}\{[L_1(t)-L_0(t)]+I(t)\}e^{it}\,dt}{\int^{h}[C_0-C(t)]e^{it}\,dt}$$

式中，E 表示一项安全工程项目的安全效益；h 表示安全系统的寿命期，年；$L_1(t)$ 表示安全措施实施后的事故损失函数；$L_0(t)$ 表示安全措施实施前的事故损失函数；$I(t)$ 表示安全措施实施后的生产增值函数；e^{it} 表示连续贴现函数；t 表示系统服务时间；i 表示贴现率（期内利息率）；$C(t)$ 表示安全工程项目的运行成本函数；C_0 表示安全工程设施的建造投资（成本）。

根据工业事故概率的波松分布特性，认为在一般安全工程措施项目的寿命期内（10 年左右的短时期内），事故损失 $L(t)$、安全运行成本 $C(t)$ 以及安全的增值效果 $I(t)$ 与时间均成线性关系，即有：$L(t)=\lambda tV_L$；$I(t)=ktV_I$；$C(t)=rtC_0$。式中，λ 表示系统服务期内的事故发生率，次/年；V_L 表示系统服务期内的一次事故的平均损失价值，万元；k 表示系统务期内的安全生产增值贡献率，%；V_I 表示系统服务期内单位时间平均生产产值，万元/年；r 表示系统服务期内的安全设施运行费相对于设施建造成本的年投资率，%。

这样，可把安全工程措施的效益公式变为：

$$E=\frac{\int^{h}[(\lambda_0 tV_L-\lambda_1 tV_L)+ktV_I]e^{-it}\,dt}{\int^{h}(C_0-rtC_0)e^{-it}\,dt}$$

对上式积分可得：

$$E=\frac{\{[\lambda_0 tV_L-\lambda_1 tV_L]+ktV_I\}\{[1-(1+hi)e^{-it}]/i^2\}}{C_0[(1-e^{-hi})/i]+rhC_0\{[1-(1+hi)e^{-hi}]/i^2\}}$$

分析可知，λh 是安全系统服务期内的事故发生总量；hV_I 是系统服务期内的

生产产值总量；rh 是系统服务期内安全设施运行费用相对于建造成本的总比例。

(3) 安全微观经济效益计算实例。某矿山企业，1983 年进行了一次工业卫生方面的通风防尘工程投资，其有关的数据为：

工程总投资 1214.7 万元；服务职工人数 2447 人；工程设计有效期 12 年；投资前职业病发病率 39.04 人/年；投资后的防尘效果为 90%；按 1983 年水平计算，人年均工资 840 元；人年均职业病花费 300 元；职业病患者人年均生产效益减少量 728.5 元；工程运行费每年约为建造投资额的 5%；考虑资金利率为 7%。

求：这次工程投资的安全效益。

解：根据分析公式，得相对应的参数值分别为：$\lambda_1=39.04\times(1-0.9)=3.9$ 人/年；$\lambda_0=39.04$ 人/年；$V_L=0.084+0.03=0.1140$ 万元；$kV_I=2447$ 人$\times$728.5 元$=178.26$ 万元；$h=12$ 年；$C_0=1214.7$ 万元；$r=0.05$。

$$E=\frac{[12\times 0.114\times(39.04-3.9)+178.26\times 12]\times 41.97}{1214.7\times 8.12+0.05\times 12\times 1214.7\times 41.97}=\frac{91796.36}{40451.94}=2.27$$

可得 $E_{项目}=2.27>1$，说明该矿山这一安全工程投资项目的效益是显著的。

上面实例说明了安全经济效益的计算方法，从中可看出：安全的“产出”往往是“增值产出”远远大于“减损产出”，这是容易理解的。从经济效益的角度来看，安全对于生产的保障作用、对于技术功能的维护作用是很重要、很突出的。我们所进行的安全经济效益评价，就是要充分使安全的这种“增值”作用得以充分地表现出来。对于安全的减损作用，从其经济效益上看，尽管较小，但是有着显著的社会效益，增值作用的很大部分是减损过程间接实现的，所以从安全的效益整体上看，两者是不能截然分开的，这是我们在理解安全效益时必须注意的。

二、安全宏观经济效益的评价

安全宏观经济效益的评价是要分析清楚安全生产对经济发展的贡献率，研究分析安全生产的投入产出理论。

1. 安全生产投入产出理论

安全生产投入指的是一国（行业、部门、企业等）用于安全生产方面的投入，包括安全措施经费、劳动保护用品费用、职业病预防及诊治费用、安全教育费用、安全奖金等；安全产出指的是通过安全投入一国（行业、部门、企业）获得的安全产出（包括安全增值产出和减损产出）。与产品企业相似，一项安全投入必然获得对称的一项安全产出。所不同的是，安全产出反映的形式与其他有形产品不同，安全产品的出现可能以一国（部门、企业）一定时期内事故的减少、安全环境的有效改善、企业工作效率的提高、企业商誉的提高等各种方式体现。从理论上说，安全生产投入与产出的关系理应可通过投入产出法、建立投入产出模型而获取。

为了系统研究安全生产投入与产出之间相互依存的关系，在上述假设条件下，应用投入产出基本理论和统计学方法，我们可以建立全国安全生产投入产出模型。我们只需在投入产出表中增加工伤事故损失项目，同时增加安全投入的项目，这样就可以编制成一张棋盘式的全国价值型安全生产投入产出表。该表将安全与生产的关系、全国安全投入与全国总产出GDP的关系、行业安全投入与行业产出的关系、全国安全投入与全国安全产出的关系、分类别安全投入与其产出的关系、全国（行业）事故损失情况及分类别事故损失情况等集中反映在一张表格中，看起来一目了然，其具体结构略。

有投入才会有产出，这是最基本的经济规律。显然，安全生产水平的提高需要高水平的安全生产投入来支持。在发达国家，安全投入总量水平达到3%的GDP。而我国在20世纪90年代初仅是GNP的0.89%。所以，要遏制重大事故的发生，提高我国的安全生产水平，需要加大安全生产的投入。

2. 安全生产经济贡献率的分析评价理论及模型

(1) 利用增长速度方程计算安全生产经济贡献率（叠加法）。引用国内外研究产品经济的理论，我们把安全投入作用分成三部分：安全技术与管理作用、资金作用、安全活劳动作用。分别计算这三大块的经济贡献率，然后将其相加即可得到安全生产的经济贡献率。

安全生产经济贡献率＝减损的贡献率＋安全增值的贡献率

其中：减损的贡献率可通过企业跟以往年份相比事故的减少值来计算；

安全增值的贡献率＝安全管理水平、劳动力素质等要素的贡献率＋安全环境（条件）的贡献率＋安全信誉的贡献率

在计算中，对于安全管理水平、劳动力素质等要素的贡献率和安全环境的贡献率我们主要采用这两方面的因素使企业的工效增加相对应的价值来计算；对于安全信誉的贡献率采用企业商誉的价值乘以安全信誉的权重来计算。

如果存在企业对环境污染的问题，我们再计算企业所造成的环境污染的变化情况所对应的价值。比如企业通过对污染物进行处理后再排入外部环境，我们可计算其污染物减少所对应的价值作为企业安全增值的一部分。

安全技术与管理作用指我国安全生产所处的实际水平，包括安全管理水平、安全技术、全员的安全素质（意识）、设备工艺中的安全技术水平等；资金量指投入在安全生产上的资本投入要素，计算时可采用固定资产原值（或固定资产净值）＋流动资金年平均余额计算；劳动投入量指安全劳动投入，计算时可采用安全投入的总工时或总职工人数计算。

(2) 直接用生产函数计算安全生产经济贡献率。理论依据如上所述，把安全的功能作用分成三部分：安全技术与管理、投资、活劳动。我们假设：①安全技术进步是中性的；②技术进步独立于要素投入量的变化；③要素的替代弹性为1，则安全产出与安全投入的关系符合生产函数：

$$Y=AK^{\alpha}L^{\beta}$$

式中，Y表示全国安全产出；A表示安全技术水平；K表示安全投入资金量；

L 表示安全投入劳动力人数；α 表示安全投入资金的产出弹性；β 表示安全投入劳动量的产出弹性。只要能求出上述公式右边各函数值，代入则可求出全国的安全产出。利用下列公式便可求得安全生产经济贡献率的值：

$$安全生产经济贡献率=\frac{Y_{安全}}{Y_{产值}}\times 100\%$$

3. 安全生产经济贡献率的研究结果

根据我国社会经济有关背景数据，依据抽样调查安全生产基本数据，可以获得如下研究结论：

① 20 世纪 90 年代的安全生产贡献率大约是 3%；

② 安全生产投入产出比为 1∶3.35。

实际上不同行业由于危险性及安全生产作用的不同，其经济贡献率也不一样。一般而言，行业风险性越大，其安全生产经济贡献率也越大；反之，其安全生产经济贡献率也越小。根据专家咨询法的研究，不同行业的安全生产贡献率权重系数值如表 5-9 所示。

表 5-9　我国各行业安全经济贡献率权重系数

危险水平	代表性行业	贡献率权重系数
高危行业	矿山、建筑、石油、化工等	3
一般危险性行业	冶金、勘探、有色、铁路等	1
低危行业	商业、服务业、纺织业、机械行业等	0.6

安全生产经济贡献率研究结果如表 5-10 所示。

表 5-10　安全生产经济贡献率研究结果

年　代	贡献率分析结果/%		投入产出比		产出效益/(亿元/年)	
	方法 1	方法 2	方法 1	方法 2	方法 1	方法 2
20 世纪 80 年代	2.32	2.53	1∶3.35	1∶3.65	243.92	265.7
20 世纪 90 年代	2.40		1∶5.83		1392.32	

行业分类安全生产贡献率为：高危险性行业约为 7%；一般危险性行业约为 2.5%；低危险性行业约为 1.5%。

第六章 安全文化建设理论与方法

重要概念 安全观念文化、安全行为文化、安全物态文化、安全制度文化、安全文化模式、安全文化的载体、企业安全文化创新“四个一”工程。

重点提示 安全文化的起源；20 世纪 90 年代提出安全文化理论的新意义；文化的定义与安全文化的内涵；安全文化的范畴及内容；人类安全文化的进程和特点；认识安全观念文化的重要性；安全文化建设的体系；安全文化建设的系统工程；安全文化建设的方法和手段；企业安全文化创新“四个一”工程。

问题注意 通常意义下的文化概念与我们定义的文化概念的差别；安全文化理论与人类客观安全文化的区别；安全文化作为一种新理论，允许有不同的观点和认识存在；一般安全文化与企业安全文化的区别和联系；用不同的方式对安全划分，得到不同的内容体系；安全文化理论研究与安全文化建设实践关系。

第一节 安全文化的起源与发展

安全文化是人类生存和社会生产过程中的主观与客观存在，因此，安全文化伴随人类的产生而产生、伴随人类社会的进步而发展。但是，人类有意识地发展安全文化，仅仅是近 10 余年的事。这是由现代科学技术发展和现代生产、生活方式的需要所决定的。具体说，最初提出安全文化的概念和要求，起源于 20 世纪 80 年代的国际核工业领域。1986 年国际原子能机构召开的“切尔诺贝利核电站事故后评审会”认识到“核安全文化”对核工业事故的影响。当年，美国 NASA 机构把安全文化应用到航空航天的安全管理中。1988 年在其“核电的基本原则”中将安全文化的概念作为一种重要的管理原则予以落实，并渗透到核电厂以及相关的核电保障领域。其后，国际原子能机构在 1991 年编写的“75-INSAG-4”评审报告中，首次定义了“安全文化”的概念，并建立了一套核安全文化建设的思想和策略。我国核工业总公司不失时机地跟随国际核工业安全的发

展，把国际原子能机构的研究成果和安全理念介绍到国内。1992 年《核安全文化》一书的中文版出版。1993 年我国原劳动部部长李伯勇同志指出“要把安全工作提高到安全文化的高度来认识”。在这一认识基础上，我国的安全科学界把这一高技术领域的思想引入到了传统产业，把核安全文化深化到一般安全生产与安全生活领域，从而形成一般意义上的安全文化。安全文化从核安全文化、航空航天安全文化等企业安全文化，拓宽到全民安全文化。依其历史学，人类客观的安全文化伴随人类的生存与发展。从这一角度，人类的安全文化可分为四大发展阶段。17 世纪前，人类安全观念是宿命论的，行为特征是被动承受型的，这是人类古代安全文化的特征；17 世纪末至 20 世纪初，人类的安全观念提高到经验论水平，行为方式有了“事后弥补”的特征。这种由被动式的行为方式变为主动式的行为方式，由无意识变为有意识的安全观念，不能不说是一种进步；20 世纪 50 年代，随着工业社会的发展和技术的不断进步，人类的安全认识论进入到了系统论阶段，从而在方法论上能够推行安全生产与安全生活的综合型对策，进入到了近代的安全文化阶段；20 世纪 50 年代以来，随着人类高技术的不断应用，如宇航技术、核技术的利用，信息化社会的出现，人类的安全认识论进入到了本质论阶段，超前预防型成为现代安全文化的主要特征，这种高技术领域的安全思想和方法论推进了传统产业和技术领域的安全手段和对策的进步。人类安全文化的发展脉络如表 6-1 所示。

表 6-1 人类安全文化的发展脉络

时代的安全文化	观念特征	行为特征
古代安全文化	宿命论	被动承受型
近代安全文化	经验论	事后型,亡羊补牢
现代安全文化	系统论	综合型,人机环对策
发展的安全文化	本质论	超前、预防型

通过对安全文化的研究，安全文化的发展方向需要面向现代化、面向新技术、面向社会和企业的未来，面向决策者和社会大众；发展安全文化的基本要求是要体现社会性、科学性、大众性和实践性；安全文化的科学涵义包括领导的安全观念，全民的安全意识和素质；建设安全文化的目的是为人类安康生活和安全生产提供精神动力、智力支持、人文氛围和物态环境。

第二节 安全文化术语及概念

科学定义安全文化术语体系，是建设企业安全文化的基础。目前对于安全文化的定义有很多，而对安全文化相关术语的定义还较为缺乏。我们在多年来对国际研究和我国相关专家研究的基础上，从文化学与安全学的角度，以安全文化建设的实用需要，对安全文化领域涉及的诸多基本术语给出了定义。

安全文化：人类安全生产与生存活动所创造的安全理念、态度、价值观等精神层面，以及安全行为方式、习惯和安全物态的总和。

企业安全文化：企业生产活动所创造的安全观念、安全行为、安全制度和安全物态的总和。企业安全文化是企业安全生产保障的软实力，先进的企业安全文化是企业安全发展的动力与灵魂。

安全观念文化：企业员工一致、高度认同的安全方针、安全理念、安全价值观、安全态度等精神文化形态的总和。

安全行为文化：企业员工普遍、自觉接受的安全职责、安全行为规范、安全行为习惯、安全生产实践等有意识的行动与活动。

安全制度文化：企业全员对确保安全生产的规范、制度、标准的理解、认知和自觉执行的方式和水平。

安全物态文化：企业生产活动中生产工艺的本质安全性、安全生产条件、安全信息环境和安全可靠度的总和。企业安全物态文化是安全观念文化和安全行为文化的载体和表现。

安全理念：企业生产经营秉持与追求的安全理想与信念。企业安全理念反映企业安全生产的时代特征和发展趋势，是员工安全观念文化的核心。

安全价值观：企业员工对安全生产的价值认知，它决定员工的行为取向与行动准则。

安全承诺：企业领导者、管理者对保护员工安全健康、保障企业安全生产目标，所涉及的安全法律法规、安全制度规范和安全生产绩效等要约的同意，以及员工对自己的安全责任的履行和安全生产制度及操作规程遵守等作出的保证。

安全意识：员工对自身角色安全责任和安全感的认知和定位，是员工脑海里形成的安全概念、想法和思路。员工的安全意识是个体安全认知、安全情感和安全意志的综合反映。

安全使命：企业为实现其安全愿景而必须完成的核心任务。企业安全使命是企业优秀安全行为文化的标志。

安全愿景：企业明确的未来一段时期安全生产的志愿和前景。企业安全愿景要表达现代的安全理念，要体现先进的观念文化。

安全目标：企业为实现其安全使命，而由必须采取的行动计划所确定的行动方向和标准。

安全态度：企业员工对安全生产的心态、想法与信心。安全态度决定企业领导者与管理者的安全决策和管理行为，作用和影响员工生产过程的作业行动。

安全行为习惯：企业员工长期传承和自然形成的行为惯式。安全行为习惯包含良好的和可能不良的行为方式。

安全行为规范：企业对员工制定的安全生产要求和标准。安全行为规范与员

工岗位工作相符，通过文件化体现。

安全素养：企业员工所具备的基本安全知识、岗位安全能力，以及安全观念和安全行为表现的总和。

安全激励：企业采用政治荣誉、行政经济、人性心理、社会道德、家庭亲情等软实力手段，对员工安全生产行为加以肯定与促进，从而使其能够主动、自觉实施安全行为，最终实现企业安全生产目标的文化管理方式。

安全参与：指企业员工与其合作单位投身于企业安全生产工作的开展、改进和完善，为企业安全生产工作作出贡献。

安全沟通：指企业内部或企业与外部或上级之间用任何方法，如视觉、符号、电话、电报、收音机、电视或其他工具为媒介，进行安全生产信息、安全经验和思想的交流与传递。

安全楷模：指安全意识强、安全态度端正、安全责任感强，在安全工作中表现突出的先进模范人物。

第三节　安全文化的范畴

安全文化是一个大的概念，它包含的对象、领域、范围是广泛的。也就是说，安全文化的建设是全社会的，具有“大安全”的意思。但是企业安全生产主要关心的是企业安全文化的建设。企业安全文化是安全文化最为重要的组成部分。企业安全文化与社会的公共安全文化既相互联系，更相互作用，因此，我们要从更大范畴来认识安全文化。

安全文化的范畴可从如下三个角度划分。

一、安全文化的形态体系

从文化的形态来说，安全文化的范畴包含安全观念文化、安全行为文化、安全管理文化和安全物态文化。安全观念文化是安全文化的精神层，安全行为文化和安全管理文化是安全文化的制度层，安全物态文化是安全文化的物质层。

安全观念文化：主要是指决策者和大众共同接受的安全意识、安全理念、安全价值标准。安全观念文化是安全文化的核心和灵魂，是形成和提高安全行为文化、制度文化和物态文化的基础。当代，我们需要建立的安全观念文化包括：预防为主；安全也是生产力；安全第一；安全就是效益；安全性是生活质量的保证；风险最小化；最适安全性；安全超前；安全管理科学化等，同时还有自我保护、保险防范、防患未然等意识。

安全行为文化：指在安全观念文化指导下，人们在生活和生产过程中的安全行为准则、思维方式、行为模式的表现。行为文化既是观念文化的反映，同时又作用和改变观念文化。现代工业化社会，需要发展的安全行为文化包括：进行科学的安全思维；强化高质量的安全学习；执行严格的安全规范；进行科学的安全领导和指挥；掌握必需的应急自救技能；进行合理的安全操作等。

安全管理（制度）文化：是企业行为文化中的重要部分，因此专门来探讨。管理文化对社会组织（或企业）和组织人员的行为产生规范性、约束性影响和作用，它集中体现观念文化和物质文化对领导和员工的要求。安全管理文化的建设包括从建立法制观念、强化法制意识、端正法制态度，到科学地制定法规、标准和规章，严格的执法程序和自觉的执法行为等。同时，安全管理文化建设还包括行政手段的改善和合理化；经济手段的建立与强化等。

安全物态文化：是安全文化的表层部分，它是形成观念文化和行为文化的条件。从安全物态文化中往往能体现出组织或企业领导的安全认识和态度，反映出企业安全管理的理念和哲学，折射出安全行为文化的成效。所以说物质是文化的体现，又是文化发展的基础。企业生产过程中的安全物态文化体现在：一是人类技术和生活方式与生产工艺的本质安全性；二是生产和生活中所使用的技术和工具等人造物及与自然相适应有关的安全装置、仪器、工具等物态本身的安全条件和安全可靠性。

二、安全文化的对象体系

文化是针对具体的人来说的，是对某一特定的对象来衡量的。企业安全文化的建设，一般来说有五种安全文化的对象：法人代表或企业决策者，企业生产各级领导（职能处室领导、车间主任、班组长等），企业安全专职人员，企业职工，职工家属。显然，对于不同的对象，所要求的安全文化内涵、层次、水平是不同的。例如，企业法人的安全文化素质强调的是安全观念、态度、安全法规与管理知识，对其不强调安全的技能和安全的操作知识。例如一个企业决策者应该建立的安全观念文化包括：安全第一的哲学观；尊重人的生命与健康的情感观；安全就是效益的经济观；预防为主的科学观等。不同的对象要求不同的安全文化内涵，其具体的知识体系需要通过安全教育和培训来建立。

三、安全文化的领域体系

从安全文化建设的空间来讲，就有安全文化的领域体系问题，即行业、地区、企业由于生产方式、作业特点、人员素质、区域环境等因素，造成的安全文化内涵和特点的差异性及典型性。因此，从企业的安全文化建设的需要出发，安全文化涉及的领域体系分为企业外部社会领域的安全文化，如家庭、社区、生活娱乐场所等方面的安全文化；企业内部领域的安全文化，即厂区、车间、岗位等领域的安全文化。例如，交通安全文化的建设就有针对行业内部（民航、铁路内部等）的安全文化建设问题，也有公共领域（候机楼、道路等）的安全文化建设问题。

从整体上认识清楚安全文化的范畴，对建设安全文化能起到重要的指导作用。

第四节　企业安全文化建设理论与方法

安全文化建设理论是企业安全文化建设的基础和指导；安全文化建设方法是企业安全文化建设实践的方法论。

一、企业安全文化建设基本原理

1. 安全文化建设的“人本安全原理”

企业安全生产需要物的本质安全，更需要人的本质安全，“人本”与“物本”的结合，才能构建生产安全事故防线。

企业安全文化建设的“人本安全原理”如图 6-1 所示。安全文化建设的目标是塑造本质安全型员工，本质安全型员工的标准是：时时想安全的安全意识，处处要安全的安全态度，自觉学安全的安全认知，全面会安全的安全能力，现实做安全的安全行动，事事成安全的安全目的。塑造和培养本质安全型员工，需要从安全观念文化和安全行为文化入手，需要创造良好的安全物态环境。

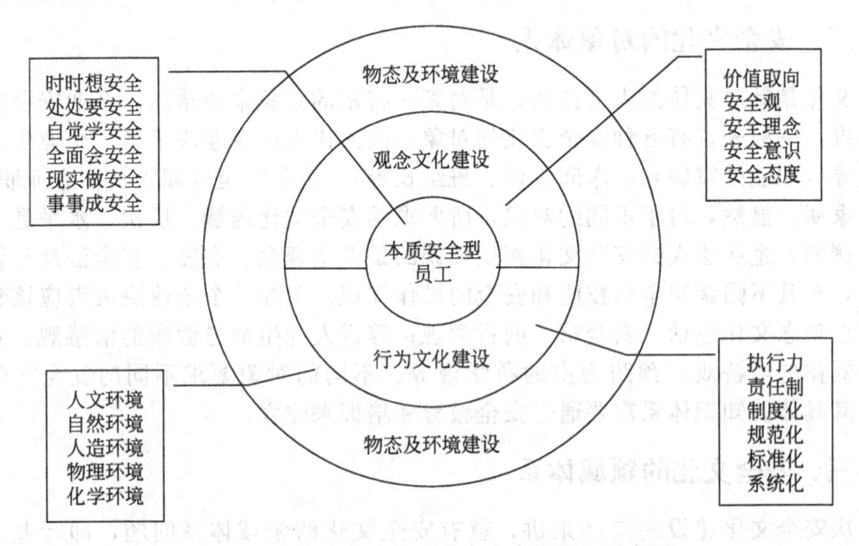

图 6-1　安全文化建设“人本安全原理”示意图

2. 安全文化建设的“球体斜坡力学原理”

安全文化建设的“球体斜坡力学原理”如图 6-2 所示。这一原理的含义是：消防安全状态就像一个停在斜坡上的“球”，物的固有安全、现场的消防设施和人的消防装备，以及各单位和社会的消防制度和管理，是“球”的基本“支撑力”，对消防安全的保证发挥基本的作用。仅有这一支撑力是不能够使消防安全这个“球”稳定和保持在应有的标准和水平上，这是因为，在社会的系统中存在着一种“下滑力”。这种不良的“下滑力”是由于如下原因形成的：一是火灾的特殊性和复杂性，如火灾的偶然性、突发性，违章不一定有火灾等客观因素；二是人的趋利主义，即安全需要投入，增加成本，反之可以将安全成本变为利润；三是人的惰性和习惯，人在初期的“师傅”指导下形成的习惯性违章，长期的“投机取巧”行为形成等。因为安全规范需要付出气力和时间，而违章可带来暂时的舒适和短期的“利益”，因而导致这种不良的惰性和习惯。

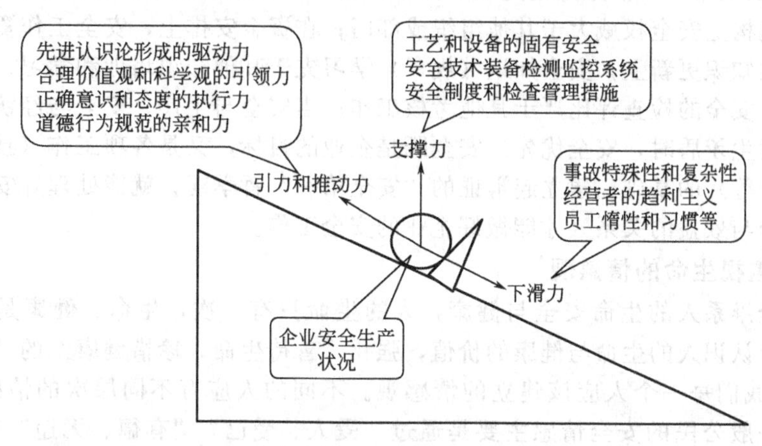

图 6-2　安全文化建设“球体斜坡力学原理”示意图

要克服这种“下滑力”需要“文化力”来“反作用”。这种“文化力”就是正确认识论形成的驱动力、合理价值观和科学观的引领力、正确意识和态度的执行力、道德行为规范的亲和力等。

二、企业安全观念文化建设

“观”，指观念，是认识的表现，思想的基础，行为的准则。它是方法和策略的基础，是活动艺术和技巧的灵魂。从事现代安全活动，需要正确安全观的指导，只有对人类的安全态度和观念有着正确的理解和认识，并有高明的安全行动艺术和技巧，人类的安全活动才算进入了文明的时代。那么现代企业应该建立怎样的安全观念文化呢？

1. 安全发展的科学观

党的“十六大”提出了全面建设小康社会的宏伟目标，明确了要坚持节约发展、清洁发展、安全发展，实现可持续发展。其中，安全发展的要求表明党和国家高度重视安全生产的基本政策。安全发展与节约发展、清洁发展共同构成“科学发展”的深刻内涵。安全发展体现了“三个代表”重要思想和科学发展观的本质特征，体现了执政党“立党为公、执政为民”的施政理念，反映了最广大人民群众的迫切愿望。

党的“十七大”提出构建和谐社会的战略目标。和谐社会的实现需要建设“安全保障型社会”，需要“人人共创安全、人人享有安全”。保障安全生产是构

建社会主义和谐社会最基本的标志。

2. "安全第一"的哲学观

"安全第一"是一个相对、辩证的概念，它是在人类活动的方式上（或生产技术的层次上）相对于其他方式或手段而言，并在与之发生矛盾时，必须遵循的原则。"安全第一"的原则通过如下方式体现：在思想认识上安全高于其他工作；在组织机构上安全权威大于其他组织或部门；在资金安排上，安全工作资金优先安排；在知识更新上，安全知识（规章）学习先于其他知识培训和学习；在检查考评上，安全的检查评比严于其他考核工作；当安全与生产、安全与经济、安全与效益发生矛盾时，安全优先。安全既是企业的目标，又是各项工作（技术、效益、生产等）的基础。建立起辩证的"安全第一"哲学观，就能处理好安全与生产、安全与效益的关系，才能做好企业的安全工作。

3. 重视生命的情感观

安全维系人的生命安全与健康，人的生命只有一次，生命、健康是人生之本。充分认识人的生命与健康的价值，强化"善待生命，珍惜健康"的"人之常情"，是我们每一个人应该建立的情感观。不同的人应有不同层次的情感体现，员工或一般公民的安全情感主要是通过"爱人、爱己""有德、无违"来体现。而对于管理者和组织领导，则应表现出用"热情"的宣传教育激励教育职工；用"衷情"的服务支持安全技术人员；用"深情"的关怀保护和温暖职工；用"柔情"的举措规范职工安全行为；用"绝情"的管理严爱职工；用"无情"的事故启发人人。以人为本，尊重与爱护职工是企业法人代表或雇主应有的情感观。

4. 安全效益的经济观

实现安全生产，保护职工的生命安全与健康，不仅是企业的工作责任和任务，而且是保障生产顺利进行，企业效益实现的基本条件。"安全就是效益"、安全不仅能"减损"而且能"增值"，这是企业法人代表应建立的"安全经济观"。安全的投入不仅能给企业带来间接的回报，而且能产生直接的效益。安全经济学研究成果表明，事故损失占 GNP 的 2.5%；发达国家的安全投资占 GNP 的 3.3%，我国现阶段占 GNP 的 1.2%；事故直间损失系数可达（1∶4）～（1∶>100）；合理条件下的安全投入产出比是 1∶6；安全生产的贡献率达 1.5%～6 %；预防性投入效果与事后整改效果的关系是 1 与 5 的关系；安全效益金字塔表明：系统设计考虑了 1 分安全性可带来系统制造时的 10 分安全性，而实现系统运行和使用时的 1000 分安全性。

5. 预防为主的科学观

要高效、高质量地实现企业的安全生产，必须走预防为主的道路，必须采用超前管理、预期型管理的方法，这是生产实践证实的科学真理。现代工业生产系统是人造系统，这种客观实际给预防事故提供了基本的前提。所以说，任何事故从理论和客观上讲，都是可预防的。因此，人类应该通过各种合理的对策和努力，从根本上消除事故发生的隐患，把工业事故的发生降低到最小限度。采用现代的安全管理技术，变纵向单因素管理为横向综合管理；变事后处理为预先分析；变事故管理为隐患管理；变管理的对象为管理的动力；变静态被动管理为动态主动管理，实现本质安全化。这些是我们应建立的安全生产科学观。根据安全系统科学的原理，预防为主是实现系统（工业生产）本质安全化的必由之路。

6. 人机环管的系统观

保障安全生产要通过有效的事故预防来实现。在事故预防过程中，涉及两个系统对象，一是事故系统，其要素是：人——人的不安全行为（引发事故的最直接的因素）；机——机的不安全状态（引发事故的最直接因素）；环境——生产环境不好影响人的行为并对机械设备产生不良的作用；管理——管理的欠缺。二是安全系统，其要素是：人——人的安全素质（心理与生理、安全能力、文化素质）；物——设备与环境的安全可靠性（设计安全性、制造安全性、使用安全性）；能量——生产过程能的安全作用（能的有效控制）；信息——充分可靠的安全信息流（管理效能的充分发挥）。认识事故系统要素，对指导我们打破事故系统来保障人类的安全具有实际的意义，这种认识带有事后型的色彩，是被动、滞后的，而从安全系统的角度出发，则具有超前和预防的意义，从建设安全系统的角度来认识安全原理更具有理性的意义，更符合科学性原则。

三、企业安全行为文化建设

安全价值观反映在人的外在行为上，形成公认的安全价值愿望，反馈于心、融于思想、引导思维、制约行为，逐步形成了社会化的安全行为标准或原则，并进一步演化为社会及大众公认的安全行为规范和安全价值标准。

安全行为文化是指在安全观念文化指导下，人们在生活和生产过程中的安全行为准则、思维方式、行为模式的表现。行为文化既是观念文化的反映，同时又作用和改变观念文化。

行为文化是规范生产经营活动中个体行为的文化。管理学上的“海恩法则”，讲述了安全管理的金字塔原理：每10000起不安全行为，孕育着3000起被忽视的隐患、300起可记录在案的隐患、30起严重的违章操作和1起安全事故。要想消除这一起事故，就必须从细节上控制这10000起不安全行为。要通过安全活动、预案演练、安全教育、技能培训、危害识别与风险评价等，并把危害识别与风险评价列入日常安全管理和生产运行中，提高危害识别与风险评价能力，使员工熟练掌握本岗位安全操作技能，树立责任感和使命感，使员工自觉规范自己的操作行为。

1. 个体安全行为文化建设

任何企业或组织都是由众多个体组合而成的。所有这些人都是有思想，有感情，有血有肉的有机体。但是，由于个人先天遗传素质的差别和后天所处社会环境及经历、文化素养的差别，导致了人与人之间的个体差异。这种个体差异也决

定了个体安全行为的差异，所以企业应采取积极的措施来减小和消除这种差异。

(1) 抓好员工安全理念的建立和渗透，培养和提高安全意识。理念决定意识，意识主导行为。要使广大员工不仅对安全理念熟读、熟记，入脑入心，全员认知，而且要内化到心灵深处，转化为安全行为，升华为员工的自觉行动。要加强舆论宣传，不断向员工灌输安全知识，通过对员工进行灌输教育、培训，形成浓厚的舆论氛围。要巩固无形的企业安全价值观，不能单纯停留在口号上，必须寓无形于有形之中，把它渗透到企业的每一项规章制度、标准和要求当中，进行强势推动，使员工从事每一项工作时都能够感受到企业安全文化在其中的引导和控制作用；使员工感到一旦违背了安全行为标准、安全生产理念，就会自责，会受到大家的谴责。

(2) 坚持“以法治安”。要用法律法规来规范企业领导和员工的安全行为，使安全生产工作有法可依、有章可循，通过“立法”“懂法”“守法”“执法”，建立安全生产法制秩序。要依据国际国内有关安全生产的法律、法规、条例，建立、修订、完善与企业安全管理相关的规定、办法、细则等，为强化安全管理提供法律依据。要组织员工学习安全法律法规和规章制度，使全体干部、员工学法、知法、懂法。要把各项安全规章制度落实到生产管理全过程，全体干部、员工都必须自觉守法。要依法进行安全检查、安全监督，维护安全法规的权威性。要让管理行为用规章制度说话，用规章制度规范管理行为，保证执行正确、有效。

(3) 层层落实安全责任。企业应逐级签订安全生产责任书或建立问责制。责任书或问责制要有具体的责任、措施、奖罚办法。对完成责任书各项考核指标、考核内容的单位和个人应给予精神奖励和物质奖励；对没有完成考核指标或考核内容的部门和个人给予处罚；对于安全工作做得好的部门或个人，应对该部门领导和安全工作人员给予一定的奖励。

(4) 塑造和弘扬团队精神。企业从高级至部门主管的各级管理层须对安全责任做出承诺并表现出无处不在的有感领导；每位员工不仅对自己的安全负责，而且也要对同事的安全负责。

(5) 建设企业学习型组织。建设学习型组织是企业文化的较高目标。只有不断学习和进步，企业才能保持优秀和先进的安全文化状态。

建立学习型组织，一是要创造机会让安全工作人员参加专业培训，组织安全工作人员到安全工作搞得好的单位参观、学习、取经；二是要通过对全员进行安全教育、技能培训，组织经常性危险危害因素识别与安全评价，以及进行事故应急预案演练，并列入日常安全管理中，使员工熟练掌握本岗位安全操作技能，树立责任感和使命感，自觉规范自己的操作行为；三是要把尊重人、关注人、关心人作为中心内容，培育广大员工树立共同的安全价值观。要通过聘用优秀、专业的安全管理人才，提高企业或公司安全管理队伍的素质，为实现公司安全、和谐发展打下坚实的人力资源基础。

2. 群体安全行为文化建设

企业职工的安全行为主要是在生产过程的群体中发生的，职工个体的安全行为必然要受到其所在群体的群体行为和群体动力的制约与影响。建设企业群体安全行为文化，有助于群体成员产生一致的安全行为，有助于实现群体的安全目标；能促进群体内部安全价值观、安全态度和安全行为准则的形成，增强事故预防能力，维持群体良好的安全绩效；有利于改变个体的安全与己无关的观点和不安全行为；还有益于群体成员之间互相学习和帮助，增强成员的安全成就感。

（1）促进安全绩效的群体安全行为文化建设。个人在群体中的安全行为与其个体单独安全行为往往不同。在一些情况下，个人在群体中工作或有别人在场时，其工作效率和安全行为会表现较好，这种现象被称为社会促进或社会助长；在另一些情况下，个人由于处于群体中或有他人在场，其工作成绩反而比独自工作时低，或者操作失误性增加，这种现象被称为社会促退或社会致弱。群体对个人安全作业是否起到促进作用主要取决于以下几个因素。

① 工作性质。研究发现，当从事简单、熟练、机械性的工作时，一个人单独操作，不如与其他人一起工作效率高，甚至易发生违章作业的行为；当从事复杂性工作时，例如在事故隐患原因较复杂而需要及时判断解决时，有其他人在场将会起干扰作用，使工作者注意力不易集中，效率降低，失误增加。但也有研究指出，如果群体中成员关系融洽，有共同的目标和沟通的机会，则成员在一起可以相互启发和促进。

② 竞争心理。人们通常都有一种成就动机，个人的成就动机在有他人在场时会表现得较为强烈，希望自己的工作比其他人做得更好。这时强烈的成就动机会转变为竞争动机，因此个人的成绩比在单独工作时要好；而个人在单独工作时，缺乏较量的对手，劲头不足。这种现象被称为“结伴效应”。

③ 被他人评价的意识。个人在群体中作业时，不可避免地会产生被他人评价的意识，总认为他人有评价自己的可能性。这种意识一旦产生，就会对个人的行为起到推动作用。

竞争心理和被他人评价的意识是结伴效应的心理基础。而结伴效应对安全行为是否起到促进作用，不可一概而论，要视群体的环境而定。因此，创造有利的群体环境，让处于群体之中的每个成员都具有良好的心理素质和工作心态，有利于安全绩效的提高。

（2）实现社会标准化安全的群体安全行为文化建设。社会标准化倾向是指人们在群体共同活动中对事物的知觉、判断以及工作的速度、生产的数量趋于同一标准的倾向。为了避免发生人身伤害事故和其他事故，群体中的成员会受到安全行为的相互模仿、危险的提示、冒险心理的克服等心理因素的制约。经过一段时间后，就会产生一种类化过程，即彼此接近和趋同，表现为群体成员的安全行为和安全态度的一致性，逐步形成群体内的安全行为标准和行为准则。这个过程，就叫安全社会标准化倾向。其结果，是形成了群体的各种安全规范。

群体安全规范是群体成员意识中的一种安全生产行为标准，具有强迫成员接受的约束力。群体安全规范有的是明文正式规定的，即各种安全规章制度和操作规程；有的则是非正式的、由成员自动形成的行为标准。这种默契标准就成为成员自律的一种潜在的标准。

在生产活动中，不论是正式群体还是非正式群体都有自己的行为规范。如果有谁偏离或破坏了行为标准，就会受到来自群体的压力，以纠正其偏离行为，使之回到群体规范的行为准则上来。明文规定的安全行为规范，未必是工作群体真正的行为规范，因此群体安全文化建设的重要和困难的任务之一就是如何使明文规定的安全行为规范与群体的实际安全行为规范相一致。

研究表明，一个未形成良好的群体安全规范的群体，会有许多不安全的违章行为出现。因此，在企业安全管理过程中，创立和维持群体安全规范对于促使职工的行为更好地符合安全生产的要求，具有很大的推动作用。

3. 领导安全行为文化建设

在各种影响人的积极性的因素中，领导行为是一个关键性的因素。企业领导对于企业安全文化的建设有着举足轻重的作用，企业领导对安全的重视程度，直接决定了企业的安全物质文化水平，一个重视安全生产的领导集体，会加大安全生产的投入，及时消除各种安全隐患，为职工提供安全可靠度高的生产设备。企业领导对安全观念文化和安全行为文化的影响，主要体现在他们的行为导向作用。处于第 2、3 阶段的企业，其职工已经具备一定的安全文化素质，但是由于各种因素的影响，具有反复性，需要巩固。根据信息传导原则，企业各级领导良好的安全生产意识、安全信念和安全价值观，通过自己的行为传播到职工的心里，能有效地加快企业安全文化建设速度。建设企业领导的安全行为应从以下几方面入手。

(1) 要认真贯彻执行国家安全生产方针、政策和法律法规，企业必须在法律允许的范围和条件下开展生产经营，将“安全第一”的生产方针贯彻到企业经营的全过程。

(2) 应该严格遵守企业的规章制度。规章制度是企业所有员工的行为规范，领导不能绕过制度的约束，更不能凌驾于规章制度之上。

(3) 要树立以人为本的经营理念，关心职工的身心健康。人是最宝贵的社会财富，“以人为本”是安全文化的核心理念。

(4) 要提高领导对企业安全文化的认识。在实行中，领导要积极组织培训，让管理人员掌握企业安全文化的内容、企业安全文化的建立步骤、企业安全文化的激励机制。领导是建立企业安全文化的关键，领导的观念与行为是员工关注与效仿的模式。领导能修正员工的观念，约束员工的行为，领导决定的激励方式能促使员工调整工作思路，进而改变行为方式。

(5) 要制定好推行企业安全文化的计划与措施，修正完善原有的规章制度、激励机制，使之有利于调动员工的积极性。

（6）要在建立企业安全文化的各阶段，进行检查评比并考核。

四、企业安全制度文化建设

企业为了实现安全生产，长期执行较为完善的保障人和物安全而形成的各种安全规章制度、操作规程、防范措施、安全教育培训制度、安全管理责任制以及遵章守纪的自律安全的厂规、厂纪等，也包括安全生产法律、法规、条例及有关的安全卫生技术标准，均属于安全制度文化范围。它是企业安全生产的运作保障机制的重要组成部分，具有科学性、原则性、规范性和时代性特点，是企业安全精神（智能）文化物化体现和结果，是物质文化和精神文化遗传、涵化和优化的实用安全文化。

安全制度文化是对企业员工的安全生产行为规范进行约束的规则。《安全生产法》明确了各级人员的责任、义务和权利。用安全生产规章制度明确企业安全管理、安全生产的行为规范，用安全技术操作规程来明确员工从事生产经营活动的操作规范。只有责任明确，责权一体，在安全管理中才能做到敢抓敢管，才能落实执行力度，使员工形成良好的安全行为习惯。

1. 安全管理制度建设

“安全第一，预防为主，综合治理”。安全是生产的保证，是效益的基础，安全和生产与效益发生矛盾时，应毫不动摇地把安全放在第一位，在抓好安全生产工作的同时努力消除事故隐患。安全是相对的，在安全时，仍要保持冷静的头脑，充分认识不安全因素的客观存在，所以安全工作要长抓不懈，制定科学、合理、可行的安全管理制度是实现安全的首要保障。

（1）企业的安全生产工作必须贯彻“安全第一，预防为主，综合治理”的方针，贯彻执行法人负责制，各生产部门要坚持“管生产必须管安全”的原则，实现安全生产和文明生产。

（2）企业对安全生产工作有突出贡献的员工要给予奖励，对玩忽职守、违反安全生产制度和操作规程造成事故的责任人，要给予严重的处理，触及法律的，交由司法机关处理。

（3）为了确保安全生产，企业成立安全生产委员会，成员由企业主要领导和各生产部门领导组成。其主要职责是：全面负责企业的安全生产管理工作，研究制定安全生产技术措施和劳动保护计划，实施安全生产检查和监督，调查处理事故动作。

（4）企业下属各生产部门必须成立安全生产领导小组，负责对企业的职工进行安全生产教育，制订安全生产实施细则和操作规程，贯彻执行企业的各项安全生产指令，确保安全生产。

（5）安全生产责任人的划分。企业行政一把手是本企业的安全责任人，分管生产的领导和各生产部门的负责人，是企业的安全生产的主要责任人。

（6）各级生产部门，在下达生产任务时，必须要贯彻安全生产指令。

(7) 企业各部门必须在本职业务范围内做好安全生产的各项工作。

(8) 企业各个生产部门和生产班组，在生产工作中要遵守安全生产制度和操作规程，做好设备、工具的安全检查、保养工作，做好原始资料的登记和保管工作。

(9) 企业各生产部门要按时、定期召开安全生产会议，职工在生产和工作中要认真学习和执行安全技术操作规程，遵守各项规章制度，爱护生产设备和安全生产的保护装置，发现安全情况，及时向领导报告，迅速予以排除。

(10) 企业各生产部门召开的安全生产会议和职工学习安全生产知识规定，要做好记录。

(11) 企业安全生产委员会坚持定期或不定期地对企业各生产部门的安全生产工作进行检查，发现不安全隐患，必须及时整改。如生产部门自己不能整改的，由企业统一安排整改。

(12) 凡发生事故，要按有关规定报告，如有瞒报、虚报、漏报、或故意延迟不报的，除责成补报外，同时要追究责任，对触及法律的，追究其法律责任。

(13) 企业各级部门的领导和员工，在其职责范围内，不履行或不正确履行自己应尽的职责，有下列行为之一，造成事故的，按玩忽职守处理。

① 不执行有关规章制度、条例、规程或自行其是的。

② 对可能造成事故的险情和隐患，不采取措施或措施不力的。

③ 不接受主管部门的管理和监督，不听合理意见，不顾他人安危，强令他人违章作业的。

④ 对安全工作不检查，不督导，不指导，放任自流的。

⑤ 违反操作规程，强行违章作业的。

(14) 要加大安全生产教育力度。凡新入企业的工人（包括实习、见习、代培人员等）都要经过厂级、车间和班组的三级安全教育，必须在懂安全生产知识的技术人员指导下，方可进入操作现场。

(15) 落实安全培训。凡特殊工种如电工、吊车工、电焊工、司机等，都必须经过一定时间的专业技术培训和学习，使他掌握技术，掌握了安全知识，并经过考试合格，领导研究同意后方可独立操作。

(16) 要教育工人在生产中必须穿戴好劳动保护用品。教育工人保持工作现场环境卫生良好，教育工人自觉维护好企业内的一切安全设施。

(17) 必须抓好安全生产工作。企业行政管理人员至少每季度召开一次安全生产分析会，车间要每月进行一次安全生产会，班组每周进行一次安全生产教育。工作前负责人负责检查安全工作，检查并做好安全保护工作后，方可开展工作。

(18) 成立由厂务经理为组长的安全生产领导小组。生产安全由厂务经理全权负责，设专职安全员，班组设兼职安全员，负责检查安全规章制度的贯彻执行情况。

(19) 组长对班组安全生产工作负有主要责任。在危险工作岗位上要设立安全专职监督员，在生产过程中发现隐患及严重威胁工人安全时，必须立即采取相应的措施，并及时向主管报告。

2. 安全培训教育制度建设

加强对职工进行安全教育与培训，是保证安全生产的基础，是提高职工安全技术素质、搞好安全生产的前提。通过安全教育提高各级生产管理人员和广大职工加强安全工作的责任制与自觉性，增强安全意识，才能掌握安全生产的科学知识，提高管理水平和操作技术水平，增强自我防护能力。

(1) 企业决策层的安全教育　对企业决策层的安全教育重点在方针政策、安全法规、标准的教育。具体包括以下几方面：

① 懂得安全法规、标准及方针政策。企业决策层应有意识地培养自己的安全法规和安全技术素质，认真学习行业和国家主管部门颁布的安全法规文件和有关安全技术法规，以及事故发生规律。

② 安全管理能力的培养。决策层只有具有较高的安全管理素质才能真正负起“安全生产第一责任人”的责任，在安全生产问题上正确使用决定权、否决权、协调权、奖惩权；在机构、人员、资金、执法上为安全生产提供保障条件。

③ 树立正确的安全思想。重视人的生命价值；树立强烈的安全事业心和高度的安全责任感。

④ 建立应有的职业道德。作为企业领导必须具备正直、善良、公正、无私的道德情操和关心职工、体恤下属的职业道德，对于贯彻安全法规制度，要以身作则，身体力行。

⑤ 形成求实的工作作风。在市场经济体制下，要对企业决策层进行求实的工作作风教育，防止口头上重视安全，实际上忽略安全，即所谓“说起来重要，做起来次要，忙起来不要”。

(2) 企业管理层的安全教育。企业管理层主要是指企业中的中层和基层管理部门的领导级干部。他们既要服从企业决策层的管理，又要管理基层的生产和经营人员，起到承上启下的作用，是企业生产经营决策的忠实贯彻者和执行者。他们的安全文化素质对整个企业的形象具有重要影响，他们对安全生产管理的态度、投入程度、企业地位等起着决定性的作用。企业的安全生产状况，与企业领导的安全生产意识有密切的关系。企业领导者的安全认识教育就是要端正领导的安全意识，提高他们的安全决策素质，从企业管理的最高层确立安全生产的应有地位。

① 企业中层管理干部的安全教育

a. 多学科的安全技术知识教育。

b. 推动安全工作前进的方法教育。

c. 国家的安全生产法规、规章制度体系教育。

d. 安全系统理论、安全生产规律、安全生产基本理论和安全规程的教育。

② 企业班组长的安全教育

a. 较多的安全技术技能教育。不同行业、不同工种、不同岗位要求不一样，总体来讲，必须掌握与自己工作有关的安全技术知识，了解有关事故案例。

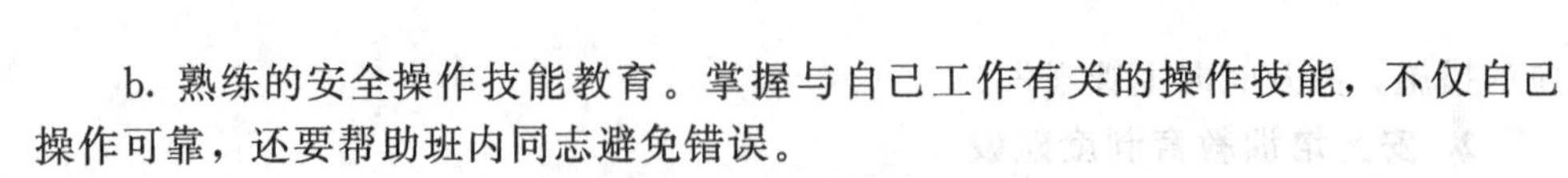

b. 熟练的安全操作技能教育。掌握与自己工作有关的操作技能，不仅自己操作可靠，还要帮助班内同志避免错误。

(3) 企业普通员工的安全教育。一方面安全工作的重要目的之一是保护现场的员工，另一方面安全生产的落实最终要依靠现场的员工，因此，普通员工的安全文化素质是决定企业安全生产水平和保障程度的最基础元素。

同时，历史经验和客观事实表明，发生的工伤事故和生产事故80%是由于职工自身的“三违”原因造成的。从构成事故的三因素，即“人—机—环”的关系分析，“机器设备”“环境”相对比较稳定，唯有“人”是最活跃的因素，通过科学的管理、及时有效的培训和教育、正确的引导和宣传，以及合理、及时的安全班组活动，提高职工的安全素质，是做好安全工作的关键，也是职工安全文化建设的基本动力。

在现代化大生产中，随着科学技术的进步，机械化、自动化、程控、遥控越来越多。一旦有人操作失误，就可能造成场毁人亡。人员操作的可靠性和安全性与本人的安全意识、文化素质、技术水平、个性特征和心理状态等都有关系。可见，提高职工的安全文化素质是预防事故的最根本措施。企业普通员工的安全教育是企业安全教育的重要部分。

① 方针政策、安全法规教育。

② 一般安全生产技术知识教育。这是企业所有职工都必须接受的基本安全生产技术知识教育。

③ 专业安全生产技术知识教育。这是指从事某一作业的职工必须接受的专业安全生产技术知识教育。

④ 安全生产技能教育。这是指人们安全完成作业的技巧和能力，包括作业技能、熟练掌握作业安全装置设施的技能。

⑤ 安全生产意识教育。主要通过制造一个“安全第一”的氛围，潜移默化地去影响职工，使之成为自觉的行动，树立“我要安全、安全第一”的思想。常用的方法有举办展览、发放挂图、悬挂安全标志警告牌等。

⑥ 事故案例教育。通过实际事故案例分析和介绍，了解事故发生的起因、过程和现实后果，对认识事故发生规律、总结经验、吸取教训、防止同类事故的反复发生起到不可或缺的作用。

3. 安全生产责任制度建设

(1) 企业负责人的安全生产职责。企业负责人是企业安全生产第一责任人，对企业的安全生产全面负责，具体要做到以下几方面。

① 认真贯彻执行国家安全生产方针、政策、法令和上级指示，把职业安全卫生工作列入企业的管理的重要议事日程。要亲自主持重要的职业安全卫生工作会议，批阅上级有关安全方面的文件，签发有关职业安全卫生工作的重大决定。

② 负责建立、健全和落实各级安全生产责任制。督促检查各部门经理抓好安全生产工作，及时消除安全生产事故隐患。

③ 健全安全管理机构，充实专兼职安全技术管理人员。定期听取安全监察部门的工作汇报，及时研究解决或审批有关安全生产中的重大问题。

④ 组织制定并批准企业安全生产规章制度、安全操作规程、安全事故应急救援预案和重大的安全技术措施，解决安全措施费用。

⑤ 按事故处理“四不放过”原则，组织对重大事故的调查处理。

⑥ 加强对各项安全活动的领导，决定安全方面的重要奖惩。

⑦ 保证本单位安全生产投入的有效实施。

⑧ 及时、如实报告生产安全事故。

(2) 企业副职的安全生产职责

① 协助正职开展本单位的安全生产工作，对分管的安全工作负直接领导责任，具体领导和支持安全技术部门开展工作。

② 组织职工学习安全生产法规、标准及有关文件，主持制定安全生产管理制度和安全技术操作规程，定期检查执行情况。

③ 协助厂长做好安全生产例会的准备工作，对例会决定的事项负责组织贯彻落实。主持召开生产调度会，并同时部署安全生产的有关事项。

④ 主持编制、审查年度安全技术措施计划，并组织实施。

⑤ 组织车间和有关部门定期开展各种形式的安全检查。发现重大隐患，立即组织有关人员研究解决，或向厂长及上级有关部门提出报告。在上报的同时，组织制定可靠的临时安全措施。

⑥ 发生重伤及死亡事故，应迅速察看现场，及时准确地向上级报告。同时主持事故调查，确定事故责任，提出对事故责任者的处理意见。

⑦ 具体领导有关部门做好女工及未成年工特殊保护工作、休息休假及工时管理工作和劳动防护用品的管理工作。

(3) 企业基层管理人员的安全生产职责

① 保证国家和企业安全生产法令、规定、指示和有关规章制度在本车间、本部门贯彻执行，把职业安全卫生工作列入议事日程，做到“五同时”。

② 组织制定实施车间或部门安全管理规定、安全操作规程和安全技术措施计划。

③ 组织对新工人（包括实习、代培人员）进行车间安全教育和班组安全教育；对员工进行经常性的安全思想、安全知识和安全技术教育：开展岗位技术练兵；定期组织安全技能考核；组织并参加班组安全活动日活动，及时处理工人提出的意见。

④ 每日组织一次全车间或现场安全检查，落实隐患整改，保证生产设备、安全装备、消防设施、防护器材和急救器材等完好，教育职工加强维护，正确使用。

⑤ 组织各项安全生产活动，总结交流安全生产经验，表彰先进班组和个人。

⑥ 对本车间发生的事故及时报告和处理，要坚持“四不放过”的原则，注

意保护现场，查清原因，分清责任，采取防范措施，对事故的责任者提出处理意见，报主管部门批准后执行。

⑦ 负责组织并落实好动火时的安全措施。

⑧ 建立和健全本部门或车间安全管理网，配备合格的安全技术人员，充分发挥现场和班组安全人员的作用。

⑨ 严格执行上级有关劳动保护用品等发放标准和进入生产岗位必须穿戴好劳动保护用品的规定。

(4) 专兼职安全人员的安全职责

① 企业安全专职人员在生产厂长领导下，负责生产车间的安全技术工作，贯彻上级安全生产的指示和规定，并检查督促执行。在业务上接受上级安全监察部门的指导，有权直接向上级安全技术监察部门汇报工作，并对班组安全员进行业务指导。

② 负责或参与制定、修订公司有关安全生产管理制度和安全技术操作规程，并检查执行情况。

③ 负责编制公司安全技术措施计划和隐患整改方案，及时上报公司和检查落实。

④ 协助车间领导做好职工的安全思想、安全技术教育与考核工作，负责新入厂人员的一级安全教育，督促检查车间、班组（岗位）的二、三级安全教育。

⑤ 负责安排并检查班组安全活动，经常组织反事故演习。

⑥ 参加公司新建、改建、扩建工作的设计审查、竣工验收和设备改造、工艺条件变动方案的审查，使之符合职业安全卫生技术要求，落实装置检修停工、开工的安全措施。

⑦ 负责公司安全设备、灭火器材、防护器材和急救器具的管理，掌握车间工作环境情况，提出改进意见和建议。

⑧ 每天要深入现场检查，及时发现隐患，制止违章作业。在紧急情况下对不听劝阻者，可停止其工作，并立即报请领导处理。检查落实动火安全措施，确保动火安全。

⑨ 参加公司各类事故的调查处理，做好统计分析，按时上报。

⑩ 健全完善安全管理基础资料，做到齐全、实用、规格化。

(5) 员工安全职责

① 认真学习和严格遵守各项规章制度，不违反劳动纪律，不违章作业，对本岗位的安全生产负直接责任。

② 精心操作，严格执行工艺纪律和操作纪律，做好各项记录，交接班必须交接安全情况，交班要为接班创造安全生产的良好条件。

③ 正确分析、判断和处理各种事故苗头，把事故消灭在萌芽状态。如发生事故，要果断正确处理，及时如实地向上级报告，并保护现场，做好详细记录。

④ 按时认真进行巡回检查，发现异常情况及时处理和报告。

⑤ 正确操作、精心维护设备，保持作业环境整洁，搞好文明生产。

⑥ 上岗必须按规定着装，妥善保管、正确使用各种防护器具和灭火器材。

⑦ 积极参加各种安全活动、岗位技术练兵和事故预知训练。

⑧ 有权拒绝违章作业的指令，对他人违章作业加以劝阻和制止。

4. 安全检查制度建设

(1) 安全检查的主要内容。检查安全生产制度建立情况；检查安全管理是否有序到位；检查设备设施性能是否符合技术规范；检查重点场所是否存在安全隐患；检查劳动者是否具有安全资质；检查安全生产宣传教育是否有效展开；检查应急预案是否有效可行；检查安全台账是否齐全；检查事故责任是否追究；检查劳动保护措施是否到位等。

(2) 安全检查实行目标责任制。主管领导负责单位的全面安全检查工作；分管安全领导在主管领导的领导下，负责单位安全检查的组织和实施；安全管理部门在分管安全领导的领导下，负责制定单位安全检查的计划，检查并督促相关部门开展安全生产管理和检查；部门安全负责人分管负责部门内部安全检查和分管工作中的安全检查的组织和实施；安全员负责具体安全检查工作。

(3) 安全生产检查时限和方法。单位每季度必须组织一次全面性的安全大检查；各部门每月组织部门内部安全检查；班组每周进行一次安全小检查。重点时段、特殊时期要增加安全检查次数。安全生产检查方法主要分为日常性检查、专业性检查、季节性检查、节假日的检查。安全检查还应该以抽查和普遍检查相结合的办法进行。

(4) 检查要求

① 各级领导要亲自组织各项安全生产检查，带头参加安全检查，相关部门分管安全工作的人员要积极参与并安排好本部门人员参加安全检查，特殊情况必须向组织者请假，经批准后由本部门其他人员参与。

② 各项安全生产检查出来的不安全因素，当场通知受检查部门负责人或安全管理人员要求整改。可以当场整改的必须当场整改，不能当场整改的限期整改；对较严重的事故隐患，由安全监督员当场发事故隐患整改通知书，限期整改；对随时有可能发生安全事故，造成人员伤亡和财产巨大损失的，必须立即停产整改，并采取安全防范措施，确保安全，在消除了事故隐患后，才能恢复使用。对不安全因素和事故隐患的整改情况，安全监督员要追踪跟进，在期限届满时进行复查，对复查时仍未整改的，将对有关责任人员按有关制度进行处罚。

③ 对有关的安全生产检查、不安全因素和事故隐患整改情况，要做好相关记录，要有检查人员，受检查部门负责人签名。

5. 安全激励制度建设

影响生产安全的因素主要是人的不安全行为、物的不安全状态和环境的不安全因素，而物的状态和环境因素大都可以通过加大投入和检查确认人的行为来加以改善甚至改变。因此，人的安全需求，激发人的安全工作热情，提高人的安全

意识，规范人的作业行为，是保障生产安全的最有效的措施。

(1) 激励需求理论。激励是指一个有机体在追求某些既定目标时的意愿程度，它含有激发动机、鼓励行为、形成动力的意义。通俗地说，激励就是激发人的内在潜能，开发人的工作学习能力，调动人的积极性和创造性。激励的理论基础是需求理论。美国心理学家马斯洛的需求层次论中把人的需要由低向高分为生理需要、安全需要、友爱和归属（社交）需要、尊重的需要和自我实现的需要五个层次。由此可见，安全的需要是人的基本需求之一。需求是员工行为动力和发挥积极性的源泉。既然员工的人身安全已成为本人迫切的需求，那么满足此需求将会对员工产生巨大的激励作用，企业要紧紧抓住这一有利时机，正确引导员工的这种需求，使员工从“要我安全”转变到“我要安全”的自觉行动中去。提高员工安全素质是实现安全需求的基础。人既是安全管理的实施者，也是不安全行为的发出者，安全生产，人是关键。只有人的素质提高了，才能规范人的作业行为，才能有效消除物的不安全状态，才能改善环境的作业条件，从本质上做到“四不伤害”，从而真正满足对安全的需求。

(2) 正确选择激励方法是实现安全需求的捷径。激励的方法众多，每种方法都能在某种程度上激励员工。

① 目标激励。就是通过确立工作目标来激励员工。每年年初，企业明确年度安全生产目标并分级分层细化分解直至员工个人安全目标，将员工个人目标与企业目标有机结合起来。企业安全目标是实现“零”事故，而员工的个人安全目标是确保自身不受伤害，两者具有一致性。

② 奖惩激励。奖励是一种“正激励”，是对员工的某种行为给予肯定，使这个行为能够得以巩固、保持。而惩罚则是一种“负激励”，是对某种行为的否定，从而使之减弱、消退，恰如其分的惩罚不仅能消除消极因素，还能变消极因素为积极因素。奖励和惩罚是两种不可缺少的手段，都是激励员工的有效工具，忽视任何一方都是不正确的。对有功员工的奖励必然伴随着对无功或有过员工的惩罚。企业管理者在运用奖惩手段时要做到二者相结合，不可分割。在运用奖惩激励时，应该以正激励为主，以负激励为辅，不可平等对待，主次不分。要把握合适的力度、时间和范围，要本着实事求是、秉公无私的原则，最终体现在员工受到鼓励、警示和教育上。准确把握激励原则是实现安全需求的关键，正确地运用激励原则，可以提高激励的效果，达到预先设定的管理目标。

(3) 激励原则运用需要考虑的因素

① 准确地把握激励时机。从某种角度来看，激励原则如同化学实验中的催化剂，要根据具体情况决定采用时间。

② 选择适当的激励频率。激励频率是指在一定时间进行激励的次数。激励频率与激励效果之间并不是简单的正比关系，在某些特殊条件下，两者可能成反比关系。因此，只有区分不同情况，才能有效发挥激励的作用。

③ 恰当地运用激励程度。激励程度是激励机制的重要因素之一，与激励效

果有极为密切的联系。所谓激励程度是激励量的大小，即奖赏或惩罚标准的高低。如果设定的激励程度偏低，就会使被激励者产生不满足感、失落感，从而丧失继续前进的动力；如果设定的激励程度偏高，可能会使被激励者产生过分满足感，感到轻而易举，也会丧失前进的动力。

④ 正确地确定激励方向。所谓激励方向是指激励的针对性，即针对什么样的内容来实施激励。

6. 打造安全制度执行力

安全制度执行力主要是从管理的角度使安全生产的各种规章制度、法律法规等得到落实，打造安全制度执行力也就是建设安全管理执行力，即企业各级执行主体按照规定的标准，以一定的速度完成各种任务的能力，并且这种能力应该具有持续性和稳定性。企业管理过程中，执行是非常重要的环节，没有执行，任何好的决策或目标都不可能成功。安全管理执行情况的好坏对安全管理工作的进行起着至关重要的作用，而执行力在安全管理工作中能使企业的安全管理制度落到实处，不断完善安全管理制度，提高员工的积极性和凝聚力、增强企业的声誉和效益。因此，打造企业的安全管理执行力即安全制度执行力具有十分重要的意义。

建设企业安全管理执行力应从企业安全管理体系的各个部门和环节入手，提高各个部门的执行和监察能力，并从制度本身的完善等方面加以建设。真正做到“有章必循、违章必究”，将人员、运行、技术三个核心流程紧密连接在一起，才能取得预期的效果。

（1）提高厂领导的安全执行能力。作为企业的领导者，首先要端正思想，树立领导班子执行能力建设的正确理念。领导重视安全工作、关心员工安全，员工才能更加重视；领导的方向指对了，员工才能形成良好的凝聚力，更好地完成安全工作，使得安全管理制度得以有效执行。

（2）提高安监员的专业素质和监察能力。企业应该通过招聘高素质的人才和培训等方式加大对安全管理者队伍的建设，重视安全工作，为安全行政部门提供良好的工作条件，以保证安全工作的顺利进行。安监员作为企业安全工作的主要负责人，应该明确自己的责任，并对安全工作始终持有认真负责的态度。在执行和监察过程中要秉公执法，赏罚分明。

（3）加强车间安全员和班组安全员的执行力建设。车间安全员和班组安全员作为企业中层管理人员，既是企业领导层的执行者，又是基层的领导者，其自身在计划、指挥、领悟、协调、判断、控制、授权、创新等方面的能力表现直接影响到整个安全管理制度的执行力。企业领导必须加强对中层管理队伍的管理、培训、考核和监督，着力培养一支执行力强的中层管理队伍。车间安全员和班组安全员自身也必须适应岗位管理需求，着力提高个人综合能力，提高自身执行力的水平。

（4）精心培育企业员工队伍执行力建设。企业的安全管理制度和方案的实施，最终都是靠员工的执行力，调动员工工作的积极性、主动性和创造性是实现

企业安全管理工作顺利执行的基础。企业必须要教育引导好员工的"主人翁意识"并提供良好的学习条件，为员工发展提供好必要平台。

(5) 要及时梳理完善各项安全管理制度，制定高效的执行保障体系。安全工作的推进、任务的完成、创新活动的实践，需要好的管理制度做保障，既需要靠人格的力量带动，更需要靠制度的力量拉动。打造一个制度完善、流程畅通的制度保障体系，是提高安全管理制度执行力必不可少的关键因素之一。

(6) 执行过程中的注意事项。首先应采取宣传、教育等手段，提高员工的安全意识；其次，在处理事故时，要责任分明、统一标准、一视同仁；最后，还应采取有效的激励措施，使员工在实现组织目标的同时实现自身的需要。增加其满意度，从而使他们的积极性和创造性继续保持和发挥下去。

第五节　企业安全文化建设的"四个一"工程

任何企业在长期的生产实践和管理过程中，都在无意识地形成甚至创造着自己的安全文化。显然，在一个企业的现实安全文化中，都会或多或少地同时存在着优秀的安全文化和不良的安全文化。企业安全文化的建设，就是要弘扬和发展企业传统优秀的安全文化、摒弃和淘汰传统不良的安全文化。

过去企业的安全文化是无意识、自发地存在和发展，今天，我们强调企业安全文化建设，就是要让企业主动、自觉、有意识地创新、推进、优化和发展自身的安全文化。通过企业安全文化的推进和建设，提高企业全员，包括决策层、管理层和执行层的人员安全素质，具体体现在企业全员安全意识增强、安全观念正确，安全态度端正、安全行为规范、安全管理高效、安全执行力提高，最终表现为企业人的本质安全性提升、事故预防能力增强、安全生产保障水平提高。

在与石油、化工、煤矿、电力、建筑、民航等诸多行业合作的实践过程中，针对企业不断创新和优化安全文化的需要，我们提炼了企业安全文化建设应遵循的"四个一工程"模式，即在一定时期内，推进"四个一工程"项目：一本安全文化手册、一个安全文化发展规划（纲要）、一套安全文化测评工具和一系列安全文化建设载体。实践证明，"四个一工程"的实施，对推进和提升企业安全文化水平是有效和实用的。

一、一本安全文化手册

(1) 目的。传播先进理念；倡导科学观念；引领时代潮流；增强精神动力；提供智力支持；推进文化进步。实现企业干部群众对于时代先进、优秀安全观念文化的普遍、高度认同，达到企业全体员工对于现代科学、合理安全行为文化的广泛、自觉的践行。

(2) 作用。企业安全文化手册对于企业内部起到的作用是引导员工形成科学安全思维；提升员工安全素质；强化员工安全意识；激励员工的安全潜能。企业安全文化手册对于企业外部发挥的作用是宣传企业理念，树立企业形象，提升企业商誉，提升企业竞争力。

(3) 编写原则。精华、精练、精确；反映企业特色；文化学与安全学的交融；先进性与理论性兼备；针对性与实用性概全；国际国内优秀文化借鉴；追求企业安全文化的“本土化”。

(4) 编写思路。首先对企业现有的安全管理观念、制度、经验和方法进行总结、分析、提炼；二是要吸收国内外优秀的安全文化成果；三是对企业的安全文化建设模式和方法进行完善、创新和发展，创建出涵盖安全观念文化、安全行为文化、安全管理论和安全物态文化四个层次的新的企业安全文化建设体系。

(5) 内容。安全文化手册的内容，可基本划分为安全观念文化篇、安全方略篇、安全行为文化篇、安全管理文化篇、安全物态文化篇及格言篇。安全观念篇以体现企业核心安全理念为主，可以包括决策层的安全承诺、领导层的安全价值观、员工履行安全工作的态度等。安全方略篇主要包括安全文化建设的要务、战略等。安全行为文化篇主要包括全员安全素质、安全行为习惯、用行为科学认识事故原因和责任等。安全管理文化篇则侧重于为创造安全软环境提供基础保障的管理文化，如提升安全规范的执行度、推行本质安全标准建设等。安全格言篇可以通过员工格言征集活动选取有代表性、有企业特色的格言，并可添加家属寄语。

二、一个安全文化发展规划（纲要）

企业安全文化建设显然不是一天两天、一年两年的事，不仅仅是年复一年的“安全生产月”活动，而是要作为一项长期持续不懈的战略工程来做。这就应该有一个整体、全面的发展规划和发展纲要。一个好的企业安全文化建设规划或纲要，是推进企业安全文化发展的动力。

(1) 目的。要使规划成为企业建设安全文化的纲领，企业安全文化建设实施的方案，企业安全文化建设的行动的步骤，企业安全文化推进的计划。

(2) 作用。①提高认识，确立目标。要认识到安全文化是企业文化的重要组成部分，特别是高危行业，企业安全文化是企业文化的核心。认识到安全文化是安全理念、安全价值观、安全行为准则的总和，是安全意识形态的理性概括。加强安全文化建设，就是以科学理论为指导，深入挖掘蕴藏在安全生产实践中的文化内涵，把先进文化与安全管理融为一体，精心培育干部职工共同遵守的安全价值理念，提升安全管理水平，提升干部职工素质和能力，培养良好的职业习惯，在企业形成规则统一、目标一致、团结奋斗的生动局面。安全文化建设是提高安全管理水平的重要手段，也是党群工作服务保证安全生产的有效载体。②明确职责，加强领导。企业安全文化的建设是一项长期的系统工程，因此，企业各级领导班子和领导干部必须高度重视，摆上日程，切实加强组织领导。党政正职要做安全文化建设的积极倡导者和组织者。各部门要相互协作，各级干部要身体力

行。在推进建设规划实施的过程中，企业要形成党政主要领导共同负责，各级党委主抓，宣传和安监部门牵头组织协调，各职能部门加强配合，分工落实，基层党组织和群众组织积极发挥作用的工作格局。最好要成立安全文化建设领导小组，明确各有关部门的职责。各二级单位要成立相应的组织机构。要建立责任制度、会议协调制度、评估考核制度和保障制度，形成安全文化建设的长效机制。③系统载体，有效推进。企业可每年设计和开展不同主题的活动，甚至每季度都有不同式样的安全文化活动。如“安全为天、生命至上、安全发展、责任如山”的主题活动。当一项活动设计出来，要有如下四个阶段来推进：第一阶段，宣传发动；第二阶段，全面推进；第三阶段，检查促进；第四阶段，总结表彰。

（3）编写原则。一是三个注重的原则。即重视过程、重视实效、重视关键；二是全面参与原则。即坚持党政齐抓共管、各部门联合推动，创造有利的安全文化建设环境；三是创新与经验结合的原则。既要总结现实的优秀文化，同时又要创新和发展，坚持与时俱进、科学发展；四是前沿与现实结合的原则。既吸收与引进国内外先进观念和做法，同时要结合企业自身的实际，考虑其可行性和实操性；五是逐步推进、持续改进的原则。安全文化的建设不是一蹴而就的，需要坚持持续改进，不断完善。在试点的基础上，发挥先进典型的带动和示范作用，推出典型再以推广，以点带面，提高建设效率和成效。

（4）内容。根据企业的实际情况，要在企业安全生产总体发展目标及要求的基础上，制定《企业安全文化建设的发展规划》。基本建设目标体系可归纳为“三个阶段-三大任务-两层目标”，即目标体系可分为三个阶段、三大任务、两层目标来构建。三个阶段可按时间划分；三大任务是安全观念文化建设任务，安全行为与制度文化建设任务，安全物态与环境文化建设任务；两层目标为宏观策略目标和微观定量目标。在宏观策略目标中对企业安全文化建设的整体状况做综合定位，进而通过微观定量将目标细化。主体内容可见图6-3。

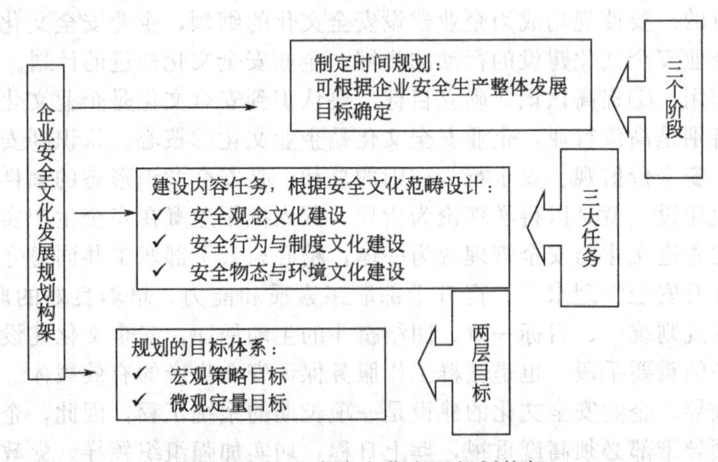

图6-3 企业安全文化发展规划构架

三、一套安全文化测评工具

通过建立企业安全文化测评指标体系和开发测评工具，从文化和管理的视角对企业安全文化的发展状况进行定期测评和动态评估，以定期了解和把握企业安全文化发展和变化状况，为创新、发展、优化企业安全文化明确目标和方向，对企业安全文化的持续进步发挥作用。

（1）目的。企业要创新、推进、优化安全文化建设，通过建立安全文化评估指标体系，从文化的视角对企业安全文化的发展状况进行定期测评和动态评估，一方面可以诊断企业安全文化的优势和劣势，揭示企业安全管理不善的内在原因，为创新企业安全文化、发展企业先进安全文化提供科学的依据；另一方面也是促进企业安全文化不断提升和进步的重要动力和手段。

（2）作用。对安全文化的评估，其作用还不仅仅是对安全文化建设本身，同时对促进企业安全生产基础建设和提升事故预防能力还具有重要的意义和作用。近年，有一种观点认为："事故指标不能科学、全面、充分地反映企业安全生产状况。事故指标好（低或达标），并不表明企业安全生产状况良好。"这一观点是客观、合理的，并逐步获得人们的共识。那么用什么指标和方法才能较为客观、充分、科学地反映企业安全生产状况呢？随着对安全生产规律认识水平的提高，以及现代安全管理科学的发展，人们认识到：第一，对企业安全生产状况的评估需要全面反映企业安全生产的综合能力；第二，对安全生产状况评估，要起到促进预防的作用；第三，安全生产的评估要体现科学、全面和充分的系统性。因此，对企业安全文化进行全面、综合的评估，成为促进现代安全管理和提升企业安全生产保障能力的重要手段和工具。

（3）编写原则

① 系统性原则。企业的安全文化是一个综合的系统，是企业内互相联系、互相依赖、互相作用的不同层次、不同部分结合而成的有机整体。企业安全文化建设着眼于企业的长远发展，企业安全文化的各个构成要素，以一定的结构形式排列，它们既有相对的独立性，同时又是以一个严密有序的结合体出现，企业内各种因素一旦构成了自身强有力的安全文化，那将发挥出难以估量的功能和作用。因此，企业安全文化不是各种孤立因素简单而松散的集合，而是相互关联、互为条件的有机整体，其中任何一个因素发生变化都将引发其他因素发生连锁反应，进而影响整个企业安全文化系统的变化，此即为企业安全文化建设中需遵循的系统性。

② 定性与定量相结合的原则。对于难于选择的评价因子和参数，采用定性描述的方法来评价；对于易于选择的可采用定量方法评价，通过对定性指标的打分把定性分析提高到量化评价。

③ 实用性和可操作性的原则。实用性和可操作性是模式推广应用的必要保证。所谓实用性，是指模式所提管理技术对企业有关工作具有针对性，并能产生

显著的效果。所谓可操作性，是指企业的管理人员和有关工人通过适当的培训会用模式所提管理技术解决工作中的实际问题。评价应从企业或企业的实际出发，以事实为依据，在选取指标时既包括了安全文化建设中好的一面，也涵盖了建设中存在的问题；既考虑到了安全文化建设的长期性，也顾及到现实性。在设计体系的过程中，既考虑和分析某个指标的必要性，也充分认识到在实际评估过程中是否具有可操作性。

④ 比较性原则。在设计企业安全文化评估体系过程中，在吸收与引进国内外先进的安全文化建设模式和做法的同时，还以其他相关企业的安全文化建设作为参照系，在对企业或企业自身特点分析基础之上，要结合行业和企业的实际，考虑建设方案的可行性和现实性。

⑤ 持续改进的原则。安全文化建设不能一蹴而就，不能急功近利，需要持续改进、不断深化，要树立长期坚持的思想，因此规划考虑了中长期的目标。坚持与时俱进，加强理念创新、工作创新和组织方式创新，及时总结建设经验和做法，做好典型推广，以点带面，发挥先进典型的带动和示范作用，扩大安全文化建设成效。

⑥ 科学理论指导的原则。一是应用文化学理论，从安全观念文化、安全行为文化、安全管理文化、安全物态文化四个方面设计建设体系；二是通过对工业安全原理和事故预防原理的研究，安全文化建设需要从人因、设备、环境、管理四要素全面考虑。坚持注重安全文化建设、注重实效、注重特色，充分整合利用资源，积极创新，加强建设，推动企业和下属各分企业的安全文化建设。

(4) 内容

① 企业安全文化测评指标体系。狭义安全文化的测评以安全文化学为基础，特指对企业安全文化的测评，不含安全管理、安全科技和事故指标的测评指标体系。广义安全文化的测评在以安全文化为测评核心，同时还涉及企业安全管理、安全工程技术和事故率等方面的指标，从而构建综合、全面、系统的安全生产测评系统。

② 企业安全文化测评定性指标的评估工具——评分表。对于安全文化测评涉及的定性指标，一般较难获得准确、唯一的评价，因此需要采用评分表的工具进行大样本的抽样评分，再通过加权平均的方法，获得相应指标的测评结果。其主要包括安全文化测评的评分表和下属单位安全文化测评体系评分表。

③ 企业安全文化测评权重。权重又称为加权系数，某一个指标的权重或某个客体的加权系数是指该指标在同类指标中重要度的量化，或者是某个客体在同类可比客体中的客观事实的量化。在整个安全文化指标体系设计中包含了两种权重的设计，第一种为单个测评指标权重的设计，第二种为下属单位的评比加权系数。

④ 安全文化测评的单位风险分类修正系数。由于每一个企业或企业所属单位的作业风险和高危性程度不同，为了使测评结果科学、合理，需要针对被测评单位的作业风险程序进行权重修正。根据企业的工作性质，共分三种类型单位设计权重

修正系数。即：一类单位是生产风险较高，管理难度相对较大的单位，一般是企业一线单位；二类单位是生产风险中等、管理难度一般的单位，一般是二线生产单位；三类单位是生产风险较低、管理难度较小的单位，一般是辅助性生产单位。

四、一系列安全文化建设载体

企业安全文化的建设需要通过活动方式、组织形式、物态实体和形象方法及手段来承载。安全文化需要在企业的生产经营活动和企业管理实践中表现出来。这种通过形象的、有形的、具体的方式和手段，我们称为企业安全文化的载体。

企业安全文化载体是企业安全文化的表层现象，它不等同于企业文化本身。企业安全文化载体的种类，可谓五花八门，像企业的安全文化室、研究会、文艺团体，企业安全刊物、板报，标志物、纪念物等，都是企业安全文化的载体。还有另一种企业安全文化载体，就是生动、活泼、寓教于乐的各种活动，例如安全活动日（周、月）、安全文艺晚会、安全表彰会等。

企业安全文化载体是企业安全文化建设的重要组成部分。在企业安全技术和安全管理发展到一定水平的情况下，许多企业越来越重视企业安全文化的载体建设。甚至有的企业就认识安全生产周、安全生产月的活动，完善生产现场的安全标识和警句，开办现场的板报和发放安全宣传品，这就是企业安全文化建设的标志。显然，这样的方式是重要而且具有意义的。

优秀的企业安全文化必有良好的企业安全文化载体。良好的安全文化载体，对提升企业的安全生产水平必定发挥积极的作用。一方面，优秀的企业安全文化和良好的企业安全文化载体，都对增强企业员工安全意识具有潜移默化的作用。另一方面，现场的物态载体对员工安全行为具有无形的影响，从安全心理学的角度，强烈的物态刺激对行为具有直接的影响。

1. 企业安全文化建设载体的四类方式

（1）企业安全文化建设的艺术载体。企业安全文化建设的艺术载体就是通过安全文艺、安全漫画、安全文学，小说、成语、散文、诗歌等寓教于乐的方式，将先进的安全文化理念、态度、认识、知识灌输给每一个员工，将技能和规范行动形成行为习惯。近年来，很多地区和企业开展了安全文化专场晚会、安全警句创作比赛、安全漫画创作竞赛、安全在我心中演讲比赛等，就是企业安全文化建设的较好的方式和载体。

（2）企业安全文化建设的宣传教育载体。长期开展的安全教育培训活动，是企业安全文化建设的实用和有效的载体。如安全三级教育、全员安全教育、家属安全教育、特种作业培训、管理人员资格认证、火险应急训练、灭火技能演习、火灾逃生演习、爆炸应急技能演习、泄漏应急技能演习等，都是企业安全文化建设的实用载体。

（3）企业安全文化建设的活动载体。开展各种形式多样、生动活泼的安全活动，是企业安全文化建设的重要载体。如开年“三个第一”活动（1号文件是

"安全文件"、第一个会议是"安全大会"、第一项活动"安全宣教"等)、事故警示活动、事故告示活动、事故报告会、事故祭日活动、班组读报活动、安全知识竞赛活动、安全生产周(月)、百日安全竞赛活动、"三不伤害"活动、班组安全建"小家"活动、开工安全警告会、现场安全正计时、安全汇报会、安全庆功会、安全人生祝贺活动、亲情寄语活动等。

(4)企业安全文化建设的环境物态载体。企业安全文化建设的环境物态方式也是重要而有效的建设载体。其具体方式包括硬环境和软环境,硬环境包括安全标识系统、技术警报系统、文化环境系统、事故警示系统等;软环境包括先进观念灌输、亲情力量感染、政治思想攻心等。如现场安全色的科学利用、创造有利于身心的声音环境、技术声光报警系统、安全宣教室、现场安全板报、事故图片展板、安全礼品系列、现场安全格言系列、现场亲情展板、安全标志建设、安全纪念墙(碑、板、牌)等都是一些具体的做法。

2. 活动载体系列

活动载体系列,即可以利用多种多样的文化活动载体,创造寓教于乐的氛围,使职工树立正确的安全意识和更多地学习各种安全科学知识,提高全员安全综合素质。比如组织安全竞赛活动、开展安全生产周(月)活动、举办安全演讲比赛活动、开展安全"信得过"活动、举办安全文艺活动、开展"三不伤害"活动、开展班组安全"建小家"活动等。下面是企业近年推行的一些有实效的活动方式:

(1)建立"六员一防"运行机制。某企业坚持"群防群治"特色安全文化,充分发挥了党政工团女工各级群众组织的作用,参与到安全生产的保障体系中来。每年为工会、团委、女工、组织、宣传、报社、电视台等部门拨付上百万元活动经费,专门用于安全监督员的活动和管理。建立起以安检员、瓦检员、班组长监督员、党员监督员、青监岗员、工会网员、女工家属联防的"六员一防"安全管理网络体系,逐步形成了党委管党、行政管长、工会管网、共青团管岗、家属管帮的安全宣传教育工作格局,形成了安全教育和安全管理齐抓共管、群防群治的科学管理新机制。

(2)"家庭式安全文化"模式。某电力企业,"把安全作为企业的生命线"来抓,大力倡导"安全管理创新"理念,提出从"科学管理"到"文化管理"的新发展目标。开展了以"家庭式安全文化"为主要方式的安全文化建设活动。"家庭式安全文化"模式的切入点就是推崇"安全——亲人的期盼""安全——员工全家之福"的观念,形式上就是开展"一张全家福、一条安全寄语、一封安全家书、一次特殊的现场慰问、一本安全文化宣传手册、一次温馨的家属座谈会"等系列活动。通过安全文化的互动,大力加强安全基础管理和规范化建设,在实际工作中将安全文化建设融入到安全生产管理和一线班组建设的全过程,充分发挥安全文化的引领作用、激励作用和推动作用。

3. 班组岗位载体系列

班组岗位载体系列就是设计班组现场安全管理模式和班组安全文化建设活动

方式等，以达到夯实班组基础、提高作业人员整体素质、实现安全生产的目的。

班级岗位载体包括：班前三讲（讲风险、讲规范、讲要求）活动；实行“6预行为”模式（预知、预想、预查、预警、预防、预备）；实行动态管理；开展班组风险防范献计献策活动；开展伤害预知预警活动（KYT）；建立班组长动态管理机制；建立灵活的班组长培训教育机制；推行班组长安全业绩考核激励机制；开展现场管理达标竞赛活动；班组绩效考核评价体系等。

（1）安全生产“标准岗建设”。近年，我国团中央在国有企业推行了安全生产“标准岗建设”，即创建安全生产标准岗班组，在人员素质、生产环境条件、作业程序管理、事故防范等方面，提出了现场岗位安全标准。通过安全生产“标准岗建设”，提高企业班组事故预防的能力和水平。

（2）安全生产“精品岗建设”。有些企业开展安全生产“精品岗建设”。强化岗位精品意识，大力开展品牌创建活动，从安全文明生产、工程安全质量等基础工作入手，通过对人的安全操作行为规范以及岗位安全文明行为的规范，实现人和物的现场动态达标，对安全质量标准化工作的整体发展和建设本质安全型企业起到了促进作用。

（3）推行班组岗位安全生产“三法三卡”模式。班组“三法三卡”模式的理论基础，一是根据安全文化学的理论，人的安全文化核心是观念文化和行为文化。“三法”是行为文化的体现，“三卡”是观念文化的要求；二是根据安全行为学理论，人的基本安全素质的两个层面，即安全知识和安全技能。“三法”是安全技能的要求和体现，“三卡”是安全知识的体系及内容。

“三法三卡”体系对于不同的行业可以有不同的变化，如石化、冶金、危化品等行业，“三法三卡”的内容结构可见图 6-4。企业、非煤矿山、建筑、机械制造等行业，“三法”是“S 法——岗位事故预防法”“H 法——岗位健康保障法”“E 法——岗位环境保护法”；“三卡”是“MS 卡——岗位作业安全检查卡”“DI 卡——岗位危险因素信息卡”“HI 卡——岗位危害因素信息卡”。

设计“三法三卡”的目的是使高危作业的现场员工了解和熟悉风险因子性质和基本信息，掌握作业过程中对风险的有效控制和防范方法，提高现场风险和可能事故、职业病和环境危害事件的预防能力，指导员工安全能力和素质，有效控制各类危险、有害和环境影响因素，明确各岗位在风险控制和应急反应中的职责。

• “三法”指“岗位事故预防法——S 法”“岗位健康保障法——H 法”“岗位环境保护法—E 法”。“三法”要求加强人的技能体系。

“职业健康保障法——H 法”：预防职业病的方法体系；现场急救的方法体系。其主要内容包括有害类型、有害因素名称、预防及控制措施。

“职业安全保障法——S 法”：预防作业岗位事故发生的方法体系；事故初期的应急方法体系。其主要内容包括危险类型、危险因素名称、预防及控制措施。

“环境保护法——E 法”：防范环境有害事件的方法体系。其主要内容包括污染类型、环境污染因素名称、预防及控制措施。

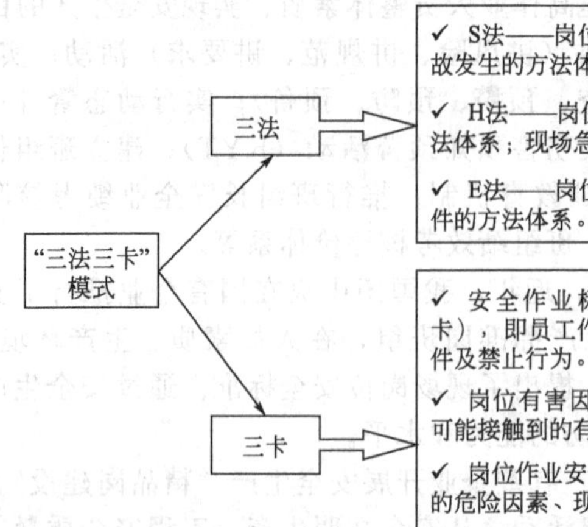

图 6-4 "三法三卡"模式图

• "三卡"指"安全作业指导卡——MS 卡（MUST \ STOP 卡）""岗位有害因素信息卡——HI 卡""岗位作业安全检查卡——DI 卡"。"三卡"要求加强人的知识体系。

• "安全作业指导卡——MS 卡（MUST \ STOP 卡）"：员工各种作业过程的安全检查要求必须达到的安全条件及禁止行为。

"岗位有害因素信息卡——HI（Hazard Information）卡"：作业岗位可能接触到的有害物质信息。其主要内容包括有害因素名称、致因物、物理特性、化学特性、特性识别、接触反应、急救措施等。

"岗位作业安全检查卡——DI（Danger Information）卡"：作业岗位的危险因素、实危险源、状态危险源信息。其主要内容包括危险因素名称、起因物、产生原因、后果影响、救护反应及风险等级等。

第六节 企业安全文化测评技术

一、测评方法及工具

企业安全文化测评是推进企业安全文化进步的重要手段和工具。企业安全文化测评系统最主要的基础是测评指标的设计，一般分为如下指标体系。

（1）一级指标包含 4 个方面：A 安全观念文化；B 安全行为文化；C 安全管理文化；D 安全文化建设。

（2）二级指标包含 13 个维度：A. 1 安全意识及理念；A. 2 安全态度与情感；A. 3 安全知识与素质；B. 1 安全信息沟通与交流；B. 2 安全培训与学习；

B. 3 安全活动组织；B. 4 安全能力表现；C. 1 安全生产基础管理；C. 2 安全生产系统管理；C. 3 安全科学管理；D. 1 安全文化建设组织实施；D. 2 安全文化推进；D. 3 安全环境文化建设。见图 6-5。

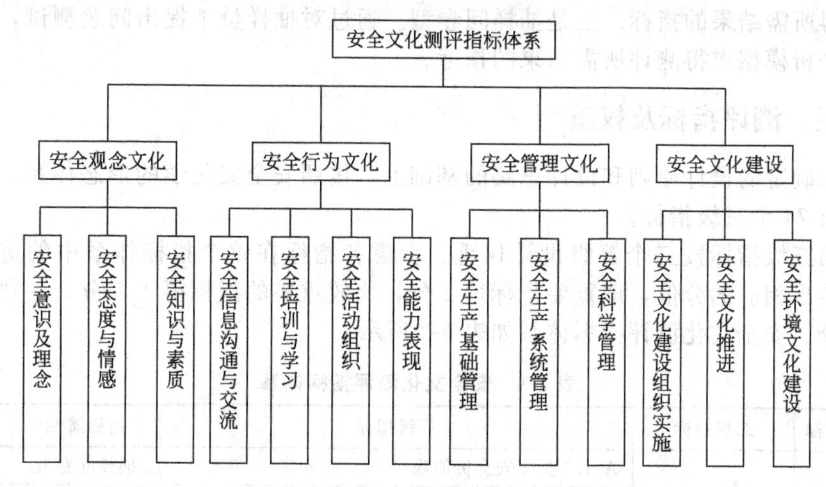

图 6-5　安全文化测评指标体系框图

(3) 三级指标有 74 个（见表 6-2），指标权重分 3 个等级；

对上述指标的测评需要 3 个工具：

- 统计确认型指标——测评分级标准表；
- 专家评定型指标——专家调查表；
- 抽样问卷型指标——员工问卷表。

二、测评指标体系

企业安全文化测评指标体系的设计，遵循文化学的基础性原则；安全学的专业性原则；指标属性的可测性、可进性、全面性、科学性、合理性的原则。

(1) 根据安全文化学的形态体系，指标体系的一级指标设计分为安全观念文化指标、安全行为文化指标、安全管理文化指标和安全文化建设指标四个子系统。在一级指标基础上，分三个层次构建完整的指标体系。

各类指标的数量如表 6-2 所示。

表 6-2　安全文化测评指标（通用版）综合统计

指标特性 / 一级指标	指标分级		指标属性综计		
	二级指标数	三级指标数	统计确认型	专家评定型	抽样问卷型
安全观念文化	3	15	1	7	7
安全行为文化	4	26	5	12	9
安全管理文化	3	21	5	16	0
安全文化建设	3	12	2	10	0

(2) 从测定方式的角度，测评安全文化的指标体系分为三种属性类型。一是统计确认型。由安全专管人员对测评对象的实际数据进行统计确认得出所需结果的指标。二是专家评定型。通过组织专家测评小组，进行问卷调查打分，综合统计获得所需结果的指标。三是抽样问卷型。通过对抽样员工提出问题测试，运用数学分析模型求得测评所需结果的指标。

三、测评指标及权重

在确定的设计原则和设计思路的基础上，按照安全文化学的形态体系，最终设计出 74 个三级指标。

第三级指标按三个等级设计权重。考虑各指标在整个指标体系中的重要程度，给出相应的分值，即重要指标得 2 分，比较重要的指标得 1.5 分，一般指标得 1 分。安全文化测评指标体系如表 6-3 所示。

表 6-3 安全文化测评指标体系

一级指标	二级指标	三级指标	指标属性	分值
A 安全观念文化	A.1 安全意识及理念	A.1.1 员工安全价值观	抽样问卷型	2.0
		A.1.2 管理层安全科学观念	抽样问卷型	1.0
		A.1.3 决策层安全系统思想	抽样问卷型	1.0
		A.1.4 企业安全发展观及目标认识与明确	专家评定型	1.5
	A.2 安全态度与情感	A.2.1 管理层安全承诺	抽样问卷型	2.0
		A.2.2 执行层安全态度	抽样问卷型	2.0
		A.2.3 决策层对安全生产的重视程度	抽样问卷型	2.0
		A.2.4 管理层对生命安全健康情感	抽样问卷型	1.0
		A.2.5 员工对安全生产的荣誉感与责任感	专家评定型	1.0
	A.3 安全知识与素质	A.3.1 决策层安全生产法规政策知识水平	专家评定型	1.5
		A.3.2 管理层安全法规标准知识水平	专家评定型	1.5
		A.3.3 生产管理人员安全管理知识水平	专家评定型	1.5
		A.3.4 安全专管人员专业能力及素质	统计确认型	2.0
		A.3.5 员工安全生产规章制度掌握程度	专家评定型	1.5
		A.3.6 执行层安全生产知识水平	专家评定型	1.0
B 安全行为文化	B.1 安全信息沟通与交流	B.1.1 管理层安全信息交流	抽样问卷型	1.0
		B.1.2 执行层作业安全沟通	抽样问卷型	2.0
		B.1.3 企业内部安全信息交流	抽样问卷型	1.0
		B.1.4 企业外部安全信息交流与沟通	抽样问卷型	1.0
		B.1.5 员工安全建议方式及通道	专家评定型	1.0
	B.2 安全培训与学习	B.2.1 企业学习型组织的建设	抽样问卷型	2.0
		B.2.2 决策层安全培训考试成绩	统计确认型	1.0
		B.2.3 管理层安全培训考试成绩	统计确认型	1.0

续表

一级指标	二级指标	三级指标	指标属性	分值
B安全行为文化	B.2 安全培训与学习	B.2.4 执行层安全培训考试成绩	统计确认型	1.0
		B.2.5 各种安全培训效果	抽样问卷型	2.0
		B.2.6 员工安全培训形式的多样化程度	专家评定型	1.5
		B.2.7 对国家安全政策法规标准的跟踪及更新	专家评定型	1.0
		B.2.8 激励员工进行安全生产创新的程度	专家评定型	1.0
	B.3 安全活动组织	B.3.1 企业安全文化活动的频度	统计确认型	1.0
		B.3.2 员工参与安全活动的积极性	专家评定型	2.0
		B.3.3 各类安全活动的效果	抽样问卷型	1.5
		B.3.4 安全生产先进典型引领作用	专家评定型	1.5
		B.3.5 员工安全生产满意度	抽样问卷型	1.0
		B.3.6 管理层安全生产满意度	抽样问卷型	1.0
	B.4 安全能力表现	B.4.1 决策层履行安全职责的状况	专家评定型	1.5
		B.4.2 管理层履行安全职责的状况	专家评定型	1.5
		B.4.3 安全专管人员安全职责履行状况	专家评定型	2.0
		B.4.4 企业安全科技与管理创新能力表现	专家评定型	1.5
		B.4.5 企业突发事件及紧急情况处置能力表现	统计确认型	1.0
		B.4.6 现场员工劳动防护用品配备与使用状况	专家评定型	1.0
		B.4.7 现场员工事故预防及隐患发现能力	专家评定型	1.0
C安全管理文化	C.1 安全生产基础管理	C.1.1 安全生产规章制度与操作规程的制定与执行	专家评定型	2.0
		C.1.2 安全生产责任制建立及效果	专家评定型	1.5
		C.1.3 安全生产检查制度建立与实施	专家评定型	1.5
		C.1.4 安全生产监督机构设立与作用发挥	专家评定型	1.5
		C.1.5 安全专职人员配备率	统计确定型	1.0
		C.1.6 事故应急救援预案完善程度	专家评定型	1.0
		C.1.7 工伤保险参保率与认定率	统计确认型	1.0
		C.1.8 临时工安全管理制度建立与执行	专家评定型	1.0
	C.2 安全生产系统管理	C.2.1 职业安全健康管理体系建立	统计确认型	1.5
		C.2.2 职业安全健康管理体系持续改进效果	专家评定型	2.0
		C.2.3 合作单位安全管理制度的建立	专家评定型	1.0
		C.2.4 消防管理制度建立与效能	专家评定型	1.0
		C.2.5 交通管理制度建立与效能	专家评定型	1.0
		C.2.6 特种设备安全管理制度建立与效能	专家评定型	1.0
		C.2.7 危险化学品安全管理制度建立与效能	专家评定型	1.0
	C.3 安全科学管理	C.3.1 危险源与隐患管理制度与效能	专家评定型	1.5
		C.3.2 安全生产现状评价工作实施与效果	专家评定型	2.0
		C.3.3 安全风险预警制度的建立与实施	专家评定型	1.0
		C.3.4 现代企业安全管理发展与创新	专家评定型	1.5
		C.3.5 安全监管全员参与的程度	统计确认型	1.0
		C.3.6 安全监管家庭参与的程度	统计确认型	1.0

续表

一级指标	二级指标	三级指标	指标属性	分值
D安全文化建设	D.1安全文化建设组织实施	D.1.1安全文化建设规划的制定与落实	专家评定型	1.0
		D.1.2安全文化活动的多样性与生动性	专家评定型	1.5
		D.1.3全员安全文化活动的参与度	统计确认型	1.5
		D.1.4安全文化建设活动的质量与效果	专家评定型	2.0
		D.1.5安全文化建设活动的组织能力	专家评定型	1.0
	D.2安全文化推进	D.2.1安全文化测评制度的建立	专家评定型	1.5
		D.2.2安全文化的创新性	专家评定型	2.0
		D.2.3安全文化建设奖励机制与效果	专家评定型	1.0
		D.2.4安全生产先进性表现	统计确认型	1.0
	D.3安全环境文化建设	D.3.1厂区安全文化氛围	专家评定型	1.0
		D.3.2车间安全文化氛围	专家评定型	1.0
		D.3.3安全生产信息平台建设与作用	专家评定型	2.0

第七章 安全行为科学理论

重要概念 安全心理、事故心理结构、行为模式、行为激励等。

重点提示 安全行为科学的研究目标；安全行为科学在安全管理学中的作用；从生理属性认识人的行为模式；从社会属性认识人的行为模式；影响人的行为因素体系；强化事故心理的因素；抑制事故心理的因素；测评事故心理指数的方法；人的行为激励理论和方法；将行为科学的理论具体应用于现代企业安全管理；把激励理论应用于现代企业的安全管理。

问题注意 安全行为科学与事故心理学的关系；安全行为科学在安全管理学中的地位和作用；人的动机与行为的复杂关系；从行为科学中认识人行为的复杂性及预防人为事故的难度；如何用安全行为科学理论分析“三违”现象。

安全行为科学建立在社会学、心理学、生理学、人类学、文化学、经济学、语言学、法律学等学科基础上，是分析、认识、研究影响人的安全行为因素及模式，掌握人的安全行为和不安全行为的规律，实现激励安全行为、防止行为失误和抑制不安全行为的应用性学科。安全行为科学的研究对象是以安全为内涵的个体行为、群体行为和领导行为。安全行为科学的基本任务是通过对安全活动中各种与安全相关的人的行为规律的揭示，有针对性和实用性地建立科学的安全行为激励理论和不安全行为的控制理论及方法，并应用于指导安全管理和安全教育等安全对策，从而实现高水平的安全生产和安全生活。

安全行为科学与安全管理学科有必然的联系。首先安全管理是一门科学，所谓科学是人类社会历史生活过程中所积累起来的关于自然、社会和思维的各种知识的体系，是人类知识长期发展的总结。科学研究的任务在于揭示社会现象和自然现象的客观规律，找出事物的内在联系和法则，解释事物现象，推动事物发展。安全管理就是研究人和人关系以及研究人和自然关系的科学。具体地说，就是研究劳动生产过程中的不安全不卫生因素与劳动生产之间的矛盾及其对立统一的规律；研究劳动生产过程中劳动者与生产工具、机器设备和工作环境等方面的矛盾及其对立统一的规律。以便应用这些规律保护劳动者在生产过程中的安全与

健康，保障机器设备在生产过程中保持正常运行，促进生产发展，提高劳动生产率。

根据安全管理的职能来看，其管理的内容同其他安全学科一样，分为两个范畴：对人的管理和对组织经济技术的管理。在这两大范畴中，人的因素显得重要得多，因此，安全管理要注重人的因素，强调对人正确管理，这就要求对企业生产过程中人的心理活动规律以及他们在贯彻劳动保护和安全生产过程中的行为规范与行为模式等问题进行必要的分析和深入的研究。安全行为科学就是承担这一任务的。安全行为科学实际上是安全管理科学的一个组成部分。它是通过揭示人们在劳动生产和组织管理中的安全行为及其规律，去研究如何进行有效的安全管理和安全作为的一门科学。

行为科学是从社会学和心理学的角度研究人的行为的一门科学。它研究人的行为规律，主要研究工作环境中个人和群体的行为。目的在于控制并预测行为；强调做好人的工作，通过改善社会环境以及人与人之间的关系来提高工作效率。行为科学的研究对象是人的行为规律，研究的目的是揭示和运用这种规律为预测行为，控制行为服务。这里，预测行为指根据行为规律预测人们在某种环境中可能产生的言行；控制行为指根据行为规律纠正人们的不良行为，引导人们的行为向社会规范的方向发展。行为科学是一个由多种学科组成的学科。人的行为是个人生理因素、心理因素和社会环境因素相互作用的结果，因此，行为研究广泛地涉及许多学科的知识，例如生理学、医学、精神病学、政治学等等。在广泛的学科中居核心地位的是心理学、社会心理学、社会学和人类学。行为科学是一门应用极其广泛的学科。例如，可以应用于企业管理，为调动人的积极性和提高工作效率服务；可以应用于教育与医疗工作，研究纠正不良行为，治疗精神病有效方法；可以应用于政治领域，作为寻求缓和矛盾，解决冲突的理论依据等。

显然，安全行为科学是行为科学的重要应用分支。安全行为科学不但应用行为科学研究的成果为其服务，同时安全行为科学丰富了行为科学的内容，扩大了其内涵。因此，安全行为科学是行为科学在安全中应用而发展起来的应用性学科。

第一节　安全行为科学基本理论

一、安全行为科学的研究对象

安全行为科学的研究对象是社会、企业或组织中的人和人之间的相互关系以及与此相联系的安全行为现象，主要研究的对象是个体安全行为、群体安全行为和领导安全行为等方面的理论和控制方法。

(1) 个体安全行为。首先要知道什么是个体心理。个体心理指的是人的心理。人既是自然的实体，又是社会的实体。从自然实体来说，只要是在形体组织和解剖特点上具有人的形态，并且能思维、会说话、会劳动的动物，都叫做人。从社会实体来说，人是社会关系的总和，这是它最本质的特征，凡是这些自然的、社会的本质特点全部集于某一个人的身上时，这个人就被称为实体。

个体是人的心理活动的承担者。个体心理包括个体心理活动过程和个性心理特征。个体的心理活动过程是指认识过程、情感过程和意志过程；个性心理特征表现为个体的兴趣、爱好、需要、动机、信念、理想、气质、能力、性格等方面的倾向性和差异性。

任何企业或组织都是由众多的个体的人组合而成的。所有这些人都是有思想，有感情，有血有肉的有机体。但是，由于个人先天遗传素质的差别和后天所处社会环境及经历、文化教养的差别，导致了人与人之间的个体差异。这种个体差异也决定了个体安全行为的差异。

在一个企业或组织中由于人们分工不同，有领导者、管理人员、技术人员、服务人员，以及各种不同工程的工人等不同层次和不同职责的划分，他们从事的劳动对象、劳动环境、劳动条件等方面也不一样，加之个体心理的差异，所以他们在安全管理过程中安全的心理活动必然是复杂的。因此，在分析人的个体差异和各种职务差异的基础上了解和掌握人的个体安全心理活动。分析和研究个体安全心理规律，对于了解安全行为、控制和调整管理安全行为是很重要的，这对于安全管理来说是最基础的工作之一。

(2) 群体安全行为。群体是一个介于组织与个人之间的人群结合体。这是指在组织机构中，由若干个人组成的为实现组织目标利益而相互信赖，相互影响、相互作用，并规定其成员行为规范所构成的人群结合体。对于一个企业来说，群体构成了企业的基本单位。现代企业都是由大小不同，多少不一的群体所组成。

群体的主要特征表现为：①各成员相互依赖，在心理上彼此意识到对方；②各成员间在行为上相互作用，彼此影响；③各成员有“我们同属于一群”的感受。实际上也就是彼此间有共同的目标或需要的联合体。从群体形成的内容上分析可以得知，任何一个群体的存在都包含了三个相关联的内在要素，这就是相互作用、活动与情绪。所谓相互作用是指人们在活动中相互之间发生的语言沟通与接触。活动是指人们所从事的工作的总和，它包括行走、谈话、坐、吃、睡、劳动等，这些活动被人们直接感受到。情绪指的是人们内心世界的感情与思想过程。在群体内，情绪主要指人们的态度、情感、意见和信念等。

群体的作用是将个体的力量组合成新的力量，以满足群体成员的心理需求。其中最重要的是使成员获得安全感。在一个群体中，人们具有共同的目标与利益。在劳动过程中群体的需求很可能具有某一方面的共同性，或劳动对外相同，或工作内容相似，或劳动方式一样，或劳动在一个环境之中及具有同样的劳动条件等。他们的安全心理虽然具有不同的个性倾向，但也会有一定共同性。分析、研究和掌握群体安全心理活动状况是搞好安全管理的重要条件。

(3) 领导安全行为。在各种影响人的积极性的因素中，领导行为是一个关键

性的因素。因为不同领导的心理与行为，会造成企业不同的社会心理氛围，从而影响企业职工的积极性。有效的领导是企业或组织取得成功的一个重要条件。

管理心理学家认为领导是一种行为与影响力，不仅是指个人的职位，而且是指引导和影响他人或集体在一定条件下向组织目标迈进的行动过程。领导与领导者是两个不同的概念，它们之间既有联系又有区别，领导是领导者的行为。促使集体和个人共同努力，实现企业目标的全过程，即为领导；而致力于实现这个过程的人，则为领导者。虽然领导者在形式上有集体个人之分，但作为领导集体的成员，在他履行自己的职责时，还是以个人的行为表现来进行的。从安全管理的要求来说，企业或组织的领导者对安全管理的认识、态度和行为，是搞好安全管理的关键因素。分析、研究领导安全行为，是安全管理的重要内容。

二、安全行为科学的研究任务

安全行为科学的基本任务是通过对安全活动中各种与安全相关的人的行为规律的揭示，有针对性和实用性地建立科学的安全行为激励理论，并应用于提高安全管理工作的效率，从而合理地发展人类的安全活动，实现高水平的安全生产和安全生活。

对于研究来说，任何科学的形成、发展以及成果的取得，都必须遵循一定的基本原则，同时还要掌握科学的研究方法。安全行为学是一门新兴学科，至今还很少有系统的研究。但就目前的发展趋势来看，它是一门正在发展的科学，是社会化大生产发展的必然产物。

三、研究安全行为的方法

研究安全行为的方法有如下几种。

(1) 观察法。通过人的感官在自然的、不加控制的环境中观察他人的行为，并把结果按时间顺序作系统记录的研究方法。

(2) 谈话法。通过面对面的谈话，直接了解他人行为及心理状态的方法。应用前事先要有周详的计划，确定谈话的主题，谈话过程中要注意引导，把握谈话的内容和方向。这种方法简单易行，能迅速取得第一手资料，因此被行为科学家广泛应用。

(3) 问卷法。根据事先设计好的表格、问卷、量表等，由被试者自行选择答案的一种方法。一般有三种问卷形式：判断式、选择式和等级排列式。这种方法要求问题明确，能使被试者理解、把握。调查表收回后，要运用统计学的方法对其数据作处理。

(4) 测验法。采用标准化的量表和精密的测量仪器来测量被试者有关心理品质和行为的研究方法，如常见的智力测试、人格测验、特种能力测验等。这是一种较复杂的方法，须由受过专门训练的人员主持测验。

四、安全行为科学的理论基础

行为科学的理论和方法是安全行为科学发展的理论基础。根据美国《管理百科全书》，行为科学的定义是：行为科学是包括一切研究自然和社会环境中人类行为的科学，它包括心理学、社会学、社会人类学，以及其他与研究行为有关的学科组成的学科群。我国马诺同志在《国外经济管理名著丛书》的前言中指出：所谓行为科学，就是对工人在生产中的行为以及这些行为产生的原因进行分析研究，以便调节企业中的人际关系，提高生产。由此可见，行为科学的定义有广义和狭义之分。

行为科学是一门综合学科，是一个由一切与研究行为有关的学科组成的科学群，因而它与许多科学有联系，其主要知识来源于心理学、社会学、社会心理学、人类学等。行为科学的研究对象是有思想、有感情的人。这就决定了它的研究方法有其自身的物质特点。它不能像物理、化学、生物学等自然科学那样，可以借助望远镜、显微镜、天平、化学试剂等工具，它的实验也不可能在完全和严格控制的环境中进行。行为科学主要采取的是进行社会调查的方法，通过调查、实验、观察、了解和掌握各种情况变化，从人的外在行为方式及行为结果中，加以综合分析，概括出原理原则，再在社会实践中去验证，去发展。

行为科学的基本理论和方法是我们研究和发展安全行为科学的基础和借鉴。

五、安全行为科学的研究内容

安全行为科学的主要研究内容包括有：①人的安全行为规律的分析和认识。包括认识人的个体自然生理行为模式和社会心理行为模式；分析影响人的安全行为心理因素，如情绪、气质、性格、态度、能力等；分析影响人的安全行为的社会心理因素，如社会知觉、价值观、角色作用等；分析群众安全行为的因素，如社会舆论、风俗时尚、非正式团体行为等。②安全需要对安全行为的作用。需要是一切行为的来源，安全需要是人类安全活动的基础动力，因此，从安全需要入手，在认识人类安全需要的基本前提下，应用需要的动力性来控制和调整人的安全行为。③劳动过程中安全意识的规律。安全意识是实施良好安全行为的前提条件，是作用人的行为要素之一。这部分内容研究劳动过程的感觉、知觉、记忆、思维、情感、情绪等对人的安全意识的作用和影响规律，从而达到强化安全意识之目的。④个体差异与安全行为。主要分析和认识个性差异和职务（职业、职位）差异对安全行为的影响，通过协调、适应、调控等方式，控制、消除个性差异和职务差异对安全行为的不良影响，促进其发挥良好作用。⑤导致事故的心理因素分析。人的行为与心理状态有着密切的关系。探讨事故形成和发生的过程中，导致人失误的心理过程和影响作用规律，对于控制和防止失误有着重要的意义。这部分主要探讨人的心理因素与事故的关系、致因的机理、作用的方式和测定的技术等。⑥挫折、态度、群体与安全行为。研究挫折特殊心理条件下人的安

全行为规律；态度心理特征对安全行为的影响；群体行为与领导行为在安全管理中的作用和应用。⑦注意在安全中的作用。探讨人的注意力的规律，即注意的分类、功能、表现形式、属性，以及在生产操作、安全教育、安全监督中的应用。⑧安全行为的激励。应用行为科学的激励理论，即X-理论、Y-理论、权变理论、双因素理论、强化理论、期望理论、公平理论等，来激励工人个体、企业群体和生产领导的安全行为。

第二节　人的行为模式

研究人的行为模式是揭示行为规律的重要工具。由于人具有自然属性和社会属性，人的行为模式通常也从这两个角度来研究。一是从人的自然属性角度，即从生理学意义上来研究人的行为模式，二是从人的社会属性角度，即从心理学和社会学意义上来研究人的行为模式。

一、人的生理学行为模式——自然属性模式

人的安全行为是对刺激的安全性反应，这种反应是经过一定的动作实现目标的过程。比如，行车过程中，突然有小孩横穿马路，司机必须紧急刹车，并安全停车，以至不发生撞人事故。这里，小孩横穿马路是刺激源，刹车是刺激性反应，安全停车是行为的安全目标，这中间又需要判断、分析处理等一连串的安全行为。由此可归纳出人的生理模式：外部刺激（不安全状态）→肌体感受（五感）→大脑判断（分析处理）→安全行为反应（动作）→安全目标的完成。各环节相互影响，相互作用，构成了人的千差万别的安全行为表现。这种安全行为有两个共同点：相同的刺激会引起不同的安全行为；相同的安全行为来自不同的刺激。正是由于安全行为规律的这种复杂性，才产生了多种多样的安全行为表现，同时也给人们提出了研究领导和工人各个方面的安全行为科学的课题。从这一行为模式的规律出发，外部刺激（不安全状态）→肌体感受（五感）和安全行为反应（动作）→安全目标的完成各个环节要求我们研究安全人机学，大脑判断（分析）这一环节是安全教育学解决的问题。

安全行为是人对刺激的安全性反应，又是经过一定的动作实现目标的过程。比如，石头砸到脚上，脚会马上弹开，并用手按摩被砸处，有可能还会让人发出痛叫声。脚是被刺激的信道，离开砸脚位置和用手按摩是安全行为的刺激性反应，而这中间又需要一连串自己实现的安全行为。由此可归纳出人的一般安全行为模式：

S	→	O	→	N	→	M
刺激		人的肌体		安全行为反应		安全目标完成

刺激（不安全状况）→人的肌体→安全行为反应→安全目标的完成，这几个环节相互影响、相互联系、相互作用，构成了人的千差万别的安全行为表现和过程。这种过程是由人的生理属性决定的。人的安全行为从因果关系上看有以下两个共同点。

第一，相同的刺激会引起不同的安全行为。同样是听到危险信号，有的积极寻找原因，排除险情，临危不惧；有的会胆小如鼠，逃离现场。

第二，相同的安全行为来自不同的刺激。领导重视安全工作，有的是有安全意识，受安全科学的指导；有的可能是迫于监察部门监督；有的可能是受教训于重大事故。正是由于安全行为规律的这种复杂性，才产生了多种多样的安全行为表现，同时也给人们提出了研究领导和职工各个方面的安全行为科学的课题。

二、人的心理学行为模式——社会属性模式

从人的社会属性角度出发，人的行为遵循如下行为模式规律：

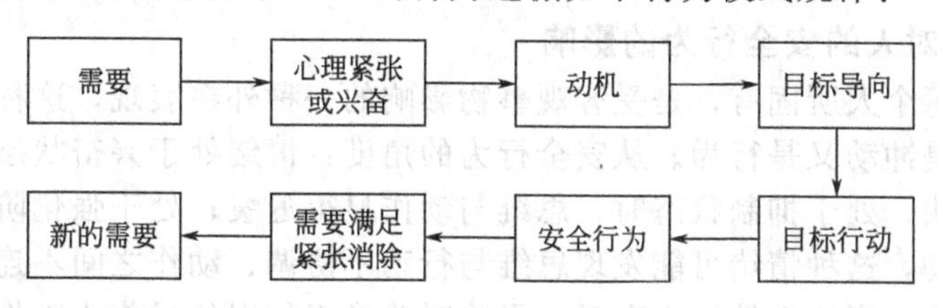

动机是指为满足某种需要而进行活动的念头和想法。在分析和判断事故责任时，需要研究人的动机与行为的关系，透过现象看本质，实事求是地处理问题。动机与行为存在着复杂的联系，主要表现在：①同一动机可引起种种不同的行为。如同样为了搞好生产，有的人会从加强安全、提高生产效率等方面入手；而有的人会拼设备、拼原料，作短期行为。②同一行为可出自不同的动机。如积极抓安全工作，有可能出自不同动机：迫于国家和政府督促；本企业发生重大事故的教训；真正建立了“预防为主”的思想，意识到了安全的重要性等。只有后者才是真正可取的做法。③合理的动机也可能引起不合理甚至错误的行为。经过以上对需要和动机的分析，我们可以认识到，人的安全行为是从需要开始的，需要是行为的基本动力，但必须通过动机来付诸实践，形成安全行动，最终完成安全目标。

安全行为科学认为，研究人的需要与动机对分析人的安全行为规律有着重要意义。人的安全活动包括制定方针、政策、法规及标准，发展安全科学技术，进行安全教育，实施安全管理，进行安全工程设计、施工等，都是为了满足发展社会经济和保护劳动者安全的需要。因此，研究人的安全行为的产生、发展及其变化规律，需要研究人的需要和动机。其基本的目的就是寻求激励、调动人的安全活动的积极性和创造性，使人类的安全工程按一定的规律和组织目标去进行，最终使安全活动变得更有成效。

第三节 影响人行为的因素分析

人的安全行为是复杂和动态的，具有多样性、计划性、目的性、可塑性，并受安全意识水平的调节，受思维、情感、意志等心理活动的支配；同时也受道德观、人生观和世界观的影响。态度、意识、知识、认知决定人的安全行为水平，因而人的安全行为表现出差异性。不同的企业职工和领导，由于上述人文素质的不同，会表现出不同的安全行为水平；同一个企业或生产环境，同样是职工或领导，由于责任、认识等因素的影响，会表现出对安全的不同态度、认识，从而表现出不同的安全行为。要达到对不安全行为的抑制，面对安全行为进行激励，需要研究影响人行为的因素，安全行为学科能为我们解决这一问题。

一、影响人的安全行为的个性心理因素

1. 情绪对人的安全行为的影响

情绪为每个人所固有，是受客观事物影响的一种外在表现，这种表现是体验又是反应，是冲动又是行为。从安全行为的角度：情绪处于兴奋状态时，人的思维与动作较快；处于抑制状态时，思维与动作显得迟缓；处于强化阶段时，往往有反常的举动，这种情绪可能发现思维与行动不协调、动作之间不连贯，这是安全行为的忌讳。当不良情绪出现时，可临时改换工作岗位或停止工作，因情绪可能导致的不安全行为不能在生产过程中发生。

(1) 气质对安全行为的影响。气质是人的个性的重要组成部分，它是一个人所具有的典型的、稳定的心理特征。气质使个人的安全行为表现出独特的个人色彩。例如，同样是积极工作，有的人表现为遵章守纪，动作及行为可靠安全，有的人则表现为蛮干、急躁，安全行为较差。一个人的气质是先天的，后天的环境及教育对其改变是微小和缓慢的。因此，分析职工的气质类型，对其合理安排和支配，对保证工作时的行为安全有积极作用。人的气质分为四种：多血质：活泼、好动、敏捷、乐观，情绪变化快而不持久，善于交际，待人热情，易于适应变化的环境，工作和学习精力充沛，安全意识较强，但有时不稳定；胆汁质：易于激动，精力充沛，反应速度快，但不灵活，暴躁而有力，情感难以抑制，安全意识较前者差；黏液质：安静沉着，情绪反应慢而持久，不易发脾气、不易流露感情，动作迟缓而不灵活，在工作中能坚持不懈、有条不紊，但有惰性，环境变化的适应性差；抑郁质：敏感多疑，易动感情，情感体验丰富，行动迟缓、忸怩、腼腆，在困难面前优柔寡断，工作中能表现出胜任工作的坚持精神。但胆小怕事，动作反应性强。在客观上，多数人属于各种类型的混合型。人的气质对人的安全行为有很大的影响，使每个人都有不同的特点和安全工作的适宜性。因此，在工种安排、班组建设、使用安全干部和技术人员，以及组织和管理工人队伍时，要根据实际需要和个人特点来进行合理调配。

(2) 性格对人的安全行为的影响。性格是每个人所具有的、最主要的、最显著的心理特征，是对某一事物稳定的和习惯化的方式。如有的人心怀坦荡，有的人诡计多端；有的人克己奉公，有的人自私自利等。性格表现在人的活动目的上，也表现在达到目的的行为方式上。性格较稳定，不能用一时的、偶然的冲动作为衡量人的性格特征的根据。但人的性格不是天生的，是在长期发展过程中所形成的稳定的方式。人的性格表现多种多样，有理智型、意志型、情绪型。理智型用理智来衡量一切，并支配行动；情绪型的情绪体验深刻、安全行为受情绪影响大；意志型目标明确、行动主动、安全责任心强。

2. 安全行为自觉性方面的性格特征

表现在从事安全行动的目的性或盲目性、自动性或依赖性、纪律性或散漫性；安全行为的自制方面，表现有自制能力的强弱，约束或放任，主动或被动等；安全行为果断性方面在长期的工作过程中，表现为是坚持不懈还是半途而废；严谨还是松散；意志顽强还是懦弱。

二、影响人的行为的社会心理因素

影响人行为的社会心理因素有以下几点。

(1) 社会知觉对人的行为的影响。知觉是眼前客观刺激物的整体属性在人脑中的反映。客观刺激物既包括物也包括人。人在对别人感知时，不只停留在被感知的面部表情、身体姿态和外部行为上，而且要根据这些外部特征来了解他的内部动机、目的、意图、观点、意见等。人的社会知觉可分为三类：一是对个人的知觉。主要是对他人外部行为表现的知觉，并通过对他人外部行为的知觉，认识他人的动机、感情、意图等内在心理活动。二是人际知觉。人际知觉是对人与人关系的知觉。人际知觉的主要特点是有明显的感情因素参与其中。三是自我知觉。自我知觉是指一个人对自我的心理状态和行为表现的概括认识。人的社会知觉与客观事物的本来面貌常常是不一致的，这就会使人产生错误的知觉或者偏见，使客观事物的本来面目在自己的知觉中发生歪曲。产生偏差的原因有：第一印象作用；晕轮效应；优先效应与近因效应；定型作用。

(2) 价值观对人的行为的影响。价值观是人的行为的重要心理基础，它决定着个人对人和事的接近或回避、喜爱或厌恶、积极或消极。领导和职工对安全价值的认识不同，会从其对安全的态度及行为上表现出来。因此，只有形成正确的安全价值观念，才能产生合理的安全行为。

(3) 角色对人的行为的影响。在社会生活的大舞台上，每个人都在扮演着不同的角色。有人是领导者，有人是被领导者，有人当工人，有人当农民，有人是丈夫，有人是妻子，等等。每一种角色都有一套行为规范，人们只有按照自己所扮演的角色的行为规范行事，社会生活才能有条不紊地进行，否则就会发生混乱。角色实现的过程，就是个人适应环境的过程。在角色实现过程中，常常会发生角色行为的偏差，使个人行为与外部环境发生矛盾。在安全管理中，需要利用

人的这种角色作用来为其服务。

三、影响行为的主要社会因素

影响人行为的社会因素有两点。

(1) 社会舆论对行为的影响。社会舆论又称公众意见，它是社会上大多数人对共同关心的事情，用富于情感色彩的语言所表达的态度、意见的集合。要人人都重视安全，需要有良好的安全舆论环境。一个企业、部门、行业或国家，要把安全工作搞好，需要利用舆论手段。

(2) 风俗与时尚对个人行为的影响。风俗是指一定地区内社会多数成员比较一致的行为趋向。风俗与时尚对安全行为的影响既有有利的方面，也会有不利的方面，通过安全文化的建设可以实现扬其长、避其短。

四、环境、物的状况对人的安全行为的影响

人的安全行为除了受到内因的作用和影响外，还受到外因的影响。环境、物的状况对劳动生产过程的人也有很大的影响。环境变化会刺激人的心理，影响人的情绪，甚至打乱人的正常行动。物的运行失常及布置不当，会影响人的识别与操作，造成混乱和差错，打乱人的正常活动。即会出现这样的模式：环境差⟶人的心理受不良刺激⟶扰乱人的行动⟶产生不安全行为；物设置不当⟶影响人的操作⟶扰乱人的行动⟶产生不安全行为。反之，环境好，能调节人的心理，激发人的有利情绪，有助于人的行为。物设置恰当、运行正常，有助于人的控制和操作。环境差（如噪声大、尾气浓度高、气温高、湿度大、光亮不足等）造成人的不舒适、疲劳、注意力分散，人的正常能力受到影响，从而造成行为失误和差错。由于物的缺陷，影响人机信息交流，操作协调性差，从而引起人的不愉快刺激、烦躁知觉，产生急躁等不良情绪，引起误动作，导致不安全行为。要保障人的安全行为，必须创造很好的环境，保证物的状况良好和合理，使人、物、环境更加协调，从而增强人的安全行为。

第四节　事故心理指数分析

从传统的经验管理过渡到科学安全管理，需要对人的不安全行为进行科学的预防和控制。为此需要研究导致事故的心理因素。

一、事故原因与人的心理因素

引起事故的原因多种多样，有设备的因素也有人的因素。人的因素除了生理因素外，重要的还有心理因素。从安全心理学理论出发，人为事故原因分为三类。第一类：有意违反安全规程或无意违反规程；破坏或错误地调整安全设备；

放纵喧闹、玩笑分散他人注意力；安全操作能力低，工作缺乏技巧；与人争吵，心境下降；匆忙的行动，行动草率过速或行动缓慢；无人道感，不顾他人；超负荷工作，力不胜任。第二类：没有经验，不能查知事故危险；缓慢的生理反应和生理缺陷；各器官缺乏协调；疲倦，身体不适；找工作"窍门"，发现不安全的方法；注意力不集中，心不在焉；职业选择不合理；夸耀心，贪大求全。第三类：激情、冲动、喜冒险；训练、教育不够，无上进心；智能低，无耐心，缺乏自卫心理，无安全感；家庭原因，心境不好；恐惧、顽固、报复或身心缺陷；工作单调，或单调的业余生活；轻率，嫉妒；未受重用，身受挫折，心绪不佳；自卑感，或冒险逞能，渴望超群；受到批评，心有余悸。第三类即表现了基本的心理原因。而事故发生前人在行动起点上的心理大致有五方面：素质癖性；无知，智能低；无意，缺乏注意力；被外界吸引，心不在焉，工作掉以轻心；抑郁消沉。

二、导致事故的心理分析

性格与事故：性格是一个人较稳定的对现实的态度和与之相应的习惯化的行为方式。性格分为情绪型、意志型和理智性。具有理智型性格的人，由于行为稳重且自控能力强，因而行为失误少；情绪型相比之下就易于发生事故，由于情绪型属外倾性格，行为反应迅速，精力充沛，适应性强，但好逞强，爱发脾气，受到外界影响时，情绪波动大，做事欠缺仔细；意志型的人属内倾性格，善于思考，动作稳当，但反应迟缓，感情不易外露，对外界影响情绪波动小。由于个性较强，具有主观倾向，因此也具有事故心理侧面。性格是在生理基础上，在社会实践活动中逐步形成的，是环境和教育的结果。

情绪与事故：情绪是人心理的微观波动状态，人的行为过程往往受情绪的支配。喜、怒、哀、乐、悲、恐、惧对行为产生影响。当情绪处于极端状态时，往往是行为失常的基础；行为的失常又常常是事故前提。

气质、兴趣、态度等个性心理因素，也与事故行为具有特定的联系。

心理学的"事故倾向理论"：这种理论认为有些人不管工作情境如何，也不管他们干什么工作，易于引发事故。这种理论的意义在于，通过对事故造成者进行测量，找出他们的共同个性特征，然后对其个性进行调整或进行安排性适应，如把容易出事故的人分配去做不易发生事故的工作，而把那些在个性方面不容易出事故的人分配去做易发生事故的工作。

三、事故心理结构及控制

为了更好地防止事故，需要对事故心理进行有效的控制，而且控制的前提是预测，事故心理的预防方法有：①直观型预测，主要靠人们的经验、知识综合分析能力进行预测，如征兆预测法等。②因素分析型预测，是从事物发展中找出制约该事物发展的重要因素，以做为对该事物发展进行预测的预测因子，测知各种

重要相关因素。③指数评估型预测，对构成行为人引起事故的心理结构若干重要因素，分别按一定标准评分，然后加以综合，做出总估量，得出某一个引起事故的可能性的量的指标。

造成事故心理的控制就是要通过消除造成事故的心理状态，以达到控制事故行为，保证安全生产的目的。事故的心理因素是对由于影响和导致一个人行为而发生事故的心理状态和成分的总称。导致事故的心理虽然不如人的全部心理那样广泛，但仍然有相当复杂的内容，而且其中各种因素之间又是相互联系和依存，相互矛盾与制约的。在研究人的导致事故心理过程中，发现影响和导致一个人发生事故行为的种种心理因素，不仅内容多，而且最主要的是各种因素之间存在着复杂而有机的联系。它们常常是有层次的，互相依存，互相制约，辩证地起作用。为了便于研究，人们把影响和导致一个人发生事故行为的种种心理因素假设为事故的心理结构。事故心理结构是由众多导致事故发生的心理要素组成。在实际工作中，只有当一个人形成一定的引起事故的心理结构，而且具有可能引起事故的性格，同时碰到一定的引起事故的机遇时，才会发生也必然发生引起事故的行为。由此，可得出最基本的逻辑模型：

造成事故的心理结构＋事故机遇＝导致事故的行为发生（事故）。

根据这一事故模型我们不难看出，在研究引起事故发生的原因时，首先要考虑造成事故者的心理动态，分析事故心理结构及其对行为的影响和支配作用，从而弄清事故心理结构和其事故行为的因果关系。从这个意义上说，可以通过研究造成事故者心理结构的内容要素和形成原因，探寻其心理结构形成过程的客观规律，寻究和找出发生事故行为的人的心理原因。

在研究事故的预测问题时，首先应着重于研究造成事故的心理预测，实际上就是通过对造成事故心理的调查研究，通过统计、分析进行预测。当某一个体的心理状况与造成事故的结构的某些心理要素接近相似时，该个体发生事故行为可能性便增大。因此，造成事故心理的预测在很大程度上是根据造成事故心理结构的内容要素进行人的心理状况的预测。

对肇事者的心理结构及其性格估量进行分析讨论，有着理论和实践意义。在生产过程中发生工伤事故的因素很多，而造成事故者的心理状态常常是导致事故的主要的，甚至是直接的因素。造成事故的心理结构复杂多样，我们在事故心理结构设计时，不可能把所有的事故心理因素列出，为便于研究，现归纳为十大心理要素：A. 侥幸心理；B. 麻痹心理；C. 偷懒心理；D. 逞能心理；E. 莽撞心理；F. 心急心理；G. 烦躁心理；H. 粗心心理；I. 自满心理；J. 好奇心理。可能造成事故心理因素的估量可用事故心理指数 Z 测定：$Z=(A+B+C+D+E+F+G+H+I+J)/(L+M)$。公式中 L 表示事业感和工作责任心，M 表示遵守安全规程，有安全技术和知识。

第五节 安全管理的行为激励

行为科学认为，激励就是激发人的动机，引发人的行为。企业领导和职工能在工作和生产操作中重视安全生产，有赖于对其进行有效的安全行为激励。激励是目的，创造条件是激励的手段。行为学家把激励分为“外予的激励”和“内滋的激励”，外予的激励是通过外部推动力来引发人的行为，最常见的是用金钱作诱因，此外还有提高福利待遇、职务升迁、表扬、信任等手段。内滋的激励是通过人的内部力量来激发人的行为，如学习新知识，获得自由，自我尊重，发挥智力潜能，解决疑难问题，实现自己的抱负等，这些激励不是由外部给予的，而是自己给自己的激励。“外予的激励”和“内滋的激励”虽然都能激励人的行为，但后者具有更持久的推动力。前者虽然能激发人的行为，但在很多情况下并不是建立在自觉自愿基础之上的；后者对人的行为的激发则完全建立在自觉自愿的基础上，它能使人对自己的行为进行自我指导、自我监督和自我控制。

一、激励理论

（1）X-Y 理论。这一理论建立在对人的基本看法的基础上，提出激励人行为的方法。如果对人从“恶”的方面认识，其对行为的控制就严厉、强制；如果从“善”的方面认识人，其行为的控制则采取温和、诱导的方式。“X 理论”对人的看法是：天性好逸恶劳，尽可能逃避工作；以自我为中心，对组织需要漠不关心；缺乏进取心、怕负责任；趋向保守，反对革新。为此，主张采取“强硬的”管理办法，包括强迫、威胁或严密的监督，或者采取“松弛的”管理办法，包括顺应职工，一团和气。事实证明这种理论有明显的不足。“Y 理论”对人的看法正好相反，认为人并非天生厌恶工作；人能自我指挥和自我控制；外部惩罚和威胁不能促使人努力；人具有想象力和创造力；人能接受责任和主动承担责任。因此，该理论主张采取激励的办法是：分权和授权；扩大工作自主范围；采取参与制；鼓励自我评价。以上两种极端的理论和方法，都有一定的片面性，因此应该综合两种理论特长，具体对象，具体对待。这种综合“X 理论”和“Y 理论”的方法也称为“权变理论”。目前现实中很多管理的实践中，都采用“权变理论”的方法。在管理中，采取强硬与温和相结合，分权与调控相结合，自主与控制相结合的管理方式。

（2）双因素理论。双因素理论也称保健因素-激励因素理论。这种理论认为在管理中有些措施因素能消除职工的不满，但不能调动其积极的工作行为，这些因素类似卫生保健对人体的作用，有预防效果而不会导致身体健康，所以称为保健因素。如改善环境条件、标准化规范化管理、监督、检查、安全奖等；而能起激励作用，调动领导和职工自觉的安全积极性和创造性的因素是激励安全需要、变“要我安全”为“我要安全”、得到家人和社会支持与承认、安全文化的手段

等。双因素理论是针对满足人的需要的目标或诱因提出来的。在实用中有一定的道理，但在某种条件下也并非如此，即在一定条件下，保健因素也有激励作用。

(3) 强化理论。强化指通过对一种行为的肯定或否定（奖励或惩罚）使行为得到重复或制止的过程。强化理论的基本观点是：①人的行为受到正强化趋向于重复发生，受到负强化会趋向于减少发生。例如，当一个人做了好事受到表扬，会促使他再做好事；当一个做了错事受到批评，就会使他减少做类似的错事。②欲激励人按一定要求和方式去工作，奖励（给予报酬）比惩罚更有效。③反馈是强化的一种重要形式。反馈就是使工作者知道结果。④为了使某种行为得到加强，奖赏（报酬）应在行为发生以后尽快提供，考虑强化的时效性，延缓提供奖赏会降低强化作用的效果。⑤对所希望发生的行为应该明确规定和表述。只有行为的目标明确而具体，才能对行为效果进行衡量和及时予以奖励。强化理论在安全管理中得到广泛的应用。如安全奖励、事故罚款、安全单票否决、企业升级安全指标等。

(4) 期望理论。这一理论用如下公式表述：激励力＝目标效价×期望概率。激励力是指调动积极性发挥内部潜力；目标效价指个人对某一行为成果价值的主观评价；期望概率指行为导致成果的可能性大小。这一理论说明，应从提高目标效价和增强实现目标的可能性两个方面去激励人的安全行为。人对目标价值的评价受个人知识、经验、态度、信仰、价值观等因素影响，而期望概率受条件、环境等因素制约。提高人们对安全目标价值认识、创造有利的条件和环境，增强实现安全生产的可能性，是安全管理和工作人员应努力的方向。

(5) 公平理论。公平理论认为人的工作动机不仅受到所得到的绝对收益的影响，而且受相对收益的影响，即一个人仅看到自己的实际收益，还把其与别人的收益作比较，当二者相等或合理时，则认为是正常和公平的，因而心情舒畅地积极工作；否则会产生不公平感，影响行为积极性。这一理论告诉我们，应重视“比较存在”的意义及作用，不仅要实行按劳付酬的原则，还要考虑同类活动及周围环境的状况，尽量做到公平合理，否则会挫伤人的积极性。

二、安全行为的激励

安全行为的激励是进行安全管理的基本方法之一。在我国长期的安全生产和劳动保护管理工作中，这种方法得到安全管理人员自觉或不自觉的应用，特别是随着安全管理学和安全行为科学的发展，这一方法及其作用得到了进一步的发展。根据安全行为激励的原理，可把激励的方法分为两种：

(1) 外部激励。所谓外部激励就是通过外部力量来激发人的安全行为的积极性和主动性，如设安全奖、改善劳动卫生条件、提高待遇、安全与职务晋升和奖金挂钩、表扬、记功，开展“安全竞赛”等手段和活动，都是通过外部作用激励人的安全行为。严格、科学的安全监察、监督、检查也是一种外部激励的手段。

(2) 内部激励。内部激励的方式很多，如更新安全知识、培训安全技能、强化观念和情感、理想培养、建立安全远大目标等等。内部激励是通过增强安全意识、素质、能力、信心和抱负等来起作用。内部激励是以提高职工的安全生产和劳动保护自觉性为目标的激励方式。

外部激励与内部激励，都能激发人的安全行为。但内部激励更具有推动力和持久力。前者虽然可以激发人的安全行为，但在许多情况下不是建立在内心自愿的基础上，一旦物质刺激取消后，又会回复到原来的安全行为水平上。而内部激励发挥作用后，可使人的安全行为建立在自觉、自愿的基础上，能对自己的安全行为进行自我指导、自我控制、自我实现，完全依靠自身的力量不控制行为。从安全管理的方法上讲，两种方法都是必要的。作为一个安全管理人员，应积极创造条件，形成内部激励的环境，在特殊场合针对特定的人员，也应有外部的鼓励和奖励，充分地调动每个领导和职工安全行动的自觉性和主动性。

第六节　安全行为科学应用理论

安全行为科学首先可应用于深入、准确地分析事故原因和责任，以使我们科学、有效地控制人为事故。同时，安全行为科学可应用于安全管理、安全教育、安全宣传、安全文化建设等，也可以为提高安全专业人员和职工的素质服务。

一、用行为科学分析事故原因和责任

（1）事故原因的分析。行为科学的理论指出：人的行为受个性心理、社会心理、社会、生理和环境等因素的影响。因而，生产中引起人的不安全行为、造成的人为失误和“三违”的原因是复杂的。有了这样认识，对于人为事故原因的分析就不能停留在“人因”这一层次上，应该进行更为深入的分析。例如在分析人的不安全行为表现时，应分清是生理或是心理的原因，是客观还是主观的原因。对于心理、主观的原因，主要从人的内因入手，通过教育、监督、检查、管理等手段来控制或调整；对于生理或客观的原因，除了需要管理和教育的手段外，更主要的是从物态和环境的方面进行研究，以适应人的生理客观要求，减少人的失误。

行为科学中人的行为模式、影响人行为的因素分析、挫折行为研究、注意与安全行为、事故心理结构、人的意识过程等理论和规律都有助于研究和分析事故的原因。

（2）分析事故责任。根据心理学所揭示的规律，人的行为是由动机支配，而动机则是由于需要引起。需要、动机、行为、目标四者之间的关系是很密切的。例如安全管理中开办的特种作业人员的培训，学员来自各个企业，都表现出积极的学习热情。这种热情是来源于其学习的动机，因为在工作中，一个特种作业人员，缺少应有的安全技术知识和技能，就不可能胜任工作，甚至会引发事故。就

是这种实际工作的需要产生了学习的动机，进而导致了学习的热情。动机和行为有复杂的关系，安全管理中在对待事故责任者的分析判断上，要从分析行为与动机的复杂关系入手，为此，可从三个方面考虑：首先，在分析事故责任者的行为时，要全面分析个人因素与环境因素相互作用的情况，任何行为都是个人因素与环境因素相互作用的结果，是一种“综合效应”。因此，事故责任者的行为与个人因素和环境因素有关。分析个人因素时，要同时分析外在表现与内在动机。动机和行为不是简单的线性关系，而存在着复杂的联系，主要表现在：①同一动机可引起不同的行为。例如，想尽快完成生产任务，这种动机可表现为努力工作，提高效率；也可能出现盲干违章，不顾操作规程等等。②同一行为可出自不同的动机。例如“三违”这类不良行为，有的是有意为之，明知故犯；也有的是无意失误的情况。③合理的动机也可能引起不合理甚至错误的行为。例如要提高工效，可能会忽视了劳逸结合，造成疲劳工作，从而导致事故。因此，在分析问题、解决问题时，要透过现象看本质，从人的动机入手，实事求是地进行分析处理，这样才能既符合实际，又切中其弊，使事故责任处理准确合理。

二、在安全管理中运用行为科学

(1) 用行为科学指导合理安排工作。根据人的个性心理合理选择工种在国外得到了普遍应用。在我国对专业司机进行心理咨询实践方面也获得成功。对于一些特殊的工种或岗位，应该利用行为科学中对于性格、气质、兴趣等个性心理行为规律研究的成果，进行合理的工种和工作的指导安排。在生产安排上，为减少可能的行为失误，要分析情绪、能力、爱好、生理等特点和状态做出合理的协调。

(2) 科学应用管理手段。安全管理中要善于应用激励理论进行科学管理，如科学运用激励理论激发安全行为，抑制“三违”行为；利用角色作用理论，调动各级领导和安全兼职人员的积极性；应用领导理论进行有效的安全管理等。

(3) 进行合理的班组建设。在考虑班组人员的搭配上，为使团体行为安全协调，要研究人员结构效应。如需要考虑班组中的职工气质互补、性格互补、价值观倾向搭配等。

三、安全宣传与教育中运用行为科学

安全教育和安全宣传的效果往往与其方式有关。从行为科学的角度，利用心理学、社会学、教育学和管理学的方法和技巧，会取得较好的效果。如利用认知技巧中的第一印象作用和优先效应强化新工人的三级教育；应用意识过程的感觉、知觉、记忆、思维规律，设计安全教育的内容和程序；研究安全意识规律，通过宣教的方法来强化人的安全意识等。

四、安全文化建设用行为科学来指导

安全文化建设的实践之一就是要提高全员的安全文化素质。显然，不同的对象（决策者、管理者、工人、安技人员等）对其安全文化的内容和要求是不一样的，不同的对象需要采取不同的安全文化建设（管理、宣传、教育等）方式。行为科学的理论还使我们认识到，人的行为受心理、生理等内部因素的支配和作用，也受人文环境和物态环境等外部因素影响和作用，因而人的行为表现出其动态性和可塑性，这样，对于行为的控制和管理需要与动态、变化的方式相适应，还要有艺术、形象、美感的技巧才能达到理想的效果。因此，安全文化活动需要定期与非定期相结合；安全教育在必要的重复基础上，需要艺术的动态；安全宣传有技巧与关键点；安全管理要从简单的监督检查变为艺术的激励和启发等。

五、塑造良好的安全监管人员心理品质

安全管理和监察人员工作对象和方式的多样性、复杂性与重要性，要求他们具有较高的思想品质和能力素质。一般来说，一个安全监管人员的个性品质，思维能力都是在进行有关工作的实践中形成的。在工作实践中他们考虑多种多样的事物，遇到并解决多种多样的问题，逐渐地便形成所从事的职业的心理品质。这些心理品质表现在：安全监管人员应当具有工作所必需的道德修养，这是由工作任务来决定的；他们要对生产过程中事故责任者进行处理、教育，只有受过良好教育，具有崇高的道德品质的人，才能对人产生良好的影响。其次，安全监管人员必须要有良好的分析问题的能力，如处理事故时对其原因的分析和责任的处理都需要分析能力和综合能力。所以一个安全监管人员还需要有敏捷与灵活的思维，善于综合处理问题。在分析事故时，需要设想肇事的行为，这要求安全监管人员具有空间想象的能力；还要求具有果断、主见、耐心、沉着、自制力、纪律性和认真精神等个性品质，以及较好的人际关系处理艺术。只有在实践中锻炼、学习，才能提高自己的心理素质和品质。在安全管理的监察活动中，创造性的活动是经常和必然碰到的，进行创造性活动的基本条件是对本职工作的兴趣和热爱。良好的修养、合作精神，个人利益服从集体利益和国家的利益，完成任务的纪律性，自我牺牲精神等，都是安全监管人员应具有的品质。安全认识活动的复杂结构要求掌握心理学知识。思维的高度和深度；分析问题解决问题的独立性和批判性；善于根据个别事实和细节复现过去事件的模型；思维心理过程的状态应当保证揭示信息的系统性与完备性；保证找到为充分建立过去事件模型所必需的新信息的途径等，都要求有行为科学的知识。安全管理与监察工作者在完成自己职责时，还需要适应各种不利的条件，善于抑制各种消极性情，只有建立在对智力、意志和情绪的品质进行训练基础上的适应性，才能完成复杂多样的安全分析、事故处理等活动。通过对安全行为科学的研究和掌握，对提高安全监管人员的全面素质具有现实的意义。

第八章 安全生产系统战略

重要概念 战略思想、战略模型、系统思维、SWOT分析、安全监管战略。

重点提示 安全生产管理体制与机制；安全生产势态分析——SWOT分析；安全生产战略系统六大要素；安全生产监管系统方法。

问题注意 安全生产工作是一项具有复杂性、系统性、动态性特征的工作，目前现实中，在理念认识层面：重生产，轻安全；重效率，轻效益；重成本，轻价值；重近期，轻长远；在方法措施层面：重人治，轻法治：重事后，轻事前；重形式，轻本质；重审核，轻建设；重结果，轻过程；重文件，轻文化。监管方式上表现为因人行政，缺乏法治机制；短期行为盛行，缺乏长效机制；只讲经济GDP，缺乏社会责任；迫于教训的事后应付，缺乏超前预先防控；极端形式主义，缺乏本质安全；事故导向、就事论事，缺乏系统对策、风险意识；安全监管临时观点，缺乏过程管理；被动约束为主，缺乏主动、自律、自责文化。因此，需要应用战略思维-系统思想的理论方法，优化和改进安全生产工作模式。

第一节 战略与系统基本概念

一、战略思维基本概念

1. 战略的概念

战略是应对竞争的方式与策略。在军事上，所谓“战略”就是“指导战争的方略”，是驾驭战争的艺术。在《中国大百科全书·军事》中，战略的定义是：“战争指导者为达成战争的政治目的，依据战争规律所制定和采取的准备和实施战争的方针、策略和方法。”春秋时期孙武所著的《孙子兵法》一书，被认为是中国最早阐述“战略”，即“战争谋略”问题的著作。现代引申至政治、经济和社会领域的“战略”，泛指“统领性的、全局性的、左右胜败的谋略、方案和对策”。

英语中的战略 strategy 一词，有两个含义，一是 the art of planning in advance the movements of armies or forces in war（部署军队或武装力量的方略）；二是 a particular plan for gaining success in a particular activity（为取得某项活动的成功而制定计划）。维基百科给出了“战略”普遍意义上的定义：为实现某种目标（如政治、军事、经济或国家利益方面的目标）而制定的大规模、全方位的长期行动计划。

综合考虑，在一般性宏观高度，战略可以理解为“规划全局工作、决定整体发展、完成组织使命的方针和策略”。涵义中体现了宏观性、系统性、竞争性和技术性。其中，技术性需要智慧、知识和经验来完善。

在具体性微观层面，针对一个组织一定时期内的竞争性和非竞争性目标实现而言，战略的定义可以表述为“为了实现既定目标而制定和采取的行动策略与工作方式”。简而言之，战略就是“实现目标的策略与方式”。

2. 战略管理的概念

战略管理概念可以界定为：在有关战略的活动中，通过一定的程序和技术，争取最优效率和效果的过程。具体而言，战略管理，是指在制定、实施和评价规划全局工作、决定整体发展、完成组织使命的方针和策略活动中，通过一定的程序和技术，获取最优效率和效果的过程。或者定义为：在制定、实施和评价实现既定目标的行动策略与工作方式中，通过一定的程序和技术获得最优效率和效果的过程。

战略管理，通常是针对一个具体的组织（如企业、学校、协会、国家）的系统性宏观活动。主要的管理过程包括三个阶段战略制定、战略实施和战略评价。三个阶段的管理，都需要不断经历“计划—组织—领导—控制”四个环节。如图 8-1“战略管理模型”所示。

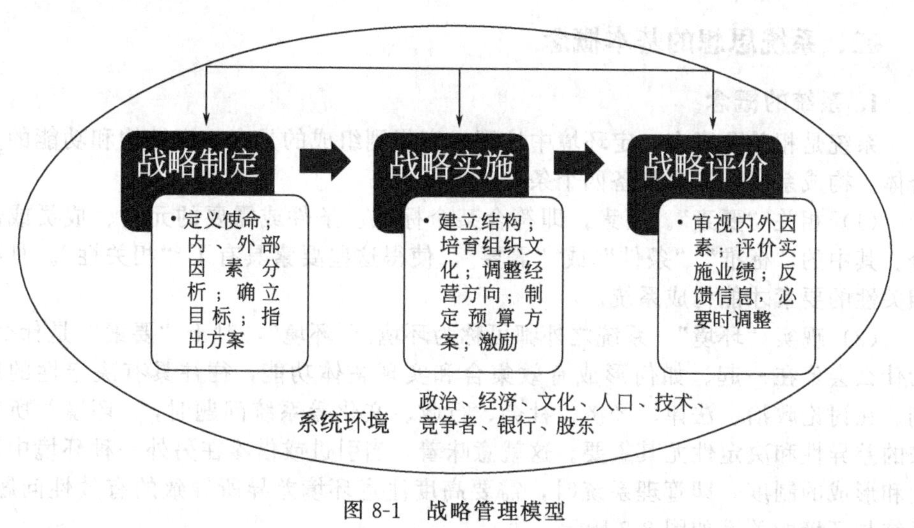

图 8-1 战略管理模型

3. 战略思维的概念

战略思维（strategic thinking），是指在战略高度从战略管理的需要出发，观察问题、分析问题和解决问题的高级心理活动形式。

思维（thinking），是人脑对客观现实概括的和间接的反映。思维反映的是一类事物共同的、本质的属性和事物间内在的、必然的联系；反映事物的本质和事物间本质的联系。

人的思维是复杂的脑机制赋予人的能力，是人脑对信息识别、分析、概括、抽象、比较和综合的过程。思维具有间接性和概括性。思维的间接性是指人们借助于一定的媒介、知识和经验来认识事物，比如思维能反映没有直接作用于感官的事物，能反映根本不能感知的事物，能在认识现实事物的基础上做出某种预见。思维的概括性是指在大量感性材料的基础上，把一类事物的共同特征和规律抽取出来加以概括；表现在两个方面：①反映一类事物共同的、本质的属性；②反映事物间内在的联系与规律。

基于上述认识，战略思维可以归入有意识思维范畴，是思维主体主动运用战略观点和战略管理方法分析、认识事物的心理活动形式。战略含义体现宏观性、系统性、竞争性和技术性。战略管理，强调目的性、全局性、整体性和计划性。"在战略高度从战略管理的需要出发，观察问题、分析问题和解决问题"，意味着战略思维的主体要掌握和运用多维度的系统化能力；能力维度包括追求使命、应对挑战、参与竞争、规划目标、界定任务、选择战略、配置资源、领导执行、激励员工、评估绩效、系统控制等。

战略思维，对于在竞争环境中从业的各类人员——领导决策者、管理执行者、生产作业者和科技支撑者，都具有重要意义。没有战略高度的认识，没有战略管理的理论和实践，任何竞争中的主体必然会陷入困境，丧失成功的机会。

二、系统思想的基本概念

1. 系统的概念

系统是相关要素在一定环境中按照一定规则组成的具有一定结构和功能的复合体。构成系统，需要具备四个条件：

(1) 相关"要素"。要素，即符合某个标准、条件或需要的元素、成员或部分。其中的"标准""条件"或"需要"，使得这些要素具有了"相关性"。具有相关性的要素才能构成系统。

(2) 现实"环境"。系统之外都可称为环境。"环境"，对于"要素"是什么、为什么会聚在一起、如何形成有效集合和实现整体功能，往往具有决定性的影响。在讨论政治、法律、经济、社会、行政、文化等系统问题时，"环境"所带来的差异性和决定性尤其重要。这就意味着，当引进或借鉴在另外一种环境中建立和形成的制度，即管理系统时，需要高度注意环境差异所导致的有效性问题。系统与环境的关系如图 8-2 所示。

(3) 一定“结构”。若干要素在自然或非自然力量的作用下，按照一定的规则发生作用，形成一定的、相对稳定的构造——物理性或非物理性，即为系统的“结构”。

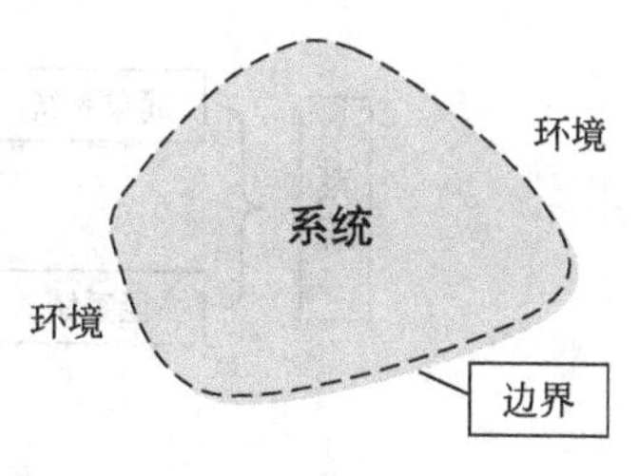

图 8-2 系统与环境

(4) 特定“功能”。相关的要素，在一定环境中有规则地集合在一起形成某种结构化的整体，自然会具备某种功能，产生某种效应，发挥某种作用。不存在没有功能的系统，也不存在没有系统的功能。无论自然系统还是人工系统，如果不是出于对某种功能的需要，就没有存在的基础性和保持的必要性。而无论什么样的功能，一定是产生于由某些要素所形成的某种结构。

在宏观层面，系统可以分为三类：

一是自然系统。就是在自然的条件下，各个要素按照自然法则存在和演变，产生或形成的一种群体性的自然现象与特征。例如生态系统、生命系统、天体系统、物质微观结构系统等。社会系统也是自然系统（这是历史唯物主义的观点）。

二是人工系统。人工配置的有相关性的要素形成集合体，按照预先设计好的规则向着既定的方向发展，以实现预期的功能，取得期望的结果。行政管理系统、企业生产系统、交通运输系统、科研管理系统、医药卫生系统等，均为人工系统。

三是复合系统。整合自然系统和人工系统的特征所形成的系统，属于复合系统。可以这样理解，即在复合系统中，既有自然要素又有人工要素；既遵循自然法则又遵照人为规则；系统中形成的有效的结构，实现人们期望的目标。例如卫星导航系统、交通管理系统和人-机系统等。

按照其他标准，系统还可以分为不同类型。

• 按照规模和范围标准，可以分为：胀观系统、宇观系统、宏观系统、微观系统和渺观系统；还可以分为小系统、大系统和巨系统；
• 按照要素间相互关系标准分为：线性系统和非线性系统；
• 按照系统与环境的关系分为：孤立系统、封闭系统和开放系统；
• 按照静与动的相对关系标准可分为：运动系统和静止系统；
• 按照运动模式的稳定性程度分为：平衡系统和非平衡系统；
• 按照运动方式的复杂程度分为：机械系统、物理系统、化学系统、生物系统和社会系统；
• 按照存在的大领域分为：自然系统、社会系统和思维系统；
• 按照认识程度分为：白系统、黑系统和灰系统；
• 按照主客观关系分为：客观系统和主观系统；
• 按照系统熵指数大小分为：平衡态系统、近平衡态系统和远离平衡态系统等；
• 按照系统结构简单与否划分，有简单系统和复杂系统之分。

钱学森提出一种关于系统的完备分类，如图 8-3 所示。

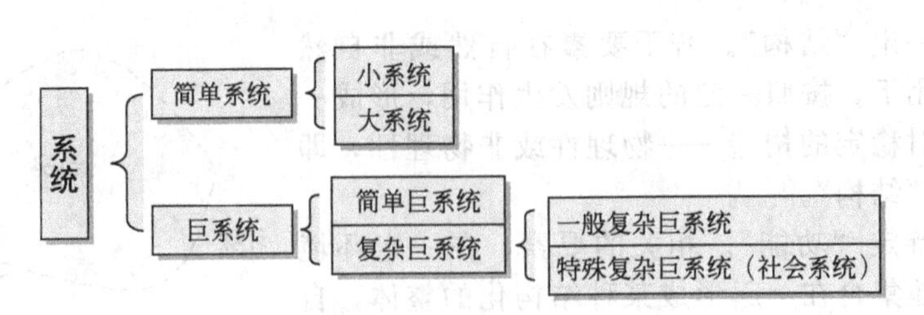

图 8-3 钱学森关于系统的分类

2. 系统科学的概念

系统科学（systems science，systematic science）是以系统为研究对象的基础理论和应用开发的学科所组成的学科群。着重研究各类系统的关系和属性，揭示系统活动的规律，探讨有关系统的各种理论和方法。

贝塔朗菲（Bertalanffy，Ludwig von）在 1937 年提出的一般系统论原理，奠定了这门科学的理论基础。1968 年发表了著作《一般系统理论：基础、发展与应用》（General System Theory：Foundations，Development，Applications），确立了这门科学的学术地位，公认为是这门学科的代表作。

3. 系统思想方法

思维是人脑认识现实的活动，而思想是思维认识活动的结果。在具体到本项战略思维与系统思想综合运用的研究中，拟赋予战略思维中的"思维"和系统思想中的"思想"基本一致的内涵。

系统思想（systems thinking，systematic thinking）可以界定为基于系统理念、系统科学和系统工程的理论与方法，思考问题、认识问题和解决问题的高级心理活动形式。图 8-4 为系统研究与系统思想的逻辑关系示意图。

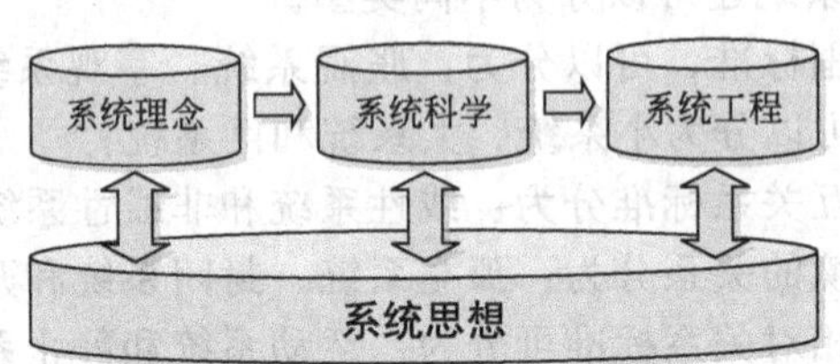

图 8-4 系统研究与系统思想的逻辑关系

系统理念是系统科学形成与发展的基础，而系统工程，又可以看作是系统科学理论与方法的技术性、工程化应用。系统性认识的深化，系统科学研究的进步，以及系统工程方法的创新，都将成为系统思想得以丰富和升华的源泉。

三、战略思维与系统思想的有机结合

1. 战略思维的维度

战略思维是指在战略高度从战略管理的需要出发，观察问题、分析问题和解决问题的高级心理活动形式。战略思维作为高级心理活动形式，包括四个维度的涵义，即运用战略思维，就意味着要有使命感、全局性、竞争性和规划性。战略思维的维度如图 8-5 所示。

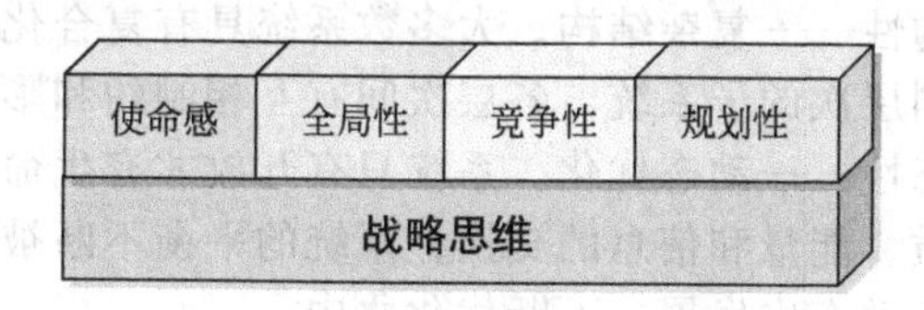

图 8-5 战略思维的四个维度

维度一：使命感——使命实现。使命是“组织存在的目的、根据或理由”，是战略管理的出发点和落脚点。在竞争性环境中，无论营利组织还是非营利组织，无论企业机构还是政府机关，都有必要实行战略管理。组织的领导者、管理者和作业者，都应该明确组织战略规划和目标，为实现组织使命而努力工作。

维度二：全局性——全局观念。基于战略思维，意味着要具备宏观与微观、眼前与长远、内部与外部等多方面因素综合考虑、统筹安排的思路和方法。

维度三：竞争性——竞争发展。竞争无处不在，日趋激烈，发展是硬道理。在激烈竞争中，任何性质组织的存在与发展都需要讲究战略和战术。战略思维就是竞争发展思维。在资源的获取与配置，比较优势的发挥和核心竞争力的建设中，都普遍存在着竞争性。

维度四：规划性——规划落实。战略发展需要规划；战略目标的实现重在规划的落实。规划性，强调战略规划的制定与落实，是战略思维的重要内涵。

2. 系统思想的维度

系统思想被界定为基于系统理念、系统科学和系统工程的理论与方法，思考问题、认识问题和解决问题的高级心理活动形式。系统思想作为高级的心理活动，有四个维度的表现：整体性、关联性、结构性和动态性。系统思想的维度如图 8-6 所示。

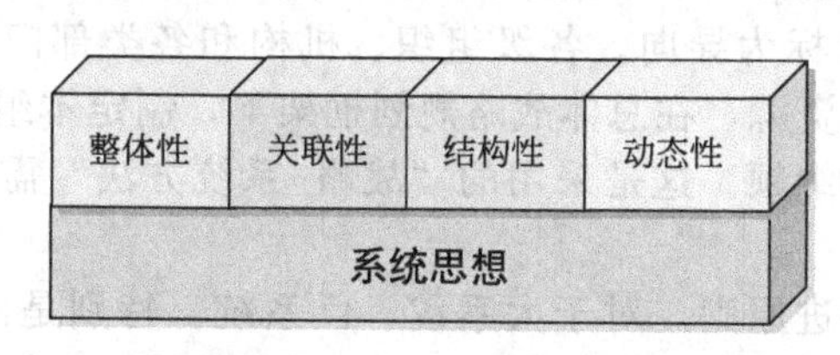

图 8-6 系统思想的四个维度

第一维度：整体性——整体功能。系统意味整体功能大于部分功能之和。整体性是系统最基本的特征。系统思想要求人们在研究问题、认识问题和处理问题时，要牢固树立整体性全局观念，避免出现条块分割、自行其是的局面，始终把关注和研究的客体视作有机整体。

第二维度：关联性——关联互动。系统内要素之间具有关联性。系统内部与外部因素之间，系统要素和系统之间，同样存在关联性。关联性使得要素之间形成互补、互助、共进的关系；系统与要素有双向构建性。

第三维度：结构性——复杂结构。大多数系统具有复合化和层次化的复杂结构。系统中存在不同层次的子系统，各层次间有互相制约和影响的机制。

第四维度：动态性——动态优化。系统只有开放才有生命力。开放系统与环境之间不断进行物质、能量和信息的交换；系统的平衡不断被打破，新的平衡又不断形成。系统处于动态中发展、不断优化之中。

3. "战略-系统方法"的基本原则

基于对战略思维的使命感、全局性、竞争性和规划性四个维度，以及系统思想的整体性、关联性、结构化和动态化四个维度的全面认识，可以提出在实际工作中综合运用战略思维与系统思想，即运用"战略-系统方法"观察问题、分析问题和解决问题，应该遵循的五项基本原则（图 8-7）。

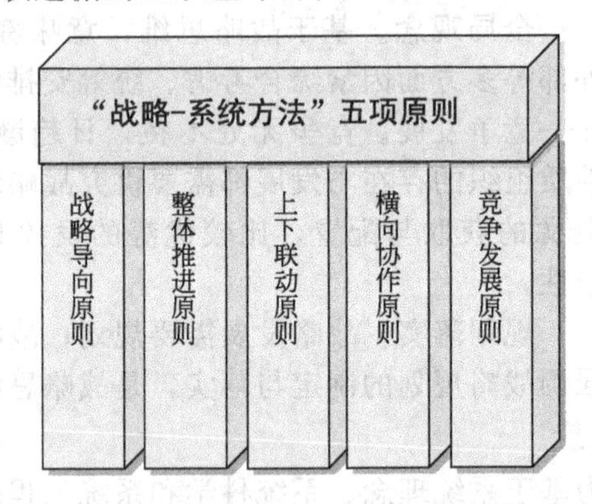

图 8-7"战略-系统方法"五项原则

第一项：战略导向原则。根据中国目前所处的发展阶段，不管是营利组织，还是非营利组织（政府部门、事业单位等），在开展各项工作的过程中，都应该以落实战略规划的目标为导向。各级组织、机构和各类部门，都有必要明确使命、定位战略、盘点资源，在总体战略规划框架下，制定本组织、本机构、本部门的战略规划和行动纲领。这是采用的"战略-系统方法"需要遵循的最重要的原则。

第二项：整体推进原则。对于大系统、巨系统，特别是由多要素、多层次、多环节和复合化结构组成的特殊复杂巨系统（如行政管理系统、科研管理系统、教育管理系统等）而言，自上而下，全国"一盘棋"。统筹规划，集中指挥（或指导），统一行动，整体推进各项工作，是应用"战略-系统方法"需要遵循的重要原则。

第三项：上下联动原则。国家特种设备安全监管体系，是由国家局、省（自治区、直辖市）局、市（地）局和县级机构四个层次组成的"复杂巨系统"。运用“战略-系统方法”观察、分析和解决这类复杂巨系统中的问题，实现绩效水平的提升与保持，全系统内各层级的领导和管理主体，坚持上下联动原则，上传下达，协调一致，具有必要性和重要意义。

第四项：横向协作原则。国家特种设备安全监管工作“复杂巨系统”，不仅包括“四个层次”，而且涉及“五个方面”——行政监察、检验检测、设备制造、设备使用和科技支撑，“四类人员”——领导决策者、管理执行者、生产作业者和科技支撑者。类似的社会复杂巨系统很普遍。在工作实践中运用“战略-系统方法”，需要高度重视和遵循的一项原则是横向协作原则。各类子系统和行为主体横向的密切联系、分工协作，是落实巨系统总体战略规划，实现全系统战略目标的必要条件。

第五项：竞争发展原则。如前所述，战略源于竞争。要发展就会有竞争，有竞争就要讲究战略。制定和实施战略规划是复杂的系统工程。在工作中以“战略-系统方法”作指导，需要清楚地认识到组织存在与发展的竞争性。为了在竞争中实现战略发展目标，有必要采用系统科学和系统工程的理论与方法优化系统功能，发挥事半功倍的效应。

第二节　战略系统方法对安全监管的作用及意义

一、战略系统方法提升监管能力及效果

战略管理兼顾内部与外部因素、历史与现实因素、当前与未来因素，并系统性地计划、组织、领导和控制管理的全过程。

战略思维是领导者思维的重要内容，领导者的战略决策是否合理，关键因素之一是是否具备正确的思维方法。战略思维对象的系统性与思维过程的全局性和阶段性，决定了战略思维必须遵循系统思维方法的一般原则，即：整体性原则、结构性原则和有序性原则。领导者认识问题，作出战略决策，需要具备系统思想，重视事物的整体性，处理好整体与局部的关系，注重内部各要素之间的有机联系，追求整体而不是局部效益的最大化。可以通过系统的功能，认识系统的最佳结构；通过结构优化促进功能卓越。

系统科学既是“研究方法”又是“实践方法”；战略思维是一种从宏观总体、长远发展和根本基础上来认识和把握全局的思想方法，学习和掌握系统思想，对于提高战略思维水平，理解和贯彻战略决策，推进事业发展，具有重要的理论意义和实践价值。领导者与管理者的理论思维和战略思维能力，与决策水平和管理能力“密切相关”。所谓“战略思维，就是在分析问题和解决问题时能够从长远性、全局性、根本性上去把握事物的自身特点和发展的规律性。”具备战略思维，对于各级领导者都具有重要意义。

二、掌握战略系统方法对安全监管的意义

1. 研究“战略思维”和“系统思想”具有科学性和合理性

在各级政府的安全监察和企业的安全管理工作中，需要综合处理安全生产规划、组织、运作和控制过程，这就需要综合运用战略思维与系统思想作为方法上的指导。战略思维是应对竞争、挑战和发展的需要，体现宏观、长远和规划的特征。战略管理是具有系统性特征的活动，但还没有达到充分利用系统工程方法和工具的高度。通过研究，选择有价值的、适用的系统工程方法应用于战略管理实践中，就能够产生事半功倍的效应。因此，在安全生产的监管活动中，研究和运用“战略思维”和“系统思想”具有科学性和合理性。

2. 运用“战略思维”和“系统思想”具有必要性和有效性

在当今社会，无论营利组织管理还是非营利组织管理，无论企业管理、政府管理还是社会管理，本质上都是战略性管理。寓系统工程方法于战略性管理实践中，对于全社会各项事业管理水平的提高和战略规划目标的实现，具有必要性和有效性。

3. 运用“战略思维”和“系统思想”需要考量差异性和特殊性

在安全生产监管活动中，管理模型及方法的构建和运用，必须考虑应用环境、条件和对象的差异性和特殊性。安全管理模型是对安全生产管理实践中的现象或问题的特征与性质的高度概括。不同的行业企业、不同发展水平的地区和政府，安全管理的基础和能力具有差异。在安全管理实践中面对不同的现象和问题，尤其是在不同环境中的实践及其管理，需要不同的管理模型去认识和解释。对于发达国家的制度环境中构建的管理模型，通常难以适用于中国的实践。企业管理模型，不可简单地照搬到政府管理实践中。

第三节　安全生产监管战略系统模型

一、安全生产监管战略分析

安全监管战略分析可借助 SWOT 分析法。SWOT 分析法又称为态势分析法，可以对研究对象所处的情景进行全面、系统、准确的研究，从而根据研究结果制定相应的发展战略、计划以及对策等。SWOT 分析法常常被用于制定发展战略。SWOT 分别代表：S——优势（Strength）、W——劣势（Weakness）、O——机会（Opportunity）、T——挑战（Threat）。安全生产监管领域的 SWOT 战略分析模型可见图 8-8。

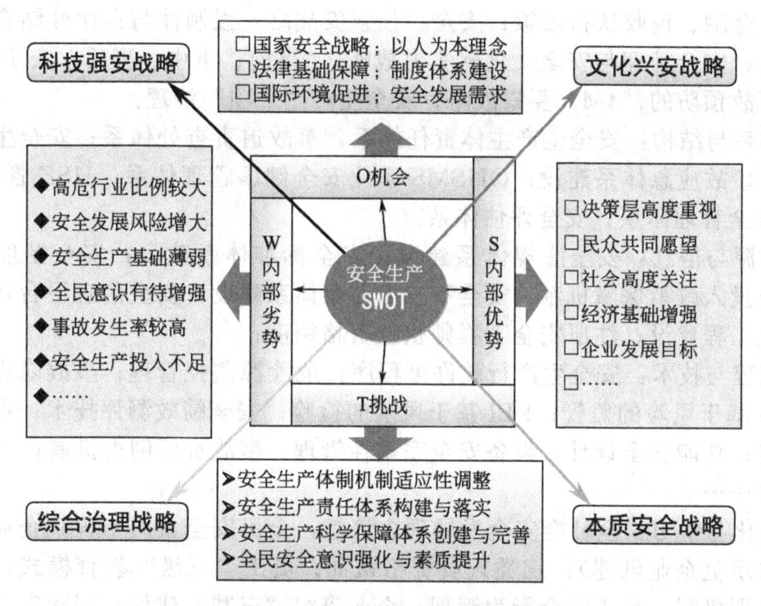

图 8-8 安全监管 SWOT 分析模型

二、安全生产监管机制优化

安全生产监管机制的优化需要应用“战略-系统”模型，根据国际普遍公认的麦肯锡 7-S 模型，我们可以构建安全生产监管机制的优化模型，如图 8-9 所示安全生产监管的 4 大使命包括：生命安全健康；设备财产防损；社会稳定协调；经济持续发展。安全监管需要遵循的 5 个基本原理包括：安全科学原理；事故致因原理；本质安全原理；安全系统（综合治理）原理；安全发展原理。安全监管模式的 6 个基本要素包括：安全监管的领导与决策、规划与策略、结构与体系、资源与信息、流程与技术、文化与学习。以及创新无数的监管方式。即

▪ 4 大使命：生命安全健康；设备财产防损；社会稳定协调；经济持续发展。

▪ 5 条原理：安全科学原理；事故致因原理；本质安全原理；安全系统原理；安全发展原理。

▪ 6 个要素：领导与决策；规划与策略；结构与体系；资源与信息；流程与技术；文化与学习。

▪ 60 余种方法论。

• 领导与决策：国家安全发展战略；公共安全体系建设；安全生产基础建设；安全生产基本方针、方略；安全生产监管体制良化；安全生产监管机制优化；安全保障“三方”协调原则；综合监管与专项监管结合模式；安全生产“五要素”策略……

• 规划与策略：国家安全生产规划体系；行业、地方安全生产规划体系；国

家财政、金融、税收扶持政策；安全科技强安战略；强制性与自律性结合的安全监管战略；安全管理与安全文化软实力战略；"事前、事中、事后"安全"三 P"策略；事故预防的"4M"要素战略；安全生产"三项"治理。

• 体系与结构：安全生产主体责任体系；事故追责查处体系；安全生产标准化建设；事故应急体系建设；OHSMS 职业安全健康管理体系；HSE 管理体系；NOSA 安全管理体系；安全评估体系。

• 资源与信息：安全法规体系建设；安全标准体系建设；安全制度体系建设；安全投入政策保障机制；安全第三方监察体系建设；安全信息平台建设；安全可视化工程建设；注册安全工程师执业资格制度；

• 流程与技术：安全生产行政许可程序；危险源监控管理；事故隐患排查治理；RBS 基于风险的监管；RBI 基于风险的检验；安全绩效测评技术；本质安全企业创建；功能安全设计；设备安全完整性管理；事故责任倒查机制；"三同时"审核制度……

• 文化与学习：全社会安全发展理念培塑；全民安全素质工程；企业安全文化建设（示范企业创建）；三类人员资格认证；员工"三级"教育模式；全员日常安全培训机制；员工安全行为管理；企业班组"三基"建设；国际安全资源共享与借鉴……

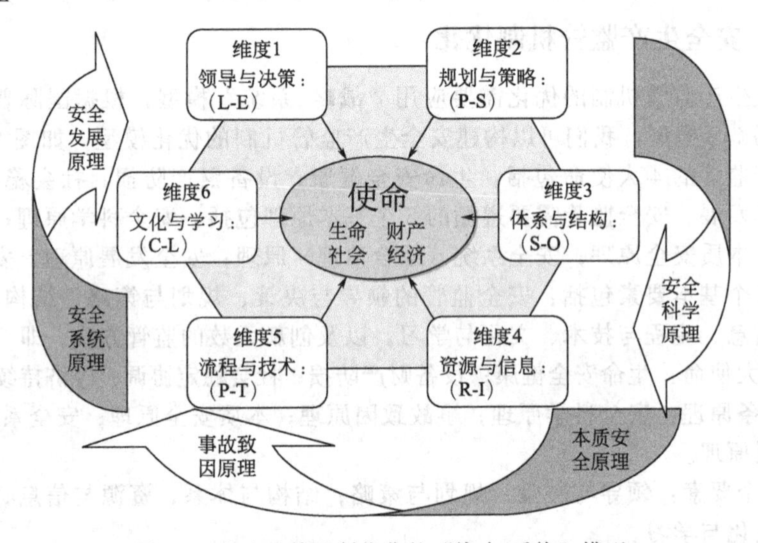

图 8-9 安全监管机制优化的"战略-系统"模型

三、安全生产监管方法创新

安全生产监管方式的创新是一个永恒的命题和过程。基于现代的安全科学管理原理，安全生产监管方式的创新，可以从如下方面入手：一是安全监管理论的创新：从事故致因理论到风险管理理论；二是监管方法的创新：从基于表象、规模、能量的监管，转变到基于风险、规律、本质的监管；三是安全监管目标的创新：从以事故或事故追究为监管目标的方式转变到以安全隐患、危险源（点）、危害因素等为对象的方式；四是监管过程的创新：从事后型监管模式到预防型监管模式；五是安全监管指标的创新，从以事故指标为主的监管方式转变到预防指标、防范能力指标、绩效指标为主的监管指标体系；六是监管手段的创新：从单一的行政手段的监管方法，转变到法制手段、经济手段、科学手段、文化手段综合监管、科学监管的方法、方式。总之，安全监管机制的创新要体现出变经验管理到科学管理；变结果管理为过程管理；变事后管理为事前管理；变静态监管为动态监管；变成本管理为价值管理；变效率管理为效益管理；变管理的对象为管理的动力；变以约束性的负强化监管方式到以激励式的正强化监管方式；变人治管理为法治管理；变纵向单因素管理为横向综合全面监管等。

在具体的监管方法上，根据科学监管、有效监管的战略目标，需要推进安全监管机制和方式的变革和创新：

(1) 优化安全监管模式，构建立体式监管体系。构建立体式安全监管模式，可以应用霍尔系统模型，从三个维度来设计，其中表述了监管对象、监管过程(环节)、监管层级的关系，依据模型可以设计系统、全面、实用的监管机制，从而提高监管的科学、有效性。

(2) 弱化行政监管方式，建立法制监管体系。完善的法制监管体系是落实科学监管的重要基础，安全法制监管体系在机制上应是综合监管、行业监管、专项监管、社会监督相结合的体系，在监管方式上不只有行政许可，更要有技术监察、行为监察、过程监督等。

(3) 大力发展中介服务，构建“三方”协调机制。在安全与生产的矛盾中，企业与国家、企业与社会、企业与员工、雇主与雇员有必然的冲突，企业常常是矛盾的强势方，要和谐、平衡矛盾，需要强化弱势方——“第二方”，而政府要成为共同利益的代表，必须避免成为矛盾方，因此，安全监管的和谐机制需要发展中介服务，构建科学、合理的“三方”协调机制。

(4) 安全监察与安全管理分离，推进安全监管合理化。政府强化监察概念，行业建立监管概念，社会体现监督概念。政府安全监察部门要从过程管理中脱离，担当“安全裁判”职能，成为真正意义的“第三方”。

(5) 淡化事故指标考核，推进安全监管绩效评价。绩效管理是一种现代化的管理方法，它能够有效提升管理效能，促进组织战略目标的顺利实现。对于政府安全监管部门来说，推行政府安全监管绩效管理是新形势下行政管理科学化、民主化的必然要求。而政府安全监管绩效管理的核心环节是绩效测评，因此，构建科学合理、行之有效的政府安全监管绩效测评体系是政府安全监管的一种长效机制。

(6) 建立“多元主体”责任体系，推行“首发”免责机制。安全公理表明，安全人人需要，因此，必然“人人有责”。建立政府企业落实主体、政府监察主

体、部门监管主体、中介技保主体、员工自律主体等“多元”的责任体系，符合系统防范、综合治理的方针，使安全生产获得“多元支撑和保障”。另一方面，在分析、认定、查处事故责任时，要体现“轻重主次”“分级差别”“合理得当”的原则，处理好“法理与情理”“权责与担责”的关系。对官员建议探索“首发免责”的做法，即：对于官员或相关负责人在与事故没有直接关系、没有违法违规行为的前提下，第一年、第一次、第一类（行业同类事故）发生的事故可免责。

(7) 事故调查与处罚追责分离，实现事故调查专业化。推行国际上通行的事故调查委员会的体制，变“联合调查机制”为“专业（化）调查机制”，推行事故的技术调查行业专业化，使事故调查回归科学本质，遵循科学的专业原则。在客观、科学的第三方调查报告基础上，执法部门依法、据证实施追责查处。

(8) 应用 RBS 理论，推行基于风险的监管方法。目前各级安监部门普遍采用的是基于事故、规模、能量、形式的监管方法，缺乏科学性、合理性，最终是监管效能水平低、效果差、“事倍功半”。应用 RBS（Risk Based Supervision）理论，推行基于风险的监管模式，将可实现安全监管的全面性——进行全面风险辨识；预防性——强调潜在风险因子；动态性——重视动态现实风险；定量性——进行风险定量评价；分级性——基于风险分级的分类监管。因此，RBS 的应用将对提高安全监管效能和安全生产保障水平发挥积极作用。

安全管理方法

第九章 安全管理模式

重要概念 安全管理模式、安全标准化、安全管理体系、安全管理机制等。

重点提示 国家安全生产的宏观综合管理模式；以人为中心的安全管理模式；预防型安全管理模式；企业预防型的安全管理模式和方法。

问题注意 能够理解不同管理层次（国家管理层次、行业管理层次、企业管理层次等）的安全管理模式；区别国家综合安全生产管理模式与企业以防范事故为目标的安全管理模式；各种安全活动模式都有其特定的方式、对象和目标，要结合企业的管理特点有效、灵活地组织实施；能够建立起不断改善、持续进步的安全管理模式，才是最成功的安全管理模式。

模式是事物或过程系统化、规范化的体系，它能简洁、明确地反映事物或过程的规律、因素及其关系，是系统科学的重要方法。安全管理模式是反映系统化、规范化安全管理的一种体系和方式。从不同的角度归纳和总结安全管理的模式，并理解、掌握和运用于实践，对于改进企业的安全管理，提高企业安全生产的保障能力具有良好的作用。安全管理模式一般应包含安全目标、原则、方法、过程和措施等要素。国内外发展和推行的很多安全管理模式是在长期企业安全管理经验基础上，运用现代安全管理理论与事故预防工作实践经验相结合的产物。目前在职业安全卫生领域推行的一些现代安全管理模式具有如下特征：抓住企业事故预防工作的关键性矛盾和问题；强调决策者与管理者在职业安全卫生工作中的关键作用；提倡系统化、标准化、规范的管理思想；强调全面、全员、全过程的安全管理；应用闭环、动态、反馈等系统论方法；推行目标管理、全面安全管理的对策；不但强调控制人行为的软环境，同时努力改善生产作业条件等硬环境。因为科学的安全管理模式具有动态、系统和功能化的特征，所以对于改进企业安全管理具有现实的意义和效果，因而得到普遍的推崇。

第一节 宏观、综合的安全生产管理模式

一、国家安全生产管理机制

“机制”一词来源于希腊文，开始是应用于机构工程学，意指机械、机械装置、机械结构及其制动原理和运行规则等；后应用于生物学、生理学、医学等，用于说明有机体的构造、功能和相互关系。随着概念和内涵的延伸，在宏观经济学领域，把社会经济体系比作一架大机器或动物机体，用“机制”说明经济机体内部各构成要素间的相互关系、协调方式和原理。因此，管理机制从系统论的观点看，应是指管理系统的构成要素（主体)、管理要素（主体）间相互协调和作用方式以及运行规则。

职业安全卫生管理是一个全人类共同面临的问题，对此世界各国都具有一些共同的规律和属性。在职业安全卫生管理体制方面，由于各个国家政治制度、经济体制和发展历史的不同，其职业安全卫生管理体制也存在一些差异。但随着国际经济一体化和全球化的趋势和发展，各个国家的职业安全卫生管理产生了相互影响和渗透的趋向。在职业安全卫生管理体制方面，世界很多国家推行的是“三方原则”的管理体制或模式，即：国家-雇主-雇员三方利益协调的原则。这一原则必然建立起下列机制：国家为社会和整体的利益，通过立法、执法、监督的手段来实现；行业代表雇主或企业的利益，通过协调、综合管理来实现；工会代表员工的利益，通过监督手段来实现相互督促、牵制和协调、配合。

二、国家安全生产管理体制的发展

在我国，安全生产监督管理是督促企业落实各项安全法规，治理事故隐患，降低伤亡事故的有效手段。60多年来，安全生产监督管理制度从无到有，不断发展完善。在新中国成立的前夕，中国人民政治协商会议通过的《共同纲领》中就提出了人民政府“实行工矿检查制度，以改进工矿的安全和卫生设备”。1950年5月，政务院批准的《中央人民政府劳动部试行组织条例》和《省、市劳动局暂行组织通则》规定：“各级劳动部门自建立伊始，即担负起监督、指导各产业部门和工矿企业劳动保护工作的任务。”1956年5月，中共中央批示：“劳动部门必须早日制定必要的法规制度，同时迅速将国家监督机构建立起来，对各产业部门及其所属企业劳动保护工作实行监督检查。”同年5月25日，国务院在颁布“三大规程”的决议中指出：“各级劳动部门必须加强经常性的监督检查工作。”

1979年4月，经国务院批准，原国家劳动总局会同有关部门，从伤亡事故和职业病最严重的采掘工业入手，研究加强安全立法和国家监督问题。1979年5月，原国家劳动总局召开全国劳动保护座谈会，重新肯定加强安全生产立法和建立安全生产监督制度的重要性和迫切性。1982年2月，国务院颁布《矿山安全

条例》《矿山安全监察条例》和《锅炉压力容器安全监督暂行条例》，宣布在各级劳动部门设立矿山和锅炉压力容器安全监督机构，同时，相应设立了安全生产监督机构以执行安全生产国家监督制度。1983 年 5 月，国务院批准原劳动人事部、国家经委、全国总工会《关于加强安全生产和劳动安全监督工作的报告》，指出："劳动部门要尽快建立、健全劳动安全监督制度，加强安全监督机构，充实安全监督干部，监督检查生产部门和企业对各项安全法规的执行情况，认真履行职责，充分发挥应有的监督作用。"从而，全面确立了安全生产国家监督制度。从 1982 年至 1995 年，由四川、湖北、天津等地区带头，相继有 28 个省、自治区、直辖市和一些城市通过了地方立法，规定了劳动行政部门（劳动局、厅）是主管安全生产监督工作的机关，行使国家监督的职能，在本地区实行安全生产监督制度。同时，下级职业安全健康监督机构在业务上接受上级安全生产监督机构的指导。1993 年 8 月，原劳动部颁布了《劳动监督规定》，对劳动监督的内容作出了规定。1994 年 7 月全国人大通过了《劳动法》，进一步明确了安全生产国家监督体制。1995 年 6 月，劳动部颁布了《劳动安全卫生监督员管理办法》。这些对于完善安全生产国家监督体制和建立一支政治觉悟高、业务能力强的安全生产监督队伍，有很大的推动作用。

进入 20 世纪 90 年代，随着社会主义市场经济的建立、企业管理制度的改革和安全管理实践的不断深入，逐步发现"三结合"的安全管理体制并不完善，其中主要是"行政管理"和"行业管理"的功能已不能与新的经济体制条件下所要求的安全管理相适应。因此，安全生产监管体制也在不断地调整。20 世纪 90 年代以前，我国的安全生产管理解决了安全与生产"两张皮"的问题。但随着我国经济体制改革的深化和社会主义市场经济体制的逐步建立，国有企业走向市场，企业形式多样化，并成为自主经营、自负盈亏、自我发展、自我约束的主体，一些经济管理部门的行政管理职能逐步削弱。在这种条件下，为了使安全生产管理体制更加符合工作的需要，国务院 1993 年 50 号文《关于加强安全生产工作的通知》中正式提出：实行"企业负责、行业管理、国家监督、群众监督，劳动者遵章守纪"的安全生产工作体制。强调了各个经济管理部门"管理生产必须管理安全"的思想，调动了各方面的积极性。"企业负责、行业管理、国家监督、群众监督"的"四结合"的安全生产管理体制，进一步明确了企业是安全生产工作的主体，为建立"政府、企业、工会"三方协调管理机制打下了基础。在全国范围内建立起了以政府、部门、企业主要领导为第一责任人的安全生产责任制，安全生产工作责任到人、重大问题有专门领导负责解决的局面基本形成。

三、我国安全生产管理机制的建立

随着国家经济体制转变和政府管理职能的转变，以及为了与国际接轨，我国的国家安全生产管理机制向着如下模式发展：遵循"国家-企业-员工"三方需要的原则，建立"五方结构"的国家安全生产管理模式，即国家、政府（行业）、社会（中介）、企业（法人或雇主）、工会（员工或雇员）的“五方结构”管理模式——国家监督、政府（行业）监管、中介服务、企业负责、群众监督的管理模式。“五方结构”的科学原则是：国家利益与社会责任相结合的原则；国际惯例与中国国情相结合的原则；系统化分层管理与全面分类管理相结合原则。这些原则在 2014 年修改实施的最新的《安全生产法》中得到了基本的体现。即通过《安全生产法》所明确的国家安全生产总体运行机制归纳起来包括如下五个方面：

(1) 政府监管与指导。各级政府实施安全生产监督管理与协调指导的“监督运行机制”。《安全生产法》第九条明确了政府的安全生产监督管理职能，即国务院安全生产监督管理部门依照本法，对全国安全生产工作实施综合监督管理；县级以上地方各级人民政府安全生产监督管理部门依照本法，对本行政区域内安全生产工作实施综合监督管。国务院有关部门依照本法和其他有关法律、行政法规的规定，在各自的职责范围内对有关行业、领域的安全生产工作实施监督管理；县级以上地方各级人民政府有关部门依照本法和其他有关法律、法规的规定，在各自的职责范围内对有关行业、领域的安全生产工作实施监督管理。安全生产监督管理部门和对有关行业、领域的安全生产工作实施监督管理的部门，统称负有安全生产监督管理职责的部门。而政府的监督管理是安全生产综合监管与各有关职能部门（公安消防、公安交通、煤矿监督、建筑、交通运输、质量技术监督、工商行政管理）专项监管相结合的体制。国家的安全生产综合部分和专项管理部门合理分工、相互协调。由此，相应地表明了我国《安全生产法》的执法主体是国家安全生产综合管理部门和相应的专门监管部门。

(2) 企业实施与保障。企业全面落实生产过程安全保障的“事故防范机制”。《安全生产法》第四条规定：生产经营单位必须遵守本法和其他有关安全生产的法律、法规，加强安全生产管理，建立、健全安全生产责任制和安全生产规章制度，改善安全生产条件，推进安全生产标准化建设，提高安全生产水平，确保安全生产。第五条规定：生产经营单位的主要负责人对本单位的安全生产工作全面负责。并在第三章中以较大篇幅，明确了生产经营单位保障安全生产的具体保障措施和责任意义。

(3) 员工权益与自律。建立劳动者的权益保障和实现生产过程安全作业的“自我约束机制”。《安全生产法》第六条规定：生产经营单位的劳动者有依法获得安全生产保障的权利，并应当依法履行安全生产方面的义务。并在第三章中具体明确了员工的八项权利和三项义务。

(4) 社会监督与参与。建立工会、媒体、社区和公民广泛参与的“社会监督机制”。《安全生产法》第七条规定：工会依法对安全生产工作进行监督。生产经营单位的工会依法组织职工参加本单位安全生产工作的民主管理和民主监督，维护职工在安全生产方面的合法权益。生产经营单位制定或者修改有关安全生产的规章制度，应当听取工会的意见。第七十一条规定：任何单位或者个人对事故隐患或者安全生产违法行为，均有权向负有安全生产监督管理职责的部门报告或者举报。第六

十七条规定：新闻、出版、广播、电影、电视等单位有进行安全生产宣传教育的义务，有对违反安全生产法律、法规的行为进行舆论监督的权利。第七十二条规定：居民委员会、村民委员会发现其所在区域内的生产经营单位存在事故隐患或者安全生产违法行为时，应当向当地人民政府或者有关部门报告。这就规范了我国的安全生产，发动了四方的社会监督力量：即工会、新闻、公民和社区四方。

(5) 中介支持与服务。建立国家认证、社会咨询、第三方审核、技术服务、安全评价等功能的“中介支持与服务机制”。《安全生产法》第十三条规定：依法设立的为安全生产提供技术、管理服务的机构，依照法律、行政法规和执业准则，接受生产经营单位的委托为其安全生产工作提供技术、管理服务。生产经营单位委托前款规定的机构提供安全生产技术、管理服务的，保证安全生产的责任仍由本单位负责。

在安全生产管理模式中，企业责任是最基本的，企业安全生产的实现既是归宿也是出发点。因此，企业自我管理和遵守国家法律是落实“五方结构”的关键；强化从业人员监督意识和维护自身职业安全卫生的权利与义务是“五方结构”的基础；政府科学建规、立法，并依法客观、公正进行监督，则是“五方结构”的保障。

第二节　企业安全管理模式

企业综合安全管理模式是在新的经济运行机制下提出来的，其思想是无论是人身伤亡事故，还是财产损失事故；无论是交通事故，还是生产事故，甚至火灾或治安案件，都对人类造成危害和损害。这些人们不期望的现象，无论从根源、过程和后果，都有共同的特点和规律，企业对其进行防范和控制，也都有共同的对策和手段。因此，把企业的生产安全、交通安全、消防、治安、环保等方面进行综合管理，对于提高企业的综合管理效率和降低管理成本有着重要的作用。为此，建立“大安全”的综合安全管理模式是21世纪企业安全管理的发展趋势。

一、对象化的安全管理模式

1. 以“人为中心”的企业安全管理模式

作为企业，研究科学、合理、有效的安全生产管理模式是安全管理的基础。以人为中心的管理模式，其基本内涵是把管理的核心对象集中于生产作业人员。即，安全管理应该建立在研究人的心理、生理素质基础上；以纠正人的不安全行为、控制人的误操作作为安全管理目标。以这种模式为代表的有马鞍山钢铁公司的“三不伤害”活动（不伤害自己，不伤害他人，不被他人伤害）、上海浦东钢铁公司的“安全人”管理模式、长城特殊钢厂的“人基严”模式（人为中心，基本功、基层工作、基层建设，严字当头、从严治厂）等。这些安全管理方式都是以人为中心的管理模式的体现。

2. 以“管理为中心”的企业安全管理模式

这种管理模式基于如下认识：一切事故原因来源于管理缺陷。因此，现今的管理模式既要吸收经典安全管理的精华，又要总结本企业安全生产的经验，更要能够运用现代化安全管理的理论。比较著名的有鞍钢“0123”管理模式、扬子石化公司的“0457”管理模式、抚顺西露天矿的“三化五结合”模式、梅山铁矿的“333”管理模式和国家建材局的系统安全管理模式等。具体内容见下一节。

二、程序化的安全管理模式

1. 事后型的安全管理模式

事后型安全管理模式是一种被动的管理模式，即在事故或灾难发生后进行亡羊补牢，以避免同类事故再发生的一种管理方式。这种模式遵循如下技术步骤：事故或灾难发生—调查原因—分析主要原因—提出整改对策—实施对策—进行评价—新的对策，如图 9-1 所示。

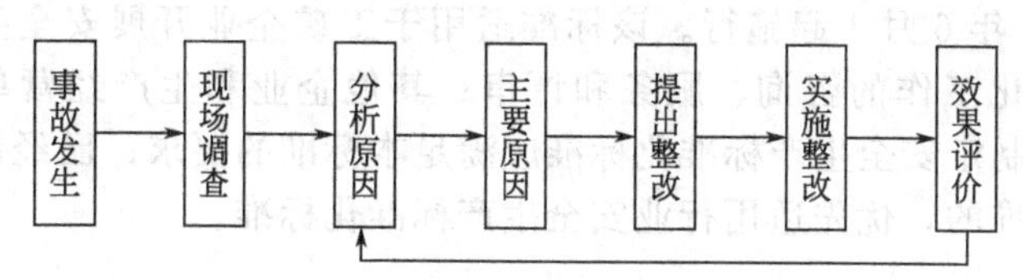

图 9-1　事后型安全管理模式

2. 预防型的安全管理模式

预防型模式是一种主动、积极地预防事故或灾难发生的对策，显然是现代安全管理和减灾对策的重要方法和模式。其基本的技术步骤是：提出安全目标—分析存在的问题—找出主要问题—制定实施方案—落实方案—评价—新的目标。见图 9-2。

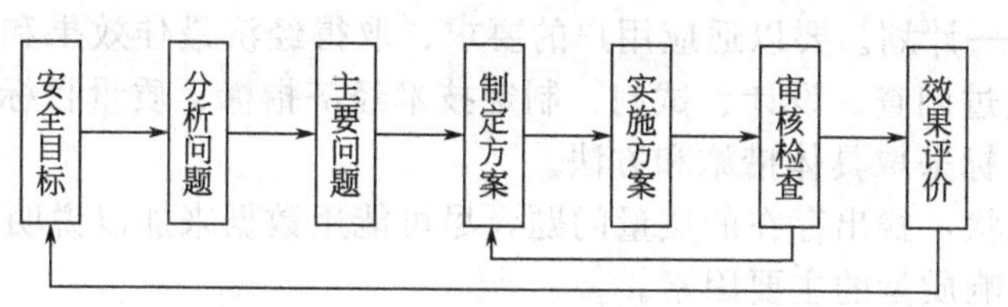

图 9-2　预防型安全管理模式

第三节　安全生产标准化

安全生产标准化是通过建立安全生产责任制，制定安全管理制度和操作规程，排查治理隐患和监控重大危险源，建立预防机制，规范生产行为，使各生产

环节符合有关安全生产法律法规和标准规范的要求，人、机、物、环处于良好的生产状态，并持续改进，不断加强企业安全生产规范化建设。这是企业基础工作和基层工作，这是全员、全天候、全过程、全方位的工作。

一、安全生产标准化的发展历史

2004年，《国务院关于进一步加强安全生产工作的决定》（国发［2004］2号）提出了在全国所有的工矿、商贸、交通、建筑施工等企业普遍开展安全质量标准化活动的要求。国家安全生产监督管理总局发布了《关于开展安全质量标准化活动的指导意见》，煤矿、非煤矿山、危险化学品、冶金、机械、电力等行业、领域均开展了安全质量标准化创建工作。随后，除煤炭行业强调了煤矿安全生产状况与质量管理相结合外，其他多数行业逐步弱化了质量的内容，提出了安全生产标准化的概念。

2010年4月15日，国家安全生产监督管理总局以2010年第9号公告发布了《企业安全生产标准化基本规范》安全生产行业标准，标准编号为AQ/T 9006—2010，自2010年6月1起施行。该标准适用于工矿企业开展安全生产标准化工作以及对标准化工作的咨询、服务和评审；其他企业和生产经营单位可参照执行。有关行业制定安全生产标准化标准应满足本标准的要求；已经制定行业安全生产标准化标准的，优先适用行业安全生产标准化标准。

二、安全生产标准化的原理

安全生产标准化采用了最早用于质量管理的戴明管理理论和运行模型。戴明是美国质量管理专家，他把全面质量管理工作作为一个完整的管理过程，分解为前后相关的P、D、C、A四个阶段，即：P（Planing）——策划阶段；D（Do）——实施阶段；C（Check）——检查阶段；A（Acting）——评审改进阶段。

1. PCDA循环的内容

P阶段——计划。要以适应用户的要求、取得经济最佳效果和良好的社会效益为目标，通过调查、设计、试制、制定技术经济指标、质量目标、管理项目以及达到这些目标采取具体措施和方法。

• 分析现状，找出存在的质量问题，尽可能用数据来加以说明。

• 分析影响质量的主要因素。

• 针对影响质量的主要因素，制定改进计划，提出活动措施。一般要明确：为什么制定计划（Why）、预期达到什么目标（What），在哪里实施措施和计划（Where），由谁或哪个部门来执行（Who），何时开始何时完成（When），如何执行（How），即5W1H。

• 按照既定计划严格落实措施。运用系统图、箭条图、矩阵图、过程决策程序图等工具。

D阶段——实施。将所制定的计划和措施付诸实施。

C 阶段——检查。对照计划，检查实施的情况和效果，及时发现实施过程中的问题。根据计划要求，检查实际实施的结果，看是否达到了预期效果。可采用直方图、控制图、过程决策程序图以及调查表、抽样检验等工具。

A 阶段——处理。根据检验结果，把成功的经验纳入标准，以巩固成绩；针对失败的教训或不足之处，找出差距，转入下一循环，以利改进。

• 根据检查结果进行总结，把成功的经验和失败的教训都纳入标准、制度或规定以巩固已取得的成绩。

• 提出这一循环尚未解决的问题，将其纳入下一次 PCDA 循环中去。

上述四个阶段中会有八个方面的具体工作活动，其示意图如图 9-3。

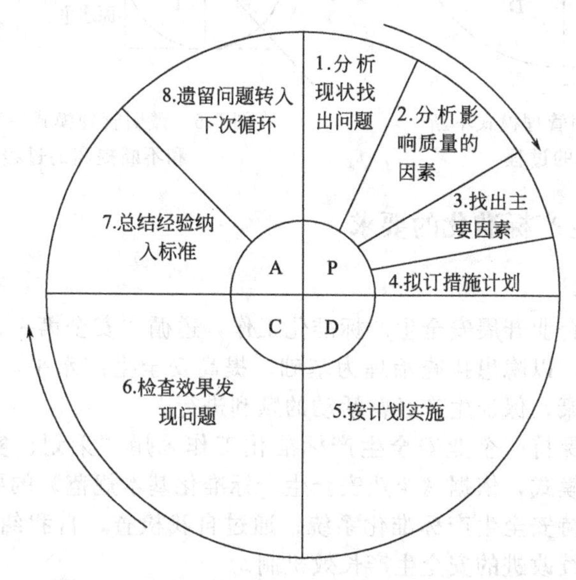

图 9-3 PCDA 循环的四个阶段八项活动示意图

2. PCDA 循环的特点

(1) 科学性。PCDA 循环符合管理过程的运转规律，是在准确可靠的数据资料基础上，采用数理统计方法，通过分析和处理工作过程中的问题而运转的。

(2) 系统性。在 PCDA 循环过程中，大环套小环，环环紧扣，把前后各项工作紧密结合起来，形成一个系统。在质量保证体系以及 OHSMS 中，整个企业的管理构成一个大环，而各部门都有自己的控制循环，直至落实到生产班组及个人。上一级循环是下一级循环的根据，下一级循环量是上一级循环的组成和保证。于是在管理体系中就出现大环套小环、小环保大环、一环扣一环，都朝着管理的目标方向转动，形成相互促进、共同提高的良性循环，见图 9-4。

(3) 彻底性。PCDA 循环每转动一次，必须解决一定的问题，提高一步；遗留问题和新出现问题在下一次循环中加以解决，再转动一次，再提高止步。循环不止，不断提高。如图 9-5。

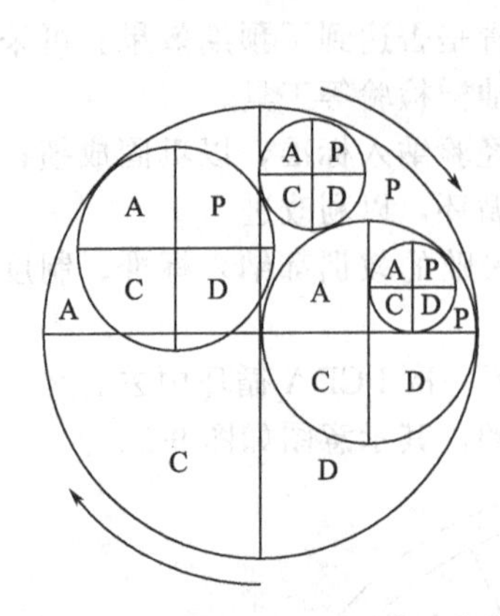

图 9-4　戴明管理模式不断循环的过程

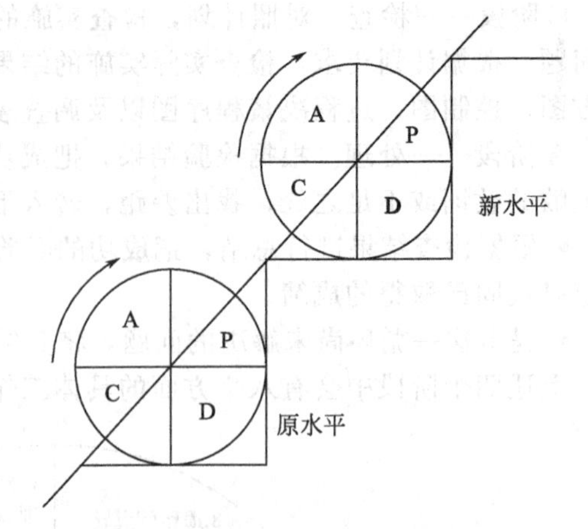

图 9-5　戴明管理模式持续改进和不断提高的过程

三、安全生产标准化的要求

1. 一般要求

（1）原则。企业开展安全生产标准化工作，遵循“安全第一、预防为主、综合治理”的方针，以隐患排查治理为基础，提高安全生产水平，减少事故发生，保障人身安全健康，保证生产经营活动的顺利进行。

（2）建立和保持。企业安全生产标准化工作采用“策划、实施、检查、改进”动态循环的模式，依据《企业安全生产标准化基本规范》的要求，结合自身特点，建立并保持安全生产标准化系统；通过自我检查、自我纠正和自我完善，建立安全绩效持续改进的安全生产长效机制。

（3）评定和监督。企业安全生产标准化工作实行企业自主评定、外部评审的方式。企业应当根据本标准和有关评分细则，对本企业开展安全生产标准化工作情况进行评定；自主评定后申请外部评审定级。安全生产标准化评审分为一级、二级、三级，一级为最高。安全生产监督管理部门对评审定级进行监督管理。

2. 核心要求

（1）目标。企业根据自身安全生产实际，制定总体和年度安全生产目标。按照所属基层单位和部门在生产经营中的职能，制定安全生产指标和考核办法。

（2）组织机构和职责。企业应按规定设置安全生产管理机构，配备安全生产管理人员。企业主要负责人应按照安全生产法律法规赋予的职责，全面负责安全生产工作，并履行安全生产义务。企业应建立安全生产责任制，明确各级单位、部门和人员的安全生产职责。

（3）安全生产投入。企业应建立安全生产投入保障制度，完善和改进安全生产条件，按规定提取安全费用，专项用于安全生产，并建立安全费用台账。

(4) 法律法规与安全管理制度

① 法律法规、标准规范。企业应建立识别和获取适用的安全生产法律法规、标准规范的制度，明确主管部门，确定获取的渠道、方式，及时识别和获取适用的安全生产法律法规、标准规范。企业各职能部门应及时识别和获取本部门适用的安全生产法律法规、标准规范，并跟踪、掌握有关法律法规、标准规范的修订情况，及时提供给企业内负责识别和获取适用的安全生产法律法规的主管部门汇总。企业应将适用的安全生产法律法规、标准规范及其他要求及时传达给从业人员。企业应遵守安全生产法律法规、标准规范，并将相关要求及时转化为本单位的规章制度，贯彻到各项工作中。

② 规章制度。企业应建立健全安全生产规章制度，并发放到相关工作岗位，规范从业人员的生产作业行为。安全生产规章制度至少应包含下列内容：安全生产职责、安全生产投入、文件和档案管理、隐患排查与治理、安全教育培训、特种作业人员管理、设备设施安全管理、建设项目安全设施"三同时"管理、生产设备设施验收管理、生产设备设施报废管理、施工和检维修安全管理、危险物品及重大危险源管理、作业安全管理、相关方及外用工管理、职业健康管理、防护用品管理、应急管理、事故管理等。

③ 操作规程。企业应根据生产特点，编制岗位安全操作规程，并发放到相关岗位。

④ 评估。企业应每年至少一次对安全生产法律法规、标准规范、规章制度、操作规程的执行情况进行检查评估。

⑤ 修订。企业应根据评估情况、安全检查反馈的问题、生产安全事故案例、绩效评定结果等，对安全生产管理规章制度和操作规程进行修订，确保其有效和适用，保证每个岗位所使用的为最新有效版本。

⑥ 文件和档案管理。企业应严格执行文件和档案管理制度，确保安全规章制度和操作规程编制、使用、评审、修订的效力。企业应建立主要安全生产过程、事件、活动、检查的安全记录档案，并加强对安全记录的有效管理。

(5) 教育培训

① 教育培训管理。企业应确定安全教育培训主管部门，按规定及岗位需要，定期识别安全教育培训需求，制定、实施安全教育培训计划，提供相应的资源保证。应做好安全教育培训记录，建立安全教育培训档案，实施分级管理，并对培训效果进行评估和改进。

② 安全生产管理人员教育培训。企业的主要负责人和安全生产管理人员，必须具备与本单位所从事的生产经营活动相适应的安全生产知识和管理能力。法律法规要求必须对其安全生产知识和管理能力进行考核的，须经考核合格后方可任职。

③ 操作岗位人员教育培训。企业应对操作岗位人员进行安全教育和生产技能培训，使其熟悉有关的安全生产规章制度和安全操作规程，并确认其能力符合

岗位要求。未经安全教育培训，或培训考核不合格的从业人员，不得上岗作业。新入厂（矿）人员在上岗前必须经过厂（矿）、车间（工段、区、队）、班组三级安全教育培训。在新工艺、新技术、新材料、新设备设施投入使用前，应对有关操作岗位人员进行专门的安全教育和培训。操作岗位人员转岗、离岗一年以上重新上岗者，应进行车间（工段）、班组安全教育培训，经考核合格后，方可上岗工作。从事特种作业的人员应取得特种作业操作资格证书，方可上岗作业。

④ 其他人员教育培训。企业应对相关方的作业人员进行安全教育培训。作业人员进入作业现场前，应由作业现场所在单位对其进行进入现场前的安全教育培训。企业应对外来参观、学习等人员进行有关安全规定、可能接触到的危害及应急知识的教育和告知。

⑤ 安全文化建设。企业应通过安全文化建设，促进安全生产工作。企业应采取多种形式的安全文化活动，引导全体从业人员的安全态度和安全行为，逐步形成为全体员工所认同、共同遵守、带有本单位特点的安全价值观，实现法律和政府监管要求之上的安全自我约束，保障企业安全生产水平持续提高。

(6) 生产设备设施

① 生产设备设施建设。企业建设项目的所有设备设施应符合有关法律法规、标准规范要求；安全设备设施应与建设项目主体工程同时设计、同时施工、同时投入生产和使用。企业应按规定对项目建议书、可行性研究、初步设计、总体开工方案、开工前安全条件确认和竣工验收等阶段进行规范管理。生产设备设施变更应执行变更管理制度，履行变更程序，并对变更的全过程进行隐患控制。

② 设备设施运行管理。企业应对生产设备设施进行规范化管理，保证其安全运行。企业应有专人负责管理各种安全设备设施，建立台账，定期检维修。对安全设备设施应制定检维修计划，设备设施检维修前应制定方案。检维修方案应包含作业行为分析和控制措施。检维修过程中应执行隐患控制措施并进行监督检查。安全设备设施不得随意拆除、挪用或弃置不用；确因检维修拆除的，应采取临时安全措施，检维修完毕后立即复原。

③ 新设备设施验收及旧设备拆除、报废。设备的设计、制造、安装、使用、检测、维修、改造、拆除和报废，应符合有关法律法规、标准规范的要求。企业应执行生产设备设施到货验收和报废管理制度，应使用质量合格、设计符合要求的生产设备设施。拆除的生产设备设施应按规定进行处置。拆除的生产设备设施涉及危险物品的，须制定危险物品处置方案和应急措施，并严格按规定组织实施。

(7) 作业安全

① 生产现场管理和生产过程控制。企业应加强生产现场安全管理和生产过程的控制。对生产过程及物料、设备设施、器材、通道、作业环境等存在的隐患，应进行分析和控制。对动火作业、受限空间内作业、临时用电作业、高处作业等危险性较高的作业活动实施作业许可管理，严格履行审批手续。作业许可证应包含危害因素分析和安全措施等内容。企业进行爆破、吊装等危险作业时，应

当安排专人进行现场安全管理，确保安全规程的遵守和安全措施的落实。

② 作业行为管理。企业应加强生产作业行为的安全管理。对作业行为隐患、设备设施使用隐患、工艺技术隐患等进行分析，采取控制措施。

③ 警示标志。企业应根据作业场所的实际情况，按照 GB 2894 及企业内部规定，在有较大危险因素的作业场所和设备设施上，设置明显的安全警示标志，进行危险提示、警示，告知危险的种类、后果及应急措施等。企业应在设备设施检维修、施工、吊装等作业现场设置警戒区域和警示标志，在检维修现场的坑、井、洼、沟、陡坡等场所设置围栏和警示标志。

④ 相关方管理。企业应执行承包商、供应商等相关方管理制度，对其资格预审、选择、服务前准备、作业过程、提供的产品、技术服务、表现评估、续用等进行管理。企业应建立合格相关方的名录和档案，根据服务作业行为定期识别服务行为风险，并采取行之有效的控制措施。企业应对进入同一作业区的相关方进行统一安全管理，不得将项目委托给不具备相应资质或条件的相关方。企业和相关方的项目协议应明确规定双方的安全生产责任和义务。

⑤ 变更。企业应执行变更管理制度，对机构、人员、工艺、技术、设备设施、作业过程及环境等永久性或暂时性的变化进行有计划的控制。变更的实施应履行审批及验收程序，并对变更过程及变更所产生的隐患进行分析和控制。

(8) 隐患排查和治理

① 隐患排查。企业应组织事故隐患排查工作，对隐患进行分析评估，确定隐患等级，登记建档，及时采取有效的治理措施。法律法规、标准规范发生变更或有新的公布，以及企业操作条件或工艺改变，新建、改建、扩建项目建设，相关方进入、撤出或改变，对事故、事件或其他信息有新的认识，组织机构发生大的调整的，应及时组织隐患排查。隐患排查前应制定排查方案，明确排查的目的、范围，选择合适的排查方法。排查方案应依据：

——有关安全生产法律、法规要求；

——设计规范、管理标准、技术标准；

——企业的安全生产目标等。

② 排查范围与方法。企业隐患排查的范围应包括所有与生产经营相关的场所、环境、人员、设备设施和活动。企业应根据安全生产的需要和特点，采用综合检查、专业检查、季节性检查、节假日检查、日常检查等方式进行隐患排查。

③ 隐患治理。企业应根据隐患排查的结果，制定隐患治理方案，对隐患及时进行治理。隐患治理方案应包括目标和任务、方法和措施、经费和物资、机构和人员、时限和要求。重大事故隐患在治理前应采取临时控制措施并制定应急预案。隐患治理措施包括：工程技术措施、管理措施、教育措施、防护措施和应急措施。治理完成后，应对治理情况进行验证和效果评估。

④ 预测预警。企业应根据生产经营状况及隐患排查治理情况，运用定量的安全生产预测预警技术，建立体现企业安全生产状况及发展趋势的预警指数系统。

(9) 重大危险源监控

① 辨识与评估。企业应依据有关标准对本单位的危险设施或场所进行重大危险源辨识与安全评估。

② 登记建档与备案。企业应当对确认的重大危险源及时登记建档，并按规定备案。

③ 监控与管理。企业应建立健全重大危险源安全管理制度，制定重大危险源安全管理技术措施。

(10) 职业健康

① 职业健康管理。企业应按照法律法规、标准规范的要求，为从业人员提供符合职业健康要求的工作环境和条件，配备与职业健康保护相适应的设施、工具。企业应定期对作业场所职业危害进行检测，在检测点设置标识牌予以告知，并将检测结果存入职业健康档案。对可能发生急性职业危害的有毒、有害工作场所，应设置报警装置，制定应急预案，配置现场急救用品、设备，设置应急撤离通道和必要的泄险区。各种防护器具应定点存放在安全、便于取用的地方，并有专人负责保管，定期校验和维护。企业应对现场急救用品、设备和防护用品进行经常性的检维修，定期检测其性能，确保其处于正常状态。

② 职业危害告知和警示。企业与从业人员订立劳动合同时，应将工作过程中可能产生的职业危害及其后果和防护措施如实告知从业人员，并在劳动合同中写明。企业应采用有效的方式对从业人员及相关方进行宣传，使其了解生产过程中的职业危害、预防和应急处理措施，降低或消除危害后果。对存在严重职业危害的作业岗位，应按照 GBZ 158 要求设置警示标识和警示说明。警示说明应载明职业危害的种类、后果、预防和应急救治措施。

③ 职业危害申报。企业应按规定，及时、如实向当地主管部门申报生产过程存在的职业危害因素，并依法接受其监督。

(11) 应急救援

① 应急机构和队伍。企业应按规定建立安全生产应急管理机构或指定专人负责安全生产应急管理工作。企业应建立与本单位安全生产特点相适应的专兼职应急救援队伍，或指定专兼职应急救援人员，并组织训练；无需建立应急救援队伍的，可与附近具备专业资质的应急救援队伍签订服务协议。

② 应急预案。企业应按规定制定生产安全事故应急预案，并针对重点作业岗位制定应急处置方案或措施，形成安全生产应急预案体系。应急预案应根据有关规定报当地主管部门备案，并通报有关应急协作单位。应急预案应定期评审，并根据评审结果或实际情况的变化进行修订和完善。

③ 应急设施、装备、物资。企业应按规定建立应急设施，配备应急装备，储备应急物资，并进行经常性的检查、维护、保养，确保其完好、可靠。

④ 应急演练。企业应组织生产安全事故应急演练，并对演练效果进行评估。根据评估结果，修订、完善应急预案，改进应急管理工作。

⑤ 事故救援。企业发生事故后，应立即启动相关应急预案，积极开展事故救援。

（12）事故报告、调查和处理

① 事故报告。企业发生事故后，应按规定及时向上级单位、政府有关部门报告，并妥善保护事故现场及有关证据。必要时向相关单位和人员通报。

② 事故调查和处理。企业发生事故后，应按规定成立事故调查组，明确其职责与权限，进行事故调查或配合上级部门的事故调查。事故调查应查明事故发生的时间、经过、原因、人员伤亡情况及直接经济损失等。事故调查组应根据有关证据、资料，分析事故的直接、间接原因和事故责任，提出整改措施和处理建议，编制事故调查报告。

（13）绩效评定和持续改进

① 绩效评定。企业应每年至少一次对本单位安全生产标准化的实施情况进行评定，验证各项安全生产制度措施的适宜性、充分性和有效性，检查安全生产工作目标、指标的完成情况。企业主要负责人应对绩效评定工作全面负责。评定工作应形成正式文件，并将结果向所有部门、所属单位和从业人员通报，作为年度考评的重要依据。企业发生死亡事故后应重新进行评定。

② 持续改进。企业应根据安全生产标准化的评定结果和安全生产预警指数系统所反映的趋势，对安全生产目标、指标、规章制度、操作规程等进行修改完善，持续改进，不断提高安全绩效。

四、安全生产标准化的评审

1. 企业自评

（1）企业应自主开展安全生产标准化建设工作，成立由其主要负责人任组长的自评工作组，对照相应评定标准开展自评，形成自评报告并网上提交。

（2）企业应每年进行 1 次自评，形成自评报告并网上提交。

（3）每年自评报告应在企业内部进行公示。

2. 申请评审

（1）企业自愿申请的原则。申请取得安全生产标准化等级证书的企业，在上报自评报告的同时，提出评审申请。

（2）申请安全生产标准化评审的企业应具备以下条件：

① 设立有安全生产行政许可的，已依法取得国家规定的相应安全生产行政许可；

② 申请评审之日的前 1 年内，无生产安全死亡事故。

行业评定标准要求高于上述规定的，按照行业评定标准执行；低于上述规定的，按照上述规定执行。

（3）申请安全生产标准化一级企业还应符合以下条件：

① 在本行业内处于领先位置，原则上控制在本行业企业总数的 1%以内；

② 建立并有效运行安全生产隐患排查治理体系，实施自查自改自报，达到一类水平；

③ 建立并有效运行安全生产预测预控体系；

④ 建立并有效运行国际通行的生产安全事故和职业健康事故调查统计分析方法；

⑤ 相关行业规定的其他要求；

⑥ 省级安全监管部门推荐意见。

3. 评审与报告

(1) 评审组织单位收到企业评审申请后，应在10个工作日内完成申请材料审查工作。经审查符合条件的，通知相应的评审单位进行评审；不符合申请要求的，书面通知申请企业，并说明理由。

(2) 评审单位收到评审通知后，应按照有关评定标准的要求进行评审。评审完成后，将符合要求的评审报告，报评审组织单位审核。

(3) 评审结果未达到企业申请等级的，申请企业可在进一步整改完善后重新申请评审，或根据评审实际达到的等级重新提出申请。

(4) 评审工作应在收到评审通知之日起3个月内完成（不含企业整改时间）。

4. 审核与公告

(1) 评审组织单位接到评审单位提交的评审报告后应当及时进行审查，并形成书面报告，报相应的安全监管部门；不符合要求的评审报告，评审组织单位应退回评审单位并说明理由。

(2) 相应安全监管部门同意后，对符合要求的企业予以公告，同时抄送同级工业和信息化主管部门、人力资源社会保障部门、国资委、工商行政管理部门、质量技术监督部门、银监局；不符合要求的企业，书面通知评审组织单位，并说明理由。

5. 颁发证书与牌匾

(1) 经公告的企业，由相应的评审组织单位颁发相应等级的安全生产标准化证书和牌匾，有效期为3年。

(2) 证书和牌匾由国家安全监管总局统一监制，统一编号。

第十章 风险管理技术

重要概念 风险管理、风险辨识、风险评价、风险预警、风险预控、RBS/M。

重点提示 风险管理的辨识-评价-控制“三步曲”基本原理；风险辨识的单元划分及分析方法技术；风险评价的基本原理和数学模型；风险分级评价的定性、半定量、定量方法；“三预-六警”的风险管理技术；风险预警预控的匹配方法论；RBS/M基于风险的监管。

问题注意 重大风险、重大危险源、重大除患的关系和区别；关联风险与组合风险的概念及辨识评价技术；风险预警预控的技术方法；基于风险的监管。

第一节 风险管理概述

风险是某一有害事故发生的可能性及其事故后果的总和。企业所面临的风险包括生产事故、自然事故和经济、法律、社会等方面的事件或事故。企业在生产、经营过程遇到的这些意外事件，其后果可能严重到足以把企业拖入困境甚至破产的境地。风险管理的任务就是通过风险分析，确定企业生产、经营中所存在的风险，制定风险控制管理措施，以降低损失。

工业企业在生产作业过程中面临着许多职业安全卫生方面的风险，这些风险可能来自日常的生产活动中所使用的油气原料和石化产品、材料等方面。风险可能会伤害企业职工的生命与健康，损坏企业的设备及财产，使国家、企业和个人遭受名誉、生命、健康、经济的损害，这些都会影响到国家、企业或职工的利益。如何对生产作业中的风险进行管理，是一个工业企业保障安全生产的重要内容。风险管理的方法是现代企业管理，特别是建立职业安全健康管理体系的重要方法，也是一种实施预防为主的重要手段。

一、风险管理的概念

根据国际标准化组织的定义（ISO 13702：1999），风险是某一有害事故发生的可能性与事故后果的组合。我们对于安全生产风险的定义是：安全生产不期望

事件的发生或存在概率与可能发生事故后果的组合。这一概念既包含了风险的定性概念，也包含了风险的定量概念。

通俗地讲，风险的定性概念首先是指那些人们活动过程中不期望的事件、事故、隐患、缺陷、不符合、违章、违规等，这是风险因子或风险管理的对象；而定量的概念则表达了风险的度量是取决于不期望事件发生的概率与后果的乘积。

严格地说，风险和危险是不同的，危险是客观的，常常表现为潜在的危害或可能的破坏性影响，而风险则不仅意味着这种能量或客观性的存在，而且还包含破坏性影响的可能性。风险的概念比危险要科学、全面。

在生产和生活实践中，技术的危险是客观存在的，但风险的水平是可控的，也就是“存在客观的危险，但不一定要冒高的风险”，安全活动的意义就在于实现“高危低风险”。例如，人类要利用核能，就有可能核泄漏产生的辐射影响或破坏的危险，这种危险是客观固有的，但在核发电的实践中，人类采取各种措施使其应用中受辐射的风险最小化，使之控制在可接受的范围内，甚至人绝对地与之相隔离，尽管人们仍有受辐射的危险，但由于无发生的渠道，所以我们并没有受到辐射破坏或影响的风险。这说明人们关心系统的危险是必要的，但归根结底应该注重的是“风险”，因为直接与系统或人员发生联系的是“风险”，而“危险”是事物客观的属性，是风险的一种前提表征。我们可以做到客观危险性很大，但实际承受的风险较小，即“固有危险性很大，但实现风险很低”。

这样，风险可表示为事件发生概率及其后果的函数：

风险 $$R=f(p,l)$$

式中，p 为事件发生概率；l 为事件发生后果。对于事故风险来说，l 就是事故的损失（生命损失及财产损失）后果。

风险管理是指企业通过识别风险、衡量风险、分析风险，从而有效控制风险，用最经济的方法来综合处理风险，以实现最佳安全生产保障的科学管理方法。此定义表明：

(1) 此处所讲的风险不局限于静态风险，也包括动态风险。研究风险管理是以静态风险和动态风险为对象的全面风险管理。

(2) 风险管理的基本内容、方法和程序是共同构成风险管理的重要方面。

(3) 强调风险管理应体现成本和效益关系，要从最经济的角度来处理风险，在主客观条件允许的情况下，选择最低成本、最佳效益的方法，制定风险管理决策。

二、风险管理与安全管理

我们知道，隐患、风险、事故成单向线性关系，只要消除隐患和风险其中一个环节就可以阻止事故的发生。但由于很多隐患是客观存在的，是不以人的意志为转移的，例如在野外施工时要穿越的一条湍急的河流；由于科学技术的局限性，设备的设计缺陷等都可能形成隐患，但我们不能消除它。因此，阻止事故发生的关键是对风险进行有效管理。

在实际工作中，安全工作人员一般将风险管理和安全管理视为同样的工作。其实，两者间关系虽然密切，但也有区别，主要体现在：

(1) 风险管理的内容较安全管理更广泛。风险管理不仅包括预测和预防事故、灾害的发生，人机系统的管理等这些安全管理所包含的内容，而且还延伸到了保险、投资，甚至政治风险领域。

(2) 安全管理强调的是减少事故，甚至消除事故，是将安全生产与人机工程相结合，给从业人员以最佳工作环境。而风险管理的目标是为了尽可能地减少风险的经济损失。由于两者的着重点不同，也就决定了它们控制方法的差异。

风险管理的产生和发展造成了对传统安全管理体制的冲击，促进了现代安全管理体制的建立；它对现有安全技术的成效做出评判并提示新的安全对策，促进了安全技术的发展。

与传统的安全管理相比，风险管理的主要特点还表现于以下几个方面。

(1) 确立了系统安全的观点。随着生产规模的扩大、生产技术的日趋复杂和连续化生产的实现，系统往往由许多子系统构成。为了保证系统的安全，就必须研究每一个子系统，另外，各个子系统之间的“接点”往往会被忽略而引发事故，因而“接点”的危险性不容忽视。风险评价是以整个系统安全为目标的，因此不能孤立地对子系统进行研究和分析，而要从全局的观点出发，才能寻求到最佳的、有效的防灾途径。

(2) 开发了事故预测技术。传统的安全管理多为事后管理，即从已经发生的事故中吸取教训，这当然是必要的。但是有些事故的代价太大，必须预先采取相应的防范措施。风险管理的目的是预先发现、识别可能导致事故发生的危险因素，以便于在事故发生之前采取措施消除、控制这些因素，防止事故的发生。

在某种意义上说，风险管理是一种创新，但它毕竟是从传统的安全分析和安全管理的基础上发展起来的。因此，传统安全管理的宝贵经验和从过去事故中汲取的教训对于安全风险管理依然是十分重要的。

三、风险管理的内容

风险管理的内容（见图 10-1）包括风险分析、风险评价和风险控制三部分，简称风险管理三要素。

1. 风险分析

风险分析就是研究风险发生的可能性及其它所产生的后果和损失。现代管理对复杂系统未来功能的分析能力日益提高，使得风险预测成为可能，并且采取合适的防范措施可以把风险降低到可接受的水平。风险分析应该成为系统安全的重要组成部分，它既是系统安全的补充，又与系统安全有所区别，风险分析比系统安全的范围或许要稍广一些。例如，衡量安全程序的标准，在很大程度上是事件发生的可能性，还有后果或损失的期望值，这两者都属于“风险”的范围。

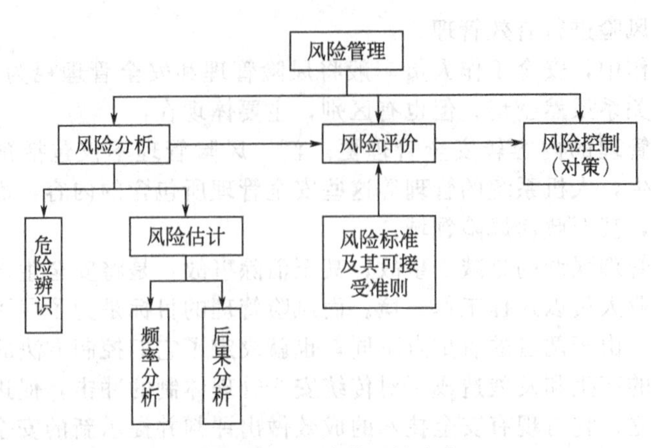

图 10-1　风险管理的内容

风险由风险原因、风险事件和风险损失三个要素构成。

(1) 风险原因：在人们有目的的活动过程中，由于存在偶然性或因多种方案存在的差异性而导致活动结果的不确定性。因此不确定性和各种方案的差异性是风险形成的原因。不确定性包括物方面的不确定性，如设备故障，以及人方面的不确定性，如不安全行为。

(2) 风险事件：风险事件是风险原因综合作用的结果，是产生损失的原因。根据损失产生的原因不同，企业所面临的风险事件分为生产事故风险（技术风险）、自然灾害风险、企业社会风险、企业风险与法律、企业市场风险等。

① 生产事故风险：企业生产中发生的人身伤亡、财产损失、环境污染及环境破坏等事故。这是科学技术发展带来的副作用，它是目前安全科学研究的主要对象。目前人们对生产事故的发生规律已有所了解，在一定程度上对其进行了有效的管理和控制。

② 自然灾害风险：自然灾害事故是指人为失误引起自然力量造成一些损害的事故。如火灾、水灾、干旱、地震、气象灾害、火山爆发、山体滑坡等事件发生，加上人为失误（如没有或不准确的灾害预报，企业选址错误等）就会造成事故。自然灾害可以理解为自然力量和自然变故与现代技术交互影响而引起的社会生命财产损失的意外事件。这一思路引入了人为失误和管理不善等因素，给我们控制自然灾害提供了新的途径，即对于企业的“自然灾害”事故要预防的是它背后的人为失误和管理不善等因素，例如，正确选址，加强灾害预报，以及通过保险进行灾害风险的转嫁和分担。

③ 企业社会风险：企业社会意外事故是指由于政治上的原因（如战争、罢工、政局变化等社会动荡）引起的突发事件而对企业造成的损害。企业对这种不可抗拒事件，其对策只能是尽可能避让或躲避。企业社会风险的处理注重信息的获取、评估，对不可抗拒事件正确避让或应用保险来转嫁社会风险中纯风险部分、利用社会风险中投机风险成分。

④ 企业风险与法律：企业风险与法律是指与法律有关的企业风险，如企业内部和外部的经济罪犯以非法手段诈骗、窃取企业资金、财产（包括信息、技术），造成企业重大损失的事故。企业消除管理上的疏漏，监督制度上的疏漏等可以预防经济犯罪事故。

⑤ 企业市场风险：企业市场风险是指市场突变给企业带来的风险。市场突变可能给企业带来损耗，也可能带来机会和风险利润。

（3）风险损失：风险损失是由风险事件所导致的非故意的和非预期的收益减少。风险损失包括直接损伤（包括财产损失和生命损失）和间接损失。

风险分析的主要内容有：

（1）危险辨识。主要分析和研究哪里（什么技术、什么作业、什么位置）有危险，后果（形式、种类）如何，有哪些参数特征。

（2）风险估计。确定风险率大小，风险的概率大小分布，后果程度。

2. 风险评价

风险评价是分析和研究风险的边际值应是多少，风险-效益-成本分析结果，如何处理和对待风险。

因为事故及其损失的性质是复杂的，所以风险评价的逻辑关系也是复杂的。

风险评价逻辑模型至少包含五个因素：基本事件（低级的原始事件），初始事件（对系统正常功能的偏离，例如铁路运输风险评价时，列车出轨就是初始事件之一。），后果（初始事件发生的瞬时结果），损失（描述死亡、伤害及环境破坏等的财产损失），费用（损失的价值）。

结合故障树分析，低级的原始事件可看作故障树中的基本事件，而初始事件则相当于故障树的一组顶上事件。对风险评价来说，必须考虑系统可能发生的一组顶上事件和总损失。

设每暴露单位费用为 Ct_n，其概率为 $P(Ct_n)$，n 为损失类型，则每暴露单位的平均损失可用下式计算：

$$E(Ct_p)=\sum_n P(Ct_n)Ct_n$$

总的风险可通过估算求所有暴露单位损失的期望值而获得，即：

$$风险=\sum_n E(Ct_p)$$

从理论上讲，由上式即可计算出系统风险精确期望值。但一般这种计算相当困难，有时甚至是不可能的。而且风险的期望值也并非表示风险的最好形式，可以寻求更好的，且简便易行的风险表示形式。

关于风险评价的范围，主要是对重要损失进行评价，即把主要精力放在研究少数较重大的意外事件上。例如，一个完全关闭的核电站就不必再研究其可能的故障和损失，其残留危险是否应当忽略，要根据具体情况而定。

关于后果和损失，如在核发电厂核芯熔化事故中，人员伤亡数将明显地随环境条件，以及熔化性质和程度而变化。损失则包括死亡、伤害、放射病以及环境

污染等方面内容。

风险是现代生产与生活实践中难以避免的。从安全管理与事故预防的角度分析，关键的问题是如何将风险控制在人们可以接受的水平之内。

3. 风险控制

在风险分析和风险评价的基础上，就可作出风险决策，即风险控制。对于风险分析研究，其目的一般分两类：一是主动地创造风险环境和状态，如现代工业社会就有风险产业、风险投资、风险基金之类的活动；二是对客观存在的风险作出正确的分析判断，以求控制、减弱乃至消除其影响和作用。显然，从系统安全和事故预防的角度讲，我们所分析研究的是后一种风险。

第二节 风险辨识方法

风险识别是风险管理的第一步，也是风险管理的基础，做好这一步，才能准确并有效地进行风险评价和风险预控工作。这是用感知、判断或归类的方式对现实的和潜在的风险性质进行鉴别的过程，只有在正确识别出自身所面临的风险的基础上，人们才能够主动选择适当有效的方法进行处理。风险辨识要符合充分性、系统性、准确性、科学性的原则，全面充分没有遗漏，描述准确简洁，避免模糊重复。在风险辨识的过程中，要明确风险辨识对象，进行辨识单元及作业的划分，根据不同的辨识单元及作业过程采用与其相应的辨识方法。

风险辨识首先要进行辨识及评价的单元划分，采取科学、系统、符合实际情况的单元划分方法，既确保有利于辨识及评价工作的顺利进行、保证工作进度和质量，又同时避免辨识及评价过程中出现遗漏、重复、模糊等弊端。辨识单元要根据待辨识对象的共性、类型、特点、原理等进行划分，这是风险辨识及评价的基础和必要前提。风险识别一方面可以通过感性认识和历史经验来判断，另一方面也可通过对各种客观的资料和风险事故的记录以及必要的专家访问来分析、归纳和整理，从而找出各种明显和潜在的风险及其损失规律。因为风险具有可变性，因而风险识别是一项持续性和系统性的工作，要求风险管理者密切注意原有风险的变化，并随时发现新的风险。实际的风险辨识的方法和模式要符合实际情况并且符合相关的国家、行业标准，参照三类风险因子和十类风险形式进行风险辨识。

三类风险因子

点：设备、设施或重大危险源；

线：作业过程、工艺或工况；

面：作业岗位或人员生产状况。

在三类风险因子的辨识过程中，FMEA 可用于对设备、设施或重大危险源的风险辨识；JHA 可用于对作业过程、工艺或工况的风险辨识；LEC 可用于对作业岗位或人员生产状况的风险辨识。

十类风险形式（四类分类体系）

显现风险：停电、触电、坠落、噪声、中毒、泄漏、火灾、爆炸、坍塌、踩踏等突发事件及危害因素；

潜在风险：异常、超负荷、不稳定、违章、环境不良等危险状态及因素；

静态风险：隐患、缺陷、坠落、爆炸、物击、机械伤害等不随时间变化的风险；

动态风险：火灾、泄漏、中毒、水害、异常、不稳定、环境不良等随时间变化的风险；

短期风险：坠落、爆炸、物击、机械伤害、中毒、不安全行为、环境不良等发生过程短或存在时间不长的风险；

长期风险：隐患、缺陷、火灾、泄漏、水害、异常、不稳定等过程长或发展时间较长的风险；

人因风险：失误、三违、执行不力等；

物因风险：隐患、缺陷等；

环境风险：环境不良、异常等；

管理风险：制度缺失、责任不明确、规章不健全、监督不力、培训不到位、证照不全等。

经过风险辨识后，可将全面风险辨识的结果进行系统的整理，建立系统、完整的风险数据库，备案查找，有利于风险管理的有效发展。

第三节　风险分级评价方法

一、风险评价方法的选择原则

在进行风险评价时，应该在认真分析并熟悉被评价系统的前提下，选择风险评价方法。选择风险评价方法应遵循充分性、适应性、系统性、针对性和合理性的原则。

1. 充分性原则

充分性是指在选择风险评价方法之前，应该充分分析评价的系统，掌握足够多的风险评价方法，并充分了解各种风险评价方法的优缺点、适应条件和范围，同时为风险评价工作准备充分的资料。也就是说，在选择风险评价方法之前，应准备好充分的资料，供选择时参考和使用。

2. 适应性原则

适应性是指选择的风险评价方法应该适应被评价的系统。被评价的系统可能是由多个子系统构成的复杂系统，各子系统的评价重点可能有所不同，各种风险

评价方法都有其适用的条件和范围，应该根据系统和子系统、工艺的性质和状态，选择适用的风险评价方法。

3. 系统性原则

系统性是指风险评价方法与被评价的系统所能提供的风险评价初值和边值条件应形成一个和谐的整体，也就是说，风险评价方法获得的可信的风险评价结果，是必须建立在真实、合理和系统的基础数据之上的，被评价的系统应该能够提供所需的系统化数据和资料。

4. 针对性原则

针对性是指所选择的风险评价方法应该能够提供所需的结果。由于评价的目的不同，需要风险评价提供的结果可能是危险有害因素识别、事故发生的原因、事故发生概率、事故后果、系统的危险性等，风险评价方法能够给出所要求的结果才能被选用。

5. 合理性原则

在满足风险评价目的、能够提供所需的风险评价结果的前提下，应该选择计算过程最简单、所需基础数据最少和最容易获取的风险评价方法，使风险评价工作量和获得的评价结果都是合理的，不要使风险评价出现无用的工作和不必要的麻烦。

二、风险分级评价的基本理论模型

风险分级通常是以实现系统安全为目的，运用安全系统工程原理和方法，对系统中存在的风险因素进行辨识与分析，判断系统发生事故和职业危害的可能性及其严重程度，从而为制定防范措施和管理决策提供科学依据。

风险评价的基本定律如下：

$$R=PL$$

式中 R——系统风险；

P——风险发生概率；

L——风险后果严重程度。

三、风险评价的类型

根据系统的复杂程度，将风险评价分为三类：定性评价、半定量评价或定量评价。

1. 定性评价方法

主要是根据经验和判断对生产系统的工艺、设备、环境、人员、管理等方面的状况进行定性的评价，如安全检查表法、危险与可操作性研究法。

2. 半定量评价法

这种方法大都建立在实际经验的基础上，合理打分，根据最后的分值或概率风险与严重度的乘积进行分级。由于其可操作性强且还能依据分值有一个明确的级别，应用比较广泛。如作业条件危险性评价法、评点法。

3. 定量评价方法

定量评价方法是根据一定的算法和规则，对生产过程中的各个因素及相互作用的关系进行赋值，从而算出一个确定值的方法。此方法的精度较高且不同类型评价对象间有一定的可比性。如事故树分析法、危险概率评价法、道化学评价法等。

四、风险分级评价的基本方法

1. 评点法

适用范围：主要用于对设备技术系统单元的分级评价。

数学模型：

$$C_S = \prod C_i$$

式中　C_S——总评点数，$0<C_S<10$；

C_i——评点因素，$0<C_i<10$。

量化方式：

参考表 10-1 对 5 种评点因数 C_i 的分数值进行量化：

表 10-1　评点因素及评点数参考

评点因素	内　容	点数 C_i
风险后果程度 C_1	造成生命财产损失 造成相当程度的损失 元件功能有损失 无功能损失	5.0 3.0 1.0 0.5
对系统的影响程度 C_2	对系统造成两处以上重大影响 对系统造成一处以上重大影响 对系统无过大影响	2.0 1.0 0.5
发生可能性(概率)C_3	很可能发生 偶然发生 不易发生	1.5 1.0 0.7
防止故障的难易程度 C_4	不能防止 能够防止 易于防止	1.3 1.0 0.7
是否为新设计的系统 C_5	内容相当新的设计 内容和过去相类似的设计 内容和过去同样的设计	1.2 1.0 0.8

分级标准如表 10-2 所示。

表 10-2　评点数 C_S 与风险等级 R 的对照

评点数 C_S	风险等级 R	评点数 C_S	风险等级 R
$C_S>7$	Ⅰ(高)	$0.2\leqslant C_S\leqslant 1$	Ⅲ(较低)
$1<C_S\leqslant 7$	Ⅱ(中)	$C_S<0.2$	Ⅳ(低)

评价分级步骤如下。

第一步：参照表 10-1，分别查出该生产设备（设施）、设备部分或设备元件各评点因素 C_i 的对应数值。

第二步：根据公式 $C_S=\Pi C_i$，计算出生产设备（设施）、设备部分或设备元件的危险性分值。

第三步：参照表 10-2，查出该生产设备（设施）、设备部分或设备元件的总评点数 C_S 所对应的风险等级。

2. LEC 法

适用范围：适用于评价生产作业岗位风险分级评价。

数学模型如下：

$$危险性分值\ D=发生概率\ L\times 暴露频率\ E\times 严重度\ C$$

量化方式如下：

参考表 10-3～表 10-5 对作业岗位事故发生概率 L、作业人员暴露频率 E 和事故严重度 C 进行量化。

表 10-3　事故发生概率 L

分数值	事故发生概率 L	分数值	事故发生概率 L
10	完全可以预料到	0.5	很不可能，可以设想
6	相当可能	0.2	极不可能
3	可能，但不经常	0.1	实际不可能
1	可能性小，完全意外		

表 10-4　作业人员暴露频率 E

分数值	作业人员暴露频率 E	分数值	作业人员暴露频率 E
10	连续暴露	2	每月一次暴露
6	每天工作时间暴露	1	每年几次暴露
3	每周一次，或偶然暴露	0.5	非常罕见的暴露

表 10-5　事故严重度 C

分数值	事故严重度/万元	事故严重度 C
100	>500	大灾难，许多人死亡，或造成重大财产损失
40	100	灾难，数人死亡，或造成很大财产损失
15	30	非常严重，1人死亡，或造成一定的财产损失
7	20	严重，重伤，或较小的财产损失
3	10	重大，致残，或很小的财产损失
1	1	引人注目，不符合基本的安全卫生要求

分级标准如下：

根据 LEC 法数学模型计算出数值，按表 10-6 标准进行分级：

表 10-6　危险性分值 *D* 与风险等级 *R* 的对照

危险性分值 D	风险等级 R	危险性分值 D	风险等级 R
$D>160$	Ⅰ(高)	$20\leqslant D\leqslant 70$	Ⅲ(较低)
$70<D\leqslant 160$	Ⅱ(中)	$D<20$	Ⅳ(低)

评价分级步骤如下。

第一步：参照表 10-3～表 10-5，分别查出该作业岗位的事故发生概率 L、作业人员暴露频率 E 和事故严重度 C 的对应数值。

第二步：根据公式 $D=LEC$ 计算出该作业岗位的危险性分值。

第三步：参照表 10-6，查出该作业岗位对应的风险等级值。

3. JHA 法

适用范围：主要用于 JHA 或一般常规性风险对象的评价。适用于评价作业过程的风险以及其他无法量化的风险。

数学模型如下：

$$风险等级\ R=风险严重度\ L\times 风险概率\ P$$

分级标准如下：

对于作业过程的风险发生概率和风险严重度的评价分级参考表 10-7～表 10-10 中的分级标准：

表 10-7　风险严重度（L）分级标准

严重度等级	描述	严重度标准说明			
		人的影响	物的影响	工序的影响	社会信誉影响
0	无影响	无伤害	无损失	无影响	无影响
1	轻微的	轻微伤害	轻微损失	极小影响	轻微影响
2	较小的	较小危害	较小损失	轻度影响	有限影响
3	较大的	大的伤害	局部损失	局部影响	巨大影响
4	重大的	一人死亡/全部失能伤残	严重损失	严重影响	国内影响
5	特大的	多人死亡	重大损失	国内广泛影响	国际影响
6	灾难的	大量死亡	灾难性损失	国际广泛影响	巨大国际影响

注：同一风险因素导致的后果对人、物、工序以及信誉的影响的严重度不相同的时候，按照最严重的等级计算。

表 10-8 风险严重度（L）分级说明

说明 等级	人的影响		物的影响		工序的影响		社会信誉影响	
0	无伤害	对健康没有伤害	无损失	对设备无损失	无影响	没有财务影响，没有工序风险	无影响	无新闻意义，没有公众反应
1	轻微伤害	对个人的继续工作和完成目前劳动没有损害	轻微损失	对使用无妨碍，只需稍加修理	极小影响	可以忽略的财务影响，当地工序破坏在系统和范围内	轻微影响	可能的当地新闻，没有公众反应
2	较小危害	对完成目前工作有影响，如某些行动还需要一周以内的休息才能完成	较小损失	给工作带来轻微不便，需停工修理	轻度影响	破坏足以影响工序，单项超过基本的或预设的标准	有限影响	当地/地区性新闻，引起当地公众反应，受到一些指责
3	大的伤害	导致某些工作能力的永久丧失或需要经过长期恢复才能继续工作	局部损失	设备局部损失，需要马上停工修理	局部影响	已知的有毒物质有限排放，多次超过基本或预设的标准	巨大影响	国内新闻，区域性公众关注，大量指责
4	一人死亡/全部失能伤残	单人永久性地丧失全部工作能力，也包括与事件紧密联系的多种重伤（最多 3 个）	严重损失	设备部分损失，需立即停工修理，且修理时间较长	严重影响	严重的工序破坏，作业者应被责令把污染的工序恢复到污染前的水平	国内影响	较大的国内新闻，国内公众反应持续不断
5	多人死亡	包括 4 人与事件相关的死亡或在不同地点/活动下发生的多个重伤（4 个以上）	重大损失	设备大范围损失	国内广泛影响	对工序的持续破坏或扩散到很大的区域	国际影响	特大国内/国际新闻，国际媒体大量报道
6	大量死亡	10 人以上的死亡或数十人的伤残	灾难性损失	设备完全损失，经济重大损失，企业难以承担	国际广泛影响	巨大的工序破坏，生态受到重大的影响并无法恢复	巨大国际影响	受到国际的非难，在行业中产生无法弥补的影响，无法立足

表 10-9　风险可能性 P 分级标准

可能性等级	描述	概率说明
0	不可能发生	近十年内国内、外行业未发生(表 10-7)
A	几乎不发生	近十年内电力未发生(表 10-6)
B	很少发生	近十年内电力发生(表 10-5)
C	偶尔发生	近十年内电力发生多次(表 10-4)
D	可能发生	数年(约 5 年)内电力发生多次(表 10-3)
E	经常发生	每年电力现场发生多次(表 10-2)

表 10-10　风险 $R=f(L, P)$ 评价等级划分标准

严重度等级 \ 可能性等级	0(1) 不可能发生	A(2) 几乎不发生	B(3) 很少发生	C(4) 偶尔发生	D(5) 可能发生	E(6) 经常发生
0(无影响)	Ⅳ	Ⅳ	Ⅳ	Ⅳ	Ⅳ	Ⅳ
1(轻微的)	Ⅳ	Ⅳ	Ⅳ	Ⅳ	Ⅳ	Ⅲ
2(较小的)	Ⅳ	Ⅳ	Ⅳ	Ⅲ	Ⅲ	Ⅱ
3(较大的)	Ⅳ	Ⅳ	Ⅲ	Ⅲ	Ⅱ	Ⅰ
4(重大的)	Ⅲ	Ⅲ	Ⅱ	Ⅱ	Ⅰ	Ⅰ
5(特大的)	Ⅲ	Ⅱ	Ⅱ	Ⅰ	Ⅰ	Ⅰ
6(灾难的)	Ⅱ	Ⅰ	Ⅰ	Ⅰ	Ⅰ	Ⅰ

评价分级步骤如下。

第一步：参照表 10-7 及表 10-8，查出该工况或工序对应的风险严重度等级。(注意：同一风险因素导致的后果对人、物、工序以及信誉的影响的严重度不相同的时候，按照最严重的等级计算。)

第二步：参照表 10-9，查出该工况或工序对应的风险可能性，即风险发生概率等级。

第三步：根据前两步中查出的等级值，参照表 10-10，查出该作业过程对应的风险等级值。

五、风险评价分级

风险评价分级分为数学模型分级和标准分级两种。

风险评价分级采用数学模型来分级，称为数学模型分级。主要适用于多因素评价变量的风险定量半定量分析。

风险评价采用标准直接进行分级的，称为标准分级。是针对国家标准、行业标准等已经分类或者分级的，基本能反映出风险级别的评价。所参考的标准为国家标准、行业标准、企业标准等。运用上述数学模型，可根据风险水平 R、评点数 C_S 与危险性分值 D 的数值，按表 10-10、表 10-11 的分级标准进行风险等级的确定：

表 10-11　评点数 C_S、危险性分值 D 与风险等级 R 的对照

评点数 C_S	危险性分值 D	风险等级 R
7～10	＞160	Ⅰ(高)
4～7	70～160	Ⅱ(中)
2～4	20～70	Ⅲ(较低)
＜2	＜20	Ⅳ(低)

六、关联及组合风险评价技术

1. 评价基本原则

关联和组合风险因素的风险等级，对于风险分级管理具有重要意义，在后期的风险管理中，可以基于数据库中的资料，根据关联或组合后风险因素的整体风险等级不同，对风险进行有重点、有针对性的管理，因此，提出了整体风险等级的概念。

按照有关联或组合的若干个风险因素各自的风险等级的异同，关联或组合后整体风险等级的确定原则也有不同情况，其理论简述如下：

(1) 风险等级相同。如有关联或组合若干个风险因素的风险等级相同，则最终的风险等级为单一风险因素的风险等级升高一级的结果。

(2) 风险等级不同。如有关联或组合若干个风险因素的风险等级不同，则最终的风险等级取单一风险因素中风险等级最高的。如有必要，还可以再升高一级。

如按照上述原则得到的关联或组合风险等级仍然不能完全体现出该风险整体的严重程度，仍可继续提升风险等级。

2. 评价数学模型

(1) 同管理对象-同等级。所属同一管理对象的关联或组合风险同时出现且风险等级相同时（$R_j=R_k$），它们所在模块的风险等级为：

$$R=\max(R_i,R_{j+1}) \quad 或 \quad \max(R_i,R_{k+1})$$

(2) 同管理对象-不同等级。所属同一管理对象的关联或组合风险同时出现且风险等级不同时（$R_j>R_k$），对应模块的风险等级按照最大级别原则评价。

$$R=\max(R_i)(i=1,2,3,\cdots,n)$$

(3) 不同管理对象-同等级。所属不同管理对象的关联或组合风险同时出现且风险等级相同时（$R_j=R_k$），对应模块的风险等级评价应先将出现的有关联或组合的风险因素的风险等级提高一级，再按照最大级别原则评价。

即：风险等级为 R_j 的风险因素所属安全模块的风险级别

$$R=\max(R_i,R_{j+1})$$

风险等级为 R_k 的风险因素所属安全模块的风险级别

$$R=\max(R_i,R_{k+1})$$

(4) 不同管理对象-不同等级。所属不同管理对象的关联或组合风险同时出现且风险等级不同时（$R_j>R_k$），风险等级较高的风险因素对应模块的风险等级保持不变；而风险等级较低的风险因素的风险等级先提高一级再进行对应的模块的风险等级评价。

即：风险等级为 R_j 的风险因素所属安全模块的风险级别

$$R=\max(R_i)$$

风险等级为 R_k 的风险因素所属安全模块的风险级别

$$R=\max(R_i,R_{k+1})$$

注：上述公式中，R 为上一级的风险级别；R_i 为下一级的各风险因素的风险级别；n 为下一级风险因素的总数。

本评价标准中所说的风险等级（Ⅰ、Ⅱ、Ⅲ、Ⅳ）取最大和风险等级升级 $R=R_j+1$ 都是指风险等级向严重的方向发展，即风险等级由Ⅳ⇒Ⅲ⇒Ⅱ⇒Ⅰ的发展状态。

第四节　风险预警预控技术

风险预警预控技术包括两大核心理论：

(1)“三预”基本理论。表征安全生产风险预警预控的执行主体和模式。

(2)“六警”基本理论。表征安全生产风险预警预控的实施及运行流程。

一、“三预”基本理论

“三预”基本理论是风险预警预控机制的核心理论之一，是风险预警预控的模式理论。“三预”理论的基本内容是：生产作业现场风险实时预测预报，安全专业部门风险适时预警预告，各级部门单位风险及时预防预控。

(1) 预测预报。也称报警，是指对风险状况变化趋势的预测以及风险状态的实时报告，需要全员参与，是风险预警、预控的必要前提和基础。风险预测预报的主要方式有：

- 现场监控技术自动报警；
- 信息管理系统自动报警；
- 现场作业人员人工报警；
- 部门管理人员专业报警。

(2) 预警预告。是指根据实时的风险状况预测、风险状态预报或历史报警记录统计分析，对风险状态、趋势的预先警示及警告，一般是专业人员根据上述信息做出的专业化预警。风险预警预告是风险预控的必要根据。风险预警预告的对象及方式主要有：

- 对决策层发布预警预告信息，信息管理系统平台可查询/查看方式；
- 对管理层发布预警预告信息，安全通知、查询/查看方式；
- 对操作层发布预警预告信息，安全指令、查询/查看方式。

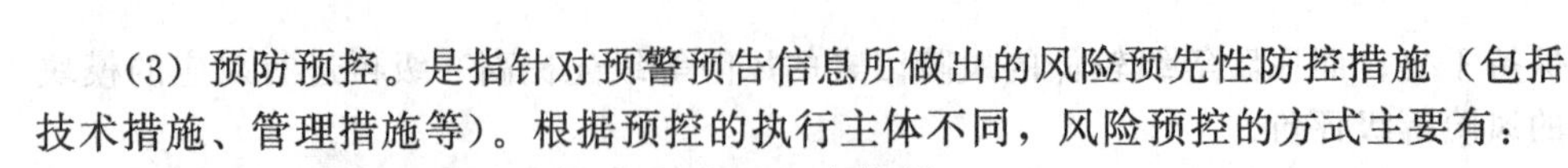

(3) 预防预控。是指针对预警预告信息所做出的风险预先性防控措施（包括技术措施、管理措施等）。根据预控的执行主体不同，风险预控的方式主要有：

- 决策型预控：规划、整改、治理、完善等；
- 管理型预控：监督、检查、评估、审核等；
- 反应型预控：操控、处理、响应、救援等。

“三预”基本理论框架如图 10-2 所示，生产作业现场依据前期风险辨识的成果对风险因素状态的变化进行实时预测预报，安全专业部门针对风险预报的情况，依据前期风险评价的成果对预报的风险因素、风险状态进行适时预警预告，各级部门单位依据前期风险控制工作的成果，对发布风险预警信息的各风险因素进行及时的预防预控。整个“三预”过程的核心都基于前期风险管理工作的成果，即为风险预警预控管理的关键技术。

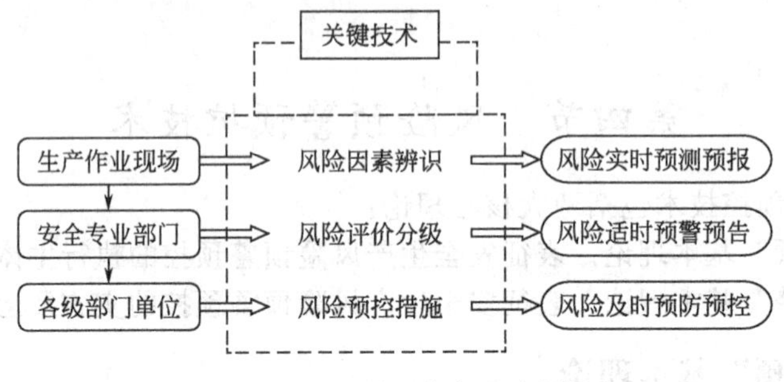

图 10-2 “三预”基本理论框架

二、“六警”基本理论

“六警”基本理论是风险预警预控机制的另一核心理论，是风险预警预控的流程理论。“六警”理论的基本内容是：辨识警兆—探寻警源—报告警情—确定警级—发布警戒—排除警患。

(1) 辨识警兆。指确定研究对象（即警兆）风险状况变化趋势以及实时风险状态情况。

(2) 探寻警源。识别警兆产生的机制及原因，寻找警情的根源。

(3) 报告警情。对出现的警兆进行风险评价，并根据相应机制预警预报风险状态情况。

(4) 确定警级。根据预报警情的风险等级，依据风险预警预控“匹配”理论，确定采取的风险防控警级。

(5) 发布警戒。根据确定的风险防控警级，发布警戒信息，各相关部门（岗位）按照相应警级下的各自职责进行风险预警预控响应。

(6) 排除警患。针对发布的警戒信息，根据相应的风险预警预控机制，采取风险预控措施，控制警情，消除警患。

“六警”基本理论框架如图 10-3 所示，系统实时监测影响各个风险因素状态

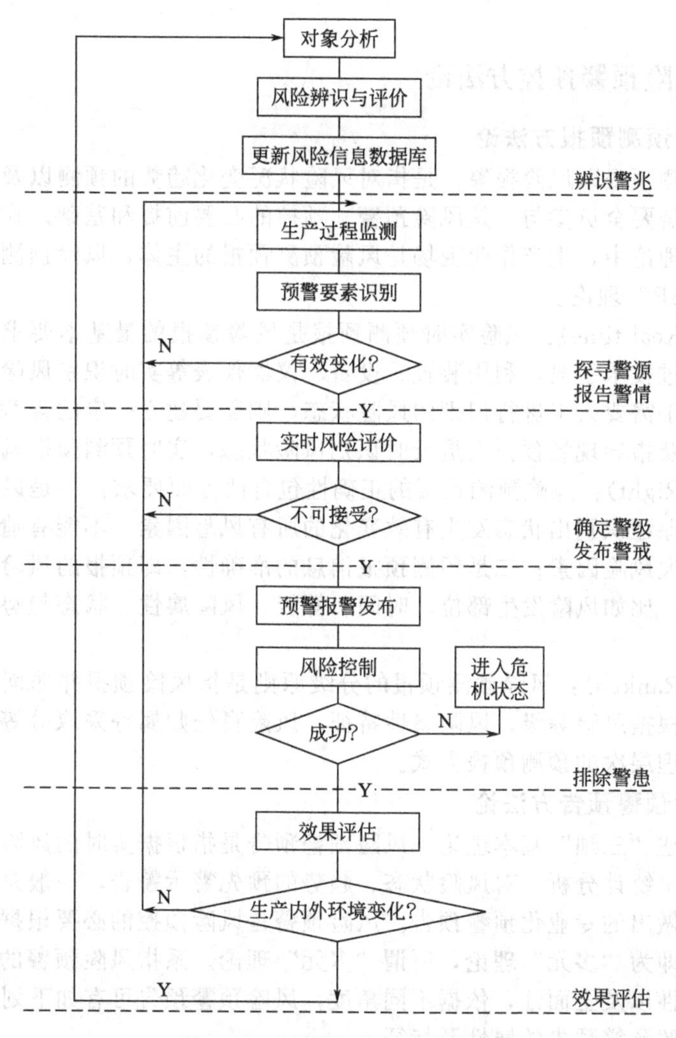

图 10-3 “六警”基本理论框架

变化的指标体系，当有指标发生有效变化（非生产正常波动且具有可预控性）时，通过一定的方式（自动或人工）进行风险评价，当评价结果为可接受时，继续监测；当评价结果为不可接受时，启动预警程序：识别警兆，根据警兆发生的机理探寻警源，并根据风险状态由预测预报责任部门实时预报警情，预警预告责任部门根据警情确定警级，并根据相关机制向有关部门发布警戒信息，进入风险控制程序。当风险控制不成功时，进入危机状态，启动相应的应急救援预案；当风险控制成功时，警患消除，进入效果评估程序，至此一次预警预控流程结束。但是风险预警预控管理并不是一次的流程管理，而是通过不断地循环往复，从而达到风险预控效果的不断提升，整个风险预警预控实施流程构成 PDCA 循环改

进过程。

三、风险预警预控方法论

1. 风险预测预报方法论

风险预测预报即风险报警，是指对风险状况变化趋势的预测以及风险状态的实时报告，需要全员参与，是风险预警、预控的必要前提和基础。在风险预警预控"三预"理论中，生产作业现场是风险预测预报的主体，风险预测预报的实施原则即为"3R"理论。

实时（Real-time)：风险实时预测预报是风险预报的最基本要求，生产作业现场可以通过技术手段，利用装置、设备、仪器仪表等实时识别风险状态并预报风险；而对于需要人工进行识别的风险状态，则需要建立一定的规章制度、规定办法等约束及指导现场预报人员及时识别风险状态，实时预测预报风险。

正确（Right)：风险预测预报的正确性包含两方面要求：一是风险识别的全面性，即要保证识别出状态发生有效变化的所有风险因素，不能有遗漏，特别是不能遗漏重大风险因素；二是预测预报信息的准确性，即预报的风险因素状态信息需要准确，比如风险发生部位、时间、等级、风险属性、状态趋势等重要信息不能有误。

分级（Ranked)：风险预测预报的分级原则是指风险预报并非面向单个预报对象，而是根据风险等级、风险属性特征、风险责任归属等采取分等级、分风险特征、分管理层次的预测预报方式。

2. 风险预警预告方法论

根据前述"三预"基本理论，风险预警预告是指根据实时的风险状态预报或历史报警记录统计分析，对风险状态、趋势的预先警示警告，一般是专业人员根据上述信息做出的专业化预警预告。风险预警是风险预控的必要根据，风险预警的实施原则即为"多元"理论，所谓"多元"理论。系指风险预警的多方位、多模式、系统性以及全面性，依据不同角度，风险预警预告可有如下划分方式。

(1) 按照预警预告的属性及特征

① 依据周期尺度

a. 长期预警：对于风险存在时间（风险寿命）较长的风险因素的预警，通常此类型的风险因素在较短时间内其风险状态并无明显变化。如对于危险源的固有危险性风险状态的预警。

b. 短期（实时）预警：对于风险存在时间（风险寿命）相对较短的风险因素的预警，通常此类型的风险因素在较短时间内其风险状态会发生明显变化。如对于特殊工况的风险预警。当风险存在时间小于一定值时，需要对此类风险因素进行实时预警，比如对某些重要工艺参数异常变化的实时风险预警。

c. 随机预警：根据操作人员人为意愿随机进行的风险预警，具有较强的随意性和随时性。如操作人员随时登录查看风险状态，发布预警信息。

② 依据自动化情况

a. 自动预警：通过设施、设备、系统等能够实现全过程或大部分过程自动处理（全/半自动）进行的预警，如自动监测数据异常预警、系统自动提示预警等。

b. 人工预警：需要通过相关规章制度、办法、规定等的约束及指导，全过程主要由人工完成的预警方式，如需要人员识别风险状态、登录系统操作预报或发布的预警。

③ 依据管理方式

a. 技术型预警：通过设施、设备、仪器、仪表、装置、冗余设计、安全附件及装备等能够实现对风险的管理及控制，此类风险的预警称为技术型预警，如常见的可燃气体、有毒气体浓度监测预警。

b. 管理型警：需要通过建立实施一系列的管理措施、规章、制度、办法、规定等来实现对风险的管理及控制，此类风险的预警称为管理型预警，如常见的大部分非自动监测/监控的风险因素的预警。

④ 依据状态方式

a. 静态预警：指通过对报警、预警历史记录的统计分析，在此基础之上经过分析预测而进行的趋势或状态预警，如高危季度、风险多发月份预警。

b. 动态预警：指针对当时的风险状态进行的短期（实时）的风险预警，通常的非统计分析预警都是动态预警。

（2）按照预警预告的实施方式

① 依据管理对象

a. 设施设备：对来自于生产设施、设备的各种风险因素的预警，如对设施、设备故障、缺陷的预警。

b. 工艺流程：对来自于生产工艺流程的各种风险因素的预警，如对工艺流程的异常、特殊工况等的预警。

c. 作业岗位：对来自于生产作业岗位的各种风险因素的预警，如对作业岗位各种作业活动中危险和危害因素的预警。

② 依据责任归属

a. 各级部门预警：风险防控的责任归属为各级部门，对于此类风险的防控管理主要由各级部门负责。

b. 安全处预警：风险防控的责任归属为安全处，对于此类风险的防控管理主要由安全处负责。

c. 生产车间预警：风险防控的责任归属为生产车间，对于此类风险的防控管理主要由生产车间负责。

（3）依据风险特征

① 风险种类预警：查询关键字段为风险种类（显性/隐性风险、长期/短期风险、静态/动态风险、技术型/管理型风险、自动型/人工型风险等）。

② 风险等级预警：查询关键字段为风险等级（Ⅰ级、Ⅱ级、Ⅲ级、Ⅳ级等）。

③ 风险存在部位预警：查询关键字段为风险存在部位（装置系统、子系统、设备；工艺流程、子流程；作业岗位、作业范围、作业活动等）。

④ 风险关注层面预警：查询关键字段为风险关注层面（公司级、分厂级、车间级、岗位级等）。

3. 风险预防预控方法论

基于“三预”的风险预防预控是指针对风险预警信息所做出的风险预先性防控措施（包括技术措施、管理措施等）。在风险预警预控管理中，风险预防预控的实施原则即为“匹配”理论，所谓“匹配”理论是指风险级别与防控等级的相互匹配，即寻求安全与资源的最优化匹配组合。“匹配”理论的具体参照说明对照表如表10-12所示。

如表10-12所示，当风险等级高于防控等级时，例如对于“Ⅰ级”的风险等级，当采用“中”“较低”“低”的防控级别时，显然不能够有效控制风险，此时安全性不能保证，则此时的匹配结果为“不合理、不可接受”；反之，当风险等级低于防控等级时，例如对于“Ⅱ级、Ⅲ级或Ⅳ级”风险，如果采用“高”级防控，此时能够保证安全性，则匹配结果是“可接受”，但此时显然造成了资源的浪费，即匹配结果“不合理”。因此，只有当采取与风险等级匹配的防控级别的风险控制措施时，才能够达到安全与资源的最优配比，此时的匹配结果为“合理，可接受”。

表10-12 风险预警预控的“匹配”方法论

风险预控 / 风险等级	风险预警描述	风险预控措施(防控级别)			
		高	中	较低	低
Ⅰ(高)	不可接受风险：停止作业，启动高级别预控，全面行动，直至风险消除或降低后才能生产作业	合理 可接受	不合理 不可接受	不合理 不可接受	不合理 不可接受
Ⅱ(中)	不期望风险：全面限制作业，启动中级别预控，局部行动，在风险降低后生产作业	不合理 可接受	合理 可接受	不合理 不可接受	不合理 不可接受
Ⅲ(较低)	有限接受风险：部分限制作业，低级别预控，选择性行动，在控制措施下生产	不合理 可接受	不合理 可接受	合理 可接受	不合理 不可接受
Ⅳ(低)	警告风险；常规作业，常规预控，现场应对，在警惕和关注条件下生产作业	不合理 可接受	不合理 可接受	不合理 可接受	合理 可接受

第五节 RBS/M——基于风险的监管

一、RBS/M的理论基础

1. RBS/M的涵义

RBS/M（Risk Based Supervision/Management），即基于风险的监管，是一种科学、系统、实用、有效的安全管理技术和方法体系。相对于传统的基于事故、事件，基于能量、规模，基于危险、危害，基于规范、标准的安全管理，RBS/M方法以风险管理理论作为基本理论，结合风险定量、定性分级，要求以风险分级水平，实施科学的分级、分类监管。因此，监管对策和措施与监管对象的风险分级相匹配（匹配管理原理）是RBS/M的本质特征。应用RBS/M的优势在于：具有全面性——进行全面的风险辨识；体现预防性——强调系统的潜在的风险因素；落实动态性——重视实时的动态现实风险；实现定量性——进行风险定量或半定量评价分析；应用分级性——基于风险评价分级的分类监管。RBS/M的应用对提高安全监管的效能和安全保障水平发挥高效的作用。

2. RBS/M的价值及意义

RBS/M力求使安全监管做到最科学、最合理、最有效，最终实现事故风险的最小化，其原因在于：第一，基于风险的管理对象是风险因子、依据是风险水平、目的是降低风险，其管理的出发点和管理的目标是一致和统一的，监管的准则体现了安全的本质和规律；第二，基于风险的管理能够保证管理决策的科学化、合理化，从而减少监管措施的盲目性和冗余性；第三，基于风险的管理以风险的辨识和评价为基础，可以实现对事故发生概率和可能损失程度的综合防控。建立在这种系统、科学的风险管理理论方法上的监管方法能全面、综合、系统地实现政府的科学安全监察和企业的有效安全管理。

3. RBS/M的基本理论

RBS/M的理论基础首先是安全度函数（原理），反映安全的定量规律的数学模型，即安全的定量描述可用“安全性”或“安全度”来描述。安全度函数表述如下：

$$S=F(R)=1-R(P,L,S) \quad (1)$$

式中，R为系统或监管对象的风险；P为事故发生的可能性（发生概率）；L为可能发生事故的严重性；S为可能发生事故危害的敏感性。

RBS/M的第二基本原理就是事故的本质规律。“事故是安全风险的产物”是客观的事实，是人们在长期的事故规律分析中得出的科学结论，也称安全基本公理。安全的目标就是预防事故、控制事故，这一公理告诉我们，只有从全面认知安全风险出发，系统、科学地将风险因素控制好，才能实现防范事故、保障安全的目标。

在安全度函数（1）式的基础上，RBS/M理论涉及如下4个基本函数。

风险函数：$\max(R_i)=F(P,L,S)=PLS$

概率函数：$P=F(4M)=F$（人因，物因，环境，管理）

后果函数：$L=F$（人员影响，财产影响，环境影响，社会影响）

情境函数：$S=F$（时间敏感，空间敏感，系统敏感）

4. RBS/M分级原理

分级性是RBS/M应用的基本特征。风险的三维分级原理如图10-4所示。

设可能性P分级为A、B、C、D四级，严重性L分级为a、b、c、d四级，

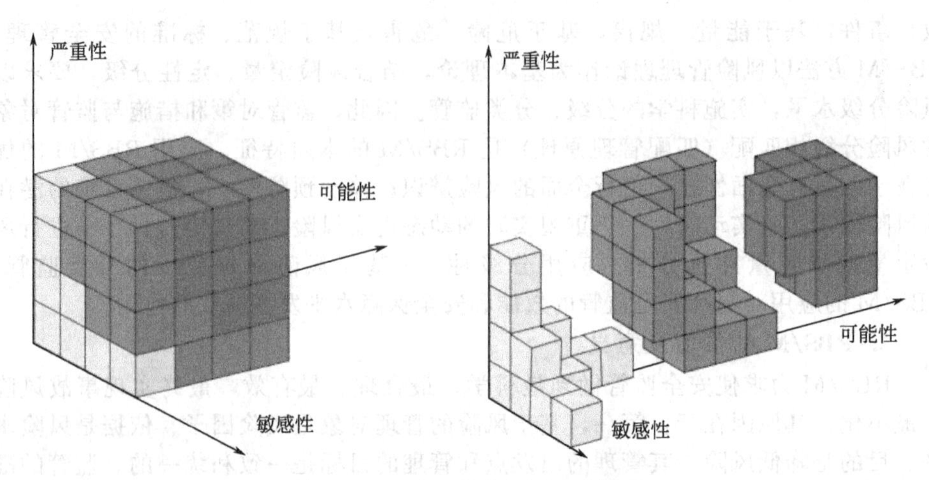

图 10-4 风险三维分级原理及模型

敏感性 S 分级为 1、2、3、4 四级，则三维组合的风险分级如表 10-13 所示。

表 10-13 RBS/M 可能性 P、严重性 L、敏感性 S 三维组合风险分级

低风险	Aa1 Aa2 Aa3 Aa4 Ab1 Ab2 Ac1 Ad1 Ba1 Ba2 Bb1 Ca1 Da1
中等风险	Ab3 Ab4 Ac2 Ac3 Ac4 Ad2 Ad3 Ad4 Ba3 Ba4 Bb2 Bb3 Bb4 Bc1 Bc2 Bd1 Bd2 Ca2 Ca3 Ca4 Cb1 Cb2 Cc1 Cd1Da2 Da3 Da4 Db1 Db2 Dc1 Dd1
高风险	Bc3 Bc4 Bd3 Bd4Cb3 Cb4 Cc2 Cc3 Cc4 Cd2 Cd3 Cd4 Db3 Db4 Dc2 Dc3 Dc4 Dd2 Dd3 Dd4

二、RBS/M 理论的应用原理及模式

1. RBS/M 的运行模式

RBS/M 的运行模式给出了 RBS/M 的应用原理，如图 10-5 所示。以 5W1H 的方式展现了 RBS/M 的运行规律。即

Why：安全监管的理论基础，追求科学性，本质是什么，规律是什么，依据是什么。

Who：安全监管的主体，追求合理性，让谁监管，谁来监管，监管的主体是谁。

What：安全监管的内容，追求系统性，监管的客体是什么。

Where：安全监管的对象，追求针对性，监管的对象是什么，监管的对象体系和类型。

When：安全监管的时机，追求及时性，什么时间监管，为什么在这个时间监管。

How to：如何实施监管，追求科学性，监管的策略和方法是什么。

2. RBS/M 应用的 ALARP 原理

RBS/M 应用的基本原理之一是 ALARP 风险可接受准则。如图 10-6 所示，

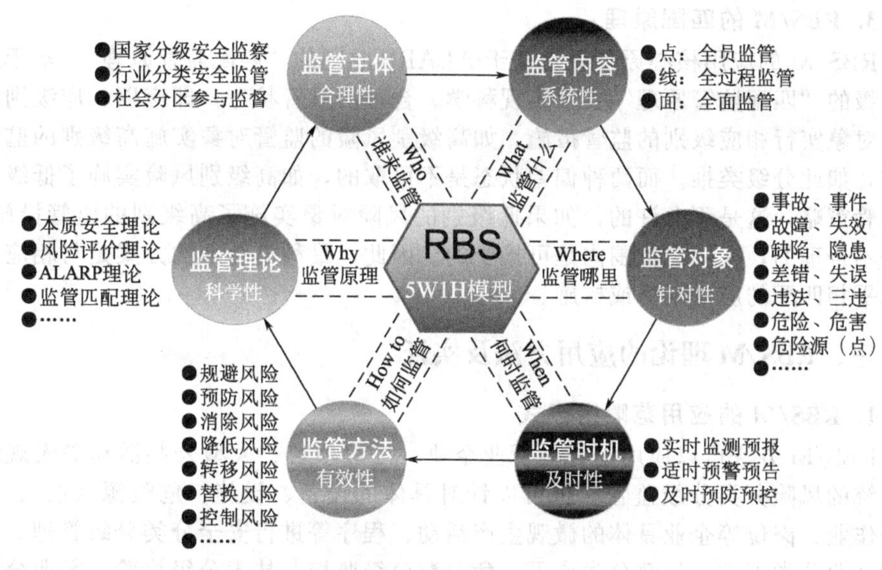

图 10-5 RBS/M 监管原理及方法体系

ALARP 是 As Low As Reasonably Practicable 的缩写，即“风险最合理可行原则”。在公共安全管理实践中，理论上可以采取无限的措施来降低事故风险，绝对保障公共安全，但无限的措施意味着无限的成本和资源。但是，客观现实是安全监管资源有限、安全科技和管理能力有限。因此，科学、有效的安全监管需要应用 ALARP 原则，如图 10-6 所示。

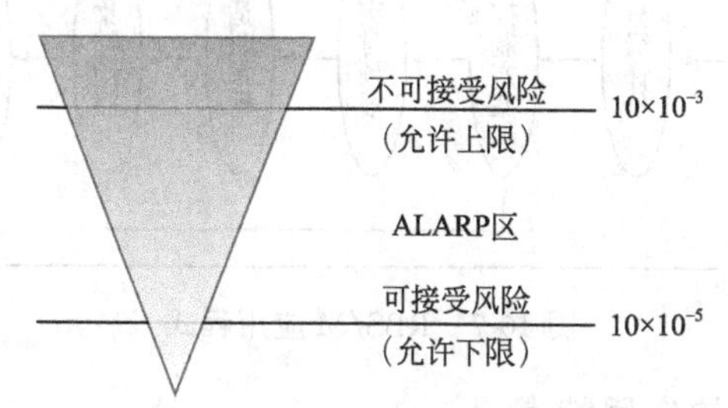

图 10-6 ALARP 原则及框架图

ALARP 原则将风险划分为三个等级。

(1) 不可接受风险：如果风险值超过允许上限，除特殊情况外，该风险无论如何不能被接受。对于处于设计阶段的装置，该设计方案不能通过；对于现有装置，必须立即停产。

(2) 可接受风险：如果风险值低于允许下限，该风险可以接受。无需采取安全改进措施。

(3) ALARP 区风险：风险值在允许上限和允许下限之间。应采取切实可行的措施，使风险水平“尽可能低”。

3. RBS/M 的匹配原理

RBS/M 的应用核心原理就是基于 ALARP 原则的“匹配监管原理”。基于风险分级的“匹配监管原理”要求实现科学、合理的监管状态，即应以相应级别的风险对象实行相应级别的监管措施，如高级别风险的监管对象实施高级别的监管措施，如此分级类推。而两种偏差状态是不可取的，如高级别风险实施了低级别的监管策略，这是不允许的；如果低级别的风险对象实施了高级别的监管措施，这是不合理的，在一定范围内是可接受的。因此，最科学合理的方案是与相应风险水平相匹配的应对策略或措施。

三、RBS/M 理论的应用方法及实证

1. RBS/M 的应用范畴有程式

RBS/M 方法可以应用于针对行业企业、工程项目、大型公共活动等宏观综合系统的风险分类分级监管，也可以针对具体的设备、设施、危险源（点）、工艺、作业、岗位等企业具体的微观生产活动、程序等进行安全分类分级管理。可以为企业分类管理、行政分类许可、危险源分级监控、技术分级检验、行业分级监察、现场分类检查、隐患分级排查等提供技术方法支持。RBS/M 的应用流程是：确定监管对象→进行风险因素辨识→进行风险水平评估分级→制订分级监管对策→实施基于风险水平的监管措施→实现风险可接受状态及目标，如图 10-7 所示。

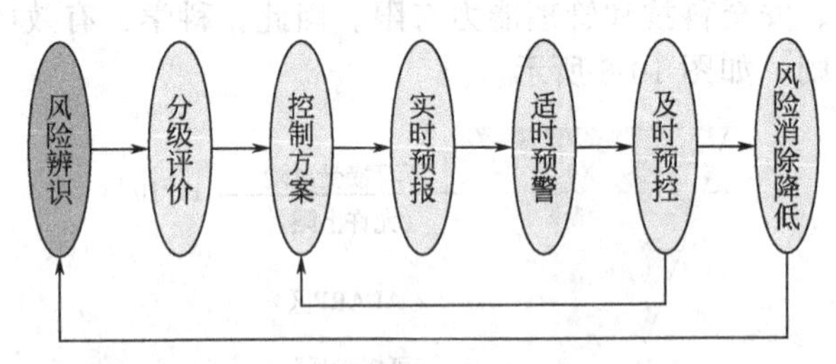

图 10-7　RBS/M 应用程式

2. RBS/M 方法的应用特点

应用 RBS/M 监管的理论和方法，将为公共安全监管带来如下转变：

第一，从监管对象的视角，需要实现变静态危险监管为动态风险监管。目前普遍采用的基于物理、化学特性的危险危害因素辨识和基于能量级的重大危险源辨识和管控，以及当前推行的隐患排查治理的监管方式，前者是针对固有危险性的监管，实质是一种静态的监管方式；后者是局部、间断的监管方式，缺乏持续的全过程控制。重大危险源不一定有重大隐患，重大隐患不确定有重大风险，小隐患有高风险。而重大风险才是系统安全的本质核心。现行的以固有危险作为监管分级依据的作法，往往放走了“真老虎”“大老虎”“活老虎”，以重大风险作为监管目标，才能实现真正意义的科学分类分级监管。因此，在安全监管的对象

上，需要从静态局部的监管变为动态系统的监管。

第二，从监管过程的视角，实现变事故结果、事后、被动的监管为全过程的、主动的、系统的监管。安全系统涉及的风险因素事件链，从上游至下游涉及危险源、危险危害、隐患、缺陷、故障、事件、事故等，传统的经验型监管主要是事故、事件、缺陷、故障等偏下游的监管，显然，这种监管方式没有突出源头、治本、超前、预防的特征，不符合“预防为主”的方针。同时，还具有成本高、代价大的特点。应用 RBS/M 的监管理论和方法，将实现风险因素的全过程，并突出超前、预防性。

第三，从监管方法的视角，需要变形式主义式的约束监管方式为本质安全的激励监管方式。目前普遍以安全法规、标准作为监管依据的做法是必要的，但是，是不够的。因为，做到符合、达标是安全的底线，是基本的，不是充分的。因此，安全的监管目的不能仅仅是审核行为符合、形式达标，而要以是否实现本质安全为标准，追求更好的安全，卓越的安全。为此，就需要以风险最小化、安全最大化为安全监管的目标。这样的方式、方法才是最科学、合理的。

第四，从监管模式的视角，需要变缺陷管理模式为风险管理模式。以问题为导向的管理，如隐患管理和缺陷管理，具有预防、超前的作用，但是，仅仅是初级的科学管理，常常是从上到下的管理模式，缺乏基层、现场的参与。而风险管理模式需要监管与被监管的互动，并且具有定量性和分级性，可实现多层级的匹配监管。

第五，从监管生态的视角，需要变安全监管的对象为安全监管的动力。现代安全管理的基本理念是参与式管理和自律式管理。通过基于风险的管理方式实现监管者与被监管的管理目标（安全风险可接受）一致性，能够调动被监管的积极性，变被监管的阻力因素为参与监管的动力因素。

第六，从监管效能的视角，实现变随机安全效果为持续安全效能。迫于事故的经验型监管和依据法规、标准的规范型监管，都不能确定安全监管对事故预防的效果，即监管措施与公共安全的关系是随机的，不具确定性。这也是合法、达标、通过审核、检查的企业还会发生重大事故的原因。应用基于风险的监管符合安全本质规律，能够在安全监管资源有限的条件下，达到监管交通最优化和最大化，因此，RBS/M 是持续安全发展的必需有效工具。

3. RBS/M 的应用实证

RBS/M（基于风险的监管）与国际上的 RBI（基于风险的检验）原理与方法一脉相承。RBI 在石油工程领域长输管线的检验、检查等风险管理方面获得了巨大成功。在特种设备的安全监管领域，依托“十二五”国家科技支撑课题“基于风险的特种设备安全监管关键技术研究”，研发、探索了基于风险的企业分类监管、设备分类监管、事故隐患分级排查治理、典型事故风险预警、高危作业风险预警、行政分级许可制度、政府职能转变风险分析等特种设备风险管理技术和方法。在公共安全综合监管领域，一些地区采取了公共安全分级监管的方案，如

北京市顺义区《公共安全分类分级管理工作实施方案》，对公共安全监管手段做了新的尝试；山东某市安监局正在研究开发针对高危行业重大事故、人员密集场所活动、工程建设项目、危险源（点）、事故隐患排查、气象灾害、特种设备、高危作业、职业危害等方面的基于风险的监测、预警、预控监管模式及信息系统。

RBS/M 监管方法具有全面性、系统性、针对性、动态性、科学性和合理性的特点，能够解决政府和企业安全管理现实中监管资源不足、监管对象盲目、监管过程失控、监管效能低下等现实问题，从而对提高公共安全监管水平和事故防控能力发挥作用。目前 RBS/M 的理论和方法还在发展和完善中，在理论上需要深入研究探索和培训，在实践上需要广泛的应用试验和验证。我们坚信，作为基于安全本质和规律的 RBS/M 方法必然对提升我国的公共安全监管水平发挥积极重要的作用。

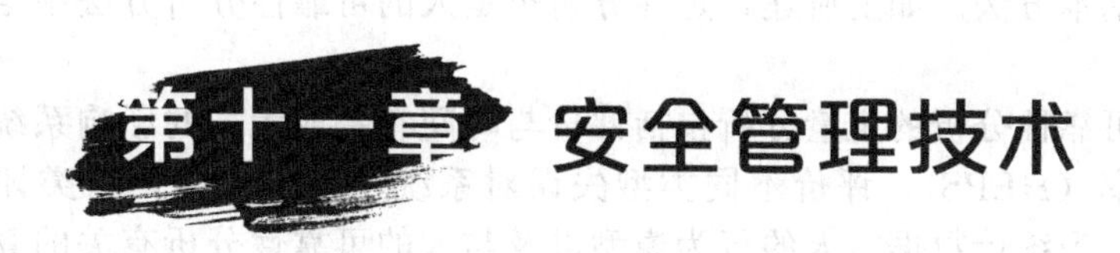

第十一章 安全管理技术

重要概念 安全管理技术，人因安全管理，物因安全管理，环境因素安全管理，安全管理综合测评技术，特种设备政府安全监管绩效测评。

重点提示 人因安全管理的方法；在安全生产工作中的人的行为管理和措施；物的本质安全化的措施；环境因素管理的方法和技术；安全管理综合测评技术；特种设备政府安全监管绩效测评方法。

问题注意 系统管理协调，即人-机-环的管理协调；管理也是技术的认识及实践；安全管理综合测评方法；特种设备政府安全监管绩效测评方法；安全管理也是一门科学。

第一节 人因安全管理

1. 人的可靠性分析与评价

人的可靠性分析（HRA）是评价人的可靠性的各种方法的总称。人的可靠性是指使系统可靠或正常运转所必需的人的正确活动的概率。人的可靠性分析可作为一种设计方法，使系统中人为失误的概率减少到可接受的水平。人为失误的严重性是根据可能导致的后果来划分的，如损害系统的功能、降低安全性、增加费用等。在大型人—机系统中，人的可靠性分析常作为系统概率危险评价的一部分。

人的可靠性分析的定性分析主要包括人为失误隐患的辨识。辨识的基本工具是作业分析，这是一个反复分析的过程。通过观察、调查、谈话、失误记录等方式分析确定某一人—机系统中人的行为特性。在系统元素相互作用过程上，人为失误隐患包括不能执行系统要求的动作，不正确的操作行为（包括时间选择错误），或者进行损害系统功能的操作。对系统进行不正确的输入可能与一个或多个操作形成因素（PSFS）有关，如设备和工艺的操作不合理，培训不当，通信联络不正确等。不正确的操作形成因素可导致错误的感觉、理解、判断、决策或控制失误。上述几种过程中的任何一个过程都能直接或间接地对系统产生不正

确的输入。定性分析是人机学专家在设计或改进人机系统时为减少人为失误的影响使用的基本方法。如上所述，定性分析也是人的可靠性分析方法中定量分析的基础。

人的可靠性分析的定量分析包括评价与时间有关或无关的影响系统功能的人为失误概率（HEPS），评价不同类型失误对系统功能的影响。这类评价是通过使用人的行为统计数据、人的行为模型以及与人的可靠性分析有关的其他分析方法来完成的。对于复杂系统，人的可靠性分析工作最好由一个专家组来完成。专家组中包括有可靠性分析经验的人机学专家、系统分析专家、有关工程技术人员、尤其是对分析对象非常熟悉的有关人员，让他们参与人的可靠性分析是非常必要的。

2. 行为抽样技术

定量研究人的安全行为的状况和水平，通常采用行为抽样技术。这是一种高效、省时、经济，又具有一定的定量精确及合理性的行为研究方法。这种方法能定量地研究出工人操作过程中的失误状况和水平，即确切地测定出职工的失误率。行为抽样技术是通过对员工作业过程的抽样调查，了解操作者生产过程中的失误或差错状况，其目的是有效控制人的失误率。进行行为抽样要依据随机性、正态分布的概率统计学理论，以保证调查结果的客观真实性。

（1）安全行为抽样理论。行为抽样技术是一种通过局部作业点或对有限量（时间或空间）的职工行为的抽样调查，从而判定全局或全体的安全行为水平，客观上讲是具有误差的调查方法，但其误差要符合研究的要求，为此，需要遵循一定的理论规律，这就是概率理论、正态分布和随机原理。概率理论是研究随机现象的，随机现象对单次或个别试验是不确定的，但在大量重复试验中，却呈现出明显的规律性。人的一般行为都具有这样的特点，生产过程中的失误或不安全行为也具有这样的特点。为了使调查的数据是可靠的、准确的，在设计抽样的样本时，以正态分布理论为基础，其置信度和精确度都以正态分布的参数为基础。行为抽样要求随机地确定观测或调查的时间，随机地确定测定对象，而不能专门地安排和有意识地设计研究或调查的对象、时间和地点，随机确定的样本数据才具有客观的合理性。

（2）安全行为抽样技术。实施安全行为的抽样技术主要采取如下步骤：将要调查或研究车间、工种或部门操作的不安全行为定义出来，并列出清单；根据已有的抽样结果或通过小量的试验观测，初步确定调查样本的不安全行为比例 P 值；确定抽样调查的总观测样本数 N（参照相关数学公式），其样本数取决于不安全行为比例水平，调查分析的精度；根据调查对象的工作规律，确定抽样时间，即确定每小时的调查观测次数和观测的具体时间（八小时上班内）；根据随机原则，确定观测的对象，即观测那些职工或生产班组，一般可以根据调查的目的、要求，以及行业生产的特点，采用正规的随机抽样法，或按工种、业务或职工特性使用分层随机抽样法；通过进行所需次数的随机观测，将观测到的生产操作行为结果（安全和不安全行为）进行分类记录；测算出不安全行为的百分比(失误率)；每月第一周重复一次以上步骤的抽样调查；根据每次抽样调查获得的不安全行为比例数值，进行控制图管理；通过控制图的技术，分析生产一线工人的安全行为规律，并提出改进安全生产状况、预防失误导致事故的对策、措施和办法。

3. 特种作业人员安全管理

《劳动法》第五十五条规定：从事特种作业的从业人员必须经过专门培训并取得特种作业资格。凡从事特种作业人员必须年满 18 周岁、初中以上文化程度、身体健康、无妨碍从事本工种作业的疾病和生理缺陷、并经过有资格的培训单位进行培训考核取得劳动部门核发的操作证。特种作业人员必须持证上岗，严禁无证操作。特种作业人员所在单位，需建立特种作业人员的管理档案。对违章操作的应视其情节给予相应的处分，并记入管理档案。离开特种作业岗位 1 年以上的特种作业人员，须重新进行安全技术考核，合格者方可从事原作业。退休（职）的特种作业人员，由所在单位收缴其操作证，并报发证部门注销。对于某些设备来讲，由于设备本身存在一定的危险性，如果发生事故，将机毁人亡，不仅对操作者本人，而且对他人和周围设施会造成严重损伤或破坏。因此对危险性较大的设备即特种设备应实行特殊管理。对特种设备必须制定安全操作规程、定期检查制度、维修保养管理制度、专人负责管理制度以及建立设备技术档案。特种设备不得长期超负荷带病运行，设备的安全防护装置必须保持完好，并能正确使用。除对特种设备进行严格检测检验，实行安全认证外，同时对操作人员进行严格的技能和安全技术培训。对特种作业人员必须进行定期的特种设备安全运行教育，增强其安全责任心，提高安全意识，做到精心使用、精心操作、精心维护。

4. 安全行为“十大禁令”

第一条　安全教育和岗位技术考核不合格者，严禁独立顶岗操作。

第二条　不按规定着装或班前饮酒者，严禁进入生产岗位和施工现场。

第三条　不戴好安全帽者，严禁进入生产装置和检修、施工现场。

第四条　未办理安全作业票及不系安全带者，严禁高处作业。

第五条　未办理安全作业票，严禁进入塔、容器、罐、油舱、反应器、下水井、电缆沟等有毒、有害、缺氧场所作业。

第六条　未办理维修工作票，严禁拆卸停用的与系统联通的管道、机泵等设备。

第七条　未办理电气作业“三票”，严禁电气施工作业。

第八条　未办理施工破土工作票，严禁破土施工。

第九条　机动设备或受压容器的安全附件、防护装置不齐全、不好用的，严禁启动使用。

第十条　机动设备的转动部件，在运转中严禁擦洗或拆卸。

第二节 物因及隐患安全管理

一、生产设备安全管理

1. 安全设施“三同时”管理

“三同时”指生产性基本建设和技术改造项目中的职业安全健康设施，应与主体工程同时设计、同时施工、同时验收和投产使用。

我国在安排生产性新建、扩建、改建项目时，往往由于投资不足或出于节省的考虑，对项目中配套的安全卫生设施随意削减。这样做的结果，往往使投产后的生产项目无法正常运转或生产不能健康运行，最后被迫补上安全卫生设施。从总体上看，不仅没有节省，反而造成更大的浪费。“三同时”就是从制度上保证安全卫生设施建设能同步到位。

为确保建设项目（工程）符合国家规定的安全生产标准，保障从业人员在生产过程中的安全与健康，企业在搞新建、改建、扩建基本建设项目（工程）、技术改造项目（工程）和引进技术工程项目时，项目中的安全卫生设施必须与主体工程实施“三同时”。搞好“三同时”工作，从根本上采取防范措施，把事故和职业危害消灭在萌芽状态，是最经济、最可行的生产建设之路。只有这样，才能保证职工的安全与健康，维护国家和人民的长远利益，保障社会生产力的顺利发展。

2. 特种设备安全管理

对锅炉、压力容器、压力管道、起重机械、电梯、客运架空索道、大型游乐设施和厂内机动车辆等特种设备国家实行专门监管的办法。对于锅炉、压力容器的安全监察依据国务院 1982 年发布的《锅炉压力容器安全监察暂行条例》；压力管道的监管依据《压力管道安全管理与监察规定》进行；电梯监管依据原劳动部《关于加强电梯安全管理的通知》；起重机械监管依据原劳动部《起重机械安全监察规定》；厂内机动车辆监管依据原劳动部《厂内机动车辆安全管理规定》；客运架空索道监管依据原劳动部《客运架空索道安全运营与监察规定》；游艺机和游乐设施监管依据原国家技术监督局、建设部、国家旅游局、公安部、劳动部、国家工商行政管理局《游艺机和游乐设施安全监督管理规定》；防爆电气（器）监管依据原劳动人事部、公安部、国家机械委员会、煤矿工业部、化学工业部、石油化工部、纺织工业部、轻工业部《爆炸危险场所电气安全规程（试行）》。

由于特种设备是属于危险性较大的设备，易发生事故造成操作者本人或他人的伤害，以及机械设备、厂房等重大的财产损失，为保证其正常运行必须进行定期和巡回检测检验，以确保安全生产和生命安全。对特种设备的检测检验，要经过有关主管部门的批准，要严格按照国家物价局、财政部颁布的中央管理劳动部厅行政事业性收费项目和标准［1992］价费字 268 号文进行。如《特种作业人员操作证》《锅炉、压力容器检验费》、职业安全卫生和矿山安全卫生检验费，特种劳动防护品生产许可证和各种培训考核规定的设备和作业。

对危险性较大的设备即特种设备应实行特殊管理。对特种设备必须制定安全操作规程、定期检查制度、维修保养管理制度、专人负责管理制度以及建立设备技术档案。特种设备不得长期超负荷带病运行，设备的安全防护装置必须保持完好，并能正确使用。除对特种设备进行严格检测检验，实行安全认证外，同时对操作人员进行严格的技能和安全技术培训。

新制特种设备投入使用前，使用单位必须填写特种设备登记表，并携带有关资料向行政主管部门（技术监督局）办理使用登记申报手续。安全监察机构在核查使用单位填写的登记表和有关资料时，应确认该特种设备的产品质量符合有关法规、标准的要求，在确认登记表所填各项正确无误后，才允许该特种设备注册。安全状况达不到要求或申报材料不全、不真实的特种设备，不予注册。

使用特种设备的单位，应携带该设备的有关资料、检验报告和填好的登记表，向行政主管部门（技术监督局）办理特种设备使用登记申报手续。安全监察机构经核查有关资料和检验报告，确认登记表所填写各项正确无误后，对该特种设备予以注册。安全状况等级达不到要求的特种设备，要办理注销手续，予以报废。

特种设备档案是对特种设备的设计、制造、使用、检修全过程的文字记载，它向人们提供各个过程的具体情况；也是特种设备定期检验和更新报废的根据。通过建立特种设备档案，可以使特种设备的管理部门和操作人员全面掌握其技术状况，了解和掌握其运行规律，防止盲目使用特种设备，从而能有效地控制特种设备事故。

3. 生产辅助设施管理

《工厂安全卫生规程》和《工业企业设计卫生标准》中都对企业的生产辅助设施的安全卫生要求作出了明确的规定。辅助设施包括浴室、存衣室、盥洗室、洗衣房、休息室、食堂、厕所、妇幼卫生用室、卫生医疗机构设施等。

二、现场隐患管理

无隐患管理法是依据事故金字塔理论进行立论的，即隐患是事故发生的基础，如果有效地消除或减少了生产过程中的隐患，事故发生概率就能大大降低。

1. 隐患的概念

隐患的概念分两种。一是可导致事故发生的物的危险状态、人的不安全行为及管理上的缺陷。二是隐患是人-机-环境系统安全品质的缺陷。

2. 隐患的分类

（1）按危害程度可分为一般隐患（危险性较低，事故影响或损失较小的隐患）；重大隐患（危险性较大，事故影响或损失较大的隐患）；特别重大隐患（危险性大，事故影响或损失大的隐患），如发生事故可能造成死亡 10 人以上，或直接经济损失 500 万元以上。

（2）按危害类型可分为火灾隐患（占 32.2%）；爆炸隐患（占 30.2%）；危

房隐患（占13.1%）；坍塌和倒塌隐患（占5.25%）；滑坡隐患（占2.28%）；交通隐患（占2.71%）；泄漏隐患（占2.01%）；中毒隐患（占1.88%）。（以上数据来源于1995年劳动部安管局组织调查结果。）

（3）按表现形式可分为人的隐患（认识隐患，行为隐患）；机的状态隐患；环境隐患；管理隐患。

3. 隐患的成因

隐患成因包括“三同时”执行不严；国家监察不力；行业管理职责不明；群众监督未发挥作用；企业制度不健全；企业资金没有落实等。

4. 隐患的管理形式

（1）政府管理：一般隐患——县市级劳动部门管理；重大隐患——地市级劳动部门管理；特别重大隐患——省市级劳动部门管理。

（2）行业管理：一般隐患——厂级管理；重大隐患——公司管理；特别重大隐患——总公司管理。

（3）企业管理：进行分类、建档（台账）、班组报表、统计分析、适时动态监控。

隐患辨识与检验要求做到结合企业生产特点识别隐患状态及类型；采用仪表检测；运用自动监测技术；进行行为抽样技术。

隐患控制与治理技术要做到：①应用软科学手段，即加强教育，强化全员隐患严重性认识；②明确责任，理顺隐患治理机制；③坚持标准，搞好隐患治理科学管理；④广开渠道，保障隐患治理资金；⑤严格管理，坚持“三同时”原则；⑥落实措施，发挥工会及职工的监督作用。应用下列技术手段，即消除危险能量；降低危险能量；距离弱化技术；时间弱化技术；蔽障防护技术；系统强化技术；危险能量释放技术；本质安全（闭锁）技术；无人化技术；警示信息技术；隐患应急技术，即具有应急预案；防范系统；救援系统等。

三、危险源管理

根据《安全生产法》，重大危险源是指长期地或者临时地生产、搬运、使用或者储存危险物品，且危险物品的数量等于或者超过临界量的单元（包括场所和设施）。

危险源是事故发生的前提，是事故发生过程中能量与物质释放的主体。因此，有效地控制危险源，特别是重大危险源，对于确保职工在生产过程中的安全和健康，保证企业生产顺利进行具有十分重要的意义。

1. 危险源的分类

危险源是指一个系统中具有潜在能量和物质释放危险的、在一定的触发因素作用下可转化为事故的部位、区域、场所、空间、岗位、设备及其位置。也就是说，危险源是能量、危险物质集中的核心，是能量从哪里传出来或爆发的地方。危险源存在于确定的系统中，不同的系统范围，危险源的区域也不同。例如，从全国范围来说，对于危险行业（如石油、化工等），具体的一个企业（如炼油厂）就是一个危险源。而从一个企业系统来说，可能是某个车间、仓库就是危险源；对于一个车间系统可能某台设备是危险源。因此，分析危险源应按系统的不同层次来进行。

根据上述对危险源的定义，危险源由三个要素构成：潜在危险性、存在条件和触发因素。危险源的潜在危险性是指一旦触发事故，可能带来的危害程度或损失大小，或者说危险源可能释放的能量强度或危险物质量的大小。危险源的存在条件是指危险源所处的物理、化学状态和约束条件状态，例如物质的压力、温度、化学稳定性，盛装容器的坚固性，周围环境障碍物等情况。触发因素虽然不属于危险源的固有属性，但它是危险源转化为事故的外因，而且每一类型的危险源都有相应的敏感触发因素。如易燃易爆物质，热能压力容器压力升高是其敏感的触发因素。因此，一定的危险源总是与相应的触发因素相关联。在触发因素的作用下，危险源转化为危险状态，继而转化为事故。

危险源是可能导致事故发生的潜在的不安全因素。实际上，生产过程中的危险源，即不安全因素种类繁多、非常复杂，它们在导致事故发生、造成人员伤害和财产损失方面所起的作用有很大差异。相应地，控制它们的原则、方法也有很大差异。根据危险源在事故发生、发展中的作用，把危险源划分为两大类，即第一类危险源和第二类危险源。

表 11-1 列出了可能导致各类伤亡事故的第一类危险源。

表 11-1　伤亡事故类型与第一类危险源

事故类型	能量源或危险物的产生、储存	能量载体或危险物
物体打击	产生物体落下、抛出、破裂、飞散的设备、场所、操作	落下、抛出、破裂、飞散的物体
车辆伤害	车辆，使车辆移动的牵引设备、坡道	运动的车辆
机械伤害	机械的驱动装置	机械的运动部分、人体
起重伤害	起重、提升机械	被吊起的重物
触电	电源装置	带电体、高跨步电压区域
灼烫	热源设备、加热设备、炉、灶、发热体	高温物体、高温物质
火灾	可燃物	火焰、烟气
高处坠落	高度差大的场所、人员借以升降的设备、装置	人体
坍塌	土石方工程的边坡、料堆、料仓、建筑物、构筑物	边坡土（岩）体、物料、建筑物、构筑物、载荷
冒顶片帮	矿山采掘空间的围岩体	顶板、两帮围岩
放炮、火药爆炸	炸药	
瓦斯爆炸	可燃性气体、可燃性粉尘	
锅炉爆炸	锅炉	蒸汽
压力容器爆炸	压力容器	内部容纳物
淹溺	江、河、湖、海、池塘、洪水、储水容器	水
中毒窒息	产生、储存、聚积有毒有害物质的装置、容器、场所	有毒有害物质

在生产、生活中，为了利用能量，让能量按照人们的意图在生产过程中流动、转换和做功，就必须采取屏蔽措施约束、限制能量，即必须控制危险源。约束、限制能量的屏蔽应该能够妥当地控制能量，防止能量意外地释放。然而，实际生产过程中绝对可靠的屏蔽措施并不存在。在许多复杂因素的作用下，约束、限制能量的屏蔽措施可能失效，甚至可能被破坏而发生事故。导致约束、限制能量屏蔽措施失效或破坏的各种不安全因素称作第二类危险源，它包括人、物、环境三个方面的问题。

在安全工作中涉及人的因素问题时，采用的术语有不安全行为（Unsafe Act）和人失误（Human Error）。不安全行为一般指明显违反安全操作规程的行为，这种行为往往直接导致事故发生。例如，不断开电源就带电修理电气线路等而发生触电等。人失误是指人的行为结果偏离了预定的标准。例如，合错了开关使检修中的线路带电；误开阀门使有害气体泄放等。不安全行为、人失误可能直接破坏对第一类危险源的控制，造成能量或危险物质的意外释放；也可能造成物的因素问题，进而导致事故。例如，超载起吊重物造成钢丝绳断裂，发生重物坠落事故。

物的因素问题可以概括为物的不安全状态（Unsafe Condition）和物的故障（或失效）（Failure or Fault）。物的不安全状态是指机械设备、物质等明显的不符合安全要求的状态。例如没有防护装置的传动齿轮、裸露的带电体等。在我国的安全管理实践中，往往把物的不安全状态称作隐患。物的故障（或失效）是指机械设备、零部件等由于性能低下而不能实现预定功能的现象。物的不安全状态和物的故障（或失效）可能直接使约束、限制能量或危险物质的措施失效而发生事故。例如，电线绝缘损坏发生漏电；管路破裂使其中的有毒有害介质泄漏等。有时一种物的故障可能导致另一种物的故障，最终造成能量或危险物质的意外释放。例如，压力容器的泄压装置故障，使容器内部介质压力上升，最终导致容器破裂。物的因素问题有时会诱发人的因素问题；人的因素问题有时会造成物的因素问题，实际情况比较复杂。

环境因素主要指系统运行的环境，包括温度、湿度、照明、粉尘、通风换气、噪声和振动等物理环境，以及企业和社会的软环境。不良的物理环境会引起物的因素问题或人的因素问题。例如，潮湿的环境会加速金属腐蚀而降低结构或容器的强度；工作场所强烈的噪声影响人的情绪，分散人的注意力而发生人失误。企业的管理制度、人际关系或社会环境影响人的心理，可能造成人的不安全行为或人为失误。

第二类危险源往往是一些围绕第一类危险源随机发生的现象，它们出现的情况决定事故发生的可能性。第二类危险源出现得越频繁，发生事故的可能性越大。

2. 危险源控制途径

危险源的控制可从三方面进行，即技术控制、人行为控制和管理控制。

(1) 技术控制。即采用技术措施对固有危险源进行控制，主要技术有消除、控制、防护、隔离、监控、保留和转移等。

(2) 人行为控制。即控制人为失误，减少人不正确行为对危险源的触发作用。人为失误的主要表现形式有：操作失误，指挥错误，不正确的判断或缺乏判断，粗心大意，厌烦，懒散，疲劳，紧张，疾病或生理缺陷，错误使用防护用品和防护装置等。人行为的控制首先是加强教育培训，做到人的安全化；其次应做到操作安全化。

(3) 管理控制。可采取以下管理措施，对危险源实行控制。

① 建立健全危险源管理的规章制度。危险源确定后，在对危险源进行系统危险性分析的基础上建立健全各项规章制度，包括岗位安全生产责任制、危险源重点控制实施细则、安全操作规程、操作人员培训考核制度、日常管理制度、交接班制度、检查制度、信息反馈制度、危险作业审批制度、异常情况应急措施、考核奖惩制度等等。

② 明确责任、定期检查。应根据各危险源的等级，分别确定各级的负责人，并明确他们应负的具体责任，特别是要明确各级危险源的定期检查责任。除了作业人员必须每天自查外，还要规定各级领导定期参加检查。对于重点危险源，应做到公司总经理（厂长、所长等）半年一查，分厂厂长月查，车间主任（室主任）周查，工段、班组长日查。对于低级别的危险源也应制定出详细的检查安排计划。

对危险源的检查要对照检查表逐条逐项，按规定的方法和标准进行检查，并作记录。如发现隐患则应按信息反馈制度及时反馈，使其及时得到消除。凡未按要求履行检查职责而导致事故发生者，要依法追究其责任。规定各级领导人参加定期检查，有助于增强他们的安全责任感，体现管生产必须管安全的原则，也有助于及时发现和顺利解决重大事故隐患。

专职安技人员要对各级人员实行检查的情况定期检查、监督并严格进行考评，以实现封闭管理。

③ 加强危险源的日常管理。要严格要求作业人员贯彻执行有关危险源日常管理的规章制度。例如，搞好安全值班、交接班；按安全操作规程进行操作；按安全检查表进行日常安全检查；危险作业经过审批等。所有活动均应按要求认真做好记录。领导和安全技术部门定期进行严格检查考核，发现问题，及时给以指导教育，根据检查考核情况进行奖惩。

④ 抓好信息反馈、及时整改隐患。要建立健全危险源信息反馈系统，制定信息反馈制度并严格贯彻实施。对检查发现的事故隐患，应根据其性质和严重程度，按照规定分级实行信息反馈和整改，作好记录，发现重大隐患应立即向安全技术部门和行政第一领导报告。信息反馈和整改的责任应落实到人。对信息反馈和隐患整改的情况各级领导和安全技术部门要进行定期考核和奖惩。安全技术部门要定期收集、处理信息，及时提供给各级领导研究决策，不断改进危险源的控制管理工作。

⑤ 搞好危险源控制管理的基础建设工作。危险源控制管理的基础工作除建

立健全各项规章制度外，还应建立健全危险源的安全档案和设置安全标志牌。应按安全档案管理的有关内容要求建立危险源的档案，并指定由人专门保管，定期整理。应在危险源的显著位置悬挂安全标志牌，标明危险等级，注明负责人员，按照国家标准的安全标志标明主要危险，并扼要注明防范措施。

⑥ 搞好危险源控制管理的考核评价和奖惩。应对危险源控制管理的各方面工作制定考核标准，并力求量化，划分等级。定期严格考核评价，给予奖惩，并与班组升级和评先进结合起来。逐年提高要求，促使危险源控制管理的水平不断提高。

3. 危险源的分级管理

自 20 世纪 80 年代以来，我国许多企业推行危险源点分级管理，收到了良好的效果。增强了各级领导的安全责任感，提高了作业人员的安全意识、安全知识水平和预防事故的能力，加强了企业安全管理的基础工作，提高了危险源点的整体控制水平。

所谓危险源点，是指包含第一类危险源的生产设备、设施、生产岗位、作业单元等。在安全管理方面，危险源点分级管理注重对这些危险源“点”的管理。

危险源点分级管理是系统安全工程中危险辨识、控制与评价在生产现场安全管理中的具体应用，体现了现代安全管理的特征。与传统的安全管理相比较，危险源点分级管理有以下特点：①体现“预防为主”；②全面系统的管理；③突出重点的管理。根据危险源点危险性大小对危险源点进行分级管理，可以突出安全管理的重点，把有限的人、财、物力集中起来解决最关键的安全问题。抓住了重点也可以带动一般，推动企业安全管理水平的普遍提高。

四、消防安全管理

1. 防火、防爆十大禁令

要做好企业的消防工作，必须遵守如下十大禁令。

第一条 严禁在厂内吸烟及携带火种和易燃、易爆、有毒、易腐蚀物品入厂。

第二条 严禁未按规定办理用火手续，在厂内进行施工用火或生活用火。

第三条 严禁穿易产生静电的服装进入油气区工作。

第四条 严禁穿带铁钉的鞋进入油气区及易燃、易爆装置。

第五条 严禁用汽油、易挥发溶剂擦洗设备、衣物、工具及地面等。

第六条 严禁未经批准的各种机动车辆进入生产装置、罐区及易燃、易爆区。

第七条 严禁就地排放易燃、易爆物料及化学危险品。

第八条 严禁在油气区用黑色金属或易产生火花的工具敲打、撞击和作业。

第九条 严禁堵塞消防通道及随意挪用或损坏消防设施。

第十条 严禁损坏厂内各类防爆设施。

2.“五不动火”管理原则

在企业的生产过程中，由于生产维修、改造等作业需要动火，如果现场存在有易燃、易爆的气体或物质，必须坚持现场“五不动火”的管理原则，即置换不彻底不动火；分析不合格不动火；管道不加盲板不动火；没有安全部门确认不动火；没有防火器材及监火人不动火。

3. 动火“五信五不信”原则

在石油化工等存在易燃、易爆的场所，企业在进行动火审批时，其审批动火票要坚持“五信五不信”原则，即相信盲板不相信阀门，相信自己检查不相信别人介绍，相信分析化验数据不相信感觉和嗅觉，相信逐级签字不相信口头同意，相信科学不相信经验主义。

4. 防电气误操作“五步操作法”

防电气误操作“五步操作法”是指周密检查、认真填票、实行双监、模拟操作、口令操作。层层把关，堵塞漏洞，不仅消除了思想上的误差，而且也消除了行为上的误动。

5. 防止储罐跑油（料）十条规定

对于石油化工储罐的生产设施，必须执行如下十条规定：

第一条　按时检尺，定点检查，认真记录。

第二条　油品脱水，不得离人，避免跑油。

第三条　油品收付，核定流程，防止冒串。

第四条　切换油罐，先开后关，防止憋压。

第五条　油罐用后，认真检查，才能投用。

第六条　现场交接，严格认真，避免差错。

第七条　呼吸阀门，定期检查，防止抽瘪。

第八条　重油加温，不得超标，防止突沸。

第九条　管线用完，及时处理，防止冻凝。

第十条　新罐投用，验收签证，方可进油（料）。

五、交通安全管理

1. 车辆安全十大禁令

第一条　严禁超速行驶、酒后驾车。

第二条　严禁无证开车或学习、实习司机单独驾驶。

第三条　严禁空挡放坡或采用直流供油。

第四条　严禁人货混载、超限装载或驾驶室超员。

第五条　严禁违反规定装运危险物品。

第六条　严禁迫使、纵容驾驶员违章开车。

第七条　严禁驾驶员带病行驶或私自开车。

第八条　严禁非机动车辆或行人在机动车临近时，突然横穿马路。

第九条　严禁吊车、叉车、电瓶车等工程车辆违章载人行驶或作业。

第十条　严禁撑伞、撒把、带人及超速骑自行车。

2. 厂内运输安全管理

企业厂区范围内及附近行驶、作业的机动车辆、车辆的装备、安全防护装置应齐全有效。车辆的整车技术状况、污染物排放、噪声应符合有关标准和规定。企业应建立、健全厂内机动车辆安全管理规章制度。车辆应逐台建立安全技术管理档案。

厂内机动车辆应在当地劳动行政部门办理登记手续，建立车辆档案，经劳动行政部门对车辆进行安全技术检验，合格后核发牌照，并逐年进行年度检验。车辆驾驶人员需参加劳动行政部门组织的考核，取得《厂矿企业内机动车辆驾驶证》。企业厂内机动车辆管理制度，应符合原劳动部《厂内机动车辆安全管理规定》，车辆应符合规定的安全技术要求。机动车驾驶员应符合《厂矿企业机动车辆驾驶员安全技术考核标准》（GB 11342）的规定。

六、现场安全管理方法

1. 安全巡检“挂牌制”

“巡检挂牌制”是指在生产装置现场和重点部位，要实行巡检时的“挂牌制”。操作工定期到现场按一定巡检路线进行安全检查时，一定要在现场进行挂牌警示，这对于防止他人可能造成的误操作引发事故，具有重要作用。

2. 现场“物流”定置管理

为了保障安全生产，在车间或岗位现场，从平面空间到立体空间，其使用的工具、设备、材料、工件等的摆放位置要规范，文明管理，要进行科学物流设计。

3. 现场“三点控制”

对生产现场的“危险点、危害点、事故多发点”要进行强化的控制管理，实行挂牌制，标明其危险或危害的性质、类型、定量、注意事项等内容，以警示操作人员。

4. 检修“ABC”管理法

在企业定期大、小检修时，由于检修期间人员多、杂、检修项目多、交叉作业多等情况给检修安全带来较大的难度，为确保安全检修，利用检修“ABC”法，把公司控制的大修项目列为A类（重点管理项目），厂控项目列为B类（一般管理项目），车间控制项目列为C类（次要管理项目），实行三级管理控制。A类要制定出每个项目的安全对策表，由项目负责人、安全负责人、公司安全执法队“三把关”；B类要制定出每个项目的安全检查表，由厂安全执法队把关；C类要制定出每个项目的安全承包确认书，由车间执法队把关。

5. 电气操作工作票制度

电气操作工作票是准许在电气设备或线路上工作的书面命令，也是执行保证电气安全操作的书面依据。在电气设备或线路附近工作，一般分为全部齐工作、部分停电工作和带电工作等。第一种工作票的使用情况是在高压设备上工作，需要全部停电或部分停电，以及在高压室内的二次回路和照明等回路上工作，须将高压设备停电或采用具有安全措施者。第二种工作票的使用情况是带电作业和在带电设备外壳上工作，在控制盘和低压配电盘、配电箱、电源干线上工作，以及在无须高压设备停电的二次接线回路上工作等。

电气操作票

年　　月　　日　　　　　　　　　　　　　　　　　　　　编号：

发令人：		下令时间：　　年　　月　　日　　时　　分			
受令人：		操作开始时间：　　年　　月　　日　　时　　分			
终了时间：　　年　　月　　日　　时　　分					
操作任务：					
操作人：			监护人：		
备注：					

工作票应预先编号，一式两份，一份必须保存在工作地点，由工作负责人收执；另一份由值班员（工作许可人）收执，按班移交。

工作票签发人应由电气负责人、生产领导人以及指派有实践经验的、负责技术的人员担任。签发工作票时，签发人应注意检查工作的必要性；工作的安全性；工作票上所填写的安全措施是否得当；工作票划定的停电范围是否正确，有无其他电源反送电的可能；工作票上指定的工作负责人和工作人员的技术水平能否满足工作的需要，能否在规定的停电时间内完成工作任务；工作票上填写的工作所需的工具材料以及安全用具是否齐全等内容。在执行工作监护制度时，现场监护人的职责是保证工作人员在工作中的安全，其监护内容是：①部分停电时，监护所有工作人员的活动范围，使其与带电设备保持规定的安全距离；②带电作业时，监护所有工作人员的活动范围，使其与接地部分保持安全距离；③监护所有工作人员的工具使用是否正确，工作位置是否安全，以及操作方法是否正确等；④监护人因故离开工作现场时，必须另行指定监护人，使其监护不间断；⑤监护人发现工作人员有不正确的动作或违反规程的做法时，应及时纠正。

6. 高处作业工作票制度

为减少高处作业过程中坠落、物体打击等事故的发生，确保职工生命安全，在进行高处作业时，必须严格执行高处作业票制度。高处作业是指在坠落高度基准面 2m 以上（含 2m），有坠落可能的位置进行的作业。高处作业分为四级：①高度在 2～5m，称为一级高处作业；②高度在 5～15m，称为二级高处作业；③高度在 15～30m，称为三级高处作业；④高度在 30m 以上，称为特级高处作业。进行三级、特级高处作业时，必须办理《高处作业票》，高处作业票由作业负责

人负责填写，现场主管安全领导或工程技术负责人负责审批，安全管理人员进行监督检查。未办理作业票，严禁进行三级、特级高处作业。凡患高血压、心脏病、贫血病、癫痫病以及其他不适于高处作业的人员，不得从事高处作业。高处作业人员必须系好安全带、戴好安全帽，衣着要灵便，禁止穿硬底和带钉易滑的鞋。

在邻近地区设有排放有毒、有害气体及粉尘超出允许浓度的烟囱及设备等场合，严禁进行高处作业。如在允许浓度范围内，也应采取有效的防护措施。在六级风以上和雷电、暴雨、大雾等恶劣气候条件下影响施工安全时，禁止进行露天高处作业。高处作业要与架空电线保持规定的安全距离。高处作业严禁上下投掷工具、材料和杂物等，所用材料要堆放平稳，必要时要设安全警戒区，并设专人监护。工具应放入工具套（袋）内，有防止坠落的措施。在同一坠落平面上，一般不得进行上下交叉高处作业，如需进行交叉作业，中间应有隔离措施。

高处作业票　　　　字　号

工程名称：____________ 施工单位： 施工地点：	基层审批人： 年　月　日
施工时间：　年　月　日至 年　月　日	有效期：　　天
	特殊高处作业审批
高处作业级别：	主管领导：
作业负责人姓名： 职务：	安全部门：
高处作业票签发条件	确认人
1. 作业人员身体条件符合要求	
2. 作业人员符合工作要求	
3. 作业人员佩戴安全带	
4. 作业人员携带工具袋	
5. 作业人员佩戴过滤呼吸器和空气式呼吸器	
6. 现场搭设的脚手架、防护围栏符合安全规程	
7. 垂直分层作业中间有隔离设施	
8. 梯子或绳梯符合安全规程规定	
9. 在石棉瓦等不承重物上作业应搭设并站在固定承重板上	
10. 高处作业有充足照明，安装临时灯、防爆灯	
11. 特级高处作业配有通信工具	

注：1. 票最长有效期为7天，一个施工点一票；
2. 作业负责人将本票向所有涉及作业人员解释，所有人员必须在本票上面签名；
3. 此票一式三份，作业负责人随身携带一份，签发人、安全人员各一份，保留一年。

7. 动火作业工作票

工业动火是指使用气焊、电焊、铝焊、塑料焊喷灯等焊割工具，在油气、易燃、易爆危险区域内的作业和生产、维修油气容器、管线、设备及盛装过易燃易爆物品的容器设备，能直接和间接产生明火的施工作业。

工业动火必须执行现场监护的制度。在动火作业中，由具有一定能力的专业人员配备专用的安全检测仪器、仪表和消防器具，按照动火措施进行监督、检查和保护工作。

动火施工单位必须与生产单位密切配合，由施工单位主管安全的领导在动火作业前组织生产、施工、技术、安全、消防及有关业务部门深入现场调查、研究，制定动火方案。凡是没有办理动火手续和落实动火安全措施以及未设现场动火监护人的，一律不准进行动火作业。在整个动火施工过程中，生产和施工单位指定工程负责人负责现场的协调和管理，并监督动火措施的实施。

对于油气井井喷情况下的动火，要由抢险井喷领导小组组织工程技术部门、安全部门、公安消防部门共同研究，制定严密的动火方案，统一指挥并严格执行有关规定。

根据动火部位爆炸危险区域的危险程度及影响范围，石油企业工业动火可分为四级。一级动火包括：①原油储量在 10000m^3 以上（含 10000m^3）的油库、联合站，围墙以内爆炸危险区域范围内的在用油气管线及容器带压不置换动火；②在运行的不小于 5000m^3 原油罐的罐体动火；③天然气气柜不小于 400m^3 的石油液化气储罐动火；④不小于 1000m^3 成品油罐和炼化油料罐、轻烃储罐动火；⑤口径大于 426mm 的长输管线，在不停产紧急情况下的动火；输油（气）长输管线干线停输动火；⑥天然气井井口无控部分的动火；⑦处理重大井喷事故现场急需的动火；⑧炼油厂正在运行的生产装置区；油罐区、溶剂罐区、气罐区、有毒介质区；液化气站；有可燃、易燃液体，液化气及有毒介质的泵房、机房、装卸区；输送易燃、可燃液体和气体管线的动火。二级动火包括：①原油储量在 1001～10000m^3 的油库、联合站，围墙以内爆炸危险区域范围内的在用油气管线及容器带压不置换动火；②小于 5000m^3 的油罐（包括原油罐、炼化油料罐、污油罐、含油污水罐、含天然气水罐）的动火；③1001～10000m^3 原油库的原油计量标定间、计量间、阀组间、仪表间及原油、污油泵房的动火；④铁路槽车原油装栈桥、汽车罐车原油罐装油台及卸油台的动火；⑤天然气净化装置、集输站及场内的加热炉、溶剂塔、分离器罐、换热设备的动火；⑥天然气压缩机厂房、流量计间、阀组间、仪表间、天然气管道的管件和仪表处动火；⑦炼化生产装置区的分离器、容器、塔器、换热设备及轻油罐、泵房、流量计间、阀组间、仪表间；液化石油气充装间、气瓶库、残液回收库的动火；⑧输油（气）站、石油液化气站站内外设备及管线上的动火；⑨油罐区防火堤以内的动火。三级动火包括：①原油储量不大于是 1000m^3 的油库、集输站，围墙以内爆炸危险区域范围内的在用油气管线及容器带压不置换动火；②不大于 1000m^3 的油罐和原油库的计量标定间、计量间、阀组间、仪表间、污油泵房的动火；③在油气生产区域内的油气管线穿孔正压补漏动火；④采油井单井联头和采油井井口处动火；⑤钻穿油气层时没有发生井涌、气侵条件下的井口处动火；⑥输油（气）干线穿微孔正在压补

漏，腐蚀穿孔部位补焊加固的动火；⑦焊割盛装过油、气及其他易燃易爆介质的桶、箱、槽、瓶的动火；⑧制作和防腐作业，使用有挥发性易燃介质为稀释剂的容器、槽、罐等处动火。四级动火包括：①在天然气集输站（场）、输油泵站、计量站、接转站等生产区域内非油气工艺系统的动火；②钻井、试油作业过程中未打开油气层时，距井口 50m 以内的井场动火；③除一、二、三级动火外，其他非重要油气区生产动火和在严禁烟火区域内的生产动火。

工业动火要进行现场监护。①《动火申请报告书》批准后，有关人员应到现场检查动火准备工作及动火措施的落实情况，并监督实施，确保安全施工。在发现施工或生产单位未按动火措施执行，施工安全检查得不到保证时，安全部门有权制止施工。②实施工业动火时，生产单位和施工动火单位必须在动火现场，同时需安排有生产实践经验，了解生产工艺过程，责任心强，能正确处理异常情况的人员作为现场监护人。

石油设施动火申请报告书

<table>
<tr><td colspan="2">设施名称</td><td colspan="2"></td><td>动火单位</td><td></td></tr>
<tr><td colspan="2">动火部位</td><td colspan="2"></td><td>动火类别</td><td></td></tr>
<tr><td colspan="2">动火地点</td><td colspan="2"></td><td>动火时间</td><td></td></tr>
<tr><td colspan="2">预计完工时间</td><td colspan="2"></td><td>动火负责人</td><td></td></tr>
<tr><td rowspan="3">动火部位示意图</td><td colspan="3" rowspan="3"></td><td>岗位分工</td><td></td></tr>
<tr><td>安全监护人</td><td></td></tr>
<tr><td>安全措施</td><td></td></tr>
<tr><td>动火单位意见
单位(盖章)
负责人(签字)
年 月 日</td><td>设施经理审批意见
单位(盖章)
负责人(签字)
年 月 日</td><td>局属公司
单位(盖章)
负责人(签字)
年 月 日</td><td>局消防部门
单位(盖章)
负责人(签字)
年 月 日</td><td>局安全部门
单位(盖章)
负责人(签字)
年 月 日</td><td>局主管领导审批意见
负责人(签字)
年 月 日</td></tr>
</table>

8. 进入设备作业票制度

进入设备作业易于发生缺氧、中毒窒息和火灾爆炸事故。凡在生产区域内进入或探入炉、塔、釜、罐、槽车以及管道、烟道、隧道、下水道、沟、坑、井、池、涵洞等封闭、半封闭设施及场所作业统称进入设备作业。凡进入设备作业，必须办理《进入设备作业票》。进入设备作业票由车间安全技术人员统一管理，车间领导或安监部门负责审批。未办理作业票的，严禁作业。

进入设备作业票办理程序如下：①进入设备作业负责人向设备所属单位的车间提出申请。②车间技术人员根据作业现场实际确定安全措施，安排对设备内的氧气、可燃气体、有毒有害气体的浓度进行分析；安排作业监护人，并与监护人一道对安全措施逐条检查、落实后向作业人员交底。在以上各种气体分析合格后，将分析报告单附在《进入设备作业票》存根上，同时签字。③各领导在对上述各点全面复查无误后，批准作业。④进入设备作业票第一联由监护人持有，第二联由作业负责人持有，第三联由车间安全技术人员留存备查。⑤进入危险性较大的设备内作业时，应将安全措施报厂领导审批，厂安全监督部门派人到现场监督检查。

进入设备作业票

<table>
<tr><td>设备名称</td><td></td><td>作业单位</td><td></td></tr>
<tr><td>作业人姓名</td><td></td><td>作业地点</td><td></td></tr>
<tr><td>作业时间</td><td>自　年　月　日　时　分
至　年　月　日　时　分</td><td>作业内容</td><td></td></tr>
<tr><td colspan="4">安全措施：
1. 所有与设备有联系的阀门、管线加盲板断开，进行工艺吹扫蒸煮。　确认人：
2. 盛装过可燃有害液体、气体的设备，分析其可燃气体，当其爆炸下限大于4%时浓度应小于0.5%，爆炸下限小于4%时浓度应小于0.2%；含氧19.5%～23.5%为合格，有毒有害物质不超过国家规定的车间空气中有毒有害物质的最高允许浓度指标。　确认人：
3. 设备打开通气孔自然通风两小时以上，必要时采用强制通风或佩戴呼吸器；但设备内动焊缺氧时，严禁用通氧气方法补氧。　确认人：
4. 使用不产生火花的工具。　确认人：
5. 带搅拌机的设备要切断电源，在开关上挂“有人检修，禁止合闸”标志牌；上锁或设专人监护。　确认人：
6. 所用照明应使用安全电压，电线绝缘良好。特别潮湿场所和金属设备内作业，行灯电压应在12V以下。使用手持电动工具应有漏电保护。　确认人：
7. 进入设备内作业，外面需有专人监护，并规定互相联络方法和信号。　确认人：
8. 设备出入口内外无障碍物，保证畅通无阻。　确认人：
9. 盛装能产生自聚物的设备要求按规定蒸煮和做聚合物试验。　确认人：
10. 严禁使用吊车、卷扬机运送作业人员。　确认人：
11. 作业人员必须穿符合安全规定的劳动保护着装和防护器具。　确认人：
12. 设备外配备一定数量的应急救护用具。　确认人：
13. 设备外配备一定数量的灭火器材。　确认人：
14. 作业前后登记清点人员、工具、材料等，防止遗留在设备内。　确认人：
15. 对进入设备内的作业人员及监护人进行安全应急处理、救护方法等方面的教育，并明确每个人的职责。　确认人：
16. 涉及其他作业的按有关规定办票。　确认人：
其他补充措施：　确认人：</td></tr>
<tr><td>气体分析数据</td><td colspan="3"></td></tr>
<tr><td>确认人意见</td><td colspan="3"></td></tr>
<tr><td>监护人意见</td><td colspan="3"></td></tr>
<tr><td>安全技术人员意见</td><td colspan="3"></td></tr>
<tr><td>车间领导审批意见</td><td colspan="3"></td></tr>
</table>

注：1. 此作业票按进设备作业规定手续办理。

2. 与本次作业有关的具体措施后划“√”。

3. 作业票一式三联，第一联由监护人持有，第二联由作业负责人持有，第三联由车间安全技术人员留存备查。

9. 破土作业票

为确保破土作业施工安全，根据国家标准《土方与爆破工程施工及验收规范》(GBJ 201—83)、《建筑安装工程安全技术规程》《炼油、化工施工安全规程》(HCJ 233—87，SHJ 505—87) 等标准法规进行破土作业时，必须执行破土作业票制度。破土作业是各企业内部的地面开挖、掘进、钻孔、打桩、爆破等各种破土作业。破土作业票由施工单位填写，施工主管部门根据情况，组织电力、电信、生产、机动、公安、消防、安全等部门、破土施工区域所属单位和地下设施的主管单位联合进行现场地下情况交底，根据施工区域地质、水文、地下供排水管线、埋地燃气（含液化气）管道、埋地电缆、埋地电信、测量用的永久性标桩、池质和地震部门设置的长期观测孔、不明物、砂巷等情况向施工单位提出具体要求。施工单位根据工作任务、交底情况及施工要求，制订施工方案，落实安全施工措施，经有关部门确认后签字，报施工主管部门和施工区域所属单位审批。施工主管部门现场责任人和施工区域所属单位责任人要签署意见。破土作业票的有效期在运行的生产装置、系统界区内最长不超过 3 天，界区外不超过一周。破土施工单位应明确作业现场安全负责人，对施工过程的安全作业全面负责。

破土作业工作票

工程名称		施工单位	
施工地点		作业形式	
作业时间	年　月　日　时起　年　月　日　时止		
施工作业内容：			
序　号	作业条件确认		确认人
1	电力电缆已确认,保护措施已落实		
2	电信电缆已确认,保护措施已落实		
3	地下供排水管线、工艺管线已确认,保护措施已落实		
4	已按施工方案图划线施工		
5	作业现场围栏、警戒线、警告牌、夜间警示灯已按要求设置		
6	已进行放坡处理和固壁支撑		
7	道路施工作业已报交通、消防、调度、安全部门		
8	人员进出口和撤离保护措施已落实:A. 梯子;B. 修坡道		
9	备有可燃气体检测仪、有毒介质检测仪		
10	作业现场夜间有充足照明:A. 普通灯;B. 防眩灯		
11	作业人员必须佩戴防护器具		
12	补充安全措施：		
现场施工单位负责人签名		现场安全负责人签名	
施工主管部门现场责任人意见：			签名：
施工区域所属单位责任人意见：			签名：
施工主管单位审批意见：			签名：
施工区域所属单位领导审批意见：			签名：
相关单位领导审批意见：			签名：
厂主管领导审批意见：			签名：

第三节　环境因素安全管理

1. 有害作业分级管理

（1）分级管理的基本思想。对有害作业实行分级管理是我国于20世纪80年代初提出的。它的理论来源最早产生于1879年意大利经济学家巴雷特的ABC分析法，后在国外演变成ABC分类管理法。这种管理方法突出了重点，抓住了关键，考虑了全面，照顾了一般，使管理工作主次分明。

（2）分级管理的作用。我国的劳动条件分级标准将作业岗位的危害分为5个等级，即0级危害岗位（安全作业）；一级危害岗位（轻度危害）；二级危害岗位（中度危害）；三级危害岗位（重度危害）；四级危害岗位（极重度危害）。根据不同的危害级别，劳动监察部门实行不同的管理办法。根据我国当前国民经济状况，没有能力对所有存在职业危害的作业岗位全部进行治理，为了保护从业人员身体健康，又要使企业有能力治理，原劳动部1996年作出规定：要消灭四级危害岗位。职业危害的分级管理，对当前企业进行经济体制改革是非常适用的，也是行之有效的。

（3）劳动条件分级标准与卫生标准的区别。分级标准是为劳动监察提供对劳动条件进行定性定量综合评价的一种宏观的管理标准，是劳动工作深化改革的需要，为劳动保护、劳动保险、劳动就业、劳动工资制定政策提供科学数据。

（4）建设项目职业安全卫生预评价。建设项目职业安全卫生预评价是根据建设项目可行性研究报告的内容，运用科学的评价方法，分析和预测该建设项目存在的职业危险、危害因素的种类和危险、危害程度，提出合理可行的职业安全卫生技术和管理对策，作为该建设项目初步设计中职业安全卫生设计和建设项目职业安全卫生管理、监察和主要依据。预评价工作应在工程可行性研究研究阶段进行。

2. 建设项目（工程）职业安全卫生管理

为确保建设项目（工程）符合国家规定的职业安全卫生标准，保障从业人员在生产过程中的安全与健康，企业在进行新建、改建、扩建基本建设项目（工程）、技术改造项目（工程）和引进技术工程项目时，项目中的安全卫生设施必须与主体工程实施“三同时”。搞好“三同时”工作，从根本上采取防范措施，把事故和职业危害消灭在萌发之前，是最经济、最可行的生产建设之路。只有这样，才能保证职工的安全与健康，维护国家和人民的长远利益，保障社会生产力的顺利发展。

企业在建设项目立项和管理工作中必须严格贯彻执行国家的职业安全健康“三同时”规定，来指导设施、施工、竣工验收三个环节。工程项目立项后，首先组织编写建设项目的可行性报告，应有安全卫生的论证内容和专篇。在初步设计审查和竣工验收时，应有安全生产监督管理参加，建设单位要提供有关建设项目的文件、资料、设计施工方案图纸等。

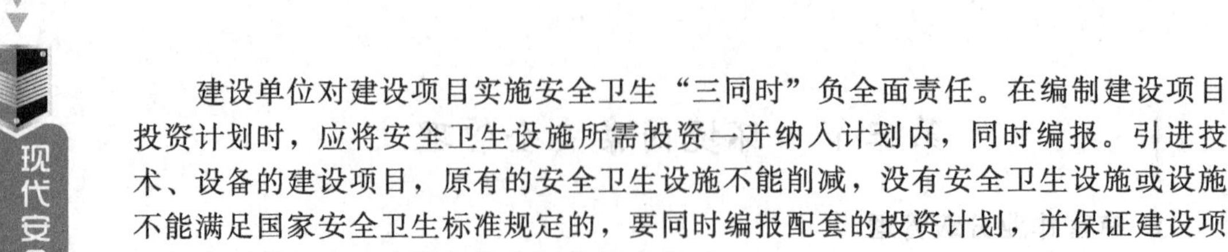

建设单位对建设项目实施安全卫生“三同时”负全面责任。在编制建设项目投资计划时，应将安全卫生设施所需投资一并纳入计划内，同时编报。引进技术、设备的建设项目，原有的安全卫生设施不能削减，没有安全卫生设施或设施不能满足国家安全卫生标准规定的，要同时编报配套的投资计划，并保证建设项目投产后其安全卫生设施符合国家规定标准。

3. 作业环境防止中毒窒息规定

生产矿山、化工、建材等作业环境中，或是在密闭式空间作业，由于存在有毒、有害的气体，常常发生中毒窒息事故，为了防止这类事故的发生，在作业环境安全管理中要做到如下十条基本的安全规定。

第一条　对从事有毒作业、有窒息危险作业人员，必须进行防毒急救安全知识教育。

第二条　工作环境（设备、容器、井下、地沟等）氧含量必须达到20%以上，毒物物质浓度符合国家规定时，方能进行工作。

第三条　在有毒场所作业时，必须佩戴防护用具，必须有人监护。

第四条　进入缺氧或有毒气体设备内作业时，应将与其相通的管道加盲板隔绝。

第五条　在有毒或有窒息危险的岗位，要制订防救措施和设置相应的防护用器具。

第六条　对有毒有害场所的有害物浓度，要定期检测，使之符合国家标准。

第七条　对各类有毒物品和防毒器具必须有专人管理，并定期检查。

第八条　涉及和监测有毒物质的设备、仪器要定期检查，保存完好。

第九条　发生人员中毒、窒息时，处理及救护要及时、正确。

第十条　健全有毒物质管理制度，并严格执行。长期达不到规定卫生标准的作业场所，应停止作业。

4. 作业环境防止静电危害规定

静电是生产过程中不可避免的现象，为了防止静电可能造成的危害，要做到如下规定。

第一条　严格按规定的流速输送易燃易爆介质，不准用压缩空气调和、搅拌。

第二条　易燃、易爆流体在输送停止后，必须按规定静止一定时间，方可进行检尺、测温、采样等作业。

第三条　对易燃、易爆流体储罐进行测温、采样，不准使用两种或两种以上材质的器具。

第四条　不准从罐上部收油，油槽车应采用鹤管液下装车，严禁在装置或罐区灌装油品。

第五条　严禁穿易产生静电的服装进入易燃、易爆区，尤其不得在该区穿、脱衣服或用化纤织物擦拭设备。

第六条　容易产生化纤和粉体静电的环境，其湿度必须控制在规定的界限以内。

第七条　易燃易爆区、易产生化纤和粉体静电的装置，必须做好设备防静电接地；混凝土地面、橡胶地板等导电性要符合规定。

第八条　化纤和粉体静电的输送和包装，必须采取消防静电或泄出静电措施，易产生静电的装置设备必须设静电消除器。

第九条　防静电措施和设备，要指定专人定期进行检查并建卡登记归档。

第十条　新产品、设备、工艺和原材料的投用，必须对静电情况做出评价，并采取相应的消除静电措施。

5. 厂区环境卫生管理

为创造舒适的工作环境，养成良好的文明施工作风，保证职工身体健康，生产区域和生活区域应有明确界限，把厂区和生活区分成若干片，分片包干，建立责任区，从道路交通、消防器材、材料堆放到垃圾、厕所、厨房、宿舍、火炉、吸烟等都有专人负责，做到责任落实到人（名单上墙），使文明施工、环境卫生工作保持经常化、制度化。

第四节　安全管理综合测评技术

安全生产管理综合测评技术是对企业特定时期安全生产管理综合状况的综合测评。基于综合评价技术，实现对企业安全生产管理综合状况进行科学、系统、全面的评价和考核，从而为企业的安全生产管理提供科学、合理的决策依据。

目前，安全生产的评价通常有两种方式，一是对技术系统的安全评价，如我国目前对高危行业的安全生产认证审核许可，以及对危险源和重大工程项目的系统安全分析与安全评价工作；二是从业绩考核和管理的需要，对企业特定时期用事故指标对安全生产状况进行考评。显然，对技术系统的安全分析评价，所满足的是系统安全设计和静态管理的需要；用事故指标进行安全生产业绩的考评，不能全面综合地反映一个企业或单位特定时期的安全生产风险综合管理的状况。因此，需要对企业安全管理进行全面、综合的评估来促进现代安全管理和提升企业安全生产保障能力。安全管理综合测评技术要满足以下要求：第一，对企业安全生产状况的评估需要全面反映企业安全生产的综合能力；第二，对安全生产状况评估，要起到促进预防的作用；第三，安全生产的评估要体现科学、全面和充分的系统性。

一、指标体系的设计

1. 指标体系的设计原则

（1）系统性和科学性的原则。首先要在工业安全原理和事故预防原理的指导下，研究企业安全系统涉及的人因、设备、环境、管理等基本要素，设计的测评体系能够全面反映企业安全要素；二是应用管理学、文化学的理论，在安全管理

体系、企业安全文化理论的基础上，建立企业安全风险测评指标体系。在设计测评方法时，坚持注重建设、注重实效、注重特色，确保在测评内容、测评指标、测评标准、测评程序及方法、测评结果等方面准确合理。在设计指标体系过程中将利用安全系统工程学的原理，系统、科学地选择安全测评指标，避免指标的重叠和缺失。总之，不求指标的多而全，力求少而精，以便能较及时、准确地取得相关数据，是我们在研究设计时遵循的一个基本原则。

(2) 定性与定量相结合的原则。企业安全生产系统的要素，既涉及技术、设备、环境、事故频率等可定量性因素，同时也受人因、管理、文化等定性的因素影响，因此，设计企业安全生产风险测评体系，应遵循定量和定性相结合的原则。根据评价对象和因素的特性，对于不易定量的评价因子和指标，采用定性的方法来评价，对于易于定量的因子和指标可采用定量方法评价。对于定性的因子和指标可通过半定量打分的方法和技术进行量化分析和评价。

(3) 实用性与可操作性原则。可操作性原则是我们在进行研究设计时的一个指导原则。任何考评工作最终都是由人来完成的，人的工作能力以及投入的物力和财力都是有限的，因此在设计指标体系时，考虑测评指标的科学性的同时，还应该考虑到该指标的考评成本和可行性。一个好的测评指标既要能科学地表现出单位安全管理工作的水平，又要操作简便。

(4) 比较性原则。在设计安全生产风险综合测评体系过程中，在吸收与引进国内外先进的安全管理体系和安全评价模式及方法的同时，还以相关行业和企业现有的安全生产业绩测评技术作为参照，在对行业自身特点分析基础之上，结合企业实际，考虑建设方案的可行性和现实性。

(5) 持续改进的原则。安全生产风险的综合测评是企业安全管理体系中的一部分，所以也必须要坚持 PDCA 循环，新的事物必定会带来新的问题。同时，生产情况复杂，客观条件的变化也会带来新的问题。另外，随着时间的推移，管理的重心也不会一成不变，部分安全管理测评指标的分值和考核标准也会发生变化。这就要求指标设计时必须依据 PDCA 循环，坚持持续改进的原则。

(6) 以发现问题为目的原则。企业安全生产风险综合管理的测评是以发现问题、改进问题为主要目的，而不是通过测评进行考核、奖惩、评比等，这可以减少测评结果带来的压力，做到对测评对象的安全生产风险真实、可靠地进行评价。测评的任务是发现问题和解决问题，降低安全生产风险。

2. 指标体系的设计思路

(1) 以安全科学理论为支撑。安全科学基本理论包括系统安全工程、安全风险管理、安全行为科学、安全文化学以及事故预防原理等理论为指标的设计理论依据。

(2) 紧扣两大思路和部署。指标的设计必须围绕国家安全生产监督管理总局和企业安全生产工作的总体思路和部署。

(3) 借鉴三大体系。借鉴国内外先进的生产安全管理体系和方法，吸收现代企业安全管理中的OHSMS管理体系、HSE管理体系和南非NOSA五星管理系统的先进管理方法，体现持续改进的内在要求。

（4）符合企业实际。指标设计要以测评对象为出发点，在充分研究行业的安全生产风险综合管理特性的基础上，设计适合于本企业的指标体系。

3. 指标体系的建立

在确定的设计原则和设计思路的基础上，就可以建立测评指标体系。指标体系通常可以分为人员素质、安全管理、安全文化、设备设施、环境条件及事故状况六大测评系统，如图11-1所示。每个系统又分一级指标、二级指标和三级指标。设计完成的指标体系要能够全面、客观地反映企业的安全综合风险现状，为有效地开展安全生产监督管理和实施安全生产责任制提供决策依据。指标根据得分方式的不同，通常分为以下5种类型。

（1）问卷调查型：通过组织测评组，进行问卷调查打分，综合统计获得所需结果。

（2）抽样问卷型：通过对本人的问题测试，运用数学分析模型求得测评所需结果。

（3）统计型：通过对测评对象的实际数据统计获得所需结果。

（4）检查型：通过对测评对象的现场检查获得所需结果。

（5）查阅型：通过查阅与测评对象相关的工作记录、文件确认方式获得所需结果。

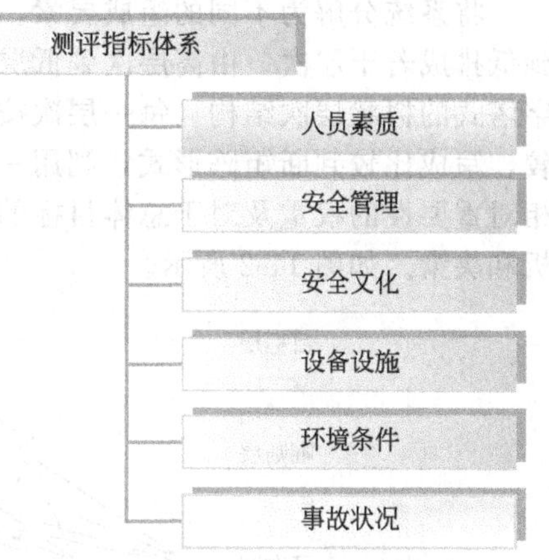

图11-1 安全综合测评指标体系框图

二、指标权重的设计

1. 权重设计原则

权重是指在评价目标体系层次结构中，下层目标对上层目标相对重要程度的数量描述，一般用［0,1］中的数值表示其大小。权重作为对一个评价体系组成因素的综合反映，它在评价过程中起着至关重要的作用。确定各级评估项目的权重的原则如下：

（1）客观性原则。即要根据分解出来的各项内容在整体中的地位与作用的重要性来确定权重大小。

（2）导向性原则。即针对安全工作中某些薄弱的环节要加以重视，可适当增大该项内容的权重。

（3）可测性原则。某些内容由于可测性较差，可以降低权重，以免造成评估中过大的误差。

2. 权重设计方法

如何确定各指标的权重，关系到最后考核结果的正确性。权重的最终分配将结合多方面因素，其中包括前面对事故统计分析和组合分析的结果。通常的指标设计方法是对一些具有代表性或发生频次多的事故总结引申出的指标应适当加大权重，最后再利用层次分析法和德尔菲法确定各指标最终权重。

层次分析法（Analytical Hierarchy Process）是美国数学家托马斯·萨迪于20世纪70年代提出的，其主要原理就是按组成目标各要素的重要性，把它们排列成由高到低的相互关联的若干层次，并把每一层次各要素的相对重要性予以量化，建立元素的重要性秩序，并依此作为最终决策的依据。我们利用层次分析法来计算各下级指标相对于上一级指标的权重。

将系统分解为不同的组成要素，按要素间的相互关联影响和隶属关系，由高到低排成若干层次，由高层次到低层次进行逐级分解，把整个系统分解为一个金字塔式的树状层次结构。每一层次按某一规定规则，对该层次各要素逐对进行比较，写成比较判断矩阵形式，利用一定的数学方法，计算该层要素对于该准则的相对重要性的权重及对于总体目标的组合权重，进行排序或评分，对问题进行分析和决策。如图11-2所示。

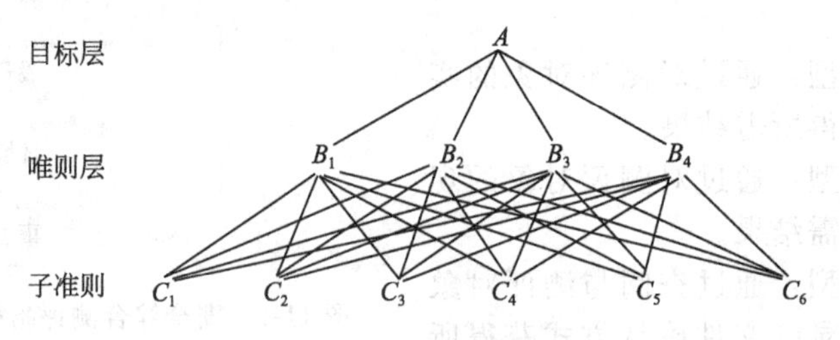

图 11-2 AHP层次结构

判断矩阵是准则 B_i 在总目标 A 中相对重要程度或子准则 C_j 对准则 B_i 相对重要程度用数量表达的矩阵形式。判断矩阵反映了人们对各因素相对重要性的认识，一般用1～9及其倒数的标度方法，如表11-2所示。判断矩阵 $\mathbf{A}=(a_{ij})_{n\times n}$ 具有如下性质：① $a_{ij}>0$ ；② $a_{ij}=1/a_{ji}$ ；③ $a_{ij}=1$。

表 11-2 AHP法标度及其含义

取值	两者关系	取值	两者关系
1	两者同等重要	7	前者比后者强烈重要
3	前者比后者重要	9	前者比后者极端重要
5	前者比后者稍微重要	2,4,6,8	表示上述相邻判断的中间状态

由德尔菲法得到判断矩阵 $\mathbf{A}=\begin{bmatrix} B_{11} & \cdots & B_{14} \\ \vdots & \ddots & \vdots \\ B_{41} & \cdots & B_{44} \end{bmatrix}$

然后解方阵 **A** 所对应的特征方程 $Ax=\lambda x$，该类型方程有两种解法，即幂法与和积法。为了提高可操作性，降低计算难度，我们选用和积法。首先将方阵 **A** 正规化，再将正规化后的矩阵按行相加得到一个向量，最后将该向量正规化即得所求结果，从而得到各一级指标相对于整个考核体系的权重。还要用一致性指标 C_i 来衡量矩阵不一致程度，其中：$C_i=(\lambda_{max}-n)/(n-1)$。一致性比率小于 0.1，就说明判断矩阵具有满意的一致性。同理，利用从上至下的顺序分别确定各下一级指标相对于上级指标的权重。各指标的权重及分数的确定流程如图 11-3 所示。

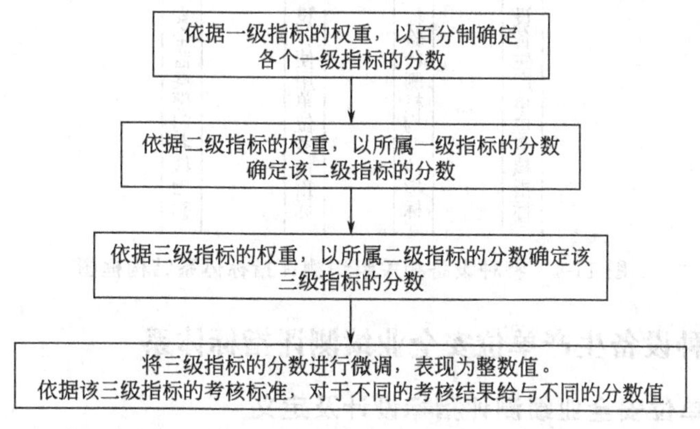

图 11-3 指标的权重及分数的确定流程

三、测评工具的设计

测评工具就是将指标符合程度进行量化的工具。根据指标的不同类型设计测评工具，通常问卷调查型指标、个人测试型指标和设备设施系统中的检查型指标需要设计测评工具，而其他类型指标可以直接得出分值，不需要设计测评工具。

问卷调查型指标、个人测试型指标和设备设施系统中的检查型指标这三种指标测评工具的思路就是指标通常转化为问题的形式，问题的答案对应不同的分值，最后根据问题答案转化为指标得分，从而得到测评结果。

由于不同指标的测评工具的具体设计都大同小异，总的思路就是这样，这里就不再过多赘述。

第五节 特种设备政府安全监管绩效测评方法

一、特种设备政府安全监管绩效测评（KPI）概述

企业需要绩效测评，同样政府的安全监管也需要进行绩效测评。基于科学的评价技术，实现对特种设备政府安全监管状况进行系统、科学的评价和考核，为政府对特种设备的安全管理提供科学、合理的决策依据。

在本书中提到的关于特种设备相关组织评价指标体系主要包括：设备生产单位评价指标体系（15个）、检验检测机构评价指标体系（17个）、设备使用单位评价指标体系（32个）和安全监察部门评价指标体系（26个）。其结构如图11-4所示。

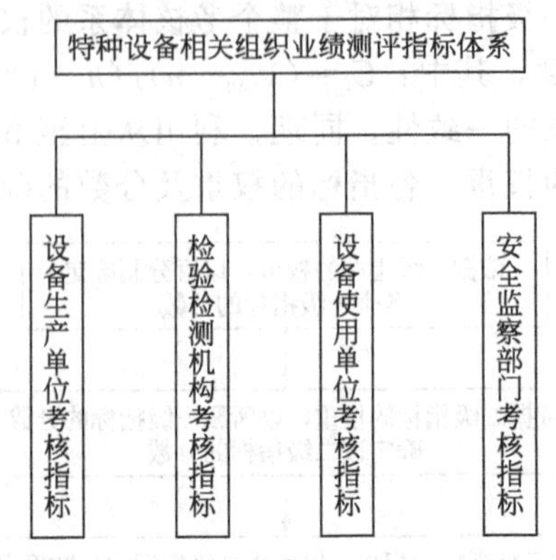

图11-4　特种设备相关组织测评指标体系结构框图

二、特种设备生产单位安全业绩测评指标体系

1. 生产单位安全业绩测评指标设计及定义

特种设备生产单位测评指标是评价特种设备生产单位的安全状况及工作业绩的主要依据。特种设备要做到本质安全，则不能不重视特种设备生产单位的安全状况及工作业绩。具体指标定义如表11-3所示。

表11-3　设备生产单位测评指标设计及定义

指　标	定　义	单位
产品技术先进程度	反映技术先进程度的定性指标：国际先进，国内先进，国内一般水平	—
研发人员配备率	研发人员数量/从业人数	%
技改费用投入指数	技改费用/产值	%
人员执证率	执证人数/从业人数	%
作业人员培训率	受训人数/从业人数	%
特种作业人员培训率	特种作业受训人数/从业人数	%
人均安全培训费用	安全培训费用/从业人数	元/(人·年)
作业人员综合素质指数	对作业人员素质综合考评	指数
隐患整改率	隐患整改数/累计隐患总数	%
百万产值安全费用	安全费用×10000/产值	万元/百万元
人均安全费用	安全费用/特种设备从业人数	元/(人·年)
一次合格率	产品一次合格数/产品总数	%
产品返修率	产品返修数/产品总数	%
人均产值	产值/从业人数	万元/(人·年)
顾客满意度	顾客对产品的满意程度	%

2. 生产单位安全业绩测评方法

对特种设备单位进行安全业绩测评，就要考虑相关的考核项目、考核内容、评分标准和评价方式，确定最终的考核测评方法。对生产单位安全业绩测评设计了如表 11-4 所示的测评指标体系。

表 11-4　特种设备生产单位安全业绩测评考核表

序号	考核项目	考核内容	评分标准	评价方式	分值
一	工作基础	1. 产品技术先进程度	产品技术先进程度为国际先进加 4 分；国内先进加 3 分；国内一般水平加 2 分	相关指标评价	4 分
		2. 研发人员配备率	以上一年研发人员配备率为基准，得 4 分；研发人员配备率低于上一年不得分，高于上一年 20%得 4 分	查阅有关统计数据	4 分
		3. 作业人员持证率	在岗作业人员持证率 100%，加 4 分；在岗人员持证率每降低 5%扣 1 分	查阅相关数据、证书	4 分
		4. 人均产值	以上一年人均产值为基准，得 2 分；人均产值低于上一年不得分，高于上一年 10%得 4 分	查阅有关统计数据	4 分
二	设备状况	1. 一次合格率	特种设备一次合格率 100%，加 4 分，每降低 2%扣 1 分	阶段指标及全年指标的量化评价	4 分
		2. 产品返修率	特种设备产品返修率 0%，加 4 分，每增加 2%扣 1 分	阶段指标及全年指标的量化评价	4 分
		3. 隐患整改率	以上一年隐患整改率为基准，得 2 分；隐患整改率低于上一年不得分，高于上一年 20%得 4 分	阶段指标及全年指标的量化评价	4 分
		4. 顾客满意度	随机抽查客户 20 家左右进行评价，设非常满意、满意、一般、不满意、非常不满意五项，满意率 95%以上得 3 分，每降低 10%扣 1 分	问卷调查结果统计	3 分
三	财务支出	1. 人均安全培训费用	以上一年人均安全培训费用为基准，得 2 分；人均安全培训费用低于上一年不得分，高于上一年 50%得 4 分	财务部门评价	4 分
		2. 百万产值安全费用	以上一年百万产值安全费用为基准，得 2 分；百万产值安全费用低于上一年不得分，高于上一年 20%得 4 分	财务部门评价	4 分
		3. 人均安全费用	以上一年人均安全费用为基准，得 2 分；人均安全费用低于上一年不得分，高于上一年 20%得 4 分	财务部门评价	4 分
		4. 技改费用投入指数	以上一年技改费用投入指数为基准，得 2 分；技改费用投入指数低于上一年不得分，高于上一年 20%得 4 分	阶段指标及全年指标的量化评价	4 分

续表

序号	考核项目	考核内容	评分标准	评价方式	分值
四	培训与发展	1. 作业人员人均培训时间	年人均参加特种设备作业人员培训40小时以上且每年度有50%以上的在岗作业人员参加培训，有相关部门的培训证书。年人均培训每少5小时扣0.5分，年度参加培训的作业人员低于50%扣1分，低于35%扣2分，低于20%扣3分	查阅相关记录	4分
		2. 特种作业人员培训率	每年度有50%以上的在岗作业人员参加培训，有相关部门的培训证书。年度参加培训的作业人员低于50%扣1分，低于35%扣2分，低于20%扣3分	查阅相关数据、证书	3分
		3. 作业人员综合素质指数	根据专门方法计算作业人员综合素质指数，优秀得3分，良好得2分，一般得一分	查阅相关人事记录	3分
		4. 持续改进	根据上一年度评价结果兑现奖惩，制定持续改进工作意见，存在问题得到整改。未兑现扣0.5分，无改进意见扣0.5分，每1项问题未整改扣0.5分	查阅相关文件记录	2分
		5. 安全宣传	全年开展宣传活动有布置、有落实见证材料(报纸、电视录像、照片等)、有总结，少1项扣1分，不完善酌情扣分	查阅相关文件及宣传资料	3分

注：每项测评指标得分最低为0分，最多为该项得分满分。

三、特种设备检测检验机构安全业绩测评指标体系

1. 检测检验机构安全业绩测评指标设计及定义

检测检验业绩测评指标是为了评价设备检测机构的检测状况及工作业绩，进而可一定程度反映特种设备的安全状况的指标，具体指标定义如表11-5所示。

表11-5 检测检验机构测评指标设计及定义

测评指标	定义	单位
检测机构设置率	检测机构数/使用单位数	%
检测人员数量	检测机构拥有的检测人员总数	万人
检测仪器数量	检测机构拥有的检测仪器总数	万台
万人检测定员	检测人员×10000/从业人员	人/万人
万台设备检测定员	检测人员×10000/设备数量	人/万台
年人均检测特种设备数	当年所检测设备数/当年检测人数	台/(人·年)
检测仪器完好率	检测仪器完好数/检测仪器总数	%
检测人员培训率	受训检测人员/检测人员总数	%
人均安全培训费用	安全费用/检测人员总数	元/(人·年)
检测人员综合素质指数	对作业人员素质综合考评	指数

续表

测评指标	定　义	单　位
单位设备检测成本	检测费用/所检测设备数量	元/台
人均检测成本	检测费用/检测人员数量	元/(人·年)
检测人员执证率	执证人数/人员总数	%
检验率	已检测设备数/设备总数	%
检验合格率	合格设备数/已检测设备数	%
检验不合格率	不合格设备数/已检测设备数	%
检验失误率	不能正确检测设备数/已检测设备数	%

2. 检测检验机构安全业绩测评方法

对特种设备检测检验机构进行安全业绩测评，也要考虑相关的考核项目、考核内容、评分标准和评价方式，确定最终的考核测评方法。

对检测检验单位安全业绩进行测评，设计了表 11-6 业绩测评工具表。

表 11-6　特种设备检测检验机构安全业绩测评考核表

序号	考核项目	考核内容	评分标准	评价方式	分值
一	工作基础	1. 检测检验机构设置率	市、区县设置相应的特种设备安全检测检验机构。每缺少一个专设安全监察机构扣0.5分	查阅有关文件记录	5分
		2. 检测仪器数量	以上一年本机构检测仪器数量为基准，加4分，每减少2%扣1分	查阅相关记录和资料	5分
		3. 检测仪器完好率	以上一年本机构检测仪器完好率为基准，加4分，每降低2%扣1分	查阅相关记录和资料	5分
		4. 检测人员数量	以上一年全国特种设备检测检验人员数量的平均水平为基准，加4分，每降低10%扣1分	查阅相关记录和资料	5分
		5. 依法行政	行政许可规范，符合法律法规要求，加2分，抽查许可案卷发现1处违规扣0.2分；检验检测人员依法行政，无违法违规行为，无不良行为投诉，加2分。每有1人次被投诉属实扣1分，每有1人次被有关部门处理扣4分，可为负分	查阅相关记录和资料	8分
		6. 信息化建设	电子政务加2分，信息公开加2分，动态管理加4分	查阅信息化系统数据及工作见证	4分
二	检测效能	1. 年人均检测特种设备数	以上一年全国年人均检测特种设备数为基准，加4分，每降低10%扣1分	查阅相关统计数据	4分
		2. 检测人员执政率	在岗检测人员持证率100%，加4分；在岗人员持证率每降低5%扣1分	查阅相关数据、证书	4分
		3. 万台设备检测定员	以上一年全国万台设备检测定员为基准，加4分，每降低10%扣1分	查阅相关数据统计结果	4分

续表

序号	考核项目	考核内容	评分标准	评价方式	分值
二	检测效能	4. 万人检测定员	以上一年全国万人检测定员为基准，加4分，每降低10%扣1分	查阅相关数据统计结果	4分
		5. 检验率	以上一年全国平均特种设备检验率为基准，得2分；检验率每上升0.2加1分；检验率每下降0.2扣1分	查阅相关数据统计结果	4分
		6. 检验合格率	以上一年全国平均特种设备检验合格率为基准，得2分；检验合格率每上升0.2加1分；检验合格率每下降0.2扣1分	查阅相关数据统计结果	4分
		7. 检验失误率	以上一年全国平均特种设备检验失误率为基准，得2分；检验失误率每上升0.2加1分；检验失误率每下降0.2扣1分	查阅相关数据统计结果	4分
		8. 服务对象满意度	随机抽查服务对象20家左右进行评价，设非常满意、满意、一般、不满意、非常不满意五项，满意率95%以上得2分，每降低10%扣1分	问卷调查结果统计	2分
三	行政成本	1. 人均检测成本	以上一年人均检测成本为基准，得4分；人均检测成本高于上一年不得分，每低于上一年5%加1分	财务部门评价	4分
		2. 单位设备检测成本	以上一年单位设备检测成本为基准，得4分；单位设备检测成本高于上一年不得分，每低于上一年5%加1分	财务部门评价	4分
		3. 人均安全培训费用	以上一年人均安全培训费用为基准，得2分；人均安全培训费用低于上一年不得分，高于上一年50%得4分	财务部门评价	4分
四	培训与发展	1. 检测人员培训率	年人均参加特种设备检测人员培训40小时以上且每年度有50%以上的在岗作业人员参加培训，有相关部门的培训证书。年人均培训每少5小时扣0.5分，年度参加培训的作业人员低于50%扣1分，低于35%扣2分，低于20%扣3分	查阅培训记录、证书	4分
		2. 检测人员综合素质指数	根据专门方法计算检测人员综合素质指数，优秀得4分，良好得3分，一般得2分	查阅相关人事记录	4分
		3. 改革与创新能力	创新工作获得国家级表彰加4分、获得省级表彰加3分，获得市级表彰加2分，获得区级表彰加1分，但该评价大项总分不多于10分	部门业绩报告及上级部门表彰文件、奖状、奖牌	10分
		4. 持续改进	根据上一年度评价结果兑现奖惩，制定持续改进工作意见，存在问题得到整改。未兑现扣0.5分，无改进意见扣0.5分，每1项问题未整改扣0.5分	查阅有关文件	4分

注：每项测评指标得分最低为0分，最多为该项得分满分。

四、特种设备使用单位安全业绩测评指标体系

1. 使用单位安全业绩测评指标设计及定义

特种设备的安全使用是特种设备安全工作的重中之重，也是特种设备安全工作的出发点和归宿，而设备使用单位测评指标是为了评价设备使用单位的安全状况，保证特种设备安全使用。其具体指标定义如表 11-7 所示。

表 11-7　使用单位测评指标设计及定义

测评指标		定　义	单　位
安全专管人员配备率		安全专管人数/从业人数	%
设备检修频率		检修次数/一段时间	%
重大隐患整改率		已整改重大隐患数/隐患总数	%
重大危险源分布率		列为重大危险源设备/设备总数	%
设备无证率		无使用许可证设备/设备总数	%
作业人员持证率		执证人数/从业人数	%
作业人员培训率		受训人数/从业人数	%
特种作业人员培训率		特种作业受训人数/从业人数	%
人均安全培训费用		安全培训费用/从业人数	元/(人·年)
作业人员综合素质指数		对作业人员素质综合考评	指数
设备完好率		完好设备数/设备总数	%
万台设备安全运行费用		安全运行费用×10000/设备台数	万元/万台
万台设备技改费用		技术改造费用×10000/设备台数	万元/万台
万时安全运行率	机电类	安全运行时间/万时	%
	承压类	安全运行时间/万时	%
安全运行周期	机电类	安全运行时间/(事故次数+1)	时
	承压类	安全运行时间/(事故次数+1)	时
设备事故停车率	机电类	停车时间/寿命周期	%
	承压类	停车时间/寿命周期	%
事故起数		一段时间内事故总数	起
死亡人数		事故死亡人员数量	人
受伤人数		事故受伤人员数量	人
事故伤亡倍比系数		受伤人数/死亡人数	指数
特种设备万台事故率		事故数/万台设备	起/万台
特种设备万台伤亡率		伤亡人数/万台设备	人/万台
特种设备万台经济损失率		经济损失/万台设备	万元/万台
特种设备万台损失工日数		损失工日/万台设备	工日/万台
事故伤亡严重度		伤亡人数/事故次数	人数/次
事故直接损失严重度		直接经济损失/事故次数	万元/次
亿元产值直接经济损失率		直接经济损失/亿元产值	万元/亿元
百万工时(日)伤害频率		事故损失工时(日)/总工时(日)$\times 10^6$	日(时)/百万(日)时
十万人伤亡率		伤亡人数/十万人	人数/十万人

2. 特种设备使用单位安全业绩测评方法

利用表 11-8 的测评工具表对特种设备使用单位安全业绩进行测评。

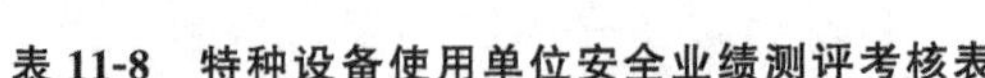

表 11-8　特种设备使用单位安全业绩测评考核表

序号	考核项目	考核内容	评分标准	评价方式	分值
一	综合指标	1. 特种设备万台事故率	以上一年万台设备事故率为基准，得 2 分；万台设备事故率每上升 0.2 扣 1 分；万台设备事故率每下降 0.2 加 1 分	查阅相关记录及资料	4 分
		2. 特种设备万台死亡率	以上一年万台设备死亡人数为基准，得 2 分；万台设备死亡人数每上升 0.2 扣 1 分；万台设备死亡人数每下降 0.2 加 1 分	阶段指标及全年指标的量化评价	4 分
		3. 万台设备重大事故率	以上一年万台设备重大事故率为基准，得 2 分；万台设备重大事故率上升 0.04 扣 0.5 分，万台设备重大事故率下降 0.04 加 0.5 分	阶段指标及全年指标的量化评价	4 分
		4. 事故伤亡严重度	以上一年事故伤亡严重度为基准，得 2 分；事故伤亡严重度每上升 0.2 扣 1 分；事故伤亡严重度每下降 0.2 加 1 分	查阅相关记录及资料	4 分
		5. 事故伤亡倍比系数	以上一年事故伤亡倍比系数为基准，得 2 分；事故伤亡倍比系数每上升 0.2 加 1 分；事故伤亡倍比系数每下降 0.2 扣 1 分	查阅相关记录及资料	4 分
		6. 特种设备万台经济损失率	以上一年亿元产值事故直接经济损失为基准，得 2 分；亿元 GDP 事故直接经济损失高于平均数 150%不得分，低于平均数 50%得 4 分	阶段指标及全年指标的量化评价	4 分
		7. 特种设备万台损失工日数	以上一年万台损失工日数为基准，得 2 分；万台损失工日数每上升 1 扣 1 分；万台设备死亡人数每下降 1 加 1 分	阶段指标及全年指标的量化评价	4 分
		8. 百万工时伤害频率	以上一年百万工时伤害频率为基准，得 2 分；万台设备死亡人数每上升 0.4 扣 1 分；万台设备死亡人数每下降 0.4 加 1 分	阶段指标及全年指标的量化评价	4 分
二	工作基础	1. 安专管人员配备率	依据国家相关规定，安专管人员配备率每降低 5%扣 1 分	阶段指标及全年指标的量化评价	4 分
		2. 重大隐患整改率	以上一年重大隐患整改率为基准，得 2 分；重大隐患整改率低于上一年不得分，高于上一年 20%得 4 分	阶段指标及全年指标的量化评价	4 分
		3. 重大危险源分布率	以上一年重大危险源分布率为基准，得 4 分；重大危险源分布率低于上一年 20%得 4 分，高于上一年不得分	阶段指标及全年指标的量化评价	4 分
		4. 作业人员持证率	在岗作业人员持证率 100%，加 4 分；在岗作业人员持证率每降低 5%扣 1 分	查阅相关数据、证书	4 分
三	设备状况	1. 设备无证率	在用特种设备无证率 0%，加 4 分；在用特种设备无证率每增加 5%扣 1 分	查阅相关数据、证书	4 分
		2. 设备完好率	在用特种设备完好率 100%，加 4 分；在用特种设备完好率每降低 5%扣 1 分	检测检验机构出示的相关资料、数据	4 分
		3. 设备检修频率	以上一年设备检修频率为基准，得 2 分；设备检修频率高于上一年 20%得 4 分，低于上一年不得分	查阅相关记录及资料	4 分

续表

序号	考核项目	考核内容	评分标准	评价方式	分值
三	设备状况	4. 万时安全运行率	以上一年万时安全运行率为基准，得 2 分；万时安全运行率低于上一年不得分，高于上一年 20%得 4 分	阶段指标及全年指标的量化评价	4 分
		5. 安全运行周期	以上一年安全运行周期为基准，得 2 分；安全运行周期低于上一年不得分，高于上一年 20%得 4 分	阶段指标及全年指标的量化评价	4 分
		6. 设备事故停车率	以上一年设备事故停车率为基准，得 2 分；设备事故停车率低于上一年不得分，高于上一年 50%得 4 分	阶段指标及全年指标的量化评价	4 分
四	财务支出	1. 万台设备安全运行经费	以上一年万台设备安全运行经费为基准，得 2 分；万台设备安全运行经费低于上一年不得分，高于上一年 50%得 4 分	财务部门评价	4 分
		2. 万台设备技改经费	以上一年万台设备技改经费为基准，得 2 分；万台设备技改经费低于上一年不得分，高于上一年 50%得 4 分	财务部门评价	4 分
		3. 人均安全培训费用	以上一年人均安全培训费用为基准，得 2 分；人均安全培训费用低于上一年不得分，高于上一年 50%得 4 分	财务部门评价	4 分
五	培训与发展	1. 作业人员人均培训时间	年人均参加特种设备作业人员培训 40 小时以上且每年度有 50%以上的在岗作业人员参加培训，有相关门的培训证书。年人均培训每少 5 小时扣 0.5 分，年度参加培训的作业人员低于 50%扣 1 分，低于 35%扣 2 分，低于 20%扣 3 分	查阅相关记录	4 分
		2. 特种作业人员培训率	年人均参加特种设备作业人员培训 40 小时以上且每年度有 50%以上的在岗作业人员参加培训，有相关部门的培训证书。年人均培训每少 5 小时扣 0.5 分，年度参加培训的作业人员低于 50%扣 1 分，低于 35%扣 2 分，低于 20%扣 3 分	查阅培训记录、证书	4 分
		3. 作业人员综合素质指数	根据专门方法计算作业人员综合素质指数，优秀得 3 分，良好得 2 分，一般得 1 分	查阅相关人事记录	3 分
		4. 持续改进	根据上一年度评价结果兑现奖惩，制定持续改进工作意见，存在问题得到整改。未兑现扣 0.5 分，无改进意见扣 0.5 分，每 1 项问题未整改扣 0.5 分	查阅相关文件记录	2 分
		5. 安全宣传	全年开展宣传活动有布置、有落实见证材料（报纸、电视录像、照片等）、有总结，少 1 项扣 1 分，不完善酌情扣分	查阅相关文件及宣传资料	3 分

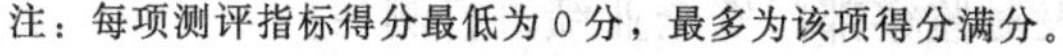
注：每项测评指标得分最低为 0 分，最多为该项得分满分。

五、特种设备监察部门安全业绩测评指标体系

1. 监察部门安全业绩测评指标设计及定义

在特种设备的生命周期内，监察部门的监察管理工作是贯穿始终的，为特种设备生命周期内各个环节安全提供保障和政策支持，监察管理工作业绩会影响到特种设备各环节的安全状况。特种设备安全监察部门测评指标是为了评价监察部门监察管理业绩的，也反映出对特种设备行业安全的重视程度。

特种设备安全监察工作业绩测评是创新监管方式、实施科学监管的重要手段，是落实科学发展观的重要实践。根据安全评价结果，定性、定量地测评特种设备安全工作的业绩，正确评估对国民经济、社会发展的贡献率，有利于我们更好地服务经济社会发展，对特种设备安全监察工作有着深远意义。

监察部门安全业绩测评体系的设计和定义如表 11-9 所示。

表 11-9　监察部门安全业绩测评指标设计及定义

测评指标	定　义	单　位
监察机构设置率	已设置监察部门地区数/应设置监察部门地区数	%
安全监察人员数量	一段时间内的安全监察人员数量	人
万人安全监察定员	监察人员×10^4/从业人数	%
万台设备安全监察定员	监察人员×10000/设备总数	人/万台
年人均监察台数	当年监察台数/当年监察人员数	台/(人·年)
设备无证率	无证设备数/设备总数	%
生产单位作业人员持证率	生产单位执证人员/从业人员	%
使用单位作业人员持证率	使用单位执证人员/从业人员	%
重大隐患整改率	已整改隐患数/累计隐患总数	%
特种设备重大危险源比率	列为重大危险源设备/设备总数	%
执法监察率	已监察单位数/单位总数	%
监察合格率	监察合格单位数/已监察单位数	%
监察处罚率	处罚不合格单位数/已监察单位数	%
行政执法投诉率	投诉次数/执法总数	%
监察执法综合指数	反映监察执法情况	指数
事故起数	一段时间内事故总数	起
死亡人数	事故死亡人员数量	人
受伤人数	事故受伤人员数量	人
事故伤亡倍比系数	受伤人数/死亡人数	指数
万台设备事故率	事故数/万台设备	起/万台
万台设备死亡率	死亡数/万台设备	人/万台
百万产值事故率	事故次数/百万产值	起/万元
百万产值伤亡率	伤亡人数/百万产值	人/百万
事故伤亡严重度	伤亡人数/事故次数	人/次
事故直接损失严重度	直接经济损失/事故次数	万元/次
十万人死亡率	伤亡人数/十万人	人数/十万人

2. 监察部门安全业绩测评方法

利用表 11-10 业绩测评工具表对监察部门安全业绩进行测评。

表 11-10　特种设备监察部门安全业绩测评考核表

序号	考核项目	考核内容	评分标准	评价方式	分值
一	综合指标	1. 万台设备事故率	以上一年全国平均万台设备事故率为基准,得2分;万台设备事故率每上升0.2扣1分;万台设备事故率每下降0.2加1分	阶段指标及全年指标的量化评价	4分
		2. 万台设备死亡人数	以上一年全国平均万台设备死亡人数为基准,得2分;万台设备死亡人数每上升0.2扣1分;万台设备死亡人数每下降0.2加1分	阶段指标及全年指标的量化评价	4分
		3. 亿元GDP事故直接经济损失	以上一年全国平均亿元GDP事故直接经济损失为基准,得2分;亿元GDP事故直接经济损失高于平均数150%不得分,低于平均数50%得4分	阶段指标及全年指标的量化评价	4分
		4. 万台设备重大事故率	以上一年全国平均万台设备重大事故率为基准,得2分;万台设备重大事故率上升0.02扣1分;万台设备重大事故率下降0.02加1分	阶段指标及全年指标的量化评价	4分
二	工作基础	1. 依法行政	行政许可规范,符合法律法规要求,得2分,抽查许可案卷发现1处违规扣0.2分;安全监察人员依法行政,无违法违规行为,无不良行为投诉,得2分;每有1人次被投诉属实扣1分;每有1人次被有关部门处理扣4分	查阅有关文件记录	4分
		2. 信息化建设	电子政务得1分,信息公开得1分,动态管理得2分	采用专项考核结果	4分
		3. 责任制落实	有落实特种设备安全三方责任机制、措施2分,按计划完成特种设备安全责任告知书、承诺书的发放和签订2分;特种设备安全列入政府目标责任制考核1分	查阅有关文件记录	5分
		4. 应急救援体系建设	完善应急救援组织体系,专项应急救援预案,建立应急救援咨询专家、救援队伍和救援人员信息库,组织专项救援演练。少1项扣0.5分,未组织演练扣1分	查阅有关文件记录	4分
		5. 监察机构设置率	市、区县设置相应的特种设备安全监察机构,每缺少一个专设安全监察机构扣0.5分	阶段指标及全年指标的量化评价	3分
		6. 安全监察人员配备到位率	按人均1500台设备为基准配齐安全监察人员(专职特种设备安全监察协管员2名折算为1名安全监察人员),并有人事部门的文件。安全监察人员配备到位率每降低5%扣0.5分	阶段指标及全年指标的量化评价	3分
		7. 安全监察专用装备	配备适应动态监管及应急救援必需的装备(配备安全监察专用车;安全监察人员人均配备一台电脑;配备现场检查及事故处理照相、摄像设备;配备个人事故应急处理安全防护用具),缺少一项扣0.5分	查阅有关文件记录	2分
		8. 特种设备安全监察员持证上岗率	在岗安全监察员持证率100%;在岗人员持证率每降低5%扣1分	阶段指标及全年指标的量化评价	3分

续表

序号	考核项目	考核内容	评分标准	评价方式	分值
三	监察效能	1. 检验工作监管	对区域内检验机构的监督管理达到国家局、省局工作要求，年度考核检验机构动态监管、隐患报送、定期检验责任落实工作并有见证	查阅相关记录	4分
		2. 生产单位监督检查	对区域内生产单位监督检查比例达到30%，每降低1%，扣0.5分 无证查处率100%，每降低1%扣1分 抽查的检查记录中每发现一处差错扣1分	各查阅10份检查记录	3分
		3. 使用单位监督检查	对使用单位检查比例达到25%，每降低1%，扣0.5分 确保使用登记率达到100%，每降低1%扣0.5 未按规定程序、条件办理使用登记的，每发现一例扣0.5分	各查阅10份记录	3分
		4. 检测检验监督检查	对检测检验机构监督检查比例达到100%，每降低1%扣1分 确保特种设备制造、安装监督检验率100%，每降低1%扣1分 确保定检率达到95%以上，每降低1%扣1分	查阅相关记录	3分
		5. 现场监察	完成5%的使用单位、100%的气瓶充装单位的现场安全监察，有检查记录，及时发出安全监察指令，隐患处置到位。现场监察率每降低1%、缺少检查记录或指令书1份扣1分，1处隐患处置不到位扣2分	阶段指标及全年指标的量化评价	3分
		6. 重点监控设备监管	按规定对重点特种设备监管到位，对重点特种设备每年至少进行1次现场安全检查，有检查记录，计2分；缺少检查记录1份扣0.5分；重点设备登记率、定检率、持证上岗率100%，计2分，一项不到位扣1分	阶段指标及全年指标的量化评价	4分
		7. 投诉举报办理率	及时处理投诉举报、人民来信(包括上级交办的)，有结果、有记录。每有1起处理不及时或不当的扣0.5分	阶段指标及全年指标的量化评价	2分
		8. 上级布置重点工作完成情况	组织完成年度工作会议要求和上级组织开展的各项专项行动，少完成1项工作或无见证资料的扣1分	查阅相关文件记录	3分
		9. 当地政府满意度	设非常满意、满意、一般、不满意、非常不满意五项。满意率95%以上得2分，每降低10%扣1分	请当地政府进行评价	2分
		10. 公众满意度	设非常满意、满意、一般、不满意、非常不满意五项。满意率95%以上得2分，每降低10%扣1分	随机抽查不同社会阶层20人左右进行评价	2分
		11. 服务对象满意度	设非常满意、满意、一般、不满意、非常不满意五项。满意率95%以上得2分，每降低10%扣1分	随机抽查服务对象20家左右进行评价	2分

续表

序号	考核项目	考核内容	评分标准	评价方式	分值
四	行政成本	1. 人均安全培训费用	以上一年人均安全培训费用为基准，得2分；人均安全培训费用低于上一年不得分，高于上一年50%得4分	财务部门评价	4分
		2. 地区监察专项经费及使用效率评估	安全监察专项经费达15元/台，得3分；专项经费每降低10%，扣0.5分。安全监察经费做到专款专用，使用合理有效，使用率不低于80%，有明晰账3分，预算专项经费未专款专用的每增加10%扣1分	财务部门评价	6分
五	培训与发展	1. 监察员年人均培训时间	年人均参加特种设备业务脱产培训40小时以上且每年度有50%以上的在岗安全监察人员参加培训，有人事部门的培训证书。年人均培训每少5小时扣0.5分，年度参加培训的在岗安全监察人员低于50%扣2分，低于35%扣3分，低于20%扣4分	查阅相关记录	4分
		2. 作业人员综合素质指数	根据专门方法计算作业人员综合素质指数，优秀得3分，良好得2分，一般得1分	查阅相关人事记录	3分
		3. 安全宣传	全年开展宣传活动有布置、有落实见证材料（报纸、电视录像、照片等）、有总结，少1项扣1分，不完善酌情扣分	查阅相关文件及宣传资料	3分
		4. 工作创新	形成当地特色监管模式，并获得省级以上表彰或现场会经验推广加1分，获得国家总局表彰或现场经验推广加2分（累计最多2分）	查阅相关记录	2分
		5. 持续改进	根据上一年度评价结果兑现奖惩，制定持续改进工作意见，存在问题得到整改。未兑现扣0.5分，无改进意见扣0.5分，每1项问题未整改扣0.5分	查阅相关文件记录	2分
		6. 政府重视	市政府专题协调解决特种设备工作加0.5分（累计最多1分）	查阅相关记录	1分

注：每项测评指标得分最低为0分，最多为该项得分满分。

第六节　基于风险的特种设备分类监管策略

一、设备管理相关理论

1. ABC管理原理

ABC管理法又称ABC分析法，通常也叫重点管理法或分类管理法。这种方法是运用数理统计的方法对事物、问题进行分类排队，抓住事物的主要矛盾的一

种定量的科学分类管理技术。这种方法把事物或管理对象，按影响因素，或失误属性，或所占比重，划分为 A、B、C 三部分，分别给予重点、一般等不同程度的管理，以达到最经济、最有效地使用人力、物力和财力的目的。

ABC 分析法起源于 19 世纪。1906 年意大利经济学家帕累托在研究资本主义社会个人所得的分布状态时，从大量的统计资料中发现了少数人的收入占全部人口收入的大部分，而多数人的收入却只占一小部分。帕累托把这种现象称为“关键的少数和次要的多数”的关系。他将这一关系用坐标图形绘制出来，这就是后来人们以帕累托命名的曲线和图表，一般称为帕累托曲线。他提出将使用中的物资按照其价格高低顺序排列，并结合月度的平均消耗数，计算出各有关数值，作图列表，对物资进行 ABC 分类。如图 11-5 所示。

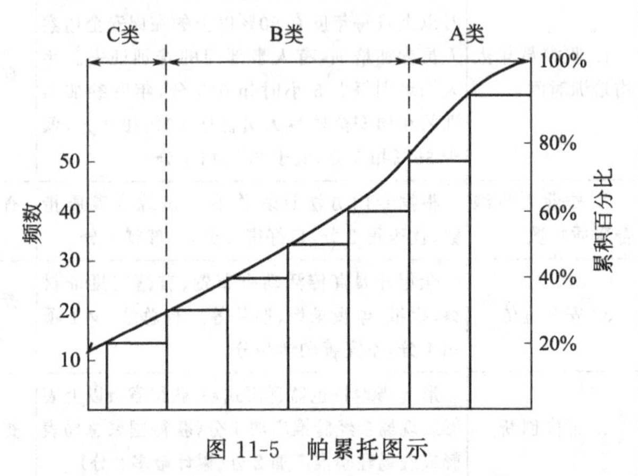

图 11-5 帕累托图示

习惯上把主要特征值（一般指划分对象的价值）的累计百分数在 0%～80%的若干因素称为 A 类因素。A 类因素为主要因素，应重点管理。累计百分数在 80%～90%区间的若干因素为 B 类因素，是次要因素，作一般管理。累计百分数在 90%～100%之间的为 C 类因素，C 类因素是次要因素，进行次要管理。

自从 19 世纪末提出 ABC 管理法以来，经过 Lorenz、Juren 和中田勇等管理学家们的不懈努力，ABC 管理法已在许多管理领域中应用。国际上许多大公司，在产品质量管理上，利用帕累托曲线来表达产品质量与主要缺陷之间的关系，找出影响较大的几种因素，有针对性地采取措施加以解决，取得了较好的效果。有些公司在库存管理上用帕累托曲线表示物料品种与物料价值之间的关系。将物料品种分 A、B、C 类，A 类物料最重要，应加强管理；B 类物料次之，可按通常办法进行管理；C 类物料品种数量较多，但价值不大，采取最简便的办法管理。

2. 生命周期理论及浴盆曲线

生命周期基本含义可以通俗地理解为“从摇篮到坟墓”的整个过程。对于某个产品而言，就是从自然中来回到自然中去的全过程，也就是既包括制造产品所需要的原材料的采集、加工等生产过程，也包括产品储存、运输等流通过程，还包括产品的使用过程以及产品报废或处置等废弃回到自然的过程，这个过程构成了一个完整的产品的生命周期。

设备生命周期管理内容包括从产品的设计制造到设备的规划、选型、安装、使用、维护、更新、报废整个生命周期的技术和经济活动，其核心与关键在于正确处理设备可靠性、维修性与经济性的关系，保证可靠性，正确确定维修方案，建立设备生命周期档案，提高设备有效利用率，发挥设备的高性能，以获取最大的经济利益。

大多数产品随着使用时间的变化如图11-6，故障率的变化模式可分为三个时期，这三个时期综合反映了产品在整个寿命期的故障特点，有时也称为浴盆曲线。曲线的形状呈两头高，中间低，具有明显的阶段性，可划分为三个阶段：早期失效期，偶然失效期，晚期失效期。起始与末尾期失效率很高，这就指导我们在起始期要严格筛选，确定保修策略，而在末尾期要及时维修以至大修改善系统状况并制定合理的报废期限。

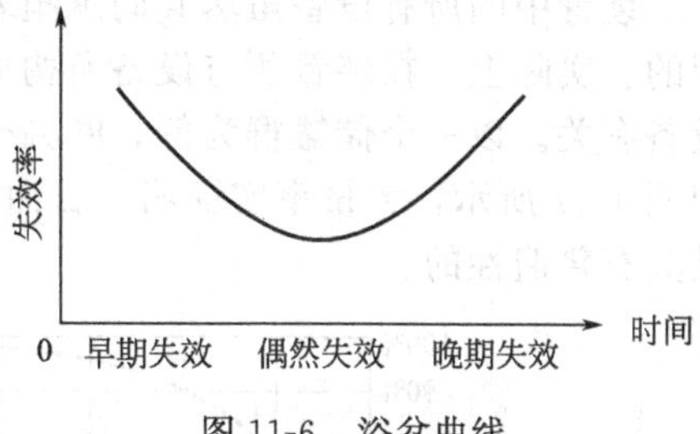

图 11-6 浴盆曲线

3. 全面质量管理理论

全面质量管理是指在全面社会的推动下，企业中所有部门、组织、人员都以产品质量为核心，把专业技术、管理技术、数理统计技术集合在一起，建立起一套科学、严密、高效的质量保证体系，控制生产过程中影响质量的因素，以优质的工作、最经济的办法提供满足用户需要的产品的全部活动。

（1）全面管理的观点：全过程的管理；全企业管理；全员管理。

（2）质量控制（根据 PDCA 戴明循环），在“质量控制”这一短语中，“控制”一词表示一种管理手段，包括四个步骤：①制定质量标准；②评价标准的执行情况；③偏离标准时采取了纠正措施；④安排改善标准的计划。

产品质量是决定企业生死存亡的根本基础。“安全”也可视为一种产品，在电力企业中，如果出了一次事故，可视为产出一个废品；如果出了一次障碍，可视为产出一个次品；只有安全顺利完成任务，才视为产出正品。

下面从全面质量管理的四个特点讨论安全管理方法：

（1）管理对象全面性。不仅注重“安全”产品本身的质量，还要注意影响“安全”质量的工序质量和工作质量。

（2）管理范围全面性。对“安全”产品质量形成的全过程都进行质量管理。

（3）参加管理的人员全面性。要求各有关部门、各环节的全体职工都参与安全管理。

（4）质量管理的方法全面性。运用多种管理方法，确保生产施工安全顺利完成。

4. RBI——基于风险的检验

基于风险的检验（Risk Based Inspection，RBI）技术主要是针对承压设备在

石化行业的管理，以风险评价为基础，通过获得储罐原始数据，了解储罐服役情况，并结合工艺参数、设计条件、历史检测和腐蚀状况等数据，运用失效分析技术对储罐失效可能性和失效后果两方面进行综合评价，得出风险等级，并对储罐群的风险进行排序。在当前可接受风险水平的条件下，区分储罐群中的高风险项和低风险项，有针对性地提出合理的检验策略，使检验和管理行为更加有效，在降低成本的同时提高储罐的安全性和可靠性。

装置中的所有设备虽然共同承担着一定风险，但每台设备所存在的风险是不同的。实际上，在装置所有设备所构成的总风险中，大部分的风险仅与少部分的设备有关。以一个储罐群为例，80％～90％的风险集中在10％～20％的储罐上。如图11-7所示，大量事实证明，石油化工设备风险分布的不均匀不是偶然现象，是具有普遍性的。

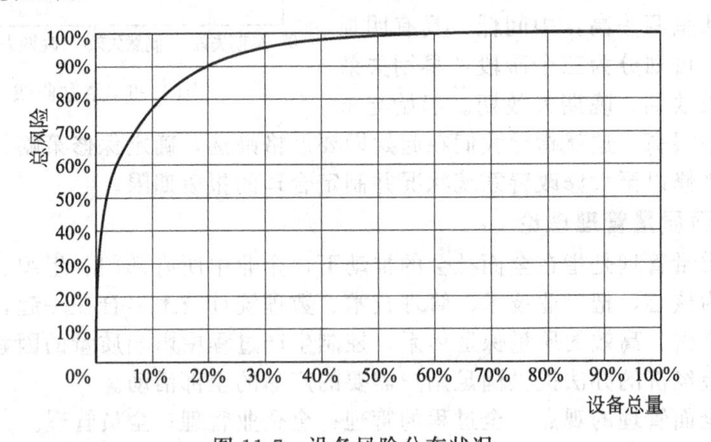

图11-7　设备风险分布状况

石油化工设备传统的检验方式基本上实行基于时间的检验（定期检验）或基于条件的检验（抽检），这种方式往往造成两方面弊端：一方面由于风险分布不均匀，大部分设备无严重缺陷，使得有些设备检验过剩，造成了不必要的检验和停产损失；另一方面，一些具有较大潜在风险的设备需要更多的资源投入，平均对待的方法使得有些设备检验力度不足，带来安全隐患。

基于风险的检验方法针对风险分布不均匀和传统检验方法的不足，基于大量历史经验数据和科学的理论模型，提出了区分风险分布情况的方法，从风险的二元性入手，分别对设备的失效可能性和失效后果进行分析，最后通过风险矩阵的形式，直观地反映出不同设备的风险状况。为合理分配资源，提高设备安全，实现安全性和经济性的统一提供了科学有效的方法。

二、分类监管策略体系思路

ABC管理方法是用于设备备件的管理方法。主要是将备件按一定的原则、标准分为A、B、C三类，然后按类采取不同的对策进行管理。由于特种设备的安全风险分布状况与帕累托曲线分布类似，因此此处制定不同风险等级的特种设备监管策略时可借鉴此方法。

依据设备配件的ABC管理方法可以设计一套特种设备的ABC管理方案，因为特种设备已经按一定的原则分为了不同风险等级的Ⅰ类、Ⅱ类、Ⅲ类，然后按类采取不同的对策进行管理。在石化行业中以一个储罐群为例，大约80%～90%的风险集中在10%～20%的储罐上。那么设备应当根据风险分级结果分级管理。对于那10%～20%的危险设备进行重点管理，使应用最少的管理资源而得到最佳的管理效果。

运用ABC法的关键在于如何以“重要的少数和次要的多数”作为依据，通过定性和定量的分析，按监管策略分类指标分为A、B、C三类，然后采取相应的控制策略和管理对策。见表11-11。

每种特种设备的每项管理项目都应当制定不同程度的监管策略，才能使较危险的特种设备安全状况达到较好的安全水平。

表11-11　ABC法分类监管策略

设备类别	Ⅰ类	Ⅱ类	Ⅲ类
定义	高风险设备	中等风险设备	低风险设备
监管策略	A类策略	B类策略	C类策略
定义	重点控制	常规控制	稍加控制

所有的B类策略都是根据当前实施的法律法规、规章制度得来的，而A类策略是基于高风险设备即Ⅰ类设备制定的监管策略，有法律法规、规章制度规定的，也有根据风险等级而制定的，C类策略与A类策略制定方法相同，只是对象是低风险设备，即Ⅲ类设备。有些A类和C类策略与B类策略相同，说明这些策略在重点控制的设备和常规控制的设备管理中都要用到，或者只需稍加控制的设备也必须这样执行。

1. 确定特种设备监管项目

特种设备管理项目繁多，不同种类的特种设备管理的方面也有所不同，按照特种设备全生命周期，各类特种设备的管理项目大体相同，只是根据不同设备具体属性、具体情况不同。无论设备属于哪一类，风险等级属于哪种程度，使用前监管策略包括：特种设备出厂时，应当附有安全技术规范要求的设计文件、产品质量合格证明、安装及使用维修说明、监督检验证明等文件。而这样的监管策略不因设备分类不同而异，所以只需要按照相关法律法规执行即可，无需采用不同的监管策略。

在依照设备生命周期线路的管理中，大体可以分为三个管理阶段，前期管理阶段也就是使用前的管理，设计与制造环节在此不为重点；中期管理也就是设备使用运行阶段，在此阶段除了正常的运行管理、监督检查等，还有可能出现维修、改造等，中期管理也是重点环节，因为设备的寿命都是在使用运行中损耗的；后期管理也就是处理报废产品阶段，在此不做重点，具体内容见表11-12。

表 11-12　管理项目

管理阶段	一级项目	二级项目
前期管理	行政许可	设计许可
		制造许可
		安装、改造、维修许可
		使用许可
		检验许可
	安装	设备登记
	试运行	全面检查
中期管理	使用	使用登记
		操作规程
	维修	维护保养
		修理
	改造	
	检验检测	定期检验
		附件校验
		试验
后期管理	报废	
	资产处理	

2. 建立分类监管策略体系

不同风险等级的监管策略应用在风险分析的基础上，对高风险设备进行重点控制。对设备运用风险评估的原理，利用建立的评价模型和各类风险指标，考虑危险发生的概率和后果严重度的大小，利用层次分析法测出其权重，并按照模型将风险等级分为三类。监管策略则基于这三类风险大小的不同，采取相应的降低风险、改进安全管理的措施。

(1) 建立综合监管策略。关于行政许可、附件校验等八种特种设备都涉及的项目在此称为综合类的监管项目。对这些综合类的项目进行监管的策略设计见表 11-13。

表 11-13　综合监管策略体系

一级项目	二级项目	A 类策略	B 类策略	C 类策略
行政许可	各一级项目下的 8 种特种设备共同所需监管项目	设计加强监管的策略	设计常规监管的策略	设计一般监管的策略
使用运行				
检验检测				
附件校验				
报废处理				

(2) 建立专项监管策略。建立专项监管策略，即根据八种特种设备不同性能而涉及一些不同的管理项目或者采取不同的监管策略，是把不同风险等级的监管策略制定方案在八种特种设备上的应用。在项目管理中，我们把管理项目分为了三个类型：安全管理、安全技术、检验检测。安全管理主要是基于特种设备需要人员管理的项目制定的策略；安全技术则是基于技术的监管策略；检验检测其实

既与管理相关，也与技术相关，但它是特种设备管理中很重要的部分，也是独具特征的一部分，所以单独列出来为一类型。专项监管策略体系见表 11-14。

表 11-14　专项监管策略体系

设备种类	监管项目		A类策略	B类策略	C类策略
	项目类型	二级项目			
锅炉	安全管理 安全技术 检验检测	8种特种设备专项监管项目	设计加强监管的策略	设计常规监管的策略	设计一般监管的策略
压力容器					
压力管道					
电梯					
起重机械					
客运索道					
大型游乐设施					
场(厂)内专用车辆					

3. 分类监管策略方法与依据

(1) 国外的法律、法规。美国在这方面的规定比我国更加详细，例如，压力容器定期检验周期从 1 年一次到 5 年一次不等，汽车罐车的压力试验根据不同类别有 1 年、2 年、5 年不等。尤其是美国各个州在同种设备上的规定都不同，例如，纽约州客梯每 3 个月检验一次、货梯每 6 个月检验一次；而加州则是根据保养程度决定是 1 年检验还是 2 年检验。除此之外，不同国家分等级检验周期也不同，例如，德国压缩气体的检验周期根据分类不同有 2 年、3 年、6 年、10 年，与我国的 3 年、6 年也有所不同。对于延长和缩短检验周期各个国家也都提到过，但绝大多数国家都没有明确规定每种设备的延长和缩短程度，大多法规写的是根据实际情况或者剩余寿命决定，也有些直接规定最多延长多久，例如德国的蒸汽锅炉内部检验可延长到 4 年（内部检验周期为 3 年）。表 11-15 对国内外特种设备安全法规进行了梳理。

表 11-15　国内外特种设备安全法规体系对比

国别	特种设备安全法规体系
德国	有法律、条例、部令、技术规范、相关标准等 5 个层次的法规标准 法律:《设备安全法》 条例:《蒸汽锅炉条例》《压力容器条例》《高压气体管道条例》《电梯条例》等 部令:《蒸汽锅炉监察规程》(TRD)《压力容器监察规程》(TRB)《压力管道监察规程》(TRR) 技术规范:AD 规范等 相关标准:DIN 标准
美国	联邦没有特种设备方面的统一的专项法律法规，特种设备的安全立法体现在各州，分别在劳动法、行政法、工业法等法律中设置专门章节(或条款)对特种设备的安全提出要求，每个州都有特种设备方面的规定。美国联邦政府就管道和气瓶、罐车等特种设备制定法律及规章 法律:《联邦危险品法》关于罐车的有关内容,《管道安全法》关于管道输送安全、环保的有关内容 规章:联邦法规汇编第 49 卷涉及气瓶、罐车和压力管道等特种设备有 49CFR part 178 关于气瓶的内容、关于铁路罐车的内容、49 CFR part 180 关于汽车罐车的内容、49 CFR part 190～192、194、195、198 关于管道的内容

续表

国别	特种设备安全法规体系
日本	法律、政令、省令、告示(通知)、相关标准共5个层次的法规标准体系 法律:《劳动安全卫生法》《高压缸体保安法》 政令:《劳动安全卫生法实施令》《高压气体保安法实话令》 省令:《劳动安全卫生规则》《一般高压气体保安规则》 告示(通知):《锅炉及第一种压力容器制造许可基准》《高压气体保安法实话令相关告示》《防止锅炉低水位事故的技术指南》 相关标准:JIS标准
中国	行政法规、部门地方规章、安全技术规范、引用标准共4个层次法规标准体系 行政法规:国务院颁布的《特种设备安全监察条例》 部门规章:以特种设备安全监督管理部门首长签署部门令公布的,并经过一定方式向社会公告的"办法""规定",如《小型和常压热水锅炉安全监察规定》 地方规章:部分省市制定的地方性规章,如《上海市禁止非法制造销售使用简陋锅炉的若干规定》 安全技术规范:《特种设备安全监察条例》所规定的、国务院特种设备安全监督管理部门制订并公布的安全技术规范,如《锅炉安全技术监察规程》 引用标准:与特种设备有关的法规或安全技术规范引用的国家标准和行业标准,如GB 150—1998、GB 1576—2001

由此可以看出，目前没有一个国家有系统的各类特种设备的检验周期制定办法，尤其是缩短和延长周期的办法。而直接用国外的检验周期作为我国的某些延长或者缩短的检验周期的做法也不妥，因为国情不同、特种设备的质量不同、使用环境不同、操作人员不同等，即便是从国外进口的设备因为这些原因也没法按照国外的标准进行。

(2) 数学统计。最科学合理的方法应该就是在分出的三类风险等级的设备中，按照相应的比例，8种特种设备都取一定的样本量，制定不同的检验周期，然后跟踪检测，分析后得出三类设备最佳的检验周期。此种方法最科学，但也最不现实。因为在全国众多特种设备中选取样本并跟踪的成本太高，而且外界条件并不能达到跟踪，人力物力都无法支持这种方法。

(3) 工程技术。工程技术方法也就是用科研的方法对特种设备本身进行研究。每种特种设备都是零部件组成的一个系统。而每个零部件根据材料和使用磨损途径不同都有其寿命周期，根据可靠性工程可以研究每种零部件的最佳检验周期，同时，根据系统工程的理论，决定特种设备的检验周期。不同风险等级的三类设备都根据这种方法，得到三类的检验周期。这种办法的成本仍然很高，而且需要大量的科研人才，短期内实现比较困难。

三、基于风险分级的检验检测方案研究

1. 检验检测策略

在工艺车间中，检测计划的建立是为了检查和评价在用设备的劣化。检查方案影响的范围很广，有两个极端情况，一个是"不进行维修知道其损坏"，另一

个是以“一定频率检查所有的设备”。

为了定期验证设备的完整性，很多工厂最初以工作时间或工作日为基础来确定周期。随着检查方式的进步和对劣化速率、类型更深入的了解，检查、检验、检测周期越来越取决于设备的条件，而不再是绝对地以工作日来确定周期。SY/T6507、APIStd653 等规范和标准规定了检查原则，其基本要素包括：

- 以设备寿命的一定比例作为检查周期（例如寿命的一半）；
- 对劣化速率较低的设备，用在线检查代替内部检查要求；
- 针对工艺环境引起开裂失效机理的内部检查要求；
- 基于风险后果，确定检查周期。

检验周期的选取主要参考风险分析的结果，也就是不同风险等级的检验方法的选择主要遵循以下几个方面的原则。

（1）检验、检测（试验）比例的选取：根据风险分析的结果合理确定检验比例。基于风险的检验计划并不是要求所有的检验有效性都要达到高度有效。根据实际情况合理选择检验有效性。

（2）检查的频率：增加检查频率可以更好地确定、识别或监控劣化激励，从而降低风险；减少检查频率也可以降低成本。因此可以优化常规和周期性的检查频率。

（3）对可能出现多种失效模式的设备，在制定检验策略时应综合考虑多种失效模式的检验有效性。

（4）选取检验（试验）方法时，在参考 API 提供的检验有效性的同时，结合我国的具体国情和法规要求，进行了调整。

2. 设备晚期策略

根据可靠性理论设备的失效规律都遵循浴盆曲线规律，由于曲线的形状呈两头高、中间低，具有明显的阶段性，可划分为三个阶段：早期故障期，偶然故障期，严重故障期。可由此规律制定相应的监管策略，例如设备处在偶然故障期时可减少检查频率，处在严重故障期时增加检查频率等。设备寿命晚期的策略包括：

接近使用寿命的设备是一种特殊的情况，实施基于风险的检查对这种设备的风险管理非常有帮助。在装置的使用寿命晚期，可获得最大剩余经济效益，而无过度的人力、环境或财务风险。

寿命晚期的策略直接将检查重点集中在高风险区域，通过检查将降低装置剩余寿命期间的风险。在剩余寿命期间，那些不能降低装置风险的检查活动通常将被减少或取消。

寿命晚期基于风险的检查策略可以与损坏部件的合乎使用性评估相结合，评估办法按 API RP579 的规定执行。在剩余寿命策略建立和实施以后，如果装置的剩余寿命延长了，对基于风险的检查评估进行复查是非常重要的。

3. 检验检测周期策略

8 种特种设备的检验周期各不相同，每一种又根据不同条件可能有不同的检

验周期，对于不同风险等级的同类设备应设计不同的检验周期。

以压力容器为例，根据《固定式压力容器安全技术监察规程》第一百三十一条第（五）项，实施风险评估技术的压力容器，可以采用如下方法确定其检验周期：

（1）参照《压力容器定期检验规则》的规定，确定压力容器的安全状况等级和检验周期，可根据压力容器风险水平延长或者缩短，但最长不得超过9年。

（2）以压力容器的剩余寿命为依据，检验周期最长不超过压力容器剩余寿命的一半，并且不得超过9年。而一般压力容器安全等级为1、2的检验周期是6年，安全等级为3的检验周期是3年，见表11-16。

表11-16　压力容器检验周期

缩短检验周期	常规检验周期	延长检验周期
3年	6年	9年（不超过压力容器剩余寿命的一半）

压力管道同样安全等级为1、2的检验周期是6年，安全等级为3的检验周期是3年，锅炉水压试验每6年进行一次，而无法进行内部检验则每3年进行一次。

由我国的规范反馈可以看出缩短检验周期基本都是常规检验周期的一半，不仅我国的规范中有此规律，国外的一般风险大点的特种设备检验周期都是一般检验周期的一半。例如，美国法规规定汽车罐车外部检验所有带全开后封头真空充装的检验周期为6个月，其他的为1年；加州法规规定保养良好的电梯检验周期和使用许可证期限为2年，而其他则为1年。

所以A监管策略关于检验周期需要缩短的周期规定为B类监管策略中的检验周期要求的一半，即：

缩短检验周期＝常规检验周期/2

前文以压力容器的剩余寿命为依据，检验周期最长不超过压力容器剩余寿命的一半，又根据"以设备寿命的一定比例作为检查周期（例如寿命的一半）"，检验周期的延长不同于缩短，有剩余寿命的限制，跟特种设备本身的属性有关，比如选用材料的寿命极限等，因此对于特种设备检验周期延长的检验周期制定有以下两个模式：

跟缩短检验周期制定相同的检验周期：

延长检验周期＝常规检验周期×2

如果检验周期最长超过了压力容器剩余寿命的一半，可以根据以设备寿命的一定比例作为检查周期：

延长检验周期＝常规检验周期＋（常规检验周期－缩短检验周期）

无论用哪个方法计算延长检验周期都不能违反相关特种设备的规定。检测、试验等周期的策略制定都可以按照以上公式计算。

安全管理经验及借鉴

第十二章 国外安全管理经验

重点提示 国际劳工组织在人类职业安全卫生领域的作用和贡献；德国在职业安全卫生监察和技术监督方面的特点；日本在全民安全意识和劳动安全工程科学技术方面的特点；中国香港的职业安全卫生管理十四项元素的先进做法；国际壳牌石油公司的安全管理十大政策；杜邦公司的安全管理策略和思路。

问题注意 安全管理是一门科学，因此，无论是任何制度和国家或地区，都有共同的规律和理论；人们在安全管理方面的成功经验是可以相互借鉴的；认识和理解世界各国职业安全卫生管理的共性与个性的关系；思考如何把国外和先进地区的安全管理与企业的情况相结合；职业安全管理的改善需要一个过程，遵循理性的规律和建立合理的机制，就能持续改进和不断提高。

第一节 国际劳工组织与职业安全卫生管理

一、国际劳工组织及目标

国际劳工组织（International Labor Organization，简称 ILO）是 1919 年根据凡尔赛和平协约与国际联盟同时成立的，其前身为国际工人法律保护协会。1946 年它正式成为联合国主管劳动和社会事务的专门机构。从成立至今，它在支持国际社会和各国为争取从业人员充分就业、提高社会成员的生活水平、公平地分享进步的成果、保护工人生命和健康、促进工人和雇主的合作以改善生产和工作条件等方面进行着不懈的努力。国际劳工组织由国际劳工大会、理事会和国际劳工局（秘书处）构成。此外，还有其他附属机构，如国际劳动科学研究所、国际保障协会、国际职业安全卫生信息中心等。国际劳工大会是国际劳工组织成员代表大会，是国际劳工组织的最高权力机构，每年在日内瓦举行一次。理事会是国际劳工大会闭会期间的执行机构，它决定国际劳工组织的各项重要问题，监督国际劳工局行使其职责。理事会由政府理事 28 人、工人理事 14 人和雇主理事

14 人组成，均由国际劳工大会选举产生，任期为 3 年。理事会每年召开 3 次会议。国际劳工局是国际劳工组织的常设工作机关，是国际劳工大会、理事会会议的秘书处。其总部设在瑞士的日内瓦，负责处理国际劳工组织的日常事务。劳工组织的一个重要特点是它的三方结构，即该组织的各种活动都有各成员国的政府、工人和雇主代表参加，所有代表都以平等的身份商议问题。三者在劳工组织促进下开展的对问题的协商，是该组织取得权力的来源。它使该组织有可能解释每个国家的目标和愿望，反映它所致力于解决的问题，并根据有关各国的社会和经济形势做出切合实际的决定。劳工组织为了完成它的各项任务，还与国际社会的其他组织进行着密切的合作。

我国于 1983 年恢复在国际劳工组织的活动，多年来我国与 ILO 有着全面的合作，其中在职业安全卫生领域，双方一直保持着积极的、良好的合作关系。1985 年 ILO 在北京设立北京局。截止到 2010 年，ILO 已制定了近 190 个公约和近 200 个建议书，这些国际劳工标准都经国际劳工大会通过，一半以上都直接或间接与职业安全卫生有关。ILO 成员国一旦签署了国际劳工公约，就应通过立法等方式，确保该公约在本国有效贯彻实施。早期的国际劳工组织的目标，可以说是狭小的，主要集中于妇女和儿童的保护。20 世纪 80 年代以来，职业安全卫生活动已经进入一个新的阶段，不仅关心消除显而易见的疾病和事故，而且注意到物理和化学方面的危险以及所从事工作的心理和社会问题，同时日益谋求全面的预防和改进方法。国际劳工组织认为，工伤和职业病除了使工人遭受痛苦外，还将造成个人、家庭以及整个社会相当大的经济损失和社会危害。虽然生产方面的发展和技术的进步正逐步使某些伤害减少，但是，由于大规模地使用了一些新的物质，工作场所的污染给工人的安全、健康带来新的危害。国际劳工组织的目标是促使工作条件尽可能完全地适应工人的体力和脑力、生理与心理所能承受的负荷，创造一种安全和有益于健康的工作环境。

二、国际劳工组织的任务及特点

国际劳工大会的主要任务是制定和通过以公约和建议书形式存在的国际劳工标准。劳工组织制定标准的工作对全世界许多国家的劳工立法都起了规范化的作用，还经常直接派遣技术专家给那些提出要求的国家提供意见，以帮助他们制定或改进有关工作保障、工作和生活条件、安全与保健等问题的劳工立法。

目前国际社会已认识到，国际劳工组织具有国家政府或社会其他团体不可替代的作用。它的“三方结构”，使所有的代表都以平等的身份商议问题。它组织的各种活动都由各成员国的政府、工人和雇主代表参加，所有代表都以平等的身份商议问题。国际劳工组织协助制定发展政策，努力确保工人的基本权利得到保护。从成立至今，它在支持国际社会和各国为争取充分就业，提高社会成员的生活水平；公平分享进步的成果；保护工人的生命和健康；促进工人和雇主的合作以改善生产和工作条件等方面进行着不懈的努力。

三、国际劳工组织的职业安全卫生国际监察

监察是人类施行行为管理和控制的重要手段。事故预防以及安全卫生规程的有效实施，在很大程度上取决于是否建立职业安全卫生监察机构以及该机构的工作成效。1947 年国际劳工组织通过了《劳动监察公约》和《建议书》，这是保护工人健康的两个重要文件。1981 年 1 月 1 日以前，认可该公约的已有 98 个成员国。这些国家一致同意，至少在工业中的工作场所要建立劳动监察制度。公约规定了劳动监察员的职责和权力，还规定了各国政府应保证能有相当资格的专家和技术人员进行配合，其中包括医学、工程、电工和化学等方面的专门人才。为了在劳动监察方面与国际法，特别是与国际劳工组织的公约和建议书的原则保持一致，各个国家的法律大都规定了监察员可以进入并视察各企业的权力，视察的条件和限制（接触文件资料、产品抽样分析、测定工作场所的大气等），以及在任何情况下监察员可施行或建议给予刑事或行政制裁。在有些国家，监察部门有权直接向上级行政机关或司法机关建议中止一些特别危险的操作。因此，对监察员的水平和能力的要求是比较高的。一般来说，需具有高等学校毕业的学历，且具有在工业部门中的工作经验，以在中级管理部门工作过为宜。有时则要求在工会任过职。由于安全卫生活动日益趋向复杂化，许多国家已采取对监察人员先进行专门的初步培训，然后再作进一步正式培训，使他们熟悉新的技术和生产方法的最近发展情况。为了向各国的劳工管理部门提供各企业劳工监察员所采用的方法和具体做法方面的信息，1972 年成立了国际劳动监察协会。

四、国际劳工组织的工作

国际劳工组织的活动方式主要是制定国际劳工公约和国际劳工组织建议书，用公约的形式来约束会员国劳动立法的一致性，用建议书的形式来指导会员国劳动立法的统一性。

公约是经过全体会员国批准的，具有法律效力，会员国应共同遵守：建议书只具有咨询性，供会员国立法时参考。由会员国一致通过的比较重要的问题，一般以公约的形式出现；问题不很重要，又难于一时为会员国通过的事项，一般采用建议书的方式出现。

国际劳工组织制定公约和建议书的主要依据：在第二次世界大战以前是 1919 年《国际劳动宪章》提出的 9 项原则，战后是 1944 年通过的《费城宣言》提出的 10 项原则。近年来，联合国大会通过的有关劳动和社会问题的决议，也是应遵循的原则。

国际劳工组织从 1919 年至 2010 年，国际劳工大会已通过近 190 项公约和近 200 项建议书，其中在劳动安全方面，国际劳工组织通过的公约和建议书如下。

① 职业安全卫生方面：《职业安全和卫生公约》（第 155 号）；《职业安全和卫生建议书》（第 164 号）。

② 职业卫生设施方面：《职业卫生设施公约》（第 161 号）；《职业卫生设施建议书》（第 171 号）。

③ 重大危害控制方面：《重大工业事故预防公约》（第 174 号）；《重大工业事故预防建议书》（第 181 号）；《化学品公约》（第 170 号）；《化学品建议书》（第 177 号）。

④ 作业环境方面：《作业环境公约》（第 148 号）；《作业环境建议书》（第 156 号）。

还包括有毒物质和有毒制剂、职业病、特定职业部门、机器防护装置、最大负重量、妇女就业、未成年人就业等方面的数十项公约和建议书。

由此可见，国际劳工组织将职业安全卫生工作列在重要的位置。这项关系到人身安全健康和经济建设的工作已被世界各国共同关注。这些劳动保护的国际公约，对于各个成员国劳动保护方法的发展，具有很大的推动作用。近百年来，国际职业安全卫生和劳动保护方面的标准已成为许多成员国制定和修改本国劳动安全法规的重要依据。特别是在第二次世界大战结束以后，更成为大批发展中国家重新制定职业安全卫生法规的主要依据之一。

从法理上讲，国际劳工公约和建议书对其成员国并不直接发生法律效力。只有经过成员国批准并制定为法律或规程的才能生效。而公约能否被批准，完全由成员国自行决定，对于不批准公约的成员国没有任何约束力量。一旦批准，就必须履行公约规定的责任和义务。尽管如此，国际劳工公约和建议书仍然对保护从业人员的生命、健康、得益，发挥了重要的作用。

第二节　德国的安全管理经验

德国是发达国家中职业安全卫生水平较高的国家之一。德国在安全科学的推进方面世界瞩目，是世界安全科学联合会的创办国。该国的职业安全卫生管理做法得到许多国家赞同。近年来的一些经验值得其他国家借鉴。

一、积极推进职业安全卫生管理体系进展

德国最新《职业安全卫生法》的实施，建立了职业安全卫生管理系统的新内容，职业安全卫生在德国企业取得高速的发展。通过对大多数企业工伤事故的统计表明，在过去几年事故呈下降趋势。但是，仍可以从不同的角度提些优化建议，尤其是对职业安全卫生组织与管理的优化问题，它能促使企业实施职业安全卫生管理系统。在德国，由于职业安全卫生预防措施不利造成的损失，每年估计达 9 千万马克，而个别企业由于缺乏职业安全卫生措施造成的支出更大，所以有采取新对策的必要。为此，基于欧共体制定的对各成员国均有约束力的职业安全卫生总则，即 1989 年 6 月 12 日委员会通过的 89/391EWG 欧洲总则，即关于改

善从业人员劳动期间安全与健康保护的实施措施（ABL. EGNr. L183S. I），对各国并没有直接的效力，它必须转化成一国的法律，这一规定推进了德国修订当前职业安全卫生体系，使德国的《职业安全卫生法》得以通过，并于1996年8月21日生效。除全面贯彻劳动保护总则外，该《职业安全卫生法》还适用于保障和改善劳动场所的卫生与安全。德国同业公会也认识到采取预防性措施能进一步提高当前的职业安全卫生工作。出于这种原因，工商业同业公会总会召开全体大会通过了一个纲领，即《同业公会预防纲领》。在德国，人们普遍认识到，一个现代企业由于涉及履行对产品的责任以及环境保护和职业安全卫生等越来越广泛的社会规定，故在企业中必须建立这样的认识，即系统管理的思想必然是现代企业管理中不可缺少的要素。系统管理始终是组织措施关注的问题。目前实施的职业安全卫生管理体系是依据有关质量管理的DINEN9000ff系列标准。在德国由于缺少专门的职业安全卫生管理体系的原则规定，所以在制定职业安全卫生管理体系时，参照使用了质量管理标准。

二、建立综合的管理体系

在德国，越来越多的生产企业中，各种管理系统被合并成一种综合性的管理体系，并且相互制约。建立何种形式的职业安全卫生管理体系必将考虑到对标准的极大限制。

德国职业安全卫生管理体系的构成如下：企业领导机关希望职工在高效的工作目标安排下，进行有效的工作，为此，企业机关委托系统管理部门制定相应的体系；随后企业机关对系统予以实施；职工按体系规定操作；系统规定部门受委托对体系实施监督。

三、强化实施职业安全卫生管理系统

职业安全卫生管理系统能够保证在岗的全体职工明确各自在职业安全卫生领域中的职责、权限和义务。由职业安全卫生系统管理组织在企业内广泛宣传预防为主的思想，对某些重要环节进行风险分析，目的是防患于未然，取代事后承担责任，重要的是大力提倡预防措施，社会可节省巨额开支，德国因职业安全卫生措施不力每年需支付高达900亿马克的工伤费用。企业只有在工伤事故发生率低的情况下，职工才会有安全感，才能使工作高效完成，形成良性生产环境，否则将危及企业自身的生存。有了健全的职业安全卫生组织，就能在企业内有目标地进行所需信息的交流，不论是横向（对于某一阶层，如厂级领导），还是纵向（对于各级领导，如负责安全的各级负责人）。通过这些信息的交流使得职业安全卫生水平能够得到进一步提高，即从事故预防规定向管理系统和劳动安全的全面过渡。管理的“软件因素”对职业安全卫生的作用变得越来越重要，包括职业安全卫生管理自身责任的认识与相应权限的形成；员工接受安全教育与信息情况；职工或所有员工心理调节的变化等。

四、明确职业安全卫生系统负责人的职责

综观职业安全卫生裁决的案例，多为赔偿或按刑法处理，即案件涉及的多是违反指示、选择和监督的规定。这就要求从企业机关做起，实行逐级委托制，上级及属下职工均负有相应的职责及权限。由于是领导，而不是负责劳动安全的专家对劳动安全负责，所以必须由董事会/企业的经营管理部门逐一指定，谁承担什么职责，哪些职责可以委托第三者，哪些职责不能委托第三者。关于被委托的任务，要做出详细的规定，必须保证每个被委托人都根据相同的原则进行下一级委托。每一项被委托的任务需由委托人就其执行情况进行监督。通过这种链式委托方式就避免了处罚时责任的累加。此外，这种组织义务的委托并不仅仅存在于上下级组织中，在《职业安全卫生法》的范围内，对被委托人，如负责劳动安全的专家委托任务时亦要明确任务，必要时要明确任务范围，并对其实施监督。最后还需保障上下级组织和被委托人组织间的合作关系，并对其合作给予协调。

出于对组织过失给予制裁的考虑，依据德国的《公民法》（BGB）第823、831、31条款的规定，每次由一级向另一级委托任务时都要明确指示、选择和监督。因此每个委托人都应明确，经委托参与的职工应如何进行工作，并根据这一规定选择职工，其技能资格必须符合具体任务。有外来企业参与时，委托人必须确信参与工作的职工均经过相应的技能培训，能承担相应的任务。

在此背景下，在职业安全卫生方面却不断发生涉及对职工的指示不清或监督不够的判决，“法定”组织的要求同现实相距甚远。为了做好这方面的工作，企业必须首先通过劳动安全专家为其负责的专业领域制定一份职业安全卫生“法定”的组织计划。把了解到的现有实际情况与当前法律和技术规定加以对照，并在计划中对参与者加以描述，注明企业内的职业安全卫生哪些组织得好，哪些还需做进一步的组织工作，然后将需要建立的措施与业已存在的组织措施合并形成职业安全卫生管理系统。可以将该职业安全卫生管理系统作为标准和法规看待，但必须注意“法定”组织的设计原则，高等法院对此提出的要求是使每个人都能像处理自己的事一样理解并立即执行。

计划制定完成后，各级领导明确了在职业安全卫生领导中各自的主要职责，负责劳动安全的安全工程师及专家对职业安全卫生措施并不承担任何贯彻的责任。经营管理部门和理事会作为企业机关，将在一定情况下成为制裁的承受者，所以一个好的职业安全卫生组织意义重大。认识到与己相关就会促使某些领导产生认真管理好职业安全卫生的动因。

五、发挥劳动安全专家的作用

劳动安全专家应是领导的“良知”。在坚持“预防为主”思想的前提下，劳动安全专家对各级组织的负责人提供及时的咨询及建议，并督促企业领导建立职业安全卫生管理系统。只有通过管理系统才能做到既符合法律规定，又有效地承

担义务，从而进行高效率的生产活动。

六、重视未来发展研究

系统的思想得到越来越多人的认同，职业安全卫生也应作为系统加以管理。把环境保护、职业安全卫生和生产管理这些各自独立的管理系统加以合并的认识也越来越受到人们的承认。要使系统能够经济、有效地运作，人员配备尽可能少，但要符合法律规定，建议建立综合管理系统。根据目前的经验，同用于各系统的费用相比，综合管理系统的费用大约缩减到总体的60%。这是一项真正的面向管理，并对所有参与者的工序合作和企业职业安全卫生事业的发展带有预见性的计划。

第三节　日本安全生产管理经验

一、安全生产监督管理集中、统一、高效

日本安全生产监督管理由劳动省负责，机构分三级，第一级是劳动省劳动基准局，第二级是各都道府县劳动基准局（47个），第三级是厂（矿）区劳动基准监督署（340多个）。安全监督机构垂直领导，实行安全生产监察官队伍管理制度，全国共有安全监察官3000多名。他们的主要职责有：一是对企业的安全生产实施监督指导。二是对企业实施安全检查，有权调阅有关资料；发现事故隐患，有权提出整改意见；发现危险紧急情况时，有权命令企业停止生产撤离人员。三是对违法造成重大恶性事故的责任人，有权向司法机关起诉。四是根据群众举报开展调查和处理。五是对事故进行调查处理。六是负责事故统计分析工作。七是负责收缴工伤保险费和工伤鉴定与补偿。八是负责工伤保险费率核定和基本情况调查。

二、法规完善，注重服务

1947年，日本颁布了《劳动基准法》，相当于我国的《劳动法》，其中对就业、劳动时间、工资和职业安全健康做了一系列原则规定。20世纪60年代日本事故多、伤亡大，最高年份死亡人数达6000多人。为了加强职业安全卫生，降低伤亡事故，劳动省开始制定《劳动安全卫生法》，详细规定了企业应遵守的安全卫生标准。该法1972年正式颁布后，劳动省加大了执法力度，事故逐年下降，1998年死亡人数也降到1844人。

为了保障从业人员劳动作业场所的安全卫生，使从业人员在安全舒适的劳动环境中工作，日本还制定了《作业环境测定法》和《尘肺法》，以及粉尘、噪音、电离放射线、震动危害防止等9个规则，并进一步修改、补充、完善了《劳动安全卫生法》，基本上实现了有法可依、有章可循。

日本安全生产法律法规完善，详细规定了企业安全生产标准和要求。监督官现场检查发现问题，不作经济处罚，主要是提出整改意见，注意引导企业主加强安全生产工作的主动性。同时注重指导与服务，发挥社团组织的作用，对中小企业在安全生产方面的困难，在政策和财政上明确给予帮助，为中小企业加强安全生产技术进步，提高科学管理水平创造了条件。

三、工伤保险与安全监督管理有机结合

日本安全监督管理机构负责工伤保险工作，主要职责是负责制定不同行业年度费率、收缴工伤保险费，并负责工伤鉴定和补偿。工伤保险适用于所有企业，包括个体私营业者和海外派遣人员等。工伤保险费主要用途包括：一是促进社会疗养康复事业；二是受伤害从业人员的援助事业；三是劳动灾害预防及促进安全卫生事业；四是保障安全生产，改善劳动条件。据劳动省的统计报告，1996 年全国参加工伤保险人数 4789.65 万人，收缴金额 15730.55 亿日元，补偿费用 8395.73 亿日元，占收缴总金额的 53.37%，补偿人数 508.4172 万人，占收缴总人数的 10.61%，而 1998 年工伤补偿人数已降到 60 万人，因提高了补偿费用和增加了医疗费用。

工伤保险是一项社会公益性事业，不以赢利为目的，保险费用取之于民，用之于民。因此，日本劳动省每年从工伤保险费中提取一部分用于劳动灾害预防和促进安全卫生事业。据有关人士介绍，粗略测算劳动省用于这方面的经费每年至少 500 亿日元。

四、充分发挥安全科学技术研究单位和社团中介机构的作用

对开展安全技术服务的社团组织中介机构，政府安全监督管理部门通过资格认可委托开展宣传、培训教育、特种设备检测检验和信息服务工作。如中央劳动灾害防止协会，在 9 个地区设立了安全卫生中心，2 个地区设立了安全卫生教育中心，内设了 9 个安全管理部门，其中安全卫生情报中心、劳动卫生检查中心、大阪劳动卫生综合服务中心、日本生物检测研究中心、国际安全卫生培训中心和安全展览馆等都是由劳动省投资援建委托经营的。中央劳动灾害防止协会有 1 号会员（劳动灾害防止协会）5 个，2 号会员（全国事业主团体）60 个，3 号会员（地区安全卫生推进团体）48 个，4 号会员（其他劳动灾害防止团体）15 个。他们根据劳动省劳动基准局每年的安全工作计划具体组织开展各项有关活动。如每年 10 月举办安全大会，参加人数高达近万人，是全国政府、专家学者、企业安全监督与管理人员的一次盛会。大会期间设各类专业安全技术研讨会、座谈会、信息交流发布会、安全产品展示会、安全产品洽谈会等，为推动社会全民安全生产意识起到了很大的作用。

五、有效的安全监督管理措施

日本劳动省劳动基准局制定的安全生产目标是“安全、健康、舒适”，坚持

的原则是“安全第一”。为了有效地降低事故率，减少伤亡，将工作的重点放在预防性安全监督管理上，他们每年根据前一年度安全生产工作的实际情况，编制修订新一年度的安全目标计划和工作指南，有针对性地提出对策措施。基本做法如下。

（1）宣传活动形式多样，常抓不懈。劳动省每年定期开展安全宣传周和卫生宣传周两次活动，宣传周前有1个月的准备期。为了提高全民安全意识，社团组织、行业协会等中介机构平时开展形式多样的宣传活动，并把活动贯穿到全年，安全生产工作做到了年年讲、月月讲、天天讲，警钟长鸣。

（2）依法开展安全培训教育，积极推行执业资格管理制度。安全培训教育分3个层次，一是企业自主培训教育，对象是企业新工人和转岗工人；二是院校安全知识普及教育，对象是在校学生和国外有关人士；三是由政府认可有资格的社团组织中介服务机构和社会服务性的培训教育，对象是企业职长以上的管理层干部和执业资格制度管理规定人员，如安全管理人员、卫生管理人员、产业医生、安全培训教育人员、设备检测检验人员，以及援助发展中国家的安全管理人员等。实行执业资格证书制度管理规定的人员，必须遵守执业资格培训考核，取得政府部门颁发的执业资格证书后方可持证上岗。

（3）强化劳动灾害统计分析工作，完善技术服务信息网络。日本劳动省十分重视劳动灾害的统计分析工作，配备设备先进，统计数据齐全，分析方法科学。除对事故类别、原因、产业和行业的安全状况与产业和行业的事故类别、年龄段分布分析以外，还引入了事故度数率、强度率概念。通过事故分析，对重点产业和行业的主要事故类别、事故度数率和强度率一目了然，为指导事故预防，采取有针对性的对策措施，提供了决策依据。为加强国际交流和社会化公共服务，劳动省投资建造了国际安全卫生信息中心和日本安全卫生技术信息服务中心，信息查询方便快捷，技术服务领域逐步扩大，向社会和企业提供了良好的优质技术服务。

（4）高年龄从业人员和中小企业安全对策。日本安全生产工作中突出的问题，一是高年龄从业人员伤害比例高，占全年伤害事故的45%；二是中小企业事故多，伤亡大，占全年伤亡事故的80%。为解决高年龄从业人员的安全和中小企业的安全生产问题，政府分别制定了高年龄从业人员的安全对策和促进中小企业安全活动对策，指导高年龄从业人员安全作业和中小企业安全生产。

大力发展安全卫生诊断事业，为中小企业防止劳动灾害实施技术指导与服务，帮助企业提高安全生产管理水平，促进企业安全生产与经济的协调发展。

六、职业安全卫生管理特点

（1）日本有中央至地方的、健全的劳动行政管理体系。即中央及地方的劳动基准局的基准监督署，全国有3300名国家任命的劳动基准检察官，他们都是通晓劳动法律、专业、特种法规和劳动安全卫生的专家，负责对全国企业的劳动基准执法监督，权威极大。

(2) 日本有全国性及产业性的防灾团体及安全卫生团体，对全国企业安全卫生防灾工作实行有力的监督和指导。这些组织具有常设性和半官方性质，对企业执行劳动安全卫生防灾法律、法规起到极为重要的监督指导作用，比我国的职业安全卫生科学学术性群众团体所起的作用更大些。

(3) 劳动安全卫生法规的完整性和执法力度具有高度发达资本主义经济立法执法特色。法制的裁决具有法治的严肃性和非随意性，这是我国劳动监察需要大力加强的重要方面。

(4) 以企业为中心的日本社会特点和员工以企业为家的向心力。每个企业经营者十分尊重人的价值，人的尊严和人与生产的协调关系。日本的企业经营者在劳动法制的约束下，把创造一个安全、卫生、优良、舒适的工作环境作为企业建设发展的根本大事，把安全卫生活动与经济生产活动统一起来，把安全与健康管理当作生产经营的支柱，把防止劳动灾害作为企业的最重要的政策。

(5) 日本企业全国贯彻落实行之有效的防灾教育对策。安全周、卫生周、防灾周宣传教育、“5S”、TBM、KYT、V、M、KTV、安全卫生培训等安全教育活动做得非常出色，并做到持之以恒，有企业特色，同时具有灵活性和群众性。我国相继引进并加以推广了日本的许多防灾教育对策，但这些要符合我国国情，创造性地加以发展，如日本推行现场安全确信，一要高声回答，二要配合动作，这对于消除错误，克服“犯困”现象极为有效。

第四节 国际壳牌石油公司的安全管理

国际壳牌石油公司的安全管理是以如下 11 个方面为主要特色的，其安全管理的做法在世界石油行业，甚至整个工业社会有广泛的影响。

一、管理层对安全事项做出明确承诺

这是壳牌各项安全管理特点中最为重要的。管理层如不主动和一直给予支持，安全计划则无法推行。安全管理应被视为经理级人员一项日常的主要职责，同营业、生产、控制成本、谋取利润及鼓舞士气等主要责任一起，同时发挥作用。

公司管理层可通过下列内容显示其对安全的承诺。

① 在策划与评估各项工程、业务及其他营业活动时，均以安全成效作为优先考虑的事项。

② 对意外事故表示关注。总裁级人员应与一位适当的集团执行董事委员会成员，商讨致命意外的全部细节及为避免意外发生所采取的有关措施。总裁级以下的管理层，亦该同样关注各宗意外事故，就意外进行的调查及跟进工作，以及有关人士的赔偿福利事项。

③ 用经验丰富及精明能干的人才承担安全部门职责。

④ 准备必要资金，作为创造及重建安全工作环境之用。

⑤ 树立良好榜样。任何漠视公司安全标准及准则的行为，均会引起其他人士效仿。

⑥ 有系统地参与所辖各部门进行的安全检查及安全会议。

⑦ 在公众和公司集会上及在刊物内推广安全讯息。

⑧ 每日发出指令时要考虑安全事项。

⑨ 将安全事项列为管理层会议议程要项，同时应在业务方案及业绩报告内突出强调安全事项。

管理层的责任是确保全体员工获得正确的安全知识及训练，并推动壳牌集团及承包商的员工具备安全工作的意愿。改变员工态度是成功的关键。

良好的安全行为应该列为雇用条件之一，并应与其他评定工作表现的准则获得同等重视。就公司各部门的安全成效而言，劣者需予以纠正，优者则需予以表扬。

二、明确、细致、完善的安全政策

有效的安全政策理应精简易明，让人人知悉其内容。这些政策往往散列于公司若干文件中，并间或采用法律用语撰写，使员工有机会阅读。为此，各公司均需制定本身的安全政策，以符合各自的需求。制定政策时应以以下基本原理作为依据。

①确认各项伤亡事故均可及理应避免的原则。

② 各级管理层均有责任防止意外发生。

③ 安全事项该与其他主要的营业目标同等重视。

④ 必须提供正确操作的设施，以及制定安全程序。

⑤ 各项可能引致伤亡事故的业务和活动，均应做好预防措施。

⑥ 必须训练员工的安全能力，并让其了解安全对他们本身及公司的裨益，明确责任。

⑦ 避免意外是业务成功的表现。实现安全生产往往是工作有效率的证明。

以下是某公司的安全政策方案：①预防各项伤亡事故发生；②安全是各级管理层的责任；③安全与其他营业目标同样重要；④营造安全的工作环境；⑤订立安全工序；⑥确保安全训练见效；⑦培养对安全的兴趣；⑧建立个人对安全的责任。

三、明确各级管理层的安全责任

某些公司或仍存有一种观念，以为维护安全主要是安全部门或安全主任的责任。这种想法实为谬误。安全部门其中一项重大任务就是充当专业顾问，但对安全政策或表现并无责任或义务。这项责任该由上至总经理下至各层管理人员的各级管理层共同肩负。

高层管理人员务必订阅一套安全政策，并发展及联络实行此套政策所需设立的安全组织。

安全事项为各层职级的责任，其责任需列入现有管理组织的职责范围内。各级管理层对安全的责任及义务，必须清楚界定于职责范围手册内。

推行安全操作、设备标准及程序，以及安全规则及规例的安全政策时，需具备一套机制。安全组织必须促使讯息及意见上呈下达，使得全体员工有参与其中之感。

各经理及管理人员均有责任参与安全组织的事务，并需显示个人对安全计划的承诺，譬如树立良好榜样，并即时有建设性地回应下列项目。

- 安全成效差劣；
- 安全成效优异；
- 欠缺安全工序的标准；
- 标准过低；
- 衡量安全成效的方法正确性及差劣；
- 欠缺安全计划、方案及目标，或有所不足；
- 安全报告及其做出的建议；
- 不安全的工作环境及工序；
- 各人采取的安全方法不一致；
- 训练及指令不足；
- 意外与事故报告及防止重演所需的行动；
- 改善安全的构想及建议；
- 纪律不足。

在评定员工表现时应该加入一项程序，就是对各经理及管理人员的安全态度及成效作出建设性及深入的考虑。安全责任需由较低层次的管理人员承担。全体员工均应致力参与安全活动，并了解各自在安全组织内所担当的职责和他们本身应有的责任。

四、设置精明能干的安全顾问

经理级人员往往将安全事项交予安全部门负责，但安全部门并无权利负责，亦无义务处理他人管理下所发生的事故。其职责只是提供意见，予以协调及进行监管。要有效履行这些职责，安全部门需具备充分的专业知识，并与各级管理层时刻保持联络。该部门更需不时密切留意公司的商业及技术目标，以便：

- 向管理层提供有关安全政策、公司内部检查及意外报告与调查的指引；
- 向设计工程师及其他人士提供专业安全资料及经验（包括数据、方法、设备等）；
- 指导及参与有关制定指令、训练及练习的准备工作；
- 就安全发展事项与有关公司、工业及政府部门保持联络；
- 协调有关安全成效的监督及评估事项；
- 给予管理层有关评估承包商安全成效的指引。

安全部门员工的信息举足轻重，且为改善安全管理计划的重要参考。建立这种信誉的途径，包括交替选派各部门员工加入安全部门，并将安全部门的要务委以素质较高的员工，作为他们职业上晋升发展的能力体现。这些员工既可改善部门的素质，亦可培养本身的安全意识及安全管理文化，为日后出任其他职位打基础。

五、制定严谨而广为认同的安全标准

壳牌将安全工作分为两个部分，设计、设备及程序上的安全工作，以及人们对安全的态度和所付诸实践的行为。设计及应用安全技术工序是达到良好安全的基本要求。

安全标准可以是工作程序、安全守则与规例，以及厂房管理水平，其标准的关键有以下几方面。

① 应以书面制定，使之易于明白；

② 标准必须告知公司及承包商的全体员工；

③ 当一项守则或标准所定的程序被认为不切实际及不合理时，该项守则或标准多不会为人所接受，亦不会有人甘愿遵从，而且必将难以执行；

④ 相反，安全标准则较易接受；

⑤ 安全标准应随环境改变，以及考虑到公司本身与其他公司所得的安全经验而进行修订。

安全标准的成败取决于人们遵守的程度。当标准未被遵行时，经理或管理人员务必采取有关的相应行动。假如标准遭到反对而未予纠正，则标准的可信性及经理的信誉与承诺就会被质疑。

六、严格衡量安全绩效

采取残疾损伤或伤亡意外（LTI）频率作为一项衡量安全成效的方法，且为壳牌集团进行各项伤亡事故统计的依据。这种方法与同行业或其他行业的工业安全分析作法相近，以便能对安全成效作出直接比较。

利用工时损失频率也是一种有效的分析指标，但在伤亡意外（LTI）的总数过少，或业务规模较小，而且伤亡意外数字又接近或等于零的情况下就缺乏准确性。当出现上述情况时，不能依赖该项指标作为安全成效的指标，需采用更为精确灵敏的衡量方法。

七、实际可行的安全目标及目的

公司通过改善安全管理的方法，使伤亡意外频率下降。只要既定的安全政策得以继续施行，人们维持对安全的承诺，每年的伤亡意外频率亦该逐步下降。一般而言，可以将伤亡意外频率每年达到一定跌幅作为目标，但长远目标应为达到全无意外发生的安全成效。

管理层应发展一套计划以达到长远的安全目标，而公司推行改善安全管理计划时，更应定下推行计划的进度程序。各部门应按书面列明的进度发展各自的安全计划及目标。

安全目标尽量以数量显示，其内容可包括下列各项：

- 按照完成进度而制订或检讨的指令、守则、程序或文件；
- 召开安全委员会会议及其他安全会议的定期次数及数目；
- 进行各项检查或审查的定期次数或数目；
- 编排与安全有关设施的进度，及实行新程序的日期。

员工报告内应该列明与安全有关的目标或可用以衡量安全成效的任务。这些目标或任务该与部门及公司的目标符合一致。管理层若不给予员工有关改善安全成效的工具，如训练及正确装备，则不可能使安全成效有所改善。

八、对安全水平及行为进行审查

大多数的壳牌公司均已订立安全检查及审查计划，经常集中检查设备及程序上的安全情况，且由管理人员、经理、安全部门代表，按照多为数月一次，亦或数年一次的固定进度表进行。有关人员应该致力于提高安全检查的效用，项目包括各次检查的内容、范围及参与人选，并采取措施监督各项检查建议是否在适当时候实行。

同时，危险行为及危险工作情况亦该予以检查。此项任务可在经理或管理人员每次进入一个工作区域时进行，其中包括注意员工举动、生产操作时的方法及所穿的服饰，并留意各项工具、装备及整体的工作环境。及时纠正危险行为及情况将可避免意外发生，将他们的行为及情况记录在案，亦可成为安全评价的参考。

员工最终均可察觉何为危险行为。当某员工能够自行检查自己的工作区域、自己与同事的行为及工作情况，而这些程序又为各人所愿意接受时，有助取得良好安全成效的最佳环境便已出现。唯一令员工对安全管理的态度做出上述基本转变的情形，就是公司的整体安全文化促使这类行为出现。

九、有效的安全训练

推行改善安全管理计划务必全力确保员工在安全条件下了解计划的详情，以及计划背后的基本原理。令管理层和所辖员工及承包商接受这些基本原理，对于管理层来说是最大挑战。此外，举办多项介绍会、研讨会及座谈会也是达到这个目标的主要措施。

这些措施可令安全计划迅速普及全公司，但管理人员与下属进行的非正式讨论及汇报亦同样重要。所用方法务必贯彻统一，使各人均获相同的讯息。高层管理部门自当参与这些介绍会，以示本身对安全的承诺。有关重点需要改变人们对安全的态度，证明个人行为如何成为预防意外发生的关键因素。

技术训练是有效的活动，但应将特定的安全项目列入训练计划中。训练计划应有系统地加以策划，使行为上的训练与工作需要的技术训练取得平衡。管理层应策划及监督专为各人设立的训练计划的整项进度，确保有关人士获得全面训练，帮助其履行职务。

十、强化伤亡意外事故调查及跟进工作

各壳牌公司都有完善的事故调查程序，但进行调查的宗旨是防止事故重演。

进行意外事故调查的责任由各级管理层负责而非安全部门。管理层应该解答的主要问题是：我们的管理制度有何不当以致这宗意外发生?

员工应知道“何为意外起因?”与“责任谁负?”两个问题不应混淆。尽管一宗意外事故可能由一人直接引致，但有关方面往往动辄将责任归咎到有关人士身上。举例而言，与意外有关的人员可能被委以自身未能胜任的任务；或所获的指示、监督、训练有所不足；又或不熟悉有关程序，或程序不适用于其当前正进行的工作等。

经验显示，如果意外调查的重点只为追究责任，则酿成意外的事实真相将更难确定。而又必须利用这些真相来达到调查的目的——避免意外重演。

在调查意外起因期间，若发现公司或承包商的员工公然漠视安全，有关方面自当考虑采取相应的措施。

意外调查应该按照以下基本原理进行：

- 即时调查；
- 委派真正了解工作情况的人员参与调查；
- 搜集及记录事实，包括组织上的关系、类似的意外事故及其他相关的背景资料；
- 以“防止类似事故重演”作为调查目的；
- 确定基本的肇事原因；
- 建议各项纠正行动。

各项建议务当贯彻执行，任何所获的经验教训亦该告知公司及集团全体员工，并于适当情况下告知其他有关人士。

十一、有效的管理运行及沟通

改善安全管理计划的成败，取决于员工如何获得推动力及如何互相联络沟通。

成功秘诀之一是与各级员工取得沟通，渠道包括书面通知、报告、定期通信、宣传活动、奖励/奖赏计划、个别接触，以及最为有效的方法——在工人中召开有系统的安全会议。这些会议可让个人参与安全事项讨论，既无须让授或公开发言，而且可在会上畅所欲言。

安全会议应由管理层轮流分工举办，当遇有特定的安全问题需要讨论时召开。各级管理层应尽量利用各种可行的推动方法，鼓励与会者积极讨论及提出意见。令安全会议形成越见成效就越具推动力的方法，让接受管理层指导的工人主

持会议，并先行得知讨论项目及讨论目的的纲要。当承包商属于工人职级时，他们亦应获得这个机会。为使会议更为见效，与会人数不应超过 20 人，而会上得出的结论及提出的关注事项亦该记录在案，并切实加以处理。

召开安全会议的主要目的是：

- 寻求方法根治危险状态和行为；
- 向全体员工传达安全信息；
- 获得员工建议；
- 促使员工参与安全计划及对此做出承诺；
- 鼓励员工互相沟通及讨论；
- 解决任何已出现的关注事项或问题。

会上未能解决的事项及具一般重要性的行动事项，亦应提呈适当的经理人员或其中一个属于管理层的安全委员会加以重视。有关方面应尽早作出回复，以免尚待解决的行动事项不断积聚。

除召开有系统的安全会议外，管理人员当与下属研讨将要进行的工作时，亦需讨论各点相关的安全事项，如工作计划、施工过程、工作例会等。

管理层在安全委员会及安全会议上的主要目的之一，是探讨各级员工对安全计划的观感，以及安全资料及讯息是否正确无误地传达。为继续给予员工推动力，管理层务必鼓励员工做出回应，各抒己见。

第五节　美国杜邦公司的安全管理

一、对安全的认识

杜邦在企业内部的安全、卫生和环境管理方面取得了相当成功的经验，同时它也愿意与其他企业一道分享这些经验。

1. 具体的认识

(1) 创造安全的人与安全场所。管理并不能为工人提供一个安全的场所，但它能提供一个使工人安全工作的环境。提供一个安全工作场所，即一个没有可识别到的危害的工作场所是不可能的。在很多情形下，对一个工作场所来说，它既不是安全的，也不是不安全的，它的安全程度也并非在安全和不安全这两个极端之间变化，而正是人自身是安全的或不安全的，或更安全的，或不太安全的。是人的行为，而不是工作场所的特点决定了工伤的频率、伤害的程度以及健康、环境、财产的损坏程度。迄今为止，还没有遇到哪一起事故不是因为人的行为所导致的。

安全是企业核心论点，也有些人称之为前提。根据这种论点，使行为能够从被不断地指导变成更安全的行为，远离不安全的行为。这里所说的行为，并非专

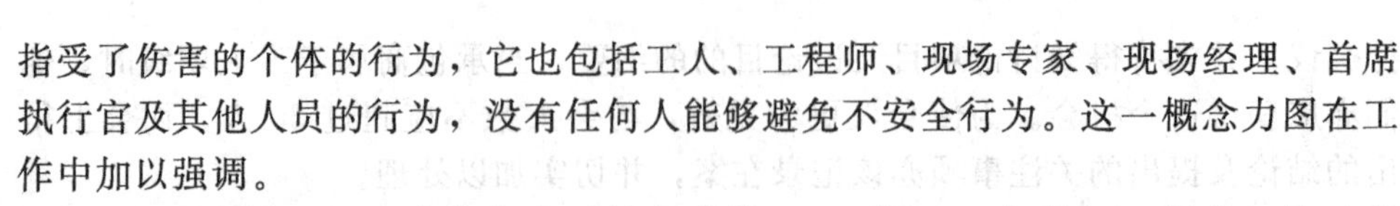

指受了伤害的个体的行为，它也包括工人、工程师、现场专家、现场经理、首席执行官及其他人员的行为，没有任何人能够避免不安全行为。这一概念力图在工作中加以强调。

(2) 杜邦的职业安全指标水平是先进的。20 世纪 90 年代初，损失工作日事件发生率为 2.4%，这表明在 11 万工人中一共发生了 27 起损失工作日事件。在 1989 年没有死亡事件。这样的结果，如果不是杜邦从早期到现在始终不渝地重视安全，是不能取得的。

2. 安全的意义

(1) 安全的回报。安全的效果与安全的投入之间的联系并不是一个简单的关系。今天所付出的努力可能在以后的若干年之后才产出结果，而且很可能这个结果并不能被人们意识到是由于数年前所付出的努力产出的。通过避免事故所造成的人身伤害、工厂关闭、设备损坏而降低成本的计算实际上是一个推测值，而且有一部分人一直用怀疑的眼光来看待这一切。

我们确实不能明确地给出在某个时期内投入 X 企业效益 Y 会有多大的提高。实际上不但 X 和 Y 之间的关系不能明确地建立，而且就 X 和 Y 自身来说也很难形成一个明确的界限。这是一个宏观上的事情。尽管在宏观的基础上来看这件事很容易，但也仍存在测算方面的问题。这并不是没有可信服的证据，是有严密性的。

“安全是有价值和意义的”，注重安全不但能提高生命安全与健康的效果，而且也同时改进了企业其他的各个方面。这种观点，随着杜邦安全管理局的客户们通过工作中移植杜邦的安全文化并从中受益后，不断地被更多的人认识。

比较工伤所致的费用与净收入的关系可以向许多管理层提供惊人的信息。我们有很多这方面的例子，即某个管理层只采取了一个非常简单的行动便降低了工伤成本，从而提高了企业效率。如某地公司把工伤作为管理成果好坏的一条标准之后的 6 个月内，意外伤害赔偿竟降低了 90%。杜邦安全管理局的客户，按照杜邦的咨询意见，通常在头两年可以降低 50%的工作日损失。

另外一种是站在一个公司的财政角度，认识工伤影响的方法是考察用于补足这些费用的销售水平。美国工业公司 1989 年的销售利润为 5%，当年工伤统计结果是平均每起致残费用为 2.85 万美元，也就是说，每销售 57 万美元产品的利润，才能支付一起致残工伤。从创造利润这一点来讲，减少一起伤害，总比增加 50 万～60 万美元的销售要容易得多。

(2) 工业（企业）的责任。据对非利普石油公司爆炸事故情况的介绍，OSHA 所提出的罚款只占这次爆炸损失很少的一部分。这些安全管理失误导致工业灾难的例子比比皆是。他们必须按照公众的兴趣和公共规定的条件去经营。为什么要安全，如果说，不为工人，不为股东，也不是为了公众的话，那么起码也是为了生存。

(3) 领导的作用。成功的管理需要领导。工人看到管理者管理的动机只是由于政府的法规所逼迫的，他们无法看到具有领导作用的管理。他们看到的只是一个试图遵守法规，在法规驱使下的被动管理。

伤害并非偶然，它们是由人们的行为引发的，正是由于安全具备的这种核心本质，才出现了成功的管理者奉献其时间、金钱和能量，关心工人、关心顾客、关心公众、关心环境、关心股东的福利，这是安全方面取得成功的基础。

综上所述，我们应该认识到，工人、公众和环境的安全是强制性的。作业过程中保障工人、公众和环境的安全，防止不利因素的影响和危害的发生，已经被证明是值得的。事实上，在安全上的努力，不是企业经营的负担。安全上的努力及费用是用来降低整体的成本，是明智的花费，这样的投入，事实上降低操作成本。安全已经被证明是有价值的事业。

二、杜邦的安全哲学

杜邦公司的高层管理者对其公司的安全承诺是：致力于使工人在工作和非工作期间获得最大程度的安全与健康；致力于使客户安全地销售和使用我们的产品。

安全管理是公司事业的组成部分，是建立在这样基石上的信仰。这种信仰认为，所有的伤害和职业病都是可以预防的；任何人都有责任对自己和周围工友的安全负责，管理人员对其所辖机构的安全负责。

三、杜邦公司的安全目标

杜邦公司针对自身的安全理念和要求，明确了安全目标，即零伤害和职业病、零环境损坏。

四、杜邦的安全信仰

杜邦公司的安全信仰如下：①所有伤害和职业病都是可以预防的。②关心工人的安全与健康至关重要，必须优先于其他各项目标。③工人是公司的最重要财富，每个工人对公司作出的贡献都具有独特性和增值性。④为了取得最佳的安全效果，管理层针对其所做出的安全承诺，必须发挥出领导作用并做出榜样。⑤安全生产将提高企业的竞争地位，在客户中产生积极的影响。⑥为了有效地消除和控制危害，应积极地采用先进技术和设计。⑦工人并不想使自己受伤，因此能够进行自我管理，预防伤害。⑧参与安全活动，有助于增加安全知识，提高安全意识，增强对危害的识别能力，对预防伤害和职业病有很大的帮助作用。

五、杜邦公司的安全管理原则

杜邦的安全管理原则如下：①把安全视为所从事的工作的一个组成部分。②确立安全和健康作为就业的一个必要条件，每个职工都必须对此条件负责。③要求所有的工人们都要对其自身的安全负责，同时也必须对其他职员的安全负责。④认为管理者对预防伤害和职业病的负责，对工人遭遇工伤和职业病的后果负责。⑤提供一个安全的工作环境。⑥遵守一切职业安全卫生法规，并努力做到高于法规的

要求。⑦工人在非工作期间的安全与健康作为我们关心的范畴。⑧需求运用各种方式，充分利用安全知识来帮助我们的客户。⑨使所有工人参与到职业安全卫生活动中去，并使之成为产生和提高安全动机、安全知识和安全成绩水平的手段。⑩要求每一个职员都有责任审查和改进其所在的系统、工艺过程。

六、明确安全具有压倒一切的优先理念

公司面临着一个复杂而又迫切的任务，那就是在事关竞争地位的各个方面（客户服务、质量、生产）要进行不断的提高。但是，所有这一切如果不能安全地去做，就绝不可能做好。安全具有压倒一切的优先权。

无论是生产还是效益，在任何情况下，一个繁忙的日程绝不能成为忽视安全的理由。

七、安全人人（层层）有责

每个工人都要对其自身的安全和周围工友的安全负责。每个厂长、车间主任及工段长对其手下职员的安全都负有直接的责任。这种层层有责的责任制在整个机构中必须非常明确。

领导一定要多花费一点时间到工作现场，到工人中间去询问、发现和解决安全问题。

提倡互相监督、自我管理的同时，也必须做出这样的组织安排，即确保领导和工人在安全方面进行经常性的接触。

八、杜邦不能容忍任何偏离安全制度和规范的行为

杜邦的任何一员都必须坚持杜邦公司的安全规范，遵守安全制度，这一点是不容置疑的，这是在杜邦就业的一个基本条件。如果不这样去做，将受到纪律处罚，甚至解雇，有时即使受伤也不例外。这是对管理者和工人的共同要求。

第六节　美国石化企业的安全管理

一、强化法规

1992年以来，美国不断加强和完善安全法规，收到了明显成效。1992年2月，美国职业安全卫生署正式颁布《过程安全管理规范》，完成了生产过程安全管理立法。

该规范将技术、程序和管理实践融为一体，使过程安全置于优先地位，加快了以过程安全管理为核心的一系列安全法规：消防法、高压瓦斯取缔法、灾害对策基本法、劳动安全卫生法、化审法、灾害防止法等六法，从而使石化企业事故

逐年下降。

二、改进装备

石化企业的设备故障是造成灾害事故的主要原因，因此选用良好的设备、材质、仪表，以及可靠的设备状态监测和自控自保系统，是实现安全生产的物质基础。除整体设备外，美国对阀门、管道的安全性也十分重视，并将防止管输系统泄漏作为环保、安全、节能的要点，对设备及施工提出了“零释放”要求。

在设备状态的监测中采用了数据采集系统与病态诊断的专家系统，可即时作出设备动态的判别；在管输系统中普遍使用了在线腐蚀监测仪，可对管道腐蚀状况进行预知性管理。在安全装备上，采用了毒质/火灾监测和控制系统、自动应急停车系统和生产过程自动监测控制系统，从而消除人为因素的干扰，保证了安全生产。

三、发展软科学

安全方面的软科学主要有：安全管理的现代方法、安全系统工程学分析、安全评价、安全系统工程学、安全人机工程学、安全心理学、安全经济学、安全诊断专家系统等。《美国 OSHA 安全法规》规定，过程装置必须进行危险性分析，以消减灾难性事故。为此在石化企业工程设计上，普遍采用了智能型计算机辅助设计，使过程危险性分析程序化，成为安全化管理的主要工具；在安全培训上，采用了计算机仿真培训系统，使新工人在数周之内可以得到传统师徒培训法几年才能取得的经验，保证了操作规程可持续性的继承与发展。

传统的安全管理多处于被动的事故追究型管理，而现代则变为事故预防型为主的管理，其中心环节是科学的安全管理活动和安全评价技术的应用。美国莫比尔石油公司推行的科学的安全管理活动，使事故率下降了48%；工人工伤赔偿资金比20世纪80年代减少93%。该公司利用节约下的赔偿金，作为安全之星的奖金，使行为安全活动深入人心。

安全评价技术是对石化企业作业系统存在的危险性进行定性和定量分析，推测危险性的概率及程度，以寻求最低事故率、最少的损失和最优的安全投资效益，利用“故障树”分析法，对设计、施工、设备、工艺等全流程一一进行可靠性分析，实现了“本质安全企业”。我国的石化企业也正在开展建立人、机、科学、法律、环境等“5M”的安全企业，在人员素质、设备、工艺、管理和整体环节五个方面下工夫，逐步走向“本质安全企业”。这与美国石化企业的强化管理、改进装备、发展软科学的方向是一致的，但在举措上有差距，故可借鉴。

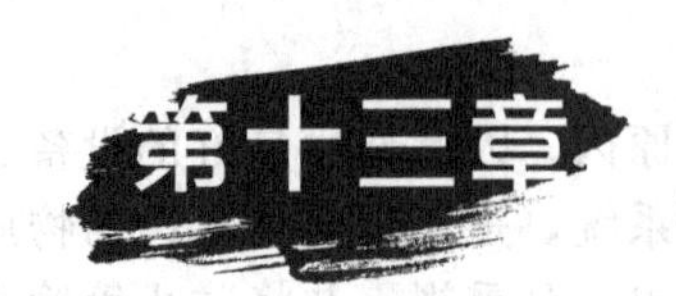

第十三章 中国香港及台湾安全管理经验

第一节 中国香港特区的安全管理

香港在职业安全管理方面采取的14项管理元素系统地归纳了香港现代安全管理的特色，值得我们很多企业学习、借鉴。

一、政府重视职业安全卫生的管理工作

香港政府在1995年7月所发表的香港工业安全检讨咨询文件中，提出推广安全管理将会成为推动工业安全的主流。在咨询公众并获得普遍支持后，于1995年11月21日由行政局通过推行安全管理制度的文件。该文件建议在香港采用的安全管理制度应包括：安全政策、安全计划、安全委员会、安全审核或查核、一般安全训练和特殊安全训练。政府就落实文件的建议，于1999年1月5日的立法会会议通过由劳工经处制定的《工厂及工业经营（安全管理）规例》。待条例草案成为法律条例后，规定雇用100名或100名以上工人的建筑地盘、船埠、工厂以及其他指定行业经营的承建商或东主，以及进行合约价值为1亿元或1亿元以上的建筑工程的承建商或东主，都要实施安全管理制度。为了方便投资商和承建商实施这个制度，香港政府将安全管理制度范畴定为十四项主要元素。为配合新规例的实行，香港职安局举办一系列课程，例如安全管理课程、安全审核员的培训、撰写安全计划书、举行与安全管理有关的巡回展览等。

二、强调企业经营者的安全承诺

英国鲁宝斯报告书（Robens Report）强调推广安全健康是高层管理人员的主要工作。文中指出，若董事或高级经理没有时间去对安全及健康表示积极兴趣，并假设属下员工的安全健康态度及表现不会因而受到影响，是不切实际的。所以适当管理安全健康与管理生产及品质控制同样重要。预防意外的责任，组织不应委托于某一个雇员或一个委员会，甚至一个安全部门全部负责。需知道要做好安全及健康是非常复杂的。单靠所做的对防止意外有兴趣的承诺是绝对不够的，最高管理阶层应显示他们对职业安全健康的重视，做出郑重的承诺，让所有员工知道组织在职业安全健康方面的意向及决心。为达到上述目的，最有效的方

法是签署职业安全约章及安全政策。

三、推行全社会的《职业安全约章》

《职业安全约章》是由劳工处与职安局为鼓励劳资双方拱手合作，共同缔造及维持工作环境安全和健康而设的文件。政府大力支持雇主订立签署《职业安全约章》，作为建立一个安全管理制度的基础。现时本港很多企业，政府部门、教育及医疗机构都签署了《职业安全约章》。但有小部分机构在签署约章后并未积极去落实约章上的承诺。也许这些组织的主管不清楚约章的精神及内容，使得约章未能发挥它的功用。

四、建立全面的安全管理制度

据香港《工厂及工业经营（安全管理）规则》中的定义，安全管理是指与经营某工业有关并几乎在该工业经营中的人员的安全的管理功能，包括策划、发展、组织和实施安全政策及衡量、审核或查核等功能的执行。对当地的建造业、主要公用事业和大型工业经营，安全管理无论在概念上或实际运作上，都是一种基本的安全制度。由于采用了严格的安全管理制度，使企业安全表现记录优秀，如有关政府工程的机场核心计划、房屋委员会合约和工务局计划合约等。由于具有效力，香港的电力公司、煤气公司及铁路公司等机构，部分承建商、货柜架头、医院、大学、政府机构都已经开展及建议实行科学的安全管理制度。

香港的安全管理制度与英国标准 BS 8800 职业安全管理体系标准，以及英国职业安全健康执行处（HSE）出版的指南《成功的安全健康管理》[Successful Health and Safety Management HS（G）65]，三种安全管理模式的比较可见表 13-1。

表 13-1　三种安全管理模式比较

HS(G)65 的模式	BS 8800 的模式	政府建议的模式
最初及定期状况检讨	最初状况检讨	策划　最初状况检讨 风险评估 定期状况检讨
政策	职业健康安全政策	发展　安全政策 安全计划
组织	计划	组织
计划及实施	实施及运作	实施
量度表现	检查及改善行动	衡量
包括在该模式的第一项内	管理检讨	包括在该模式的第一项内
稽核	包括在检查及改善行动内	审核或查核

五、香港的十四项安全管理元素

香港政府确定了工业经济组织，其职业安全管理范畴应包括十四项主要的管理元素，以用安全管理的对策去改善及减低意外事故的发生。其十四项安全管理元素见表13-2。

表 13-2　香港安全管理的十四项元素

规定采用十项及推行安全实核	十四项元素	规定采用八项及推行安全查核
● 雇用100名或100名以上工人的建筑地盘、船场、工厂以及指定工业经营 ● 1亿元或1亿元以上的建筑工程的承建商或东主 → 规例生效起计的一年后检讨	(i)安全政策 (ii)安全职责架构 (iii)安全训练 (iv)内部安全规则 (v)危险情况视察计划 (vi)个人防护计划 (vii)调查意外事故 (viii)紧急事故准备 (ix)评核、挑选和管控次承建商 (x)安全委员会 (xi)评核与工作有关的危险 (xii)推广安全和健康意识 (xiii)控制意外和消除危险的计划 (xiv)有关保障职业健康的计划	● 雇用50～99名工人的承建商或东主 ← 规例生效起计的一年后检讨

对于不同的经济行业，在此基础上有一些变化。据香港《工厂及工业经营(安全管理)规例》草案，政府规定雇用100名或100名以上工人的建筑工地，以及其他指定工业经营的承建议商或东主，以及进行合约价值为1亿元或1亿元以上的建筑工程的承建商或东主，需采用安全管理制度十四项元素的其中十项(见表13-2)，以及对他们的安全管理制度进行安全审核。而指定工业经营是指涉及电力、煤气或石油气的生产及输送以及货物搬运的工业经营。

六、香港推进十四项管理主要元素应用于工业经营以外的组织

近年来国际间对于职业安全健康非常关注，政府现积极推行新策略，鼓励组织实行自我规范来管理本身的安全健康。一个最有效的职业安全管理制度，是当组织能把职业安全健康整合到组织内的各项经营策略，借以改善组织内职业安全健康的成效。据政府估计，在实施安全管理制度方面，工业和建造业的雇主所需承担的额外成本为0.1%～0.2%。但实施安全管理制度有助于减少意外的伤亡数目、停工和工作受阻的情况，节省医疗成本，补偿开支，降低保费和民事申索款额。因此我们没有任何理由相信政府建议采用的安全管理制度不适用于非工业经营机构。职安局在这方面不遗于力地把安全管理制度推介到学校、医院及酒店等。

第二节　台湾职业安全卫生管理

一、提高安全认识

一个成功的企业，其工作场所必定是依据好的职业安全、卫生及人因工程的原则来设计的，这样的企业也是最具持久性与生产能力的。同时，世界各国的许多经验显示，倘若工作人员暴露在有安全卫生危害这种不良工作条件下工作，那么企业欲获得高品质的产品或高品质的服务，甚至一个健全的经济体系都是很困难的。

许多在发展职业安全卫生上获致良好成果的企业，依据其实际经验再加上相关科学知识，推导出一些非常实用的安全卫生原则可供业界参考应用。利用这些原则，可协助企业在职业安全、卫生、社会关系、经济等具有连带关系的方面均取得极佳效果。同时，具有这样职业安全卫生安排的企业在经济危机时期亦是最稳定的。

二、重视职业安全卫生策略与原则

避免危害（根本的预防）是最基本的职业安全卫生策略。为此，首先要辨识出危害，进而分析事故发生的因果关系，进行定性或定量的危害分析，再决定风险大小并控制危害。危害辨识必须随着工业新知识的产生而更新，为一持续性的程序。例如在 30 年前，苯被用做工业溶剂，后来发现其为致癌物才不再当作工业溶剂。本质安全是控制危害的最佳策略，若有执行上的困难时则采用辅助的防护措施。

（1）安全技术措施。安全技术是一种不断进步的技术，应利用最新的安全技术以增进员工的工作安全。安全技术的投资与意外发生的财产损失相比，可以看出这种投资是绝对值得的。

（2）工作条件最佳化对策。即人因工程的研究范围，将人的行为、能力、限制与其他特性等知识应用于工具、机器、系统、环境等设计中，使员工在工作条件上能更安全、舒适，同时提高生产效率。

（3）生产与安全卫生活动的整合。生产活动与安全卫生其实是有密切关系的，例如 1970 年康乃尔大学曾针对数十家制造厂商进行一些研究，结果发现足够的照明不但可增加生产力，又可增进工作安全性。又如在品质管理中的风险管理等项目与安全卫生有重大连带关系，二者之整合是未来发展的必然趋势。

（4）在发展与控制工作条件上政府的责任、权力与能力。政府应制定适当的法规来规范工作条件，并确实执行监督责任。如为保障劳工安全，加强改善工作条件；对于具有重大危害的工作场所，美国制定《过程安全管理规范》，以及我国制定《危险性工作场所审查暨检查办法》。

（5）雇主对工作场所安全卫生所负的基本责任。工作场所安全卫生之最大责任是属于雇主的，如此不但可激励士气，提高生产力，更因而提升工作场所的安全卫生水准。

(6) 员工了解其本身的利益与职业安全卫生有关。安全卫生的成效与员工自身利益有直接的关系；安全卫生的成效会影响到企业整体的成效，也因而影响到员工的利益，例如企业经营成效对年终奖金有直接影响。

(7) 雇主与员工在平等的基础上共同合作。劳资双方共同为安全卫生努力，相互增进双方利益。例如为改善安全卫生而设置建议箱，以及为鼓励员工提出意见，对于好的意见建立奖励制度等。

(8) 决定有关个人本身工作的参与权。只有自己才了解本身的需求与能力。

(9) 应知的权利以及运作原理。员工对于其工作范围内的安全卫生知识应有知情权，以保护员工本身以及其他有可能受到影响的人的安全卫生。员工对于运作原理也应有所了解，因为许多意外的发生，由于员工不知其运作原理而无法作出正确的应变，造成无法挽回的损失。

(10) 职业安全卫生的持续更新与发展。掌握最新安全卫生相关的知识，持续改善工作场所的安全卫生环境。

这些原则的实施需要适当的职业安全卫生法令条文、行政执行与服务系统共同配合才能发挥其最大效用。

三、职业安全卫生管理与生产管理结合，强调员工参与

安全是可以设计出来的，不论是本质安全的设计或经由其他的防护设施，而卫生则与工作的管理方式以及员工参与有绝对的关系。例如员工可参与决定工作负荷以预防工作过量，并减低工作压力，不但反映了员工之能力与需求，更增进员工工作士气。有许多研究指出，有员工参与的管理对于提升安全卫生较有帮助，同时能增进社会关系并发展个人能力与技术。此种方法可依个人需求与能力调整工作量与工作需求，对于年长者、残障者、患病者、孕妇以及其他有特别需求的人自然可减少这方面的问题。而当一个工作场所被员工认为是良好的工作场所时，也就是企业达到最佳的安全卫生标准。不仅在安全卫生方面，有证据显示，企业管理若采取员工参与及合作的原则，有利于危机（如公司经济困难、失业威胁等）的处理。

四、把职业安全卫生事业变成企业的基本管理目标

许多具有职业安全卫生传统的工业化国家采取上述原则，其结果均能够显示职业意外与传统的职业病有持续下降趋势。有些国家和跨国际工业采取“零危险”为工作环境目标。此目标虽然无法完全达到，但已刺激工作环境的规划与设计，使人们能依据获得的技术与原则来计划，并能依据良好的实施、操作与维护来进行生产作业。不但能导致工作危害现象减少，职业伤害与疾病消灭，并且节省因生产受阻与疾病而产生的花费。这样的经验证明，应用正确的职业安全卫生标准，是可以规划、营建、组织并维持一个安全又卫生的工作环境的。同时，也证明一个安全卫生的工作环境是实际可达成的目标，是一个有保障的投资，而不会增加公司经济上的负担。

第十四章 中国大陆安全管理实例

第一节 城市安全生产模式创新实例

一、"安如泰山"安全生产模式创建背景

党的十八大以来，党中央和习近平总书记作出了"全面建成小康社会、全面深化改革、全面推进依法治国、全面从严治党"的"四个全面"治国理政战略部署。全面建成小康社会是建设具有中国特色社会性主义，实现中华民族伟大复兴的最终目的。这一目标的实现，需要建立"科学发展""以人为本"的理念，要求落实"安全发展""安全生产"的创新举措。山东某市"安如泰山"科学预防体系的创建工作，就是在把握全面建成小康社会的"科学发展、安全发展""民族复兴、实现中国梦"的大背景下提出来的，是因势而谋、顺势而为，是适应经济发展新常态、锁定安全发展新目标、落实安全生产新举措的具体体现。

安全生产科学预防体系建设以"安全发展"战略和"以人为本"为理念，以"科技强安、管理固安、文化兴安"策略为导向，应用先进的"战略-系统""综合防范""超前预防"等现代安全原理，以及国际前沿的本质安全、功能安全、系统安全、RBS-基于风险的监管、文化软实力、"安全生命周期""全过程安全"等安全科学理论和方法，针对山东某市落实安全生产主体责任、强化安全生产基础建设和创建安全发展城市的需求，通过调查研究分析该市安全生产的发展现状及规划，采用逻辑推理、现象辨析、专家询证、社会调查、数据挖掘、统计论证、比较研究、实地考证、实证研究等方法，研究建立安全生产科学预防体系的模式及方法，实现"超前预防、本质预防、系统预防"为特征，体现"关口前移、重心下移、源头治理"的工作模式，落实"安全第一、预防为主、综合治理"的安全生产基本方针；建立政府为导向的安全生产科学预防体系和模式机制，为地市层级的政府实施安全生产科学预防工作提供经验和范例；打造基于"安如泰山"安全文化品牌，为山东某市创新安全生产工作方式，推行政府导向的安全生产科学预防体系，提供文化引领的智力支持和精神动力；全面提升安全生产科学预防能力和打造"安如泰安"平安城市，提供系统、科学、合理、实用、有效的安全生产科学预防体系。预期成果对山东某市安全生产工作发挥"理

论支撑、文化引领、体系保障、方法落实”之功用，同时，研究探索一条全新的安全生产科学预防之路，为我国同类城市或地区的安全生产科学预防发挥引领和示范作用。

二、“安如泰山”安全生产模式创建的思路

“安如泰山”的安全生产科学保障体系模式创建工作，是一次安全生产工作模式创新的探索，是一项全面、科学的安全生产“基础工程”“系统工程”。这一“模式创新”和“系统工程”，以创建“安如泰山”的平安幸福城市为目标，通过打造“安如泰山”的文化品牌、创建“科学预防”的泰安模式、建立“本质安全”的科学保障体系来实现。这一项目已经立为国家安全生产监督管理总局2015年的科技支撑项目。

“安如泰山”的安全生产科学预防保障体系模式创建的基本思路是：依据一套理论——本质安全的科学理论；培育一种文化——“安如泰山”的文化品牌；创建12个体系——安全发展目标、安全责任落实、安全法制保障、安全科技支撑、安全文化宣传、安全教育培训、安全事故防控、安全监督监察、安全“三基”建设、事故应急救援、安全生产信息、安全绩效评价体系；创新系统方法——超前预防、本质安全、系统安全的方法体系。

三、“安如泰山”安全生产模式的内涵

“安如泰山”的安全生产科学保障体系包括三大内涵：安如泰山的文化品牌、科学预防的泰安模式、系统保障的12大体系，如图14-1所示。

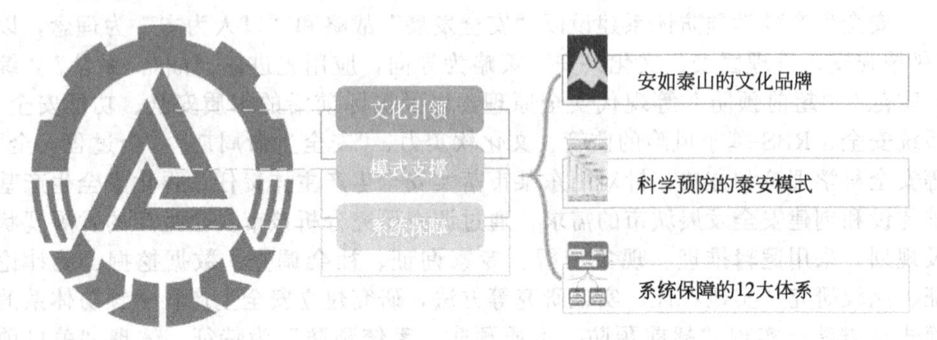

图14-1 “安如泰山”的安全生产科学保障体系模式内涵

其中，安如泰山的文化品牌的内容和载体如图14-2所示，科学预防的泰安模式内容如图14-3所示，系统保障的12大体系内容如图14-4所示。

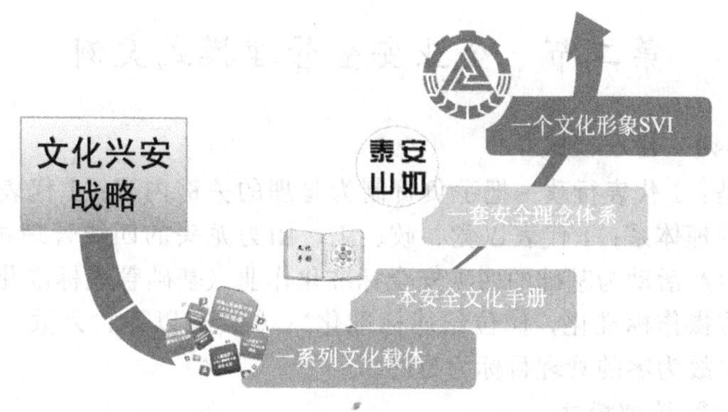

图 14-2 “安如泰山”文化品牌

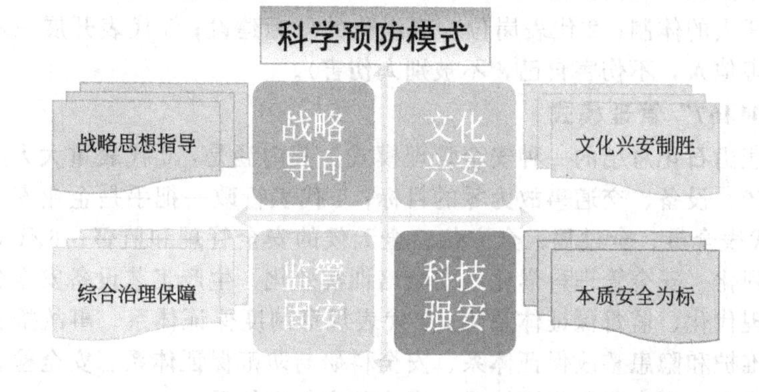

图 14-3 “安如泰山”科学预防模式

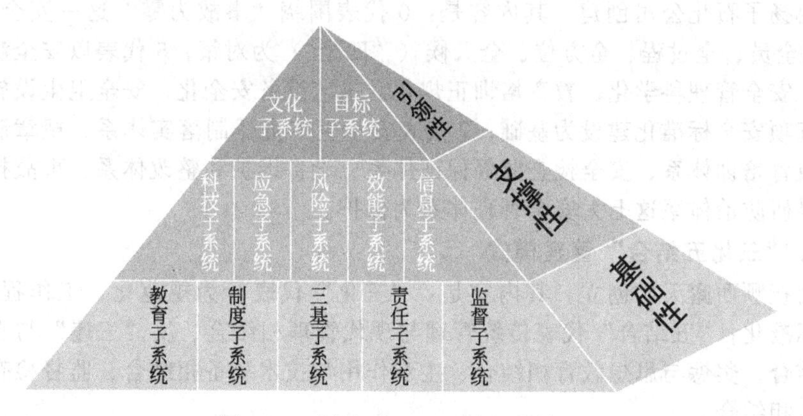

图 14-4 “安如泰山”系统保障体系

第二节　企业安全管理模式案例

1. “11440”管理模式

其内涵是：1代表行政一把手负责制为管理的关键内容；1代表安全第一为核心的安全管理体系；4代表以党、政、工、团为龙头的四线管理机制；4代表以班组安全生产活动为基础的四项安全标准化作业（基础管理标准化，现场管理标准化，岗位操作标准化，岗位纪律标准化）；0代表以死亡人数、职业病发率和重大责任事故为零的管理目标为目的。

2. “0123”管理模式

1989年由鞍山钢铁公司创立该模式，并经专家论证通过获得国家劳动保护科学技术进步奖。其内涵是：0代表重大事故为零的管理目标；1代表第一把手为第一责任人的体制；2代表岗位、班组化的双标建设；3代表开展三不伤害活动（不伤害他人，不伤害自己，不被别人伤害）。

3. “01467”管理模式

这是燕山石化总结的一种安全管理模式。其内涵是：0代表重大人身、火灾爆炸、生产、设备、交通事故为零的目标；1代表行政一把手是企业安全第一责任者；4代表全员、全过程、全方位、全天候的安全管理和监督；6代表安全法规标准系列化、安全管理科学化、安全培训实效化、生产工艺设备安全化、安全卫生设施现代化、监督保证体系化；7代表规章制度保证体系、事故抢救保证体系、设备维护和隐患整改保证体系、安全科研与防范保证体系、安全检查监督保证体系、安全生产责任制保证体系、安全教育保证体系。

4. “0457”管理模式

由扬子石化公司创建，其内容是：0代表围绕“事故为零”这一安全目标；4代表全员、全过程、全方位、全天候（“四全”）为对策；5代表以安全法规系列化、安全管理科学化、教育培训正规化、工艺设备安全化、安全卫生设施现代化这五项安全标准化建设为基础；7代表安全生产责任制落实体系、规章制度体系、教育培训体系、安全检查监督保证体系、设备维护和整改体系、事故抢救体系、科研防治体系这七大安全管理体系为保护。

5. “三化五结合”管理模式

由抚顺西露天矿创立，其内容是：“三化”代表行为规范化、工作程序化、质量标准化；“五结合”代表传统管理与现代管理相结合、反“三违”与自主保安相结合、奖惩与思想教育相结合、主观作用与技术装备相结合、监督检查与超前防范相结合。

6. “12345”管理模式

由济南钢铁公司创立，其内涵是：1代表一会一制，即安委会制度；2代表两项管理，即基础管理、现场管理；3 代表三种标准，即标准化作业、标准化操作规程、标准化岗位安全预案预控；4 代表四种检查，即班组检查、车间检查、二级厂检查、公司检查四个层次的安全检查；5 代表五项管理重点，即隐患评估管理、文明生产考核管理、安全文化建设管理、施工安全合同管理、外用工安全管理。

7. “4321”管理模式（机制）

这是晋城矿务局安全生产持续稳定发展 10 余年，总结出的一种科学、严格、有效的管理模式。该矿的安全管理经历了三个阶段：第一阶段为事后追踪、亡羊补牢阶段。第二阶段为系统管理、齐抓共管阶段。第三阶段为以法治矿、超前防范阶段。从 1995 年起，晋城矿务局在安全生产中不断总结经验、完善体制建设，创建了“4321”管理机制。所谓“4321”管理机制是指：4 代表四化管理，即安全制度法规化、现场管理动态化、岗位作业标准化、隐患排查网络化；3 代表三项基础，即狠抓现场质量达标、岗位作业达标和隐患排查到位；2 代表两个机制，即完善安全生产自我管理与自我约束机制；1 代表一个目标，即走依法治矿之路，以实现安全生产长治久安为目标。

8. “2110”管理模式

中石油提出的安全管理模式，2 代表两个合同，即推行员工安全合同和承包商安全合同；1 代表内部管理运行 HSE 管理体系；1 代表推行 HSE 监督体系；0 代表“三零”目标体系，即：零事故、零职业病、零污染的三零目标体系。

第三节　安全管理系统工程设计案例

某企业将安全管理的模式用一系统工程的概念，设计成名为《绿十字工程》的模式。

《绿十字工程》的目标是：确立现代的安全理念，建立科学的安全管理模式，制定系统的安全管理制度，实施有效的《绿十字工程》。也就是说，其内涵由安全管理理念、安全管理机制、安全管理模式、安全管理制度体系四个子系统构成。

1. 安全管理理念（方针）

安康为本，预防为先，科学管理，安全生产。

2. 安全管理机制

建立如下四个保障系统。

(1) 合理、完善的组织保障系统。综合（大安全观）的管理组织配置方案，即将企业的劳动保护、安全生产、消防安全、交通安全等业务综合、统一、集中管理。

(2) 明晰、严格的人员职责系统。各类管理人员全面落实安全生产制度。

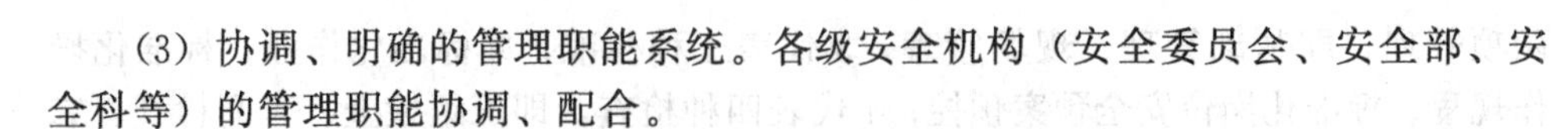

(3) 协调、明确的管理职能系统。各级安全机构（安全委员会、安全部、安全科等）的管理职能协调、配合。

(4) 充分、有效的安全投入系统。安全措施经费充足、必要而有效的投入机制。

3. 安全管理模式

推行“0458 管理模式”。

(1) 管理的目标。0 代表以事故为零的管理目标。（因工死亡、重伤、重大设备事故、重大交通事故、重大火灾事故）

(2) 管理的对象。4 代表全员、全过程、全方位、全天候的管理对象系统。（管理的对象的四个序列：全员代表人的序列；全过程代表技术的序列；全方位代表空间的序列；全天候代表时间的序列）

(3) 管理的基础。5 代表安全生产责任制体系、安全规章制度体系、安全教育培训体系、设备维护整改体系、事故应急抢救体系。（分别以责任、规章系列化；教育培训正规化；工艺设备安全化；安全卫生设施现代化为基础）

(4) 管理的方法。8 代表四查工程（科学严密的安全检查）、无隐患管理法（危险预知预控）、定置管理法（现场物流人流定置管理）、六个一活动（班组安全活动）、经济手段（奖罚制度）、三标建设、三点控制管理法（危险点、危害点、事故高发点）、安全责任区（党员责任区，领导现场挂点）。

4. 安全管理制度体系

(1) 安全检查制度。车间班组日常安全检查制度；重大危险设备检查制度；特种设备安全检查制度；安全管理检查制度。

(2) 安全教育培训制度。三级教育制度；特种作业人员教育培训制度；员工日常教育制度。

(3) 责任制。厂长（经理）安全生产职责制；分管副厂长（经理）安全生产职责制；分管副厂长（经理）安全生产职责制；各部门负责人安全生产职责制；各岗位安全作业职责制等。

(4) 工艺及技术安全管理制度。改建、扩建“三同时”制度；原材料采购安全预审制度；工程承包方评定与监控制度；设备维修改造安全预评价制度。

(5) 安全报告制度。事故报告制度；隐患报告制度。

(6) 文件管理制度。事故档案资料管理制度；安全技术、工业卫生技术文件资料管理制度；安全教育卡片管理制度。

(7) 现场管理制度。现场动火制度；机械维修安全管理制度；电器维修安全管理制度。

(8) 班组台账管理制度。

(9) 用工安全管理制度。特种作业人员用工制度。

(10) 安全机构工作制度。安全委员会工作制度；安全生产例会制度；专业人员培训制度。

（11）事故处理制度。

（12）消防管理制度。消防责任制实施办法；要害部位防火管理规定；建筑设施防火审核程序规定；工业动火管理规定；火灾事故管理办法；消防设施及防雷避电装置管理办法。

（13）交通安全管理制度。道路交通安全责任制实施办法；厂内交通运输安全管理办法；交通违章与交通事故处理办法；起重搬运安全管理办法。

（14）特种设备管理制度。锅炉安全管理规定；压力容器安全管理规定；液化气瓶安全管理规定；制冷装置安全管理规定。

（15）生产安全管理制度。职业安全卫生“三同时”管理实施细则；基层班组“三标”建设管理办法；班组安全台账管理细则；安全措施项目管理办法；安全用电管理办法；危险场所控制管理办法；重大隐患管理制度。

（16）劳动保护用品管理制度。职工劳动防护用品管理规定。

（17）职业健康管理制度。有害作业管理办法；职业病防治管理办法；女工劳动保健实施细则；劳动强度分级实施细则。

（18）危险品安全管理制度。化学危险品管理办法；放射源使用管理办法；易燃易爆物品安全管理办法。

（19）应急管理制度。危及事件分类与应急措施导则；重大事件应急组织管理细则；应急救援实施细则。

第四节　企业安全管理评估标准范例

为了改善企业安全管理状况，提高企业安全管理水平，企业可推行安全管理评估制度，即采用《企业安全生产管理评估标准》来指导和改善企业安全管理状况。这种制度是一种评分式的，可定期（一年一次）或非定期地对企业安全生产管理进行评估。《企业安全生产管理评估标准》的基本范例如下。

1. 标准形式

检查项目	项目分值	检查内容	检查评分标准	检查方法	得分

2. 检查内容

（1）领导与管理

检查项目	检查内容
1. 领导重视	定期议事，领导分工与责任人，年度工作规划
2. 管理模式	安委会，明确管理职能，建立 OHSMS
3. 制度建设	责任制，检查制度，监护制等
4. 组织管理	职能机构，兼职网络

（2）管理条件

检查项目	检查内容
1. 人员条件	安全专业人员配备
2. 经费投入	安全措施经费，“三同时”投入
3. 设施装备	管理办公条件，检测仪器等
4. 管理文件	安全管理手册，基础管理台账，作业文件与程序文件等

（3）管理实施

检查项目	检查内容
1. 基础管理	年度安全计划，安全目标
2. 日常管理	年度安全计划，现场检查
3. 安全教育	新工人三级教育，特种作业培训，管理人员安全培训，日常教育等
4. 安全宣传活动	安全文化活动
5. 风险管理	危害辨识，风险评价等
6. 审核总结	年度总结，项目审核
7. 事故管理	事故调查，分析，建档，报表等
8. 设备管理	消防设施，安全仪器，特种设备，安全装置，卫生设施等

（4）管理效果

检查项目	检查内容
1. 事故指标	达标状况
2. 安全评估	自我评价，上级评价，行业评价
3. 安全意识	领导意识，管理人员意识，员工意识

第五节　企业安全方针实例

1. 某企业的 OHSMS 安全方针

预防为主，控制电建施工危险；强化监督，遵守有关法律法规；

以人为本，提高全员安全素质；科学管理，实现绩效持续改进。

2. 海洋石油总公司的健康安全环保方针（理念）

（1）企业安全文化。建立现代企业的管理模式，将健康安全环境视为企业文化的重要组成部分，作为企业竞争力的核心条件之一。

（2）自我约束。追求企业的自觉管理，自我约束。

（3）持续改进。健康安全环境非一日之功，要坚持不懈、持续改进，没有最好，只有更好。

（4）重视员工价值。员工是企业的资源，而且是不可再生的财富。

（5）谁主管，谁负责。健康安全环境融于生产全过程及每个工艺流程岗位，谁主管，谁负责。

(6) 科学管理，风险防范。推行科学的管理体系，实行风险预防型管理。

(7) 重视相关方。重视相关方的利益，同时，承包方、用户的健康安全环境也是管理的组成部分。

(8) 实行内审监控。内审是自我评估和监控的重要手段。

(9) 以人为本的管理。营造健康安全环保也是企业综合素质的反映。

(10) 经济效益与社会效益的统一。安全生产不仅能反映出经济效益，更能反映出社会效益。

3. 一种系统化企业安全方针

这种系统化安全方针是：建立安全理念，建设安全文化，坚持以人为本，认识安全效益，营建预防系统，把握本质安全，不断持续改进，落实安全责任，完善自律机制，重视相关利益。

(1) 建立安全理念。建立安全第一的哲学观念。安全与生产、安全与效益是一个整体，当发生矛盾时，必须坚持安全第一的原则。为此，管理层必须作出承诺，领导必须作出表率。

(2) 建设安全文化。将健康安全环境视为企业文化的重要组成部分，作为企业竞争力的核心条件之一。安全生产将提高企业的竞争地位，在社会公众和顾客中产生积极的影响。健康安全环境是企业综合素质的反映。

(3) 坚持以人为本。以人的生命为最高价值的原则。员工是企业的资源，员工是企业最重要财富，而且是不可再生的财富。关心员工的安全与健康至关重要，必须优先于其他的各项指标的关心程度。

(4) 认识安全效益。追求安全综合效益的观念。安全生产不仅是经济效益，更是社会效益。

(5) 营建预防系统。安全生产的保障需要人、机、环境的安全系统协调。认识到所有意外事故和职业病都是可以预防，但需要建立人、机、环境的安全系统观念，从人、机、环境的合治理入手。

(6) 把握本质安全。为有效地消除和控制危害，需要建立本质安全的科学观念。预防是最佳的选择。需要推行科学的管理体系，实行风险预防型管理，积极采用先进的技术、工艺和设计。

(7) 不断持续改进。安全管理的核心是持续改进。健康安全环境非一日之功，要坚持不懈、持续改进，没有最好，只有更好。建立现代企业的管理模式和管理体系。

(8) 落实安全责任。安全生产人人有责。健康安全环境融于生产全过程及每个工艺流程岗位，落实“谁主管，谁负责”的原则。

(9) 完善自律机制。追求企业的自觉管理，自我约束。实行内审监控，内审是自我评估和监控的重要手段。

(10) 重视相关利益。重视与企业相关方的利益。将承包方、用户的健康安全环保纳入企业安全管理的组成部分，关心员工职业以外的安全。

第十五章 行为科学管理案例

第一节 安全环境对工作心理的作用

美国得克萨斯州一家工厂的工人，一直埋怨他们所在的车间太闷热，工业卫生条件差，因而生产情绪很受影响。于是工厂管理人员对空调设备进行了仔细的检查，发现设备运转正常，气温和湿度也符合工业卫生要求。问题出在哪里呢？厂方请来了环境心理学家会诊。经过认真调查，终于查出了“毛病”所在。原来这些工人大多来自农村，他们习惯在露天条件下工作，从未在无窗的现代化厂房里工作过，所以一进车间就感到气闷。况且厂房的空调通风口装在50英尺高的天花板处，因此他们感觉不到空气的流动。后来环境心理学家提议有关部门在通风口处悬挂一些飘带，凉风吹来，飘带不住飘动，工人们在“看”到风后，心理上产生一种自我安慰，即我们不是在“闷热的罐头”里干活，而是在空气流动的自然空间里工作。结果抱怨消失，生产情绪也正常了。这个案例说环境心理对人行为的重要影响。

第二节 美国公司推行的“自我管理”

据一份调查表明，不少美国公司在改善企业经营管理的过程中认识到“人的因素”的重要性。这些公司通过“工人自我管理”的形式，取得了一定的成绩。所谓“工人自我管理”，指的是参加式管理，其目的在于刺激工人的干劲和对工作的责任心。一家美国公司的具体做法是根据生产、维修质量、安全管理等不同业务的要求和轮换班次的需要，把全厂职工以15人一组分成16个小组，每组选出两名组长，一位组长专门抓生产线上的问题，另一位负责培训、召集开展讨论会和做生产记录。厂方只制定总生产进度，各小组以总进度为参照，自行安排组内人员的工作。小组还有权决定组内招工和对组员的奖惩。该厂抛弃了其他工厂通常采用的每周5天、共40h的工作制。改为职工以组为单位轮换每天工作12h，每周3天工作、3天轮空，然后白班、夜班对调。据调查，该厂实行“工人自我管理”后生产率得到提高，成本低于其他厂。还有一家厂，为推行“工人自我管理”设置了一个机构，取名“百人俱乐部”，代表全厂职工对表现好、出勤率高、安全生产以及有创新意见的职工颁发奖金、奖品。“百人俱乐部”成立一年，生产率提高了3.4%，上、下级冲突减少了73%，还减少了事故，共为公司节约开支160万美元，平均每个职工每年节省0.5万美元。公司向职工算了这笔细账，使他们认识到停机、发生事故将带来很大的损失，如不努力，公司随时都可能在激烈的竞争中垮台，而他们自己则会沦为失业者。这种自我管理形式的实现正是现代安全管理的重要目的，即变传统的被动管理为主动管理，变“要我安全”为“我要安全”。

第三节　用行为科学分析事故行为的实例

一、情绪心理与安全

情绪是影响行为的重要因素，不良的情绪状态是引发事故的基本原因。以下用两个实例来客观反映情绪的重要性。

实例1：一个青年工人，因家庭问题与兄嫂发生纠纷，被哥哥打了两耳光，他一气之下拿了根绳子欲寻短见，被老母苦苦劝阻。没隔几天这个工人在一次作业中发生了事故而丧生。

实例2：济南某工区青年职工李有栋，父母双亡，工资很低，还要供养弟妹，本人又患肺病，27岁也未有找到对象，生活的情绪非常低沉。他常常对人说：“不如死了清心。”上班经常迟到早退，违章作业不断发生。企业工会经常派人找小李谈心，发给他困难补助，并送他到苏州疗养，病好后又帮他找到对象，小李结婚时工会还帮他找了房子，小李十分感谢组织。从此，他积极工作，严格执行规章制度，在一年的工作中连续防止了两起重大事故的发生，受到单位表扬和奖励。

上述两个实例从正反两方面说明，情绪对安全行为的作用和影响。因此，在安全管理中要善于了解职工的精神状态，通常要注意如下心理问题。

① 低沉。或为家庭拖累所迫，或工作不如愿，或婚姻遇到阻力，或刚刚与同事、家人吵了架，情绪低沉不快，思想难以集中。

② 兴奋。朋友聚餐，新婚蜜月，或受到表扬奖励，或在工作中取得了某种进展，情绪兴奋，往往忘乎所以。

③ 好奇。青年工人一是好险，总想表现自己胆大、勇敢；二是猎奇，碰到什么新东西总想看一看、摸一摸，往往因为无知蛮干而出事。

④ 紧张。或初次上阵，或刚刚发生过事故，或刚刚受到领导批评，或遇到某种意外惊吓，心情紧张多失误。

⑤ 急躁。青年人干工作，往往有一种一鼓作气的冲劲，总想一口气干完，

往往会顾此失彼。

⑥ 抵触。或是对某件事有看法，或是对某个领导不满，或是被人看成是“不可救药者”，他会抱着破罐子破摔的态度，工作随便，干好干坏无所谓。

⑦ 厌倦。青年工人喜新厌旧的心理也很强烈，比如开汽车愿意开新的不愿意开旧的。又往往富于幻想，想干一番惊天动地的事，不愿意干琐碎的、平凡的、单调重复的工作。对这些工作久而生厌，厌而生烦，烦而生躁，躁而多失误。

二、事故临界心理剖析

一个清醒的正常人在进行生产活动、社会活动、家庭活动以及其他活动时，他的心理活动每时每刻都在进行着。正确反映客观现实、符合客观规律心理活动，能为发展物质生产和促进社会进步做出积极贡献。如果一个人的心理活动不符合客观规律，这时受心理活动支配和制约的行为有可能产生严重的后果。若是工人在生产操作过程中存在不正常心理，将会导致违章、失误行为，从而促成事故发生。

1. 麻痹心理的实例

某家粉末冶金厂的一名女工在立式压缩机上操作，上模下模行程很慢，通常都认为不会出事故。因行程较慢，即使上模时碰到手也来得及抽脱开，但这位女工的手还是被压伤。分析其心理活动特征：一是因模子行程慢产生不会压住手的麻痹思想；二是注意力不集中，眼睛不注意模子的下行，注意力转移至压缩机以外的事物上；三是操作过程中忘记把手抽离模板。分析其心理过程：麻痹—不注意—忘记—触觉迟钝，主要是麻痹心理问题。

2. 感知失误导致的无意违章的实例

(1) 理解失误的实例。北方某工厂冬季搞基建，由于冻土在挖基础时要先进行爆破。师傅在往炮眼里放炸药，放好几只后，想到炸药是用电引爆的，虽然闸刀事先已拉开，师傅怕有人随手合闸，就对旁边参加工作不久的新工人讲：“去看闸。”这位新工人未搞懂“看闸”的意思，就忙跑到配电板处，看到闸刀开着就上前将闸刀合上。随即爆破现场轰的一声，一起重大事故发生了。这是一起理解失误引起的事故。深入分析也有教育和管理方面的原因。

(2) 听觉理解失误的实例。一名长期在地面操作的气割工，第一次站在扶梯上切割离地面 4 米多的锈铁管，心理有点紧张。地面上尽管有人协助防止过路来往行人接近，有人扶住梯子进行保护，但管子快切断时，地面上的人叫了一声“当心”，这位气割工以为要出事故了，就慌忙从梯子上下来，慌忙中脚一踏空，即摔下地面造成重伤。这是由于听觉理解失误导致的事故。

(3) 时间不当失误的实例。工厂里烘箱操作工将浸过易燃液的零部件在未达到晾干时间的条件下，就直接放入烘箱，因而造成烘箱爆炸事故。这是在操作过程中时间知觉失误的结果。

(4) 知觉恒常负效应实例。电梯工上班前用钥匙开电梯，总以为按老规矩电梯肯定停在通常的位置处，可碰巧在这之前，已有另一名电梯工因急需将电梯开上二楼，并停在那里，该电梯工在门打开后就跨进去，结果踏空造成跌伤。

(5) 遗忘实例。汽车驾驶员在倒车后停车，结果忘记把排挡恢复原处，当再次发动时，车子倒行而引发了事故；机床操作工人把工具放在转动部位忘记拿掉，开动机器后工具飞出伤人。

3. 有意违章实例

(1) 注意分散实例。有一位职工将小孩带到车间内，将其放在工作点附近的纸盒内。一边操作冲床，一边注意纸盒内小孩的行动，不久该操作工就出了断指事故。

(2) 贪图省事实例。某厂车工为了绕近道，有意违章在起吊物下穿行，就在行走过程中吊臂突然落下，击中其头部导致死亡。起重吊物时，由于吊物不平衡，用人登上吊物一端起平衡作用，结果钢丝绳松脱，人掉下摔伤。在化工作业车间，为了抄近路，一位工人跨越溶解槽，结果被酸蒸气灼伤。

(3) 单纯追求效益实例。司机承包货运任务，为了多拿报酬，驾驶一列载装22人及近两吨货物的火车，因人货混装，在急转弯时造成翻车，致使多人死亡。一冲床工人为了多得奖金，将双手操作按钮中的一只按钮卡死，想一手按按钮，一手进料增加速度，结果导致断指事故发生。

4. 心理过程失控实例

某厂一名青年平常喜爱锻炼身体，当时电视台放映一部有名的武打片时，由于对武功高强角色的羡慕，因而一有机会就模仿电视中角色的动作。一天中班快下班时，这名青年在车间的金属架上学武打动作上下翻转，第一次及时被一位师傅制止，但当别人准备下班到车间外洗手时，他又沿金属架向上爬，当爬到六七米高时，手触到行车导电铝排引起触电，从金属架上掉下，当场死亡。这是一起在"感知—思维—行为"认识过程中发生扭曲而造成的事故。

5. 事前违章实例

事前违章对工人来说是很难感知到的，因此，也是一种很难控制的事故。如有一个工厂传达室的工人被倒下的铁门压死，在事故临近时，这位工人很难感知到门的支撑处已锈蚀到了不起作用的程度。又如，有的企业里锻工炉门（水隔套）由于进出水管的水垢积厚导致流水不畅，使炉门内水受热气化而承压，最终引起爆炸事故。在爆炸前夕，工人是无法事前感知的。再有有的管理人员只管派人修阴沟，不管下班后阴沟盖子盖好没有，待中班或夜班工人上班时，不注意就跌进未盖好的阴沟洞内，而导致伤亡事故。

三、动机与行为关系的事故实例

1983年4月22日，铜陵有色凤凰山铜矿混合井负40m中段，一群下班工人上罐时，因争抢拥挤，将罐笼推离井口平台50多厘米，致使3名工人踩空坠井身亡。有关专业人员应用行为科学理论进行了分析。事故发生时，该矿山施行经

济责任制，井下生产实行承包，工人完成当天工作量即可下班。因此，工人在上班时普遍增强了时间观念。据事故现场的调查人陈述："派班后，工人急着上班，因为每岔炮爆破掘进工作量要完成1.78m的进尺量，否则要扣奖金。"这种时效观，使班组生产效率大为提高。抓紧时间干活，能够获得高收入，而且能早下班，这已成为工人的基本意识。然而，一旦客观条件破坏了这一心理状况，使形成的心理需要满足定式受到了破坏，这必然产生懊恼情绪。事故发生时的情况正是这种心理状况。当时井下工人虽然完成了任务，却因罐笼运行失常而不能升井下班，随着等罐时间的逐渐延长，工人心理懊恼情绪也不断增长。另外，工人当时都已很疲劳，衣服都很潮湿，加上中段等罐没有等罐室，巷道风很大，寒气袭人，工人们急于摆脱当时的井下环境。再则，如果工人迟下班，只能洗脏水澡，单身职工到食堂买不到热饭，家住市区的工人还要赶班车回家。最后，致使等罐的工人陆续增多，并都集中于井口这个狭窄的环境中，彼此急切下班的情绪相互感染。在这种情况下，当罐笼到位后，工人们蜂拥而上，最终导致了悲剧。

从事故过程分析可见，人的行为失误和机器的运行故障，在同一时空相互交叉，导致了坠井事故。在人-机两个系列中，任何一条轨迹能够被有效中断或控制，事故即可避免。如何消除生产过程中的不安全行为？德国著名心理学家、群体动力理论的创始人勒温曾提出过著名的"群体动力理论行为公式"，其公式表示为：行为$=F$（个人，环境），即人的行为取决于个性素质和环境刺激。

运用这一理论，行为科学专家向该矿领导提出了相应对策：满足工人的需要，消除内部可能的力场张力；改善工作环境，改变情境力场；搞好事故善后工作，减少心理和情绪干扰；注意工人的生理心理特征，掌握其规律等。同时，将这种行为科学的道理传授给职工，使之加强自身的心理素质锻炼。通过对这件典型事故的心理分析，从另一个角度教育了广大矿工，大大加强了职工的安全生产自觉性，矿山安全生产状况大为改观，1994年底该矿被授予安全文明生产优胜单位称号。

四、挫折发生后对情绪和行为的影响

某单位一名女青年，平时工作热情，生性活泼。当她骑自行车带母亲外出时发生意外车祸，母亲丧生后，致使她精神上受到了严重挫折。从一个活泼、热情的青年，变为另一种极端下忧郁、沉闷的人。在很长一段时间里，情绪极度低落，工作和生活无热情，行为差错频繁，身体还处于病态之中。显然，女青年的悲哀情绪是由于惨痛的事故引起的。失去母亲本身就是生活中最大的不幸，意外的车祸使她受到精神的挫折，加之自己承担了一定的责任，被人称作丧门星。情绪上的不平衡还导致了生理上的不平衡（病态）。经过单位领导的分析，应用一定的行为科学理论指导，解决这位女青年的问题。首先是使之脱离挫折的客观情境，即安排新的居住点，不让其路过事故点，不在原居住点生活；二是进行心理开导，即经常与之谈心，安排参加集体活动，与青年人多交往；三是进行必要的生理治疗。在进行了一定时间的全面治疗调整后，该青年女工重新激起了生活的勇气和热情，变为一名安全生产的积极分子。

这件事说明，受挫折后人的情绪对工作、生活、安全都会发生重要的影响，作为领导和组织部门，要注意应用行为科学和心理学的知识进行科学的引导和对症治疗，这样能起到很好的效果。

第四节　企业安全文化建设实例

一、安全核心理念范例

1. 中石油 HSE 核心理念

健康至上：在油田工作生活中，每个职工最基本的需求，每个员工最大的福利。

安全第一：在油田生产作业岗位上，时时处处必须坚守的行为原则。

环保领先：在石油勘探开发经营活动过程中，不断努力和追求的目标。

2. 齐鲁石化 HSE 核心理念

生命安全至高无上，健康环保优先发展：时时处处把安全摆在第一位，把职业健康和环境保护作为优先发展的任务；一切服从安全，一切保证安全。不安全，不作业；不环保，不生产。

3. 大庆炼化安全核心理念

最可贵的是生命，最可怕的是违章：坚持预防为主，居安思危，发现隐患及时处理，把事故苗头消灭在萌芽之中。人的生命只有一次，爱惜生命最基本的要求就是遵章守纪。

4. 兖州煤业鲍店煤矿安全核心理念

安全为天，责任如山；以人为本，生命至上。

5. 胜利油田海洋石油安全核心理念

安全大于天：利用胜利海油“SLHY”（Sheng Li Hai You）引申的“安全大于天”（safety is larger than sky）的内涵，引导每一个员工见到、想到标识时，即联想到我们的“安全理念”。

6. 新疆油田测井公司安全核心理念

安全第一：保障顺利生产的基石，建安全之基石，造顺利生产之广厦。

环保领先：实现清洁生产的阶梯，建环保之阶梯，铺清洁生产之大道。

健康至上：创造高效生产的支柱，建健康之支柱，筑高效生产之屏障。

7. 中能煤田安全核心理念

“说一不二抓安全”：“说一”指安全责任重于一切，位置高于一切，状况否定一切；“不二”指工人不违章作业，矿井不留下除患。

8. 大庆井下作业分公司安全核心理念

安全第一、健康为本、环境至善。安全生产工作是压倒一切的政治任务，时时处处把安全摆在第一位，做到不安全就不生产，不安全就不投产，不安全就不建设。员工的生命安全是第一位的，实现安全生产是为员工办的最大的实事和好事，是我们给予员工最大的福祉；加强环境保护是实现人与环境和谐发展的客观要求，是实现“绿色油田”的基本保障，是分公司履行社会责任的根本义务和重要责任。

9. 内蒙古超高压电力安全核心理念

平安工作，幸福人生。确保电网安全，实质上是确保人民生命财产安全。享受幸福人生是安全工作的根本，也是“以人为本”的具体体现。

二、企业先进安全文化形象图腾设计范例

通过企业先进安全文化形象图腾设计，使一个企业的安全文化形象鲜活起来，具有形象新颖高远、寓意准确深刻、内涵专业切题的意味，这对传播企业安全文化具有特殊的意义。

下面是一些企业安全文化形象创意的设计实例。

1. “方圆”安全文化

(1) 寓意。一是企业安全“规矩为本”，没有规矩，不成方圆；二是企业安全管理实施“方”性硬管理与“圆”性软管理结合的机制；三是方、圆都是闭环，象征着安全工作是一个持续发展、永不停歇的过程；四是安全工作创造圆满，追求和谐。

(2) 内涵

① 安全观念文化——“方圆”哲理：有规有矩，才成方圆；安全生产，规矩为本。

② 安全行为文化——“方圆”表现：时时做到遵规守矩；事事追求安全圆满。

③ 安全管理文化——“方圆”模式：“方”性管理，严、细、实、恒；“圆”性管理，情、理、德、爱。

④ 安全物态文化——“方圆”环境：方的环境：实现本质安全硬环境；圆的环境：创造和谐安全软环境。

2. “十零”安全文化

(1) 寓意。一是安全是企业生产之本，安全工作永无止境，永远从零点做起；二是“零”象征着圆满，预示着企业安全工作要不断完善，安全业绩持续提升，圆满完成安全生产目标；三是企业安全管理追求“十零”目标体系，即：安全“零起点”；作业“零违章”；操作“零失误”；执行“零差错”；冒险“零宽容”；制度“零缺项”；现场“零盲区”；目标“零伤亡”；设备“零缺陷”；条件“零隐患”。

创建“2332”的“十零”安全文化，即2个哲理的观念文化、3种表现的行为文化、3大追求的管理文化、2种现实的物态文化。

(2) 内涵

① 安全观念文化——“零”的哲理：意识到安全“永远零起点”，树立“安全没有最好，只有更好”，“安全没有终点，只有起点”的安全观点；认识到冒险“时时零宽容”，建立对风险的“宽容”就是容忍事故灾害，对违章的“宽容”就是容忍生命死亡的意识。

② 安全行为文化——“零”的表现：作业“零违章”，企业员工生产作业过程做到无违章，作业管理要求“零违章”；操作“零失误”，企业员工设备操作程序做到无失误，岗位操作实现“零失误”；执行“零差错”，员工工作规范标准做到无差错，工作标准做到“零差错”。

③ 安全管理文化——“零”的追求：规章制度“零缺项”，建立健全安全生产规章制度，追求管理制度的项目、内容、标准“零缺项”；现场管理“零盲区”，实现采矿生产的全面安全管理、全员安全管理，追求生产现场的人员管理、设备管理、环境管理“零盲区”；管理目标“零伤亡”，职业安全管理追求事故为零的目标，实现“零伤亡”；职业健康管理追求职业病发病率为零的目标，实现“零病患”。

④ 安全物态文化——“零”的现实：生产设备“零隐患”，推行标本兼治战略，从设计、建设、生产各环节入手，消除、治理事故隐患，实现生产设备设施“零隐患”；作业条件“零缺陷”，实施“三E”安全战略，建立“三P”事故防范体系，创造良好达标的生产作业环境，实现作业条件“零缺陷”。

3. 煤矿“五行”安全文化

(1) 寓意。“五行”指金木水火土，第一寓意是预防五大事故灾害；第二寓意是干部员工必须具备的“五行”素质。

(2) 内涵

① 预防事故“五行”文化：金——煤尘涌出；木——火灾事故；水——水害事故；火——瓦斯爆炸，土——坍塌事故。

② 干部“五行”文化素质：金——贯彻安全方针政策，像金子一样纯真；木——推行安全管理制度，像森林一样严密；水——落实安全生产责任，像流水一样坚定；火——关心员工安全健康，像烈火一样热情；土——规制安全生产措施，像大地一样坚实。

③ 员工“五行”文化素质：金——安全价值观念（生命胜金）：珍视生命健康胜过珍惜金子；木——安全知识体系（树木森林）：既懂岗位规范（树木），也知行业法规（森林）；水——安全警觉意识（无处不在）：像水一样渗透于时时、处处、事事；火——安全责任态度（火样热情）：自己安全我负责，他人安全我有责，企业安全我尽责；土——安全规范执行（坚实可靠）：像大地承载物体坚实可靠。

4.“太极”安全文化

(1) 寓意。企业安全生产打造“太极八卦”安全文化系统。“太极”安全文化寓意安全生产两大保障体系，一是安全生产的软实力，二是安全生产的硬实力；“八卦”寓意八大文化策略。

(2) 内涵

① 软实力（四卦）——人的本质安全：决策层安全素质；管理层安全素质；专业层安全素质；执行层安全素质。

② 硬实力（四卦）——物的本质安全：工艺本质安全——采用先进生产工艺技术；设备固有安全——提高设备设施固有安全；安全监控系统——具备完善的安全监测监控系统；事故应急系统——配备必要的应急反应技术系统。

5.“兵法”安全文化

(1) 寓意。企业的安全生产保障措施，运用“孙子兵法”的策略，包涵了“三计略、六计策、三十六计术”。

(2) 内涵。三大计略：事前预防体系；事中应急体系；事后补救体系；六大计策：本质安全对策——安全科技；安全文化对策——安全文化；应急管理对策——应急管理；应急能力对策——应急装备；经济救助对策——经济措施；心理救助对策——心理措施。

6.“零点”安全文化

(1) 寓意。倡导安全生产“永远零起点”意识，全员树立“安全没有最好，只有更好”“安全没有终点，只有起点”的安全意识和观念。

(2) 内涵

① 全员“三警”意识：警觉、警报、警惕。

② 干部“三忧”观念：忧患、忧虑、忧情。

③ 员工“三情”态度：忧情、亲情、警情。

④ 企业“六预”体系：预想、预见、预测、预警、预防、预控。

7.“六字”安全文化

(1) 定义。将企业的安全文化从管理层和执行层两方面，提炼成六个字：“情、精、严；自、预、实”。

(2) 内涵

① 管理层的安全文化：讲情——像亲人一样爱护员工的生命与健康；求精——安全管理标准精确、精细；做严——安全管理程序严格、严实。

② 执行层的安全文化：要自——安全生产“自”字为魂，自觉、自责、自律；求预——作业过程“预”字为先，预想、预警、预防；做实——预防事故“实”字为本，实用、实效、实在。

第十六章 安全法治管理案例

第一节 刑事处罚案例

1. 事故刑事法例之一：克拉玛依火灾事故

1994年12月8日，克拉玛依市新疆管理局总工会文化艺术中心所属友谊馆发生了烧死323人的特大事故。新疆维吾尔自治区高级法院于1995年10月11日二审审结，给予14名责任者以法律制裁：友谊馆主任兼指导员蔡某，火灾期间出差在外，但对事故有直接责任，以玩忽职守罪判处有期徒刑5年。

友谊馆副主任阿某，对馆内的安全隐患未进行有效整改、严重违反消防和安全管理规定，起火后未组织服务人员打开所有安全门，疏散场内人员，是发生此次火灾和造成严重后果的主要直接责任者。以重大责任事故罪判处有期徒刑7年。

其余12人除1人免于刑事处分外，包括克拉玛依市副市长、新疆石油管理局副局长、新疆石油管理局总工会副主席、文化艺术中心主任、市教委和石油管理局培训中心有关领导干部、友谊馆三名服务人员，分别被判处有期徒刑4～6年。

2. 事故刑事法例之二：平顶山煤矿十矿事故

1996年5月21日，平顶山煤矿集团有限公司十矿发生瓦斯爆炸事故，造成84人死亡，68人受伤，直接经济损失984万余元，经煤炭部党组研究决定对18名有关责任者给予处分。

平顶山煤矿集团有限公司十矿矿长兼党委书记张某，是该矿安全生产第一责任者。在通风能力不足的情况下，冒险组织生产，违章下调瓦斯监测探头数值，隐瞒瓦斯实际情况，是使瓦斯在长期超限情况下作业的主要责任人，对这次事故负直接领导责任。给予撤销矿长、矿党委书记职务处分，并建议司法机关立案审查。

该矿安全副总工程师，在瓦斯长期超限情况下作业，不采取有效措施加以解决，对事故负有主要责任；事故发生后销毁瓦斯记录，阻碍对事故的调查。给予撤销矿副总工程师职务处分，并建议司法机关立案审查。

煤矿集团公司董事长兼总经理梁某，是公司安全生产第一责任者，给予行政记大过处分，免去公司总经理、党委副书记职务。

煤矿集团公司党委书记兼副董事长赵某，对事故负有一定领导责任，给予党内严重警告处分。

煤矿集团公司副总经理兼总工程师聂某，负责公司的“一能三防”技术管理工作，对事故负有重要的领导责任，给予行政降级、党内严重警告处分。免去公司副总经理、总工程师职务。

其余有关责任者13人，分别给予不同行政处分。

第二节 事故仲裁案例

1. 事故仲裁案例之一

(1) 案由。周某系某县建筑工程公司辅助工，1995年3月5日上午，周某在某工厂改扩建工程施工工地清理现场时，未听安全监护人员劝告，擅自进入红白带禁区内清理夹头。此时该队另一工人曹某正在15米高的平台上寻找工具，不慎碰动导致一块小铜模板从15米高平台的预留孔中滑下，正好击中周某戴有安全帽的头部，经抢救无效，周某于3月12日死亡。

(2) 分析意见。《劳动法》第五十六条规定：从业人员在劳动过程中必须严格遵守安全操作规程，从业人员对危害生命安全和身体健康的行为，有权提出批评、检举和控告。某县工程队职工周某既未对工地管理混乱，安全防护措施缺乏提出批评，又违章进入红白带警戒区作业，违反了《劳动法》关于从业人员在职业安全方面的权利和义务的规定。根据《劳动法》的规定，职工在享受劳动保护权利的同时还须承担如下义务：必须严格遵守安全操作规程及用人单位的规章制度；必须按规定正确使用各种防护用品；劳动过程中，应听从生产指挥，不得随意行动；发现不安全因素或危及健康安全的险情时，应向管理人员报告。

(3) 处理结果。①事故主要责任者周某因已死亡，不作处理；②劳动监察部门建议某建筑工程总公司及某县建筑工程公司认真吸取教训，进一步加强甲、乙双方在项目承包过程中的安全生产责任制，并根据当地《劳动保护监察暂行条例》有关条款规定，分别处以2000元及6000元罚款。

(4) 经验教训。①必须对职工加强安全纪律和安全操作规程的教育，提高职工遵章守纪的自觉性，在施工中做到“三不伤害”(不伤害自己、不伤害他人、不被他人伤害)，杜绝冒险作业，违章操作；②加强安全生产岗位责任制，建立班组安全管理制度，危险作业区域必须指定专人严格管理，对违章行为严肃处理；③强化对外包工程队的安全教育、安全管理和督促检查，并指派专人对口负责，落实安全责任制。

2. 事故仲裁案例之二

(1) 案由。1995年8月10日上午，某高层工地项目施工员廖某违章指挥张某无证启动大型吊篮上五层墙面擦马赛克，因提升器钢丝绳突然卡住，经张某用扳手打开安全锁后吊篮下降到地面。到了下午，廖某又违章指挥刘某、崔某等四人乘坐无证开动的该吊篮去十八层运钢管。由于该吊篮在上午曾因不能下降钢丝绳已受压变形，因此当该吊篮再升到原受压变形处，已受压变形的钢丝绳在经过提升器内两只齿轮交叉旋转后，突然断裂，吊篮内北面两人随即坠落地面，刘某因伤势过重，抢救无效死亡，崔某胸椎等多处骨折。

(2) 分析意见。根据《劳动法》规定：从业人员在劳动过程中必须严格遵守安全操作规程。从业人员对用人单位管理人员违章指挥、强令冒险作业，有权拒绝执行。用人单位强令从业人员违章冒险作业，发生重大伤亡事故，造成严重后果的，对责任人员依法追究刑事责任。该事故责任人廖某，一天中连续两次违章指挥无证人员启动大型高处作业吊篮，尤其是在上午吊篮提升器钢丝绳受压变形后又未及时组织认真检查、维修，致使下午再次违章开机时发生了这起重大伤亡事故。廖某对这起事故负有直接责任。

(3) 处理结果。①项目施工员廖某因对这起事故负直接责任，由司法部门处理；②职业安全监察部门建议该公司认真吸取教训，举一反三，并根据当地《劳动保护监察暂行条例规定》对该公司罚款一万五千元。

(4) 经验教训。这起事故反映的问题除了主要责任人员违章指挥外，上吊篮作业人员未按高处作业吊篮使用管理办法规定每天两次对吊篮易污部分清除污物，致使吊篮正常升降受阻，而且刘某、崔某等违反操作规程穿着拖鞋、未系安全带、未戴安全帽上吊篮作业。

3. 事故仲裁案例之三

(1) 案由。1995 年 1 月 12 日，某竹建工程队按某建筑装饰工程公司电话通知，要求拆除某工地脚手架。13 日上午，该工程队派五名工人前往工地，其中仅一人戴安全帽，其余均未系安全带、未戴安全帽，亦未进行安全教育，仅组长在上班前口头提醒一下就开始作业。近十点钟时，何某因站立不稳，由高处坠落，头部着地，当时面色惨白，昏迷不醒，立即被送往医院抢救，但因内脏大量出血，于 14 日凌晨死亡。

经查，事故主要原因如下。①该建筑工程队轻视安全工作，作为专业从事高空作业的工程队自建队以来从未制定操作规程和安全生产制度，没有对职工进行过安全教育，没有专职安全员，没有配置和发放安全和劳防用品，施工现场安全隐患极为严重。②某建筑装饰工程公司，忽视对下属工程的监督检查，在与该建筑工程队签订分包合同时没有审查承包单位管理情况和安全措施。

(2) 分析意见。《劳动法》第五十二条规定：用人单位必须建立、健全职业安全卫生制度，严格执行国家职业安全卫生规程和标准，对劳动者进行职业安全卫生教育，防止劳动过程中的事故；第五十四条规定：用人单位必须为从业人员提供符合国家规定的职业安全卫生条件和必要的劳动防护用品。该建筑工程队既没有建立安全生产制度，又未对职工提供必需的劳动防护用品，显然违反了《劳动法》，必须严肃处理。

(3) 处理结果。劳动保护监察部门于事故当天即向该建筑工程队发出《劳动保护监察建议书》，鉴于该单位管理混乱，防护设施严重缺乏，施工现场隐患严

重，以致发生重大伤亡事故，建议停止施工，立即整改。根据事故性质及整改情况，监察部门于4月上旬按照当地《劳动保护监察暂行条例》对该建筑工程公司及该建筑工程队分别处以罚款3000元和5000元。

(4) 经验教训。①单位的法定代表人是安全生产第一责任人，必须做到四个"亲自"（批阅、传达、组织、学习）；企业结合单位生产、作业特点制定完整、严密、切实可行的安全生产责任制及其他职业安全卫生制度，并经常督促，检查制度贯彻情况；②对全体员工进行安全教育，选派专人到劳动局参加安全员培训，取得上岗证并建立安全员网络，责任到位。实行三级安全教育制度，对特殊工种必须经考核站培训并取得特种作业操作证后方可上岗；③购置安全宣传标牌和劳动防护用品，并指定专人保管集体使用的劳防器具和用品，对个人的劳防用品定期发放，按要求正确合理使用；④领导亲自组织定期召开安全生产专项会议，每一工地开工前举行安全会议，落实安全措施，做好记录。每天上班前安全员、班组长检查安全防护措施，发现隐患及时整改。

4. 事故仲裁案例之四

(1) 案由。某机械厂空压机房安装两台较大功率的空压机昼夜运转，厂房低矮狭窄，厂房内昼夜声轰鸣，震耳欲聋。但厂方长期强调经济效益差、缺乏资金，一直不安装消音装置，也不建造隔音休息室。苏某等三名工人就长期在这种强烈噪音环境中工作。经仲裁委员会邀请技术部门鉴定，厂房内的噪音已大大超过人们所能承受的最高限度。苏某等三名工人到空压机房工作前均身强力壮，但连续工作两年多以后，均出现不同程度的心跳加速。其中苏某已发展到心律不齐，经医院诊断已有明显的心脏病症状，苏某本人及其父母均无心脏病史。该厂规定，职工门诊治疗实行医药费包干，每人每月十元，超过不补。故苏某要求按职业病报销医药费100%。经仲裁委员会约请市职业病防治所、市劳动鉴定委员会共同鉴定后认为，苏某的疾病确因工作环境恶劣所致，应当为职业病。

(2) 分析意见。《劳动法》第五十四条规定：用人单位必须为从业人员提供符合国家规定的职业安全卫生条件和必要的劳动防护用品，对从事有职业危害作业的从业人员应当定期进行健康检查。某机械厂的做法违反了国家上述规定，对因此给职工健康所造成的危害应负完全责任。

(3) 处理结果。此案经仲裁庭调解，双方达成如下协议：①该厂执行（经仲裁委员提议）市职业安全监察部门下达的限期整改指令，空压机房停产一个月，在厂内安装好消音装置和建造隔音休息室后再恢复生产；②苏某因心脏病而产生的门诊医药费应100%报销。

(4) 经验教训。《劳动法》第五十二条规定：用人单位必须建立健全职业安全卫生制度，严格执行国家职业安全卫生规程和标准，对劳动者进行职业安全卫生教育，防止劳动过程中的事故，减少职业危害。可见，加强劳动保护，健全职业安全卫生制度，切实保障从业人员在生产劳动过程中的身体健康和生命安全是我国长期坚持的一项强制性措施。但时至今日，仍有少数企业以经济效益差为由忽视劳动保护和安全卫生，这是值得引起各级领导高度重视的。

5. 事故仲裁案例之五

（1）案由。江某，1978年3月18日出生，1994年10月18日被某县红旗煤矿招收为集体合同制工人，未到行政主管部门办理未成年工手续。从1994年11月18日起，担任坑道凿岩机手。1995年3月19日，江某所在煤矿坑道因支撑枕木断裂造成塌方，江某差点当场被埋在坑道里。江某因害怕事故而在第二天由其亲属陪同到矿长办公室，要求矿长赵某出面，调整江某的工作，最好调到不太危险的岗位工作，因为孩子才17岁，年纪太小，被赵某当场拒绝。

（2）分析意见。《劳动法》第六十四条规定，不得安排未成年工从事矿山井下、有毒有害、国家规定的第四级体力劳动强度的劳动和其他禁忌从事的劳动；第五十八条第二款规定，未成年工是指年满16周岁不满18周岁的劳动者。国家原劳动部《未成年工特殊保护规定》第二条第二款规定，未成年工的特殊保护是针对未成年工处于生长发育期的特点，以及接受义务教育的需要、采取的特殊劳动保护措施；第三条规定，用人单位不得安排未成年工从事矿山井下及矿山地面采石作业，使用凿岩机、捣固机、铆钉机、电锤的作业。本案中的江某年仅17岁，系未成年工。而被安排到矿山井下作业，操作凿岩机作业，严重违反上述有关规定，应当予以制止。

（3）处理结果。①立即将江某从矿山井下调至地面担任机修工；②尽快到本地行政主管部门办好未成年工手续；③在江某到岗位上班前，由矿上负责进行一次全面的健康检查。

（4）经验教训。未成年工因年龄低尚处生长发育阶段，国家对其实行特殊保护措施制度，用人单位不得安排其从事矿山井下、有毒有害、国家规定的第四级体力劳动强度的劳动和其他禁忌从事的劳动，用人单位应当对未成年工定期进行健康检查。

第三节　行政责任追究与处分案例

自2004年以来我国行政官员因特大事故受到行政责任追究和惩处的案例如下。

2004年11月21日，中国东方航空云南公司CRJ-200机型B-3072号飞机，执行包头飞往上海的MU5210航班任务，在包头机场附近坠毁，造成55人（其中47名乘客、6名机组人员和2名地面人员）遇难，直接经济损失1.8亿元。给予中国东方航空股份有限公司董事长李丰华行政警告处分，中国东方航空股份有限公司总经理罗朝庚行政记大过、党内警告处分，中国东方航空股份有限公司副总经理吴玉林行政记大过、党内警告处分，对中国东方航空股份有限公司副总经理张建中给予行政记过处分。

2005年4月24日5时30分，吉林省吉林市蛟河市吉安煤矿发生透水，水流

经吉安煤矿与腾达煤矿连通的溜煤眼泄入腾达煤矿，造成腾达煤矿 30 名矿工死亡，直接经济损失 783 万元。给予蛟河市委副书记、市长王志厚记过处分，蛟河市副市长刘伟记大过、党内警告处分，蛟河市煤炭工业管理局局长庞海林降级、党内警告处分，蛟河市地质矿产局副局长王大伟记过处分。

2005 年 11 月 6 日 19 时 36 分，河北省邢台县尚汪庄石膏矿区的康立石膏矿、林旺石膏矿、太行石膏矿发生特别重大坍塌事故，造成 33 人死亡，4 人失踪，40 人受伤，直接经济损失 774 万元。给予邢台市副市长戴占银警告处分，邢台市国土资源局局长杨爱莲记过处分，邢台县县长、县委副书记田德荣记大过、党内警告处分，邢台县国土资源局局长、党总支书记路继宏降级、党内严重警告处分，邢台县会宁镇党委书记李建民撤销党内职务处分，邢台县会宁镇镇长、党委副书记马平妮行政撤职、撤销党内职务处分。

2005 年 11 月 13 日，中国石油天然气股份有限公司吉林石化分公司双苯厂硝基苯精馏塔发生爆炸，造成 8 人死亡，60 人受伤，直接经济损失 6908 万元，并引发松花江水污染事件。国家环保总局局长解振华辞职；给予吉林省环保局局长、党组书记王立英行政记大过、党内警告处分，吉林市环保局局长吴扬行政警告处分，给予中石油集团公司副总经理、党组成员、中石油股份公司高级副总裁段文德行政记过处分，给予中石油股份公司质量安全环保部总经理贺荣芳行政记大过、党内警告处分，给予吉化分公司董事长、总经理、党委书记、吉林市委常委于力行政撤职、撤销党内职务处分。

2005 年 11 月 27 日 21 时 22 分，黑龙江龙煤矿业集团有限责任公司七台河分公司东风煤矿发生一起特别重大煤尘爆炸事故，造成 171 人死亡，48 人受伤，直接经济损失 4293 万元。给予黑龙江省副省长、省政府党组成员刘海生，黑龙江煤矿安全监察局佳合监察分局局长陈重行，黑龙江经济委员会副主任、党组成员姚钟凯，七台河分公司副总经理王洪木行政记过处分，给予龙煤集团副董事长、总经理侯仁行政记大过处分。

2005 年 12 月 2 日 23 时 40 分，河南省洛阳市新安县寺沟煤矿发生特别重大透水事故，造成 35 人死亡，7 人下落不明，直接经济损失 973 万元。给予洛阳市煤炭工业局局长杜景敏行政记过处分，新安县县委书记王树仁党内警告处分，新安县副县长、县政府党组成员王应峰行政降级、党内严重警告处分，新安县国土资源局副局长、党组成员王书卿行政记大过、党内警告处分。

2005 年 12 月 15 日，吉林省辽源市中心医院发生特别重大火灾事故，造成 37 人死亡，95 人受伤，直接财产损失 822 万元。给予辽源市人民政府副市长金窗爱行政记过处分，辽源市卫生局局长刘英阁行政记大过、党内严重警告处分，辽源市卫生局副局长马兴涛行政降级、党内严重警告处分。

2005 年 12 月 22 日 14 时 40 分，四川省都江堰至汶川高速公路董家山隧道工程发生特别重大瓦斯爆炸事故，造成 44 人死亡，11 人受伤，直接经济损失 2035 万元。给予四川省交通厅公路水运质量监督站副站长刘孝明行政降级、党内严重警告处分，四川高速公路建设开发总公司董事、副总经理、党委委员赖北行政记大过、党内警告处分，对事故发生负有重要领导责任。

2006年5月18日19时36分，山西省大同市左云县张家场乡新井煤矿发生特别重大透水事故，造成56人死亡，直接经济损失5312万元。给予大同市政府副市长、市安全生产委员会主任王雁峰警告处分，大同市国土资源局副局长孟贵记大过处分，山西煤矿安监局大同监察分局副局长李俊记大过、党内警告处分，大同市经贸委主任、市煤炭工业局局长、党组书记段建华记过处分。

2010年1月3日14时20分，云南省昆明新机场航站区停车楼及高架桥工程A-3合同段配套引桥F2-R-9至F2-R-10段在现浇箱梁过程中发生支架局部坍塌，造成7人死亡、8人重伤、26人轻伤，直接经济损失616.75万元。给予相关事故责任人党内严重警告处分、撤职以及经济罚款等处罚，另有6名涉嫌犯罪的事故责任人被移送司法机关处理，相关事故责任单位也受到了相应的经济处罚。

2012年5月19日，中铁三局集团第五工程有限公司承建的湖南省炎汝高速公路八面山隧道工地一辆施工运输车发生重大爆炸事故，导致20人死亡、2人重伤，直接经济损失2008万余元。给予原中铁三局五公司董事长山旭鸿行政撤职、党内严重警告处分，给予炎陵县公安局副局长张朝安行政记过处分，给予其他二十几名相关责任人党纪、政纪处分。

2013年6月3日6时10分，位于吉林省长春市德惠市的吉林宝源丰禽业有限公司主厂房发生特别重大火灾爆炸事故，共造成121人死亡、76人受伤，17234平方米主厂房及主厂房内生产设备被损毁，直接经济损失1.82亿元。给予吉林省人民政府副省长兼省公安厅厅长黄关春记大过处分，给予长春市人民政府党组成员、副市长，长春市公安局党委书记、局长李祥党内严重警告、降级处分，给予其他21名相关责任人党纪、政纪处分。

2013年11月22日10时25分，位于山东省青岛经济技术开发区的中国石油化工股份有限公司管道储运分公司东黄输油管道泄漏原油进入市政排水暗渠，在形成密闭空间的暗渠内油气积聚遇火花发生爆炸，造成62人死亡、136人受伤，直接经济损失75172万元。给予48个相关责任人党纪、政纪处分。其中，给予中石化集团公司董事长、中石化股份公司董事长傅成玉行政记过处分；青岛市委副书记、市长张新起（副省级）行政警告处分；市委常委、开发区工委书记张大勇党内严重警告处分、免职。

2014年8月2日7时34分，位于江苏省苏州市昆山市昆山经济技术开发区的昆山中荣金属制品有限公司抛光二车间发生特别重大铝粉尘爆炸事故，共有97人死亡、163人受伤，直接经济损失3.51亿元。给予江苏省政府党组成员、副省长史和平，苏州市委副书记、市长周乃翔，江苏省安全监管局党组书记、局长王向明记过处分。另外对33名地方党委政府及其有关部门工作人员分别给予相应的党纪、政纪处分。

2014年12月31日23时35分许，因很多游客、市民聚集在上海外滩迎接新

年，黄浦区外滩陈毅广场进入和退出的人流对冲，致使有人摔倒，发生踩踏事故。截至2015年1月2日16时，上海外滩陈毅广场踩踏事故共造成36人死亡，49人受伤。对包括黄浦区区委书记周伟、黄浦区区长彭崧在内的11名党政干部进行处分。其中，给予周伟撤销党内职务处分；给予彭崧撤销党内职务、行政撤职处分；给予黄浦区副区长、黄浦公安分局党委书记、局长周正撤销党内职务、行政撤职处分；给予黄浦区区委常委、副区长吴成党内严重警告、行政降级处分。

参考文献

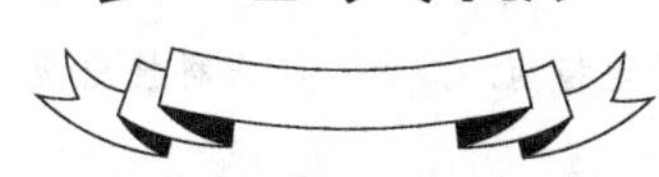

[1] 孙华山. 安全生产风险管理. 北京：化学工业出版社，2006.
[2] 金龙哲，杨继星. 安全学原理. 北京：冶金工业出版社，2010.
[3] 蒋军成. 事故调查及分析技术. 北京：化学工业出版社，2004.
[4] 闪淳昌. 中国安全生产形势及对策//国家安全生产监督管理总局，国家劳工组织. 中国国际安全生产论坛论文集. 北京：[出版者不详]，1990.
[5] 赵铁锤. 推动安全技术装备的现代化. 劳动保护，2002，4.
[6] 杨富. 我国安全生产的形势和任务. 中国安全科学学报，2000，2.
[7] 黄毅. 要在机制创新上下工夫. 现代职业安全，2001，8.
[8] 刘铁民. 对我国安全生产监督管理工作的思考//国家安全生产监督管理总局、国家劳工组织. 中国国际安全生产论坛论文集. 北京：[出版者不详]，1990.
[9] 罗云等. 安全生产成本管理. 北京：煤炭工业出版社，2007.
[10] 罗云等. 安全生产指标管理. 北京：煤炭工业出版社，2007.
[11] 罗云等. 落实企业安全生产主体责任. 北京：煤炭工业出版社，2011.
[12] 罗云等. 安全行为科学. 北京：北京航空航天大学出版社，2012.
[13] 罗云等. 安全科学导论（国家十二五教材）. 北京：中国质检出版社，2013.
[14] 罗云等. 特种设备风险管理. 北京：中国质检出版社，2013.
[15] 罗云等. 安全生产系统战略. 北京：化学工业出版社，2014.
[16] 罗云等. 安全生产法专家解读. 北京：煤炭工业出版社，2014.
[17] 罗云等. 安全生产法班组长读本. 北京：煤炭工业出版社，2014.
[18] 罗云. 科学构建小康社会安全指标体系. 安全生产报，2003-3-1 (7).
[19] 罗云. 安全生产与经济发展关系研究//国家安全生产监督管理总局、国家劳工组织. 中国国际安全生产论坛论文集. 北京：[出版者不详]，2002.
[20] 金磊，徐德蜀，罗云. 21世纪安全减灾战略. 郑州：河南大学出版社，1999.
[21] 何学秋. 安全工程学. 北京：中国矿业大学出版社，2000.
[22] 范维澄等. 火灾科学导论. 武汉：湖北科学技术出版社，1993.
[23] 施卫祖. 事故责任追究与安全监督管理. 北京：煤炭工业出版社，2002.

[24] 陈宝智，王金波. 安全管理. 天津：天津大学出版社，1999.
[25] 黄国栋. 安全生产学. 北京：兵器工业出版社，1987.
[26] 周炯亮，李鸿光，Alison Margary. 涉外工业职业安全卫生指南. 广州：广东科技出版社，1997.
[27] 刘铁民等. 职业安全卫生管理体系入门丛书. 北京：中国社会出版社，2000.
[28] 罗云. 安全经济学导论. 北京：经济科学出版社，1993.
[29] 罗云. 安全文化呼唤安全行为科学. 安全生产报，1995-1-20.
[30] 罗云，张国顺，孙树涵. 工业安全卫生基本数据手册. 北京：中国商业出版社，1997.
[31] 金磊，徐德蜀，罗云. 中国现代安全管理. 北京：气象出版社，1995.
[32] 徐德蜀等. 中国企业安全文化活动指南. 北京：气象出版社，1996.
[33] 徐德蜀等. 中国安全文化建设——研究与探索. 成都：四川科学技术出版社，1994.
[34] 罗云等. 安全文化百问百答. 北京：北京理工大学出版社，1995.
[35] 王伯金. 企业安全教育三步曲. 安全导报，1996-4-24.
[36] 王月风. 安全宣传教育手册. 北京：中国劳动出版社，1993.
[37] 隋鹏程. 安全原理与事故预测. 北京：冶金工业出版社，1988.
[38] 冯肇瑞等. 安全系统工程. 北京：冶金工业出版社，1993.
[39] [英] 李鸿光. 安全管理——香港的经验. 赵欲李译. 北京：中国劳动出版社，1995.
[40] 劳动部职业安全卫生与锅炉压力容器监督局编. OSH 职业安全卫生现行法规汇编. 北京：民族出版社，1995.
[41] 劳动部职业安全卫生监察局. 国内外职业安全卫生法规及监察体制研究资料汇编. 北京：北京科学技术出版社，1989.
[42] 崔国璋. 安全管理. 北京：海洋出版社，1997.
[43] 全国总工会经济工作部. 工会劳动保护培训教材. 北京：航空工业出版社，1997.
[44] 罗云. 安全培训教程. 北京：中国地质大学出版社，1990.
[45] 罗云. 安全管理教程. 北京：中国地质大学出版社，1990.
[46] 罗云. 中国工业安全卫生基本数据手册. 北京：中国商业出版社，1997.
[47] 罗云. 防范来自技术的风险. 济南：山东画报出版社，2001.
[48] 国家安全生产监督管理局政策法规司. 安全文化新论. 北京：煤炭工业出版社，2002.
[49] 国家安全生产监督管理局政策法规司. 安全文化论文集. 北京：中国工人出版社，2002.
[50] 罗云. 安全生产三十六计. 劳动保护文摘，1991 (3).
[51] 罗云. 面向二十一世纪我国安全投资政策的思考. 21 世纪研讨会论文集，1996.
[52] 国际原子能机构国际核安全咨询组. 安全文化. 北京：原子能出版社，1992.
[53] 刘铁民. 迈向新世纪的中国劳动安全卫生. 北京：中国社会出版社，2000.
[54] 吴宗之等. 危险评价方法及其应用. 北京：冶金工业出版社，2002.
[55] 吴宗之. 高进东编著. 重大危险源辨识与控制. 北京：冶金工业出版社，2002
[56] 国家煤矿安全监察局人事司. 煤矿安全监察. 北京：中国矿业大学出版社，1999.

[57] 闪淳昌主编．吴晓煜、刘铁民等副主编．中国安全生产年鉴（1999～2000，2000～2001）．北京：煤炭工业出版社，2002.
[58] ［德］A·库尔曼著．安全科学导论．赵云胜，魏伴云，罗云等译．北京：中国地质大学出版社，1991.
[59] ［日］井上威恭．最新安全科学．南京：江苏科学技术出版社，1988.
[60] 石油工业安全专业标准化技术委员会秘书处．石油天然气工业健康、安全与环境管理体系宣贯教材．北京：石油工业出版社，1997.
[61] 解增武，罗云．国内外职业安全卫生立法及监督体制对比分析．安全生产报，1996-10-25.
[62] 赵一归，罗云等．职业安全卫生管理体系法规多媒体系统的设计．劳动安全健康，2000.
[63] 罗云．我国安全生产十大问题及对策//全国安全生产管理、法规研讨会论文集，1994.
[64] 罗云．现代安全管理——理论、模式、方法、技巧．中国劳动保护科技学会，1997.
[65] 罗云．企业职工安全教育的方式．安全导报，1996-4-24.
[66] 罗云．ISO安全卫生新标准及其应对，安全生产报，1996-8-2.
[67] 罗云，赵一归．石油工业安全多媒体培训系统的设计．劳动安全健康，1999.
[68] 全国总工会经济工作部．国有企业劳动保护的现状调查与建议．劳动保护，1996，4.
[69] 中国劳动保护科技学会．安全工程师专业培训教材（安全生产法律基础与应用）．北京：海洋出版社，2001.
[70] 罗云．试论安全科学原理．上海劳动保护科技，1998，(2).
[71] 罗云．安全文化的基石——安全原理．科技潮，1998，(3).
[72] 罗云．关于编研21世纪国家安全文化建设纲要的建议．科学，1997，(7).
[73] 罗云．人类安全哲学及其进步．科技潮，1997，(5).
[74] 罗云．安全科学原理的体系及发展趋势探讨．兵工安全技术，1998，(4).
[75] 罗云．大陆现代安全管理方法综述//第六届海峡两岸及香港澳门地区职业安全卫生学术研讨会论文集，1998.
[76] 罗云．Exploration on the Modern Enterprise Safety Management Mode，POHSH//亚太职业安全健康国际会议论文集，2001.
[77] 罗云．数字化安全生产法．现代职业安全，2000，(3).
[78] 罗云．企业安全生产模式研究．建筑安全，2000，(1).
[79] 罗云．二十一世纪安全管理科学展望．中国安全科学，2002，(3).
[80] 罗云．现代企业安全管理模式的探讨//中国安全生产论坛文集，2002.
[81] 罗云．遏制事故要治本．上海消防，2002，(5).
[82] 罗云．安全文化若干理论问题的探讨//安全文化研讨论文集．北京：中国工人出版社，2002.
[83] 王法．安全文化与核能．警钟长鸣报，1994-5-13.
[84] 曹琦．试论企业安全文化．中国安全科学学报，1993，增刊.

[85] 刘铁明. 审时度势，与时俱进——对当前我国安全生产形势的认识. 现代职业安全，2003，1.
[86] 李传贵. 城市与工业安全工程计划//中国国际安全生产论坛论文集，2002：407-411.
[87] 刘铁民. 安全生产科学管理体系是现代企业的基础//中国国际安全生产论坛论文集，2002.
[88] 刘铁民等."十五"至2015年安全生产发展趋势及科技目标. 劳动保护，2000，01.
[89] 刘铁民等. 中国非煤矿山安全生产现状与对策//中国国际安全生产论坛论文集，2002.
[90] 袁方. 事故损失——一年一个三峡工程. 劳动保护，2003，1.
[91] 徐德蜀. 从伤亡事故频发看安全工作改革. 法制参考，2002，(16).
[92] 罗云. 安全感源于对安全的正确认识. 上海消防，2003，(291).
[93] 邸妍. 英国安全卫生委员会2001至2004年战略计划. 现代职业安全，2001，(4).
[94] Charles Jeffress. United States Safety Legislation. China Safety Work Forum，2001.
[95] Ferry T. Home Safety. Career Press，1994.
[96] Hussia A H. Progressing towards a new safety culture in Malaysia//Asian-Pacific Newsletter on Occupational Health and safety，1994.
[97] Fennelly L J. Handbook of Loss Prevention and Crime Prevention. Butterworths Press，1982.
[98] F David Pierce. Rethinking Safety Rules and Enforcement. Professional Safety，1996.
[99] Hse (ou). The Costs of Accidents at Work. HSE Books，1997.
[100] Faisal I Kban，Abbasi S A. The World's Worst Industrial Accident of the 1990s-What Happened and What Might Have Been：A Quantitive Study. Progress Safety Progress，1999，18 (3).
[101] Takala J. Safe Work for the World and Related Challenges//中国国际安全生产论坛论文集，2002.
[102] Yasuo Otsubo. Human Safety—Question and Answer for Human Error. Journal of Coal and safety，1995，(7).
[103] He Xueqiu. General Law of Safety Science—Rbeological Safety Theory//Proceedings of The Second Asia-pacific Workshop on Coal Mine Safety，Tokyo，Japan，Oct. 1993.
[104] Lawrence W W. Of Acceptable Risk. Los Angeles：William Kaufman Inc，1976.
[105] System Safety Program for System and Associated Subsystems and Equipment. MIL-STD-882：1966.
[106] Roland H E，Moriarty B. System Safety Engineering and Management. J Wiley Co，1990.
[107] Petersen Dan. Techniques of Safety Management：a Systems Approach. 3rd Ed. New York：Aloray，1989.
[108] Kavianian H R，Wentz C A Jr. Occupational and Environmental Safety Engineering and Management. New York：Van Nostrand Reinhold，1990.
[109] Chartered Institute of Management Accoutants. CIMA Study Text：Stage 1，Quantita-

tive Methods. 4th Ed. London: BPP, 1990.

[110] De Petris. Preliminary Results for the Characterization of the Failure Processes in FRP by Acoustic Emission//中国国际安全生产论坛论文集，2002.

[111] Fennelly L J. Handbook of Loss Prevention and Crime Prevention. Butterworths Press, 1982.

[112] McAlinden L P, Sitoh P J, Norman P W. Integrated lnformation Modeling Strategies For Safe Design in the Process lndustries. Computers Chemical Engineering, 1997, 21.

[113] Patrick J Coleman. The Role of Total Mining Experience on Mining Injuries and Illnesses in the United States//中国国际安全生产论坛论文集，2002: 331-336.